华 章 图 书

一本打开的书，一扇开启的门，
通向科学殿堂的阶梯，托起一流人才的基石。

www.hzbook.com

架构师书库

THE NATURE OF ARCHITECTURE

Methodology and Practice of Enterprise Application Architecture

架构真意

企业级应用架构设计方法论与实践

范钢 孙玄 著

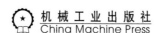

机械工业出版社
China Machine Press

图书在版编目（CIP）数据

架构真意：企业级应用架构设计方法论与实践 / 范钢，孙玄著 . -- 北京：机械工业出版社，2021.6（2021.8 重印）

（架构师书库）

ISBN 978-7-111-68502-9

I. ①架… II. ①范… ②孙… III. ①软件开发 IV. ①TP311.52

中国版本图书馆 CIP 数据核字（2021）第 124413 号

架构真意：企业级应用架构设计方法论与实践

出版发行：机械工业出版社（北京市西城区百万庄大街 22 号 邮政编码：100037）

责任编辑：杨绣国　栾传龙　　　　　　　　责任校对：殷　虹

印　　刷：大厂回族自治县益利印刷有限公司　　版　　次：2021 年 8 月第 1 版第 2 次印刷

开　　本：186mm×240mm　1/16　　　　　　印　　张：24

书　　号：ISBN 978-7-111-68502-9　　　　　定　　价：99.00 元

客服电话：（010）88361066　88379833　68326294　　　投稿热线：（010）88379604

华章网站：www.hzbook.com　　　　　　　　读者信箱：hzit@hzbook.com

为什么要写这本书

近几年，国内软件行业发展迅猛，软件规模与复杂度不断提高，对架构设计的需求因而越来越强烈。

虽然各个软件公司或多或少都在进行架构设计这项工作，但没有一个简单易行、切实落地的架构设计方法论来指导大家按照某种规范做事。正因如此，很多人不知道怎样高效、高质量地设计架构，只能东一榔头西一棒槌，有些人甚至对什么是架构设计都不甚了解，这样只会导致架构杂乱无章、随意或者不全面。这种低质量的架构既不能有效地规避项目进行过程中的各种风险，也不能指导大规模开发团队有效协作，进而导致在软件开发及日后运维过程中出现各种问题。在这种状况下，软件企业也无法更好地应对微服务转型、大数据转型、物联网转型等诸多技术挑战。

笔者从事架构设计及相关教学工作多年，总结出了一套操作性强的架构设计方法论，希望能够帮助更多读者成为顶级架构师。这就是笔者写这本书的初衷。

读者对象

本书适合以下读者：

❑ 积极参与系统架构设计，期望今后成为架构师的开发人员；

❑ 希望进一步提升自己、成为顶级架构师的架构师；

❑ 希望规范架构设计的企业高管；

❑ 希望解决互联网转型、大数据转型过程中的架构难题的架构师。

本书特色

本书的特色可归纳为如下三个方面：

❑ 落地、实践，为架构师提供切实可行、操作性强的架构设计方法；

❑ 难题、方案，为架构师解决项目实践中的设计难题提供思路与方案；

❑ 前瞻、全局，为架构师展现未来技术发展趋势。

关于书名

陶渊明在《饮酒·其五》写道：

"结庐在人境，而无车马喧。

问君何能尔？心远地自偏。

采菊东篱下，悠然见南山。

山气日夕佳，飞鸟相与还。

此中有真意，欲辨已忘言。"

这里的"真意"就是指从大自然里领悟到人生的真谛。

此外，在这几年一些爆红的国漫中，"真意"被用来给一些顶尖的功法或招数命名。比如，《雪鹰领主》中有"水之真意""火之真意""风之真意"等，意思是修行者在领悟了水、火、风等的本原和法则后，就能将它们的威力发挥到极致。

本书旨在讲清楚架构的本质和底层逻辑，让读者能真正明白架构的真谛，这便是书名中"架构真意"的由来。

如何阅读本书

本书分为三部分。

第一部分（第1~6章）为架构设计方法论，介绍了一套切实可行、操作性强的高质量架构方法——5视图架构设计法，并引入了领域驱动设计、规模化敏捷等先进的设计思想。

第二部分（第7~9章）站在实战的角度，讲解了互联网分布式架构的设计与实践，包括分布式架构的演进，如何构建高并发、高可用的系统架构，以及向微服务转型、分布式云端部署的过程。

第三部分（第10、11章）站在更宏大的视角，介绍了大数据技术架构的设计与实践，其中谈到了数据中台的建设以及它所基于的大数据技术中台，详述了建设思路、路线图以及技术实践。

勘误和支持

由于笔者水平有限，书中难免会出现一些错误或不准确的地方，恳请读者批评指正。如果你有更多宝贵意见，可以发送邮件至 lcl@hzbook.com 与我真诚交流和反馈。文中提到的所有代码及源文件都放在了 https://github.com/mooodo。此站点还汇集了笔者的一些项目实践，并且会持续更新。

致谢

感谢机械工业出版社华章公司的杨福川编辑与栾传龙编辑，你们在这一年时间里始终给予我们写作方面的支持，你们的鼓励与帮助是我们顺利完成书稿的保证。

感谢奈学教育团队给予我们的帮助，你们提出了很多宝贵的意见，你们是很棒的团队。

最后，感谢我们的家人在这一年艰苦写书的过程中给予我们的理解与帮助，你们的理解让我们能够心无旁骛地专心写书，回馈广大读者。

目 录 *Contents*

前言

第一部分 架构设计方法论

第1章 架构师的修炼 ················ 5

1.1 何为软件架构 ···················· 5

  1.1.1 常见研发场景 ··············· 6

  1.1.2 准确理解软件架构 ·········· 7

1.2 如何成为合格的架构师 ········· 9

  1.2.1 架构师的职责 ··············· 9

  1.2.2 架构师的思维模式 ········· 10

1.3 如何成为顶级的架构师 ······· 12

  1.3.1 能够将业务转换为技术 ···· 13

  1.3.2 能合理利用技术支撑业务 ·· 13

  1.3.3 具备前瞻思维和战略思维 ·· 15

1.4 "5视图法"架构设计 ········· 16

第2章 逻辑架构设计 ·············· 18

2.1 用例模型分析 ·················· 19

  2.1.1 用例模型 ················· 20

  2.1.2 由粗到细的用例分析 ······ 21

  2.1.3 用例描述 ················· 23

  2.1.4 事件流 ··················· 25

  2.1.5 业务需求列表 ············· 29

  2.1.6 需求规格说明书 ··········· 30

2.2 界面原型分析 ·················· 32

2.3 领域模型分析 ·················· 34

  2.3.1 软件退化的根源 ··········· 34

  2.3.2 两顶帽子的设计方式 ······ 38

  2.3.3 领域驱动的设计思想 ······ 41

  2.3.4 领域驱动的变更设计 ······ 42

  2.3.5 领域驱动设计总结 ········· 48

2.4 技术可行性分析 ··············· 50

第3章 数据架构设计 ·············· 52

3.1 数据架构的设计过程 ·········· 52

3.2 基于领域的数据库设计 ······· 54

  3.2.1 传统的4种关系 ··········· 55

  3.2.2 继承关系 ················· 59

  3.2.3 NoSQL数据库的设计 ····· 61

3.3 基于领域的程序设计 ·········· 63

  3.3.1 服务、实体与值对象 ······ 64

  3.3.2 贫血模型与充血模型 ······ 64

  3.3.3 聚合 ····················· 70

3.3.4 仓库与工厂 ················ 71

3.3.5 问题域和限界上下文 ········ 75

第4章 开发架构设计 ············ 78

4.1 系统规划与接口定义 ········ 78

4.1.1 系统规划 ············ 79

4.1.2 接口定义 ············ 80

4.2 系统分层与整洁架构 ········ 82

4.2.1 系统分层 ············ 82

4.2.2 底层技术更迭 ·········· 84

4.2.3 整洁架构设计 ·········· 86

4.2.4 易于维护的架构 ········ 88

4.3 技术中台建设 ············ 90

4.3.1 增删改的架构设计 ········ 91

4.3.2 查询功能的架构设计 ······ 94

4.3.3 支持领域驱动的架构设计 ···· 99

4.3.4 支持微服务的架构设计 ···· 107

4.4 技术选型与技术规划 ······· 109

4.4.1 软件正确决策的过程 ····· 109

4.4.2 商用软件与开源框架 ····· 110

4.5 模块划分与代码规范 ······· 111

第5章 运行架构设计 ··········· 114

5.1 属性→场景→决策 ········· 115

5.2 非功能性需求 ··········· 117

5.3 恰如其分的架构设计 ······· 117

5.4 技术架构演化 ··········· 118

5.4.1 意图架构 ··········· 119

5.4.2 使能故事 ··········· 120

5.4.3 架构跑道 ··········· 122

5.4.4 我们的实践 ········· 122

5.5 技术改造与软件重构 ······ 124

5.5.1 架构师的十年奋斗 ····· 125

5.5.2 演化式的技术改造思路 ··· 126

5.5.3 一个遗留系统改造的故事 ··· 127

第6章 物理架构设计 ··········· 131

6.1 集中式与分布式 ········· 132

6.2 网络架构图 ············ 134

6.3 系统架构与应用架构 ······ 135

第二部分 分布式架构
设计与实践

第7章 分布式架构设计 ········· 141

7.1 互联网架构演进 ········· 141

7.1.1 All-in-One 架构 ······ 142

7.1.2 流量在 1000 万以内的架构
设计 ············ 143

7.1.3 流量在 1000 万以上的架构
设计 ············ 147

7.1.4 流量在 5000 万以上的架构
设计 ············ 155

7.1.5 亿级流量的架构设计 ··· 160

7.2 分布式技术 ··········· 165

7.2.1 分布式缓存 ········· 165

7.2.2 内存数据库 ········· 169

7.2.3 分布式事务 ········· 173

7.2.4 分布式队列 ········· 179

7.2.5 分布式数据库 ······· 182

第 8 章　微服务架构设计 ·············192

8.1　为什么要采用微服务架构··········192
8.1.1　快速变化需要快速交付 ·······192
8.1.2　打造高效的团队组织 ·········193
8.1.3　大前端＋技术中台 ··········196
8.1.4　小而专的微服务 ···········197
8.1.5　微服务中的去中心化概念 ····199
8.1.6　互联网转型利器 ···········202

8.2　微服务的关键技术············204
8.2.1　注册中心 ··············205
8.2.2　服务网关 ··············219
8.2.3　熔断机制 ··············227

8.3　微服务的系统设计············235
8.3.1　6 种设计模式 ···········235
8.3.2　微服务设计实践 ·········244
8.3.3　微服务测试调优 ·········262

8.4　微服务项目实战过程··········276
8.4.1　在线订餐系统项目实战 ····278
8.4.2　统一语言与事件风暴 ······278
8.4.3　子域划分与限界上下文 ····282
8.4.4　微服务拆分与设计实现 ····284

第 9 章　基于云端的分布式部署 ·····290

9.1　DevOps 与快速交付·········290
9.2　Docker 容器技术··········292
9.2.1　虚拟技术与容器技术 ······292
9.2.2　对 Docker 容器的操作·····294
9.2.3　用 Dockerfile 制作镜像 ···296
9.2.4　微服务的 Docker 容器部署···297
9.2.5　Docker 容器的应用 ······298

9.2.6　搭建 Docker 本地私服······299
9.3　Kubernetes 分布式容器管理 ·······299
9.3.1　微服务发布的难题 ·········299
9.3.2　Kubernetes 的运行原理 ·····300
9.3.3　Kubernetes 的应用场景 ·····303
9.3.4　Kubernetes 的虚拟网络 ·····304
9.3.5　用 Kubernetes 部署微服务 ···305
9.3.6　用有状态集部署组件 ·······308
9.3.7　Kubernetes 应用实践 ······310
9.4　自动化运维平台实践···········312

第三部分　大数据架构设计

第 10 章　大数据时代变革 ···········319

10.1　从 IT 时代向 DT 时代转变 ·······319
10.2　数据分析与应用 ············319
10.2.1　数据应用的发展历程 ·······320
10.2.2　数据应用的成熟度 ·········321
10.3　数据中台建设 ·············325
10.3.1　对数据中台的正确理解 ·····325
10.3.2　数据中台建设的核心 ·······326
10.3.3　数据中台的建设思路 ·······332
10.3.4　数据中台的技术架构 ·······333

第 11 章　大数据技术中台 ···········335

11.1　大数据技术 ··············335
11.1.1　Hadoop 技术框架 ········336
11.1.2　Spark 技术框架 ·········339
11.2　大数据采集 ··············345
11.2.1　结构化数据采集···········346

11.2.2　非结构化数据采集··················347

11.3　大数据治理·······························350

11.3.1　SparkSQL 大数据开发中台······351

11.3.2　ETL 过程的设计实践···········353

11.3.3　数据仓库建设···············357

11.3.4　数据标签设计··················360

11.4　大数据展示·······························362

11.4.1　大数据索引······················363

11.4.2　多维模型分析···················367

11.4.3　HBase 数据库··················369

架构设计方法论

- 第 1 章　架构师的修炼
- 第 2 章　逻辑架构设计
- 第 3 章　数据架构设计
- 第 4 章　开发架构设计
- 第 5 章　运行架构设计
- 第 6 章　物理架构设计

　　成为一名优秀的架构师，是很多对技术提升有着无比执着甚至痴狂追求的技术人的梦想。那么，顶级架构师的核心竞争力到底是什么？笔者认为，是对架构设计的认知以及顶级的思维模型。这种顶级思维模型就包括能够根据不同的业务场景权衡利弊的设计思维，而不是照搬一线大厂的架构设计。

　　俗话说：不想当将军的士兵，不是好士兵。同理，不想成为顶级架构师的架构师，也不是好架构师。那么，顶级架构师与普通架构师的差距到底是什么呢？有人认为是情商，有人认为是智商，有人认为是自身的努力程度。但笔者认为，这些都不是最关键的因素，最关键的因素在于对技术的认知。

　　认知的差距是决定人与人之间差距的最关键因素。因为认知决定你的方法，方法决定你的选择，而选择决定最终的效果。作为顶级架构师，首先应当具备与身份相匹配的技术认知。如果没有这样的认知，还在思考低层次的问题，即使学了再多的知识，有再多的工作经验，也都只能做简单的重复劳动。这就是为什么有些人工作了五年却只有一年的工作能力，而有些人只工作了一年却拥有五年的工作能力。其中的本质原因就在于你的思维方式、你的认知。

　　总结起来，架构师的认知有四个阶段（下图所示），愚昧之巅（不知道自己不知道）、绝望之谷（知道自己不知道）、开悟之坡（知道自己知道）与持续平衡的高原（不知道自己知道），这也是架构师的认知逐步提升的过程。

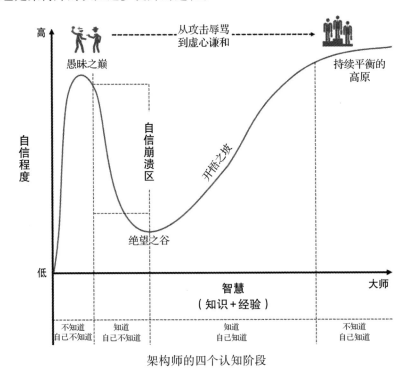

架构师的四个认知阶段

在这个图中，纵坐标是架构师的自信程度，横坐标是其知识与认知的水平，也就是这四个认知阶段。在"愚昧之巅"阶段，架构师比较自大，不愿接受新鲜事物，自我感觉良好，但很多时候并不知道自己不知道。这个阶段的架构师最大的特点就是，当他与人沟通的时候，只要发现与他的认知不一致，都会认为对方不对，开始攻击和抵制对方。他听不进去别人的意见，但自己去做又做不好，总是有很多问题。

这个阶段的架构师在碰壁多次、遇到很多问题后，就逐步开始思考为什么会出现这些状况，开始自我反省。通过碰壁与自我反省，逐渐发现自己其实还有很多不知道的，会坠入"绝望之谷"。坠入"绝望之谷"的架构师，自信心受到了很大的打击，开始变得不自信，甚至开始绝望。这时候就有两个选择，要么继续堕落，要么知耻而后勇，开始奋发努力。

处于"绝望之谷"不可怕，可怕的是不能正视自己。成长需要学习很多知识，不仅是技术知识，还有思维方法、沟通技巧，甚至哲学。进入学习状态的架构师已开始进入第三个阶段：开悟之坡。

"开悟之坡"是一个非常漫长的爬坡过程，需要架构师长期学习、持续进行项目实践。在这个过程中，我们强调努力学习，但更强调将学习到的东西快速地在软件项目中实践。没有实践，学习再多的东西也是无用的，只有实践才能让知识产生价值。因此，好的架构师都是技术的实践者。

经过"开悟之坡"阶段的架构师，既具备理论知识，又拥有实战经验，性格也变得越来越开放，愿意与人探讨，能接受不同的声音，变得越来越谦逊。在与人探讨的过程中，不害怕自己不懂。当发现自己不懂时，应该以开放的心态去学习、去了解，学会了就懂了，就会让自己变得更强大。相反，生气、发脾气、掩饰自己的不懂，都是一种不自信的表现，只会让自身拒绝成长、停止进步。

当架构师开始变得谦逊，不断努力积累知识与经验，就逐步达到了最后一个阶段：持续平衡的高原。在这个阶段，架构师的认知必须逐渐上升到哲学思维的高度，具备透过表象抓本质的"击穿"能力。也就是说，这时你在一些具体的领域已经具备相当丰富的知识与经验，但如果将你放到另外一些新领域又该怎么办呢？怎么通过以往的经验去攻克新的难关？这时，你必须要从以往的知识与经验中提炼共性，甚至是更高层次的方法论、思维方式与学习方法。只有抓住事物的本质，架构师才能更加高效地攻克更多新的领域，实现举一反三。架构师只有达到了这样的层次，才能站得更高，看问题更透彻，提出更多优雅的解决方案。

比如说，制订技术架构和做技术管理，是不同的领域，但都是架构师必须面对的问题。这时候，架构师应当怎样去思考，怎样优雅地解决问题呢？你会发现，它们虽属不同领域，要解决的问题的本质都一样，那就是"降本增效"。这个本质就是"道"，但解决问题的方法各不同，那就是"术"。大道至简，就是能够在纷繁复杂的事物中敏锐地发现它们的共性，但实现"道"的"术"各有不同。作为顶级架构师，就是要具备敏锐抓住"道"的能力。

那么，怎样才能具备这样的能力呢？一上来就开始悟"道"，这可能吗？不可能。人类对抽象的认知都是非常困难的，但所有对抽象的认知都是源于对大量具体事物认知的抽象。因此，架构师不能好高骛远，必须踏踏实实地积累基础知识，同时，需要勤于思考，学会抽象，学会抓本质。

此时，到了最后一个层次，"不知道自己知道"。也就是说，达到这个层次以后，你会经常去接触更多新的领域，尽管一切都是陌生的，但你已经具备举一反三的能力。拥有这样的能力，你就可以快速学习新的领域，甚至在新的领域中获得比别人更深刻的认知与领悟，这就是架构设计的哲学本质。

明白了这些道理，那么我们就沿着这样的思路开启顶级架构师修炼之旅吧！

架构师的修炼

这些年，随着中国软件行业的不断发展，越来越多的软件系统开始规模化、复杂化。这些软件系统变得越来越大，业务逻辑越来越复杂，参与的团队也越来越多，而且还要面对日后数十年的不断维护与变更。在这样的新形势下，在软件设计之初如何进行高质量的架构设计，如何有效地支持日后的架构演化，就变得越来越重要了。

那么，怎样做高质量的架构设计呢？追本溯源，我们首先要弄清楚的是何为软件架构，为什么要设计软件架构，它在软件开发中到底起什么作用。

1.1　何为软件架构

过去，很多系统在软件开发过程中没有进行架构设计，却依然被开发出来了，并且运行了多年。那么今天，我们在开发软件的时候是不是必须要设计架构呢？架构设计与其他的概要设计、详细设计有什么不同？没有架构设计会怎么样？

早期的很多软件开发普遍没有架构设计，那是因为早期的软件系统规模都比较小。而随着软件产业的不断发展，软件规模越来越大，软件系统变得越来越复杂，架构设计就变得越来越重要。这就好比我们要在农村盖一间二层楼的房子，有必要请一位建筑师来进行建筑设计吗？直接砌砖就可以了。但如果我们要盖的是一栋几十层的高楼，直接砌砖可以吗？这样盖不了几层楼层就会倒塌。在建设高楼大厦之前，建筑师要提前勘测地质，确定地基要打多深；要设计水电如何走线；还要确定这些水电如何与周边的自来水厂、电力公司和排污系统对接。最后，也是最关键的，就是建筑师必须有风险意识。他必须要去分析建筑所在的地域有哪些自然灾害，未来可能会出现哪些需要提前应对的风险。譬如，上海第一高楼上海中心大厦（如图1-1所示）的外形给人一种"拧巴"的感觉，之所以有这样的设计，就是为了应对频繁的台风。

与建筑设计类似，架构设计在一些小系统中的作用可能不那么明显。然而，随着系统的规模越来越大，架构设计的作用也越来越明显。在面对一个复杂系统的时候，架构师首先要做的就是规划，让系统中的各个部分相互协调，成为一个有机的整体。

此外，架构师还应当有强烈的风险意识，在整个架构设计过程中随时识别风险，应对风险。一个软件系统，特别是大规模的软件系统，必然要面对各种各样的风险。软件规模越大，面对的风险就越多。如果我们能越早识别风险，有针对性地去应对风险，那么我们付出的代价就越低。因此，架构师需要在软件设计的初期——架构设计阶段，就提前识别风险，制订相应的应对策略。只有提前解除这些风险，才能让软件平稳地开发，顺利地上线。所

图1-1 上海中心大厦

以，对风险的识别贯穿架构设计的各个环节。架构设计就是将这些风险一个一个地放到我们的项目中去考量，项目有怎样的风险，就应当在架构设计中制订怎样的规避方案。

1.1.1 常见研发场景

为了让大家理解架构设计的作用，我们来看几个常见的研发场景。第一个场景是开发一个简单软件，比如开发一个论坛或博客，通常一个人就可以搞定。一个能力很强的资深软件开发人员，可以独立完成从需求到设计再到开发的全流程。在整个开发过程中，因为只有他一个人，不需要任何设计文档，只要他自己把思路想清楚，软件就开发出来了，开发速度也非常快。但软件上线以后，一旦开发人员离职，他的继任者就很痛苦了，因为继任者完全看不懂前任写了些什么。

你可能会认为，看不懂别人写的代码说明自己的水平不够。但摆在我们面前的最现实的问题是，代码都看不懂，何谈维护、修复Bug和添加新功能？几年后实在没法继续维护了，只能推倒重新开发。由此可见，如果软件无法维护，系统做得再好也没有用。

第二个场景要更复杂一些，软件项目需要五六个人开发。在过去，五六个人的项目很常见，类似这样的项目是怎么做的呢？如图1-2所示，项目启动之初，项目经理把所有人

召集起来开会，开始分配任务：小魏做库存，小王做财会，芳芳做统计。每个人都分配一个模块，从需求到设计再到开发，都由一个人负责。任务分配好之后，不需要太多的沟通协调，每个人都各自独立去做自己的事情，因此开发效率也非常高。

图 1-2　开会场景

　　然而，各个功能模块并不是相互独立的。所以，在开发之初，当需求都确定下来以后，所有团队成员需要首先做数据库设计，因为数据库是各模块唯一的接口。一旦数据库确定下来，大家在其上进行开发，很快就能完成任务并上线系统。

　　这是过去很常见的软件项目开发模式，虽然快，但问题也非常明显，那就是代码重复。各模块都是各自独立开发的，其中或多或少会有许多相同或相似的功能。但在开发过程中，我不知有你，你也不知有我，所以每个人都实现了一遍相同或相似的功能，并且各自的设计思路还不一样。一旦这些功能发生变更，日后的维护就极为困难。

　　随着软件系统变得越来越复杂，开发人员越来越多，软件开发过程中所面临的问题也越来越多。以往的开发模式之所以快，其根本原因是尽量避免了模块间的相互调用，但现在这些越来越难以避免了。安全性、可靠性、高并发等共性问题也越来越多，每个模块都要去应对，每个模块应对的思路还不同，这样的系统还能算作一个有机的整体吗？与此同时，系统结构变得越来越复杂，网络环境、应用部署、软件框架、分层架构，方方面面的问题都需要考虑。更关键的是，系统共性的难题也越来越多，每个模块都需要去应对系统性能、安全性、可靠性、高并发、大数据等一系列设计难题。这时，我们需要一个从全局角度思考问题、把整个系统整合成一个有机整体的人，这个人就是"架构师"。

1.1.2　准确理解软件架构

1. 软件架构的定义

　　软件架构，就是指从宏观角度说明一套软件系统的组成与特性，这里的关键字是"宏观"。架构设计，与需求分析、概要设计、详细设计最大的差别就在于"宏观"二字，它要求架构师在进行架构设计时，必须具有大局观，首先从全局角度去思考问题。这也是我们从程序员成长为架构师需要突破的最大障碍。

　　"不识庐山真面目，只缘身在此山中。"我们在山中看到的是庐山的一草一木，只有站在庐山之外眺望，才能看到庐山的雄伟面貌。要从程序员成长为一个合格的架构师，首先要突破的是思维习惯。程序员在思考问题时，很容易落实到如何编码、用什么技术等细节，就看不清楚整个系统的面貌；而合格的架构师在思考问题时应当首先从宏观、从全局角度出发，培养大局观。

2. 软件架构包含哪些内容

过去，大家可能狭隘地认为，软件架构就是软件系统的设计骨架，就是软件怎样分层、分模块，采用什么样的技术架构，但这些只是软件架构的一部分。软件架构包含了软件系统方方面面的问题，包括逻辑架构、数据架构、开发架构、运行架构与物理架构 5 个方面。

1）**逻辑架构**，就是软件要为哪些用户提供什么样的功能。所有的架构设计都是从需求分析开始的，架构设计中的所有决策都来源于需求，只有需求确定下来了，架构设计才有依据。架构设计最忌讳经验主义，例如选 A 技术是因为上个项目就选 A 技术，选 B 方案是因为上个项目就选 B 方案。每个项目的特点都是不一样的，特别是在当今技术快速迭代的背景下，每个项目都希望采用一些新技术，解决一些新问题，以增强新项目的生命力。因此，应当依据项目的需求去仔细考量，而不是"炒冷饭"。

2）**数据架构**，就是软件逻辑中的数据结构。在需求确认的基础上，接下来要开展的是功能性需求的分析设计。对于一个系统而言，功能性需求的分析设计的工作量是非常大的。但是，架构设计与概要设计、详细设计最大的区别就在于抓大放小、提纲挈领。功能性需求的核心是数据，所有业务流程都是围绕着数据进行的，因此，抓住了数据结构以及对这些数据结构的操作，就抓住了功能性需求的核心，这就是数据架构。

3）**开发架构**，就是软件代码的层次骨架，也就是之前理解的狭隘的架构设计。只有有了系统性的规划，这么多参与项目的人员才知道该怎么设计、怎么开发、怎么相互协作。

4）**运行架构**，就是软件在运行过程中所体现的非功能需求，是我们以往最容易忽略的部分。过去，系统都运行在局域网中，非功能需求并不是非常强烈。然而，当我们面对互联网高并发及大数据的严苛运营环境时，非功能需求的缺失将给项目带来不可挽回的巨大风险。因此，高质量架构设计的核心在于全面，将要设计的复杂软件系统的方方面面的内容，特别是涉及的风险，在架构设计的阶段都要全面地进行识别与考量。

5）**物理架构**，就是软件的物理部署以及网络拓扑。软件系统是运行于硬件设备中的，选用什么样的硬件设备，其硬件配置以及相应的软件部署，都是物理架构需要落实的内容。此外，硬件设备相互配合运行需要网络，因而网络拓扑、网络安全、系统可靠性、可扩展性等，也都是物理架构设计需要认真考虑的内容。

可以看到，高质量的架构设计包含的内容很多，每一部分都不能缺失。同时，每一部分都包含各种各样的风险，因此高质量的架构设计就是不断地识别风险并制订设计方案去规避风险。正因为如此，我们必须有一套方法，按照一定的步骤，切实可行地去一步一步设计架构，保证设计的高质量。这一套方法就是本书要详细讲解的"5 视图法"。

1.2　如何成为合格的架构师

要成为一个合格的架构师，首先要培养自己的思维习惯，要按照架构师的思维模式去思考问题。首先从宏观、整体、大局上去思考问题，然后再一步一步落实到细节上。但这种思维习惯又可能走向另外一个极端，很多架构师只停留在宏观、整体、大局上，没有一步步细化，没有去落地，这样的架构师同样是不合格的。落地是架构师必须具备的另一项能力。

要成为合格的架构师，首先应当理解架构师的职责，理解架构师是怎样一群人。

1.2.1　架构师的职责

在整个 IT 产业中，架构师是定义最模糊的一个角色，不同的公司对架构师的职责定义都是不一样的。有的公司，架构师趋向于业务分析；有的公司，架构师趋向于技术落地；而另一些公司，架构师趋向于战略规划。总结起来，架构师的职责包含以下几个方面。

（1）架构师是介于需求与研发中间的人

需求人员平时思考的都是业务的问题，譬如做财务的思考财务的问题，做税务的思考税务的问题，做金融的思考金融的问题；研发人员平时思考的则是技术的问题，譬如这段代码怎么写，那个地方应当采用什么技术。因此，需求人员和研发人员的思维存在巨大的鸿沟，如果他们不能相互理解，将给项目带来巨大的风险。

曾经有一个需求和研发打架的视频火遍全网，需求想让手机壳随着屏幕变换颜色，研发觉得需求在无理取闹。为此，他们就打起来了。

从这个例子不难看出，在项目中非常需要架构师从中进行协调。架构师往往在自己所在的行业经历了多年的信息化建设，对业务以及业务痛点的理解可能比需求人员还深刻，又有多年的技术功底，能够很好地将需求落实到软件设计上。从这里我们可以看出企业对架构师的要求：既要技术好，又要懂业务。

技术好这个前提架构师通常可以满足，但怎么才能懂业务呢？这需要架构师在每个项目中都有意识地去理解业务。项目做多了，业务经验多了，自然就懂业务了。因此，要成为一个合格的架构师，就需要多思考、多学习，有丰富的项目经验。

（2）架构师是统领全局的将军

项目越大，架构师就越重要。在大型项目中，有很多人、很多角色要参与进来。这时，他们怎么配合，怎么相互协作，按照怎样的统一标准去设计开发系统，将变得非常重要，而所有这些都需要架构师来统领。这里有一个疑问：架构师与项目经理都在统领全局，那么他们的区别在哪里？

在软件公司里，项目经理属于管理岗，架构师属于技术岗，这就决定了他们职责分工的不同。项目经理关注的是软件之外的人的因素，比如任务怎么分工、进度怎么把控、人员怎么调配等；架构师关注的都是软件之内的设计问题，比如采用什么技术、怎么分层分模块、怎么制订技术规范等。项目经理往往处理怎么跟人打交道，相对外向；架构师思考的是软件设计本身，相对内向。所以，有些团队在项目初期，可能项目经理和架构师是同一个人，但当项目进展到一定阶段后，架构师和项目经理就不能由一人兼任了，否则最后哪项工作都做不好。

（3）架构师要作为"技术大牛"攻克技术难题

架构师代表着团队最高的技术水平，是公司最值得信赖的技术骨干，因此架构师还要作为"技术大牛"去攻克软件项目中的技术难题。很多时候，如果某个问题连架构师都解决不了，那可能就没有人能解决了。所以架构师必须有一种"不吃不喝也要解决问题"的狠劲，一种"见山开路，见河搭桥"的精神，去攻克技术难题。

但是，一个人的精力有限，因此架构师不一定精通所有技术的所有细节。在攻克技术难题的过程中，架构师也不是一个人在战斗，而是带领一个团队。架构师往往起到指引方向的作用，如制订明确的技术方向、落实主要的设计思路，而更多的细节是架构团队各个成员去具体实现。

（4）架构师作为战略规划师去规划未来战略

有些架构师不需要帮助客户制订解决方案，也不用进行各种技术攻关，但拥有无比强大的战略眼光，能帮助企业进行技术规划，制订未来的技术发展方向。这样的架构师被称为"企业架构师"，他往往是企业的首席架构师或CTO。

根据具体侧重点，我们可以将架构师分为以下几种不同的类型：

- ❏ 解决方案架构师，侧重于沟通客户，理解业务，为客户制订技术解决方案；
- ❏ 系统架构师，能力更加均衡，负责从项目的需求分析到技术落地的全流程；
- ❏ 平台架构师，更侧重于技术，将技术难题封装成开发平台，支撑业务系统；
- ❏ 企业架构师，从具体项目中独立出来，更侧重于规划未来的技术战略。

1.2.2 架构师的思维模式

通过前面的讲解我们可以看到，架构师与需求人员、设计人员、开发人员有相当大的不同。很多人往往因为技术好而被公司任命为架构师，但是如果不能按照架构师的思维模式去思考问题，就无法成为一个合格的架构师。从另一个角度来说，架构师要掌握那么多知识，需要很长的修炼之路，但是只要掌握了架构师的思维模式，有意识地按照架构师的思维模式去思考问题，就会慢慢得到公司的认可，从职务上成为一个真正的架构师。

那么，架构师都应当具备哪些思维模式呢？

（1）宏观思维

前面已经反复论述了宏观思维对于一个架构师的重要作用。宏观思维是对架构师最基本的要求，它是区别架构师与普通开发人员的重要标志。所以，那些要从开发人员成长为架构师的人，除了要努力提高自己的业务与技术能力外，还要努力培养自己的宏观思维能力。遇到问题时，不要直接就落实到设计实现的细节，而应该努力先从宏观、整体上去思考问题，培养自己的大局观。在从整体上进行分析、思考、规划的基础上，一步一步去细化落实，最终解决问题。只有按照这样的套路去思考和分析问题，才能做出高质量的架构设计，才能向着顶级架构师不断前进。

（2）抽象思维

与宏观思维息息相关的另外一个思维能力是抽象思维，这也是架构师必须具备的一项基本能力。我们在对复杂系统进行宏观的、整体的分析时，思考的应当是什么问题呢？实质上就是在复杂系统各个个体的基础上抽象出共性，然后再思考这些共性的问题应当采用什么方法去统一解决，而这就是架构设计真正要做的事情。架构设计就是将各个模块中共性的问题按照统一的方法规范化地解决，从而达到降低系统维护成本、提高系统可维护性的目的。由此可见抽象思维在架构设计中的重要性。

很多人都有一个疑问，架构师还要不要写代码？我的答案是肯定的，但架构师要编写的代码与普通开发人员编写的代码是完全不同的。普通开发人员编写的是那些非常具体的代码，比如这里需要编写一段业务处理程序，那里需要增加一段分布式缓存，等等；而架构师编写的是技术框架与平台功能，他需要分析各个模块业务代码的共性，将这些共性抽象为平台框架，让其他开发人员在这样的框架下按照统一的模式进行编码，如支持 ORM 的框架、支持领域驱动的框架、支持微服务的框架以及支持大数据的框架等。这种框架的目的是降低维护成本，提高开发速度。

除此之外，架构师还要解决各个模块共性的技术问题，以统一的方案设计实现，比如各个模块都需要解决安全性、可靠性、高并发等问题，架构师抽象出这些问题，制作成技术平台，并为各业务模块提供 API 接口。各业务模块只需要按照统一的规范调用这些 API 接口，就可以解决这些技术问题，从而让业务开发的技术门槛降低，开发速度加快，进而实现快速交付。

抽象思维是架构师的基本要求，却是对架构师思维能力的极限考验。很多时候架构师对问题抽象得不够，架构能解决的问题就有限；抽象得太多，又会让架构师迷失方向，想不清楚，最后没有办法完成设计，或者设计质量大打折扣。因此，架构师修炼之路，实际上也是架构师修炼自身心智模式与思维能力的过程。本书后面会有很多案例讲解架构设计的思维过程，帮助大家打开心智。其中有两个非常重要的心智模式，分别是"实例化需求"与"分而治之"。

实例化需求：我们在设计架构的过程中经常会遇到这种情况，就是要做的设计太抽象了，自己绕进去出不来了。遇到这种情况的时候，首先应当思考我们要解决的是什么问题，然后找到它们要应用的场景，这些场景就是这个问题的实例化。先分析在这个场景中应当怎么解决，再分析在下一个场景中应当怎么解决。当你分析了几个场景后，抽象出它们的共性，思路就会越来越清晰。每分析一个场景，就将当前的设计代入进去，像代入数学公式一样，看我们的设计能不能适应这个场景，如果不能，哪里有问题就调整哪里。分析的场景多了之后，设计就开始收敛，设计思路也越来越清晰。

架构师还会经常设计开发平台去支撑其他的业务系统。但是，开发平台应当提供哪些功能，能否为业务系统提供支撑，这些都是架构师最头痛的问题。往往架构师按照自己的想法凭空做出一些功能以后，才发现其和业务系统的需求相差甚远，因而不得不返工。因此，最好的解决思路是在进行平台建设之前，首先思考这个平台要为哪些业务系统服务，然后具体去分析这些业务系统的哪些功能需要平台支撑，怎样支撑。这些功能就是平台需求的实例。平台按照这些功能去设计实现以后，反过来就可以立刻在这些系统中去应用，发挥平台应有的价值。注意，很多架构师不能成为顶级架构师，最重要的原因就是缺乏这种"价值"的意识，不能通过架构设计为企业带来价值。

分而治之：架构设计是一个充满了各种抽象的过程，这对人的思维能力是一种极大的考验。然而，如果要设计的系统过于复杂，规模过于庞大，就有可能超越了人所能承担的抽象能力，对这种状况最直接的反应就是千头万绪，不知从何开始。当我们在架构设计中遇到这种状况时，最有效的心智模式就是"分而治之"。首先将要设计的系统分为不同的角度、不同的模块、不同的问题，然后针对这些不同的角度、模块、问题，逐个击破，问题就迎刃而解了。采用这种模式的关键就在于如何划分出各个部分，并尽量让各个部分互不影响、相互独立。

1.3　如何成为顶级的架构师

前面讲解了如何成为一个合格的架构师，那么如何成为一个顶级架构师呢？很多人认为只要技术很"牛"，就能成为顶级架构师，这是一种错误的观点。要知道，"技术大牛"不等于顶级架构师。顶级架构师与"技术大牛"的差别在哪里呢？一个"技术大牛"即使懂得再多技术，这些技术本身也不能帮助团队形成用户价值。如果不能将技术转换成用户所需的功能，解决用户的业务痛点，那么再多的技术对于用户来说都是无用的，用户不会为之买单。对于软件团队来说，只有能解决用户问题的技术才是有价值的，否则都是做无用功。

顶级架构师与"技术大牛"的区别就在于这种业务需求的落地能力。因此，顶级架构师应当具备这样两个核心能力：将业务转换为技术的能力和合理利用技术支撑业务的能力。另外，顶级架构师还应具备前瞻思维和战略思维。

1.3.1 能够将业务转换为技术

很多架构师一探讨业务就犯难，一探讨技术就"来劲"。这样的架构师只能成为"技术大牛"，对业务知识的掌握就成了他们成长的天花板。作为一个企业的顶级架构师，必须具备超强的落地能力，能够将用户的业务需求落地到技术方案，帮助研发团队开发出用户愿意使用的产品和功能。只有形成了这些产品和功能，用户才会为之买单，企业才能挣钱。只有具备这种能力、能够帮助企业产生效益的架构师才是有价值的架构师，才能成为顶级架构师。

怎样才能研发出用户愿意使用的产品和功能呢？不是将用户的业务需求照葫芦画瓢地做出来，用户就愿意使用，你必须深入地理解需求。通过对业务的理解，梳理业务流程，发掘用户痛点，然后落地到技术上，有针对性地制订技术方案，最后做出来的产品与功能，才是用户真正愿意使用、愿意买单的。因此，对于顶级架构师来说，仅仅掌握一大堆技术是远远不够的，你必须要懂业务。懂不懂业务，懂多少，决定了你设计的产品的好坏，也决定了你作为架构师的价值。

既然如此，怎样才能懂业务，怎样才能深刻地理解业务呢？我认为，耗费巨大精力阅读业务相关的书收效甚微。比如说，我看到一些人做财务就去考财会证书，做税务就去看税务书，这种方式不是不好，而是耗费精力过大而有用的不多。我们的目标不是要做业务专家，而仅仅是做相关的业务开发。

多年的经验告诉我们，懂得业务其实就是靠多年的从业经历积累。在你所在的行业经历多年的信息化建设，做的系统多了，每做一个系统就认真地与客户交流，潜心地研究这个系统相关的业务领域知识，深入地挖掘这部分业务存在的痛点，然后有针对性地制订相应的技术方案。这些事情做多了，涉及的业务系统多了，自然而然地就积累了大量业务知识，也就懂业务了。因此，一个刚刚毕业的大学生不可能成为优秀的架构师，他需要有项目的经历才能成为优秀的架构师。一个软件企业可以有很多项目经理，而能培养出来的优秀的架构师却凤毛麟角，原因也在于此。

1.3.2 能合理利用技术支撑业务

要成为顶级架构师，另外一个重要的技能就是技术落地能力。作为顶级架构师，他的作用就是要将用户的业务痛点快速落地，形成合理的甚至是最优的技术方案，做出用户需要的功能，让用户为之买单，从而为企业创造效益。只懂技术，不能形成用户价值，不能为企业创造效益，架构师的价值就不能体现出来。

然而，在深入理解业务以后，该如何选择合理的技术方案去解决用户的业务痛点呢？这要求我们不仅要有扎实的技术功底，更要有广博的技术知识。如今是一个技术快速更迭的时代，各种高新技术层出不穷。然而，并不是所有技术都靠谱，都有广阔的前景。因此，作为一个顶级架构师，必须要有广阔的视野，时刻关注业界的各种动向、各种新技术。同时，应当有鉴别能力，看清哪些技术有前途，哪些技术值得关注、值得投入。

因此，如果把一个人的知识结构形容为一个三角形，那么架构师的知识结构就是一个钝角三角形。人的精力是有限的，我们不可能精通所有技术，但架构师往往更强调见多识广，很多东西都至少听过，知道有这么回事。这样，当真正需要制订方案的时候，你才能想得起。等到要真正使用了，再有针对性地去学习、去掌握。唯有这样才能为用户的痛点制订出更好、更适合的技术方案，体现出架构师的专业性。

技术落地能力还包括快速落地的能力，即架构师制订的技术方案要在短期就能落地，形成用户价值，让用户买单。然而，许多架构师在制订技术方案的时候，容易走向另外一个极端，总是在高谈阔论宏观、整体、大局，总是看着"高大上"，然而迟迟不能落地。我们制订的技术方案再华丽、再"高大上"，如果不能落地，不能开发出来，再美妙的故事也终将破灭。到那时，带给企业的将是巨大的灾难。这样的架构师不可能成为顶级架构师，而只能是极其危险的架构师。

然而，现在的架构师面对的状况比较矛盾。人工智能、区块链、物联网等高新技术层出不穷，这些技术也吊足了客户的胃口。如果我们提出的技术方案没有这些高新技术，往往让客户觉得平淡无奇，没有吸引力。入不了客户的法眼，就拿不下这个客户。因此，企业对于架构师的期望不再是"技术男"类型了，而是那种能够讲故事，能够用"高大上"的技术方案给客户描绘一个令人无比期待的未来愿景的人。

然而，作为一个资深技术人，我不得不说，现在这些高新技术其实并不成熟。要用这些技术去建设系统，比如人工智能，一个建模周期至少是 3～5 个月，而这 3～5 个月还不一定有任何结果，可能需要 3～5 年的建设才能看到效果。技术方案建设周期过长，不能快速落地产生效益，风险就很大。

怎样规避这种风险呢？根据我多年的项目经验，可以这么做。首先，"高大上"的技术方案是必须要有的，它是我们的敲门砖，没有它就拿不下项目，后面的所有事情就都无从谈起了。然而，"高大上"的技术方案不容易在短期落地，因此可以将其作为一个远期的目标，一个项目建设的终极目标，给客户一个值得期待的愿景。

有了 3～5 年的远期目标，还需要有一个一个的小目标，逐步落实愿景。可以将 3～5 年才能实现的远期目标落实到数个一二个月就可以实现的短期目标中。这么做不仅可以让客户接受，而且会让客户感觉我们做事特别靠谱。这样的架构设计才是切实可行的，设计这样的架构才能让我们逐步成长为顶级架构师。

1.3.3　具备前瞻思维和战略思维

宏观思维和抽象思维是成为合格架构师的基本要求，若要更进一步成为顶级架构师，你还必须具备前瞻思维和战略思维。

1. 前瞻思维

所谓前瞻思维，就是站在技术的最前沿去预知整个产业未来发展趋势的能力，只有具有这种能力的架构师，才能像导师一样为团队指引前进的方向。

一个团队中的所有人都可以埋头苦干，唯独架构师不能。只能做好当前项目的架构师是合格的架构师，但不是顶级架构师。顶级架构师在团队中常常扮演规划师甚至导师的角色，运用他的远见卓识带领整个团队甚至整个公司前进。想成为顶级的架构师就要不断培养自己的前瞻思维，放眼整个行业甚至整个产业。譬如，架构师需要放眼当前 IT 产业发展的趋势。2015 年，大家都在讨论"互联网＋"，因此架构师应当关注互联网技术，思考互联网技术在自己所在的行业可以开展哪些业务。2018 年，大数据与人工智能发展起来了，因此架构师应当思考"智慧＋"能做什么，又有哪些新的机会。2020 年，数据中台成为 IT 界关注的热点，架构师应当思考如何帮助客户构建数据中台。在可以预见的将来，5G 技术将带动整个物联网产业发展，我们所在的行业在物联网时代又应当做些什么呢？身为架构师，就应当关注和思考这些方面的问题。

心有多大，舞台就有多大，架构师只有将眼光放到一个更大的舞台上，才能带领团队，带领公司，走向一个更加光明的未来，并让个人价值最大化。

此外，架构师应当保持清醒的头脑，关注热点，但不盲目投入。选择投入还是不投入，是一种决策能力的体现，也是顶级架构师区别于普通架构师的重要能力。

有了这种前瞻能力，架构师就会成为公司新产品研发的另一个全新动力。在一个公司里，新产品研发通常是由产品经理带领的，他基于的往往是对当前市场的挖掘。新产品研发还应基于新技术的发展。新技术的发展可能带动一个个全新的市场，如果适时地抓住这些市场，就能够帮助企业获得全新的发展机遇。而新技术驱动新产品的研发，必须由代表前沿技术的架构师来引领。因此，具有这种能力的架构师，就是业界顶级的架构师。

2. 战略思维

所谓战略思维，就是对整个团队，甚至对整个公司未来战略发展的一种思考能力。有人会说："这个事情离我们太远了吧，这是领导该思考的问题，跟我们没有什么关系。"但是，顶级架构师在团队中就是导师，要指引团队向着正确的方向前进。因此，具有战略思维，也是架构师走向顶级架构师非常重要的一环。

战略思维，就是具有敏锐的嗅觉，能够评估日常的每项工作对于未来是否具有战略意义，然后在此基础上对具有战略意义的工作加大投入，帮助团队开展更多更有潜力的业务。

具备战略思维的架构师，首先应当具有前瞻思维，知道未来发展的方向。只有清楚了未来的方向，才能用这个方向去评估日常的工作。比如，我现在带领着一个大数据团队开展业务，有一家银行找到我们，希望利用我们的数据分析结果帮助他们进行信贷风控。他们提出了一些需求，开发团队根据需求将分析的结果通过相应的机制推送给这家银行。当以上功能开发并交付后，团队架构师敏锐地捕捉到了这个功能具有的战略意义。既然这家银行需要我们提供信贷风控，那么其他银行是否有类似的需求呢？如果有，是否应当从此次的设计中提取出共性的代码，比如数据分析的底层代码、数据推送的底层代码等，沉淀到技术中台上形成数据分析平台与数据共享平台？如果这样做了，那么日后团队就将具有更强的能力，去接更多数据分析与数据共享的业务，那么更多大数据的业务就能够开拓出来了。

因此，具有战略思维的架构师会不断从日常工作开发的功能中抽取共性，将通用的算法与设计沉淀到技术中台中，不断拓展技术中台的能力。团队做的业务越多，沉淀到技术中台的能力就越强，那么日后团队就能应对更多的用户需求，并以更快的交付速度交付用户价值。架构师就能够带领团队走上一条更有前景的发展道路。

所以，一个顶级架构师在团队中就像一个导师，他从技术的角度指导团队前进。大家向着这个方向前进，才能更加顺利，能规避更多风险并获得更多发展的机会。

1.4 "5 视图法"架构设计

前面的讲解让大家明白了什么是架构设计，以及如何成长为合格的架构师，乃至顶级的架构师。然而，如何进行架构设计，特别是，如何进行高质量的架构设计呢？以往在进行架构设计的过程中，我们遇到的最大问题是架构设计要做的工作太杂太散，方方面面的内容都要涉及。既要整理需求、规划业务架构，又要技术选型、制订技术架构，甚至还要考虑系统性能、安全性、可靠性等非功能性需求，最后还要落实到物理架构。

要涉及那么多内容，很容易让人东一榔头西一棒槌，乱了章法与思路，导致架构设计的质量不高，设计不够全面，遗漏许多关键的内容，也未能提前识别关键风险。这样的架构设计就无法发挥应有的作用。

怎样做高质量的架构设计呢？我们需要按照一定的章法，一步一步地进行，以避免遗漏关键内容。同时，在这个过程中，将项目可能出现的风险在架构设计的各个步骤中一个一个地排除。

此外，人的脑容量是有限的，不可能一次性地同时将各个方面的问题全都考虑清楚。当面对复杂问题时，最有效的解决思路就是"分而治之"，也就是将复杂问题划分为多个相对独立的问题，分别去考量、去解决。这样，要思考的问题就得到了简化，人就能够思考清楚，进而解决问题。而这种"分而治之"的思想同样体现在了架构设计上。在架构设计时，可以运用"5 视图法"，将要设计的复杂系统从 5 个不同的维度、用 5 个不同的视图进行分析思考。只要把这 5 个维度的问题都思考清楚了，做出来的架构设计就是全面的、高质量的。

那么，具体是哪 5 个视图呢？那就是逻辑架构、数据架构、开发架构、运行架构与物理架构。

在使用"5 视图法"进行架构设计的时候，不是 5 个视图同时进行的，而是按照一定的顺序。这个顺序不是绝对的顺序，不是"只有上一个步骤完成了，才能开始下一个步骤"的顺序，而是"从不同时间点开始并行进行"的顺序。

使用"5 视图法"进行架构设计，通常都是从逻辑架构开始的，因为所有的架构设计都应当以需求为依据。也就是说，在架构设计中做出的所有决策，都是基于对用户需求的考量。在这个过程中特别忌讳"经验主义"，即基于上一个项目的经验去做决策。而逻辑架构的设计，就是对当前用户需求的梳理，确认当前系统应当包含哪些功能。

接着，在逻辑架构的基础上，进行数据架构与开发架构的设计。数据架构就是对业务流程的梳理，即功能性需求的梳理。一个系统对功能性需求的梳理是一项工作量非常庞大的工作，但在架构设计阶段，往往是"抓大放小，抓住主要问题"。而"数据"就是功能性需求的主要问题，所有的业务流程都是围绕着它展开的。只要抓住了数据结构，及对这些数据架构的处理，就抓住了功能性需求的核心，这就是数据架构。

从逻辑架构到数据架构是一个由粗到细的过程，而从数据架构到开发架构则是一个由细再回到粗、总结归纳的过程。通过对逻辑架构与数据架构的分析，我们对这个复杂的系统有了比较全面的认识，那么在开发架构这个阶段，就可以开始总结归纳共性，对整个系统进行规划，从更高的层次进行规范，为开发团队大规模地入场参与设计开发做好准备。

在分析清楚功能性需求以后，架构师就可以着手那些关于性能、响应速度、吞吐量等非功能性需求的分析，即运行架构的设计。以往运行架构的设计特别容易被忽略，但在未来互联网越来越严苛的运行环境中，它将变得越来越重要。

最后，所有对性能、安全、可靠性的设计调优，最终都将落实到服务器节点、资源设备、网络拓扑等物理设备上，这就是物理架构的设计。需要多少物理设备、多少网络带宽、各系统组件如何部署，都是在物理架构这个阶段落实下来的，它是对运行架构的进一步细化与落地。

这就是采用"5 视图法"进行架构设计的整个过程。在接下来的章节中，我们看看具体应该如何采用"5 视图法"进行架构设计。

Chapter 2 第 2 章

逻辑架构设计

业务需求是所有架构设计的依据。

架构设计必然是从需求分析开始的，因为所有架构设计的依据都来源于业务需求。因此，在弄清需求之前，是没有办法进行架构设计的。

然而，弄清需求并不意味着"客户说什么，我们就做什么"，需要有一个分析设计的过程。我们首先应当找出用户的原始需求，理解它们背后的动机，也就是那些业务痛点。然后，再思考运用什么样的技术，以什么样的方案去解决问题，确定系统最终为用户提供什么样的功能。这个过程就是"逻辑架构设计"。也就是说，逻辑架构的输入是用户需求，但最终输出的是"我们的系统到底为用户提供什么样的功能"。只有确定下来这些功能，后续才能顺利地开展架构设计的其他工作。

但是，一个复杂的业务系统，有那么多的功能要实现，应该怎么进行逻辑架构的分析呢？我们的思路是"粗→细→粗"。前面提到，要成为合格的架构师，首先应当培养架构师的思维习惯，也就是遇到问题首先应当从整体、从大局、从宏观的角度去思考，这样的思路同样体现到了逻辑架构设计的过程中。所以，当我们刚接手一个项目，拿到用户需求文档，而用户需求文档有那么一大摞时，应当先看什么呢？是去仔细查看每一个功能吗？不！如果我们这样做了，就落到细节中，就不能看清全局了。我们首先应当查看的是目录。用户在编写需求文档时，会通过章节划分功能模块。同时，通过功能模块中每个功能的命名，可以大致猜测每个功能的内容。这样，通过阅读目录，我们对整个系统就有了一个整体的、直观的认识，在这样的认识的基础上再逐步细化，逻辑架构的工作就可以逐步开展起来了。

　　另外一个非常重要，但特别容易被大家忽略的，就是用户需求文档的概述部分，特别是客户在概述部分的建设目标。众所周知，客户在提需求时都"要的功能多，给的时间少"。要做那么多功能，却只给那么点儿时间，就使得开发团队只能加班加点工作，其质量得不到保证。这种状况会给项目带来巨大的风险，必须要采取措施规避这个风险。如何规避这个风险呢？思路就是，通过概述了解客户的建设目标，然后根据建设目标为每个功能设定优先级。注意，这里一定不能让客户去设定优先级，让客户去设定优先级就只能得到一个结果，那就是所有的功能都优先。因此，要通过对业务的理解，对客户建设目标的理解，然后将客户最急切要使用的功能，优先制订开发计划做出来，优先交付给客户使用。当客户使用上这些功能以后就没有那么着急了，我们就可以在后面的开发计划中逐步交付，满足客户其他的需求。因此，我们可以将项目分为一期、二期、三期，逐步开发、逐步交付，从而有条不紊地开展研发工作，风险也就得到了规避。

　　在前面整体认识的基础上，接着要将需求逐步地细化。整个系统分为哪几个子系统或功能模块？这些子系统或功能模块又包含哪些功能？每个功能都有什么流程和哪些分支？以什么样的界面与用户交互？最后这些业务包含哪些业务实体与外部接口？所有这些问题都是在逻辑架构中逐步细化的。

　　以上这些工作的工作量极其大，它们都是由架构师一个人独立完成的吗？这也是许多同学的疑问，也就是说，整个架构设计是架构师一个人独立完成的吗？实际上并不是，而是在架构师的指导下，由各个团队成员共同完成的。因此，逻辑架构的设计是在架构师的指导下，由需求分析人员与架构师一起完成的。架构师在这里面更多的是起到带领与指导方向的作用。

　　团队完成了对业务的梳理之后，我们对整个系统就有了完整而清晰的认识，那么此时逻辑架构的分析工作是不是就可以结束了呢？也不是的，这里还要有一个由细到粗、总结归纳的过程。也就是说，前面的所有分析都是源于用户需求文档，这时对模块的划分、对功能的定义，都是由客户定义的。对于软件开发来说，客户是非专业的，他们对模块的划分、对功能的定义不够专业。因此，当我们对整个系统有了完整而清晰的认识以后，就需要重新去思考以下问题：客户对模块的划分对吗？有的模块是不是需要拆分？客户对功能的定义对吗？有些功能是不是需要合并？通过这些分析，我们最终做出来的软件会更加专业，设计会更加合理。

2.1　用例模型分析

　　在逻辑架构的分析过程中，首先是通过用例模型的方式，由粗到细地去分析这个复杂的系统到底有哪些功能。

2.1.1 用例模型

当我们经过一番需求调研，将需求中的第一手资料从调研现场捕获回来以后，接下来应当怎样进行分析整理呢？不少团队对此都比较迷茫，没有一个统一而有效的方法，往往想到哪里就做到哪里。采用这种方式，一些问题想到了就做了，没有想到的则忽略了。但实际上，需求分析不应该是姜太公钓鱼，而应当是拉网排查。任何一个疏忽都可能给项目研发带来风险。因此，我们应当采用一套成熟而完整的分析方法，稳步有序地完成分析工作，让需求的分析与整理完整而有效。这套成熟而完整的分析方法就是用例模型。

用例模型是一套基于 UML 用例图进行需求分析的实践方法，它将要分析的业务系统当成一个黑盒，描述了系统到底为用户提供了哪些功能，以及这些功能到底被哪些用户使用。同时，它以图形化的方式来表达需求，是沟通用户与技术人员的重要桥梁。

一般来说，在一个用例模型中通常有三种元素：用例（User Case）、参与者（Actor）与系统边界（Boundary）。

用例，描述的是系统为用户提供哪些功能，也就是系统能为用户做什么，通常被绘制成一个椭圆。

参与者，就是使用本系统的那些人，他们按照职责被划分成不同的角色。然而，更加广义的参与者是指那些站在系统外部，触发系统去执行某个功能的外部事物，它不仅包括角色，还包括时间与外部系统。系统按照某些时间周期自动执行任务，触发这些任务的是系统本身，但是系统会按照某些既定的周期定期执行，因此我们会在参与者头上绘制一个时钟。外部系统是指在本系统之外触发本系统执行某些操作的系统，比如电商网站在进行支付的时候，会调用那些支付系统，对于支付系统而言，电商网站就是它的外部系统，它被绘制成一个小方块。

最后是系统边界，也就是系统要实现的功能范围，通常被绘制成一个虚线的方框。在用例分析阶段，系统边界的确定对软件项目极其重要。软件的实质是对真实世界的模拟，但真实世界又是无限广大的，因此它必须有一个范围，这涉及软件开发的工作范围与工作量。然而，在软件开发过程中，一个极其重要的风险就是客户不断地变更系统边界，导致开发工作量越来越大，最终导致项目失败。所以，必须在用例分析阶段确定系统的边界。客户在需求变更的时候会扩大系统边界，那么我们可以记录下这些需求。但这部分的开发工作必须在下一个阶段开展，从而有效避免项目的进度失控。

通常情况下系统边界不用真正绘制出来，因为在用例图中被绘制成用例的必然是系统内部的功能，被绘制成参与者的必然是系统外部事物。通过区分用例与参与者，就可以顺利地落实系统边界。

那么，运用用例模型，该如何由粗到细地分析一个复杂的业务系统呢？我们以"中医远程智慧医疗平台"为例，看一看用例模型的分析过程。

2.1.2　由粗到细的用例分析

我们先看一看"中医远程智慧医疗平台"的业务需求。中医远程智慧医疗平台，是一套集互联网、云计算、人工智能为一体的大数据医疗平台。该平台运用人工智能技术，对中医的诊断、治疗过程进行数据建模、医学仿真，运用大数据平台建立面向中医的智慧诊疗数据模型，然后通过云端服务平台，为各地的医院诊所以及通过互联网问诊的千万患者，提供远程诊断治疗，并在此基础上实现医生网上预约、医院网上挂号以及健康产品网上直销等服务。

依据以上对整个系统的分析，我们开始进行第 0 层的用例模型的分析。第 0 层的用例模型分析，就是从整体出发对整个系统的功能模块进行分析，如图 2-1 所示。这时，在用例模型中要分析的每一个用例代表一个子系统，或者一个功能模块。

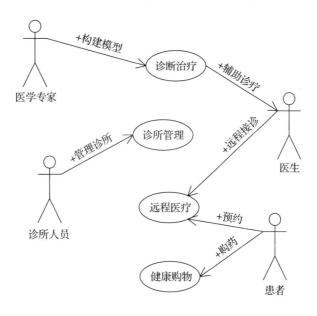

图 2-1　第 0 层用例模型

在第 0 层的用例模型中，我们将整个系统划分成了"诊断治疗""诊所管理""远程医疗"与"健康购物"四个用例。在"诊断治疗"这个用例中，医学专家录入模型参数，对系统进行模型构建，然后为各地的医生提供辅助诊疗。医生通过"远程医疗"在各地的诊所远程接诊，而各地的诊所有各类诊所人员进行诊所管理。患者通过"远程医疗"进行预约，并通过"健康购物"购买健康产品。

在第 0 层的用例模型中，一个非常重要的要点在于，一切都高度概括，不要做细节展开。比如在"诊所管理"中可能有各种类型的角色，包括护士、医师、结算中心、药房与管理人员，但在第 0 层都归为"诊所人员"。此外，各个参与者在系统中有各种类型的操作，然而在第 0 层的用例模型中只高度概括地列举主要操作。更多细节在后面第 1 层、第 2 层逐步展开的过程中再描述。

用例模型分析是一个逐步细化的过程，因此在第 0 层高度概括的分析以后，就要将第 0 层的每个用例进行展开，绘制它们第 1 层的用例模型。在以上案例中，第 0 层有 4 个用例，因此我们在此基础上展开每一个用例，第 1 层就有 4 个用例模型。譬如，对第 0 层的"诊断治疗"用例进行展开，就形成了第 1 层的"诊断治疗"用例模型，如图 2-2 所示。

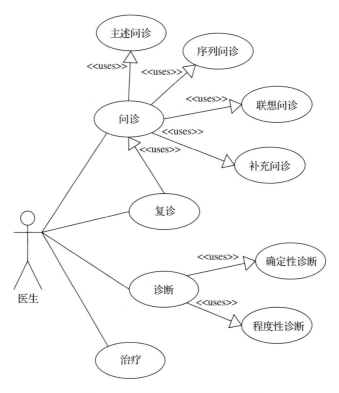

图 2-2　第 1 层诊断治疗用例模型

在该模型中，我们将"诊断治疗"这个模块进一步划分成了"问诊""复诊""诊断""治疗"这几个用例。"问诊"是一个非常复杂的业务过程，因此又可以拆分出"主述问诊""序列问诊""联想问诊"和"补充问诊"4 个子用例；而"诊断"可以分为"确定性诊断"与"程度性诊断"2 个子用例。

这里特别要注意的一点是，用例模型是将系统看成一个黑盒，去分析它对外提供哪些功能。因此，不要在用例模型中为系统内部各功能的关系与流程绘制箭头。比如，在该案例中，从问诊到诊断再到治疗，似乎有一种流程关系，但在该图中不要为了描述这种流程关系而绘制箭头。用例与用例之间只有 3 种关系：包含、扩展与继承。

包含，就是将该用例中业务流程的某些相对独立的环节单独提取出来做成的用例，是原有用例的一部分，又称为"子用例"。除此之外，在用例设计时，还常常将各个功能都要使用的、共性的业务流程单独提取出来做成一个子用例。这样，各个功能在流程描述的时候，都可以调用该子用例进行复用，而不需要重复地描述该流程了。子用例通常用 use 或 include 进行描述。

扩展，就是在原有用例的基础上，在业务流程中的某个扩展点去扩展某些新功能，因而这些用例被称为"扩展用例"。这些扩展的功能是原有用例流程中分支出来的，并非必备的业务功能。如查询报表执行查询是必备的，但查询后的数据导出不是必备的流程，因此对于"查询报表"用例来说，"数据导出"是它的扩展用例。

最后就是继承关系，体现的是一种父子关系。比如，"支付"是一个父用例，它通过继承划分为"微信支付""支付宝支付""银行卡支付"。不论是包含关系还是扩展关系，其用例都是原用例的一部分，而继承关系通过继承可以替换原有的父用例。

此外，参与者与参与者之间也有继承关系，这是参与者之间唯一的关系。比如，"诊所人员"是系统中的一个参与者，他可以登录诊所管理系统，查看诊所中的一些通用信息，而"护士"是"诊所人员"的一个继承，他除了拥有"诊所人员"的所有功能，还有自己独有的一些功能，比如"挂号"。

2.1.3 用例描述

一些人误以为用例分析就是简单地画几张用例图。实际情况却不是这样的，用例图只是用例分析的一个开始，还要为用例图中的每个用例编写用例描述，要细化用例。从这个角度来说，用例模型分析最终的产出物就是一个用例分析文档，如表 2-1 所示。

表 2-1 用例描述

用例标识	XM201117-SBTZ-02	用例名称	申辩申请
创建人	范钢	创建日期	2011-11-23
版本号	V1.0	用例类型	业务功能
用例描述	如果过错责任人对自动考核出来的过错提出了异议，可以提交申辩申请单，给出申辩理由及其他证明材料，待考核部门受理		
角色	过错责任人		
触发事件	过错责任人进入申辩申请		
前置条件	系统考核管理员下达考核指令		

（续）

用例标识	XM201117-SBTZ-02	用例名称	申辩申请
创建人	范钢	创建日期	2011-11-23
版本号	V1.0	用例类型	业务功能

<table>
<tr><td rowspan="3">事件流</td><td>基流</td><td>
1. 过错责任人进入申辩申请，输入考核年月，执行查询
2. 显示出该责任人在该年月存在的所有类型的过错行为
3. 选择某个类型的过错行为，显示该责任人在这个类型下的所有过错行为
4. 选择一个或多个要申辩的过错行为，制作申辩申请单
5. 在申辩申请单中，对每项过错行为选择申辩请求类型。申辩请求类型可以是无过错调整、过错责任人调整和追加责任人调整
6. 填写申辩理由，提交申辩申请单
7. 按照过错行为的类型，如果该过错行为是本级受理，则传递给本级考核管理员去受理；如果该过错行为是上级受理，则传递给上级机关的考核管理员去受理
</td></tr>
<tr><td>分支流</td><td>
6.1 填写申辩理由时，还可以提交相关的资料作为附件
6.2 提交申辩申请单前，可以暂存申辩申请单
</td></tr>
<tr><td>替代流</td><td>
3.1 如果该责任人在当月没有过错行为，则终止，不进入下个环节
4.1 如果没有选择过错行为，则不能制作申辩申请单
6.3 如果没有为每个过错行为选择申辩请求类型，或者没有填写申辩申请理由，则不能提交申辩申请单
</td></tr>
</table>

后置条件	完成申辩申请单的提交，待考核管理员受理		
非功能需求	1. 选择具体的过错行为时支持全选，但必须对选择的个数加以限制 2. 对申辩申请单支持打印和 Word 形式的导出		
备注	无	优先级	中

业务需求列表

创建人	版本	描述	创建日期
范钢	1.0	过错责任人只能对自己的过错行为提交申辩申请单	2011-11-23
范钢	1.0	过错责任人可以将同一类型的多个过错行为打包成一个申辩申请单提交，但必须对每个过错行为设置申辩请求类型	2011-11-23
范钢	1.0	过错责任人提交申辩申请单后，根据过错类型提交给上级或者本级机关考核管理员去受理	2011-11-23
范钢	1.0	批量选择过错行为时，如果超过了最大数量限制，则给予提示。如果选择"是"，则截取最大数量制作申辩申请单，否则不制作申辩申请单，回到过错行为选择环节	2011-11-23

　　表 2-1 是一个用例描述的范例，在用例模型中的每一个层次中的每一个用例都要编写用例描述。可能有的同学会说，我们的项目不进行用例分析这个环节，但是，所有的项目在需求分析这个阶段都要编写《需求规格说明书》。以往我们在编写《需求规格说明书》时，是通过大段的文字来描述业务的。然而，这样大段的文字没有任何的规范可言，最终的结果就是，编写需求往往想到哪里就做到哪里。采用这种方式，一些问题想到了就做了，没有想到则被忽略了。这种方式将会给后期的软件研发带来巨大的风险。正因为如此，越来

越多的团队都选择采用用例描述的方式来编写需求规格说明书。

采用用例描述的方式，每个用例都用这样一个表格来描述需求。表格中有许多项目，代表的是业务需求方方面面需要关注的内容。当我们将这个表格中所有的项目都填写了一遍以后，我们就对该需求方方面面的问题都考量了一遍，就能保证需求分析的完整，也规避了软件项目中最大的风险。

接着，我们来看一看用例描述都包含哪些项目。用例标识、用例名称、创建人、创建日期和版本号就不用说了。用例类型是一个非常重要的项目，因为对于不同的用例类型，我们的关注点是不一样的。譬如，最常见的用例类型是"业务功能"，它描述的是用户在系统中的一系列操作流程。因此，在这种用例中，在需求分析的时候我们主要关注的是那个业务流程及其分支。

相反，如果用例类型是"查询报表"，那么我们最关注的就不是那个业务流程了，而是查询报表所拥有的过滤条件、数据项及其计算关系、数据来源与数据链接。如果用例类型是"图表展示"，则关注的需求是图表内容、展现形式、数据频率、数据来源与数据链接，等等。也就是说，用例类型的不同，用例描述的格式也是不一样的。用例描述的目标是把需求描述得清晰而完整，为了实现这个目标，应当在用例描述时尽量体现出重点，即该用例中最需要被关注的内容，剔除不太重要的信息。

用例描述，就是用简短的一两句话对用例的业务进行的概括性描述。用例描述应当简单明了，如果某个用例需要用很多句话才能说清楚，那么说明该用例职责不够单一，应当考虑拆分。

角色就是参与者，触发事件就是参与者做了什么事情就进入该用例，前置条件则是参与者能够进入这个用例的前提条件。比如，患者就诊之前必须先挂号，挂号就是患者就诊的前置条件。

事件流是"业务功能"这种类型的用例最主要的描述内容，它分为基流、分支流与替代流。当用例完成了一系列事件流以后，还有一个后置条件。所谓后置条件，就是在完成这一系列事件流以后应当达到的目标、可以完成的操作以及可以开始进行哪些后续操作。

业务需求除了功能性需求，还有非功能性需求。对于非功能性需求，在需求规格说明书中有两个地方进行描述：对于那些整个系统所有功能都必须循序的非功能性需求，通常在需求规格说明书最后一章集中进行描述；对于那些某个功能个性化的非功能性需求，则在此处的"非功能性需求"栏目中进行描述。

2.1.4　事件流

如果用例类型是"业务功能"，那么在用例编写的时候，最主要的工作就是编写"事件流"，也就是去描述那个业务流程。在编写事件流的时候，通常将事件流分为三个部分：基流、分支流和替代流。基流又称为"主流程"或"成功流"，这里的"成功流"最能体现基流的基本特征，也就是，在所有流程的成功操作的情况下，整个流程是怎样走下来的。所以，基流实际上是一条不带任何分支的流程，通过编号来描述它们的顺序。

分支流与替代流都是基流的分支，它们的区别如下。分支流从基流分支出来，经过一个流程以后，最终还会回到基流，因此分支流实际上是一段"可走可不走"的流程。替代流又称为"异常流"，但这里的异常不是技术的异常，而是业务的异常，即用户进行了错误的操作，或进入某种错误的状态，因此分支出来，经过一段处理就直接结束了，而不会回到基流。也就是说，替代流分支出来以后，就直接将基流后面的流程给替代了。

分支流与替代流在编写的时候，通过编号来表示该分支是从基流的哪个步骤分支出来的。替代流在分支出来的时候，还要描述是什么条件触发的分支。而当分支流与替代流分支出来以后，如果还有多个操作步骤，也要用编号来描述顺序，如表 2-2 所示。

表 2-2　带分支流程的事件流举例

事件流	基流	1. 系统根据问诊结果，使用诊疗模型进行确定性诊断，详见"确定性诊断"用例，获得对证候/疾病的诊断 2. 医生在系统得出的确定性诊断的基础上进行修正，对患者的证候/疾病进行确诊 3. 系统根据问诊结果进行程度性诊断，详见"程度性诊断"用例 4. 医生在系统得出的程度性诊断的基础上进行修正，对患者的证候/疾病进行程度确诊
	分支流	1.1.1 如果当前录入的问诊结果不足以进行确定性诊断时，系统会要求医生对某些表象进行补充问诊，进入"补充问诊"用例 1.1.2 医生完成补充问诊后，提交系统再次进行确定性诊断 3.1.1 如果当前录入的问诊结果不足以进行程度性诊断时，系统会要求医生对某些表象进行补充问诊，进入"补充问诊"用例 3.1.2 医生完成补充问诊后，提交系统再次进行程度性诊断
	替代流	无

在编写事件流时应当注意，每个用例的事件流不要过于复杂，流程不宜过多，因为这样不利于阅读和理解。用例描述应当清晰明了、易于阅读，这是用例描述的初衷。但是，要编写的流程特别复杂时，该怎么办呢？可以将其拆分为多个子用例。例如，医生问诊是一个非常复杂的过程，为了让这个过程能够更加清晰地展现出来，我们将问诊分为"主述问诊""序列问诊""联想问诊"与"补充问诊"几个子用例，如表 2-3 所示。

表 2-3　对子用例的引用

用例标识	UC201606-01-001	用例名称	问诊
创建人	范钢	创建日期	2016-06-25
版本号	V1.2	用例类型	业务操作
用例描述	医生按照主诉问诊、序列问诊等顺序对患者进行问诊，并在问诊过程中记录患者的症状、体征信息；要求患者进行相应的体检，获得检测指标。在以上过程中，如果存在联想问诊，则辅助医生进行联想问诊		
参与者	医生		
触发事件	医生对患者进行问诊		
前置条件	无		

（续）

用例标识	UC201606-01-001		用例名称	问诊
创建人	范钢		创建日期	2016-06-25
版本号	V1.2		用例类型	业务操作
事件流	基流	1. 医生询问患者病情，并根据患者描述，进入"主述问诊"用例 2. 医生全面地询问患者病情，进入"序列问诊"用例 3. 完成对患者表象的记录，形成问诊记录，进入"诊断"环节		
	分支流	1.1 如果选择的表象存在联想关系，进入"联想问诊"用例 3.1 如果诊断过程中发现收集的表象不足，进入"补充问诊"用例		
	替代流	1.2 如果患者没有建立档案，进入"患者建档"用例 1.3 如果选择了具有互斥关系的表象，提示该表象与那个表象互斥，并阻止该选择		
后置条件	完成问诊，可以依据问诊结果进行诊断			
非功能需求	问诊过程应当易于理解、易于操作			
假设与约束	无			
补充规格说明书	无			
备注	无		优先级	高

业务需求列表

创建人	版本	描 述	创建日期
范钢	1.3	按照主述问诊、序列问诊的过程进行问诊	2017-10-06
范钢	1.0	询诊过程中可以进行联想问诊	2016-06-25
范钢	1.0	能够方便地记录检测结果	2016-06-25
范钢	1.1	阻止具有互斥关系的表象录入	2016-07-28

　　在该用例中，为了简化事件流，将复杂但相对独立的一些流程封装在一个子用例中，然后，该用例通过类似"进入'主述问诊'用例"的描述来完成对子用例的引用，不需要在该用例中描述这些复杂的过程。

　　然而，如果用例类型是"查询报表"，那么整个用例描述的格式就完全不一样了，它关注的重点不再是那个流程，而是过滤条件、输出字段、计算公式、数据链接等内容，如表 2-4 所示。

　　如果用例类型是"图表展示"，那么整个用例描述关注的是图表内容、展现形式、数据频率与数据来源等信息，如表 2-5 所示。

表 2-4 查询报表的用例描述

用例标识	XM201117-ZFTB-01	用例名称	考核结果明细查询
创建人	范钢	创建日期	2011-11-28
版本号	V1.0	用例类型	查询报表
用例描述	按照条件查询考核结果明细		
参与者	考核管理员、执法人员		
报表作用	考核管理员监督相关执法人员的执法工作 执法人员相互监督		
过滤条件	年度、月份、责任人、科室、机关、纳税人、考核指标		
输出字段	序号、年度、月份、责任人名称、责任人科室、业务机关、纳税人识别号、纳税人名称、考核指标名称、执法行为数量、过错数量、过错率		
计算公式	过错率 = 过错数量 / 执法行为数量		
数据链接	点击"过错数量",显示该考核指标的详细信息		
数据来源	数据来源于本系统"考核结果明细表"		
非功能需求	查询响应时间应当低于 10 秒		
备注	无	优先级	低

业务需求列表			
创建人	版本	描述	创建日期

表 2-5 图表展示的用例描述

用例标识	XM201905-HGFX-02	用例名称	税收构成情况
创建人	张三	创建日期	2019-3-18
版本号	V1.0	用例类型	图表展示
用例描述	帮助税收经济分析处按照税种和纳税人类型两种维度分析当年的税收构成情况		
参与者	税收经济分析处		
图表内容	通过两张图来展示 某省各地区四大税种税收统计:利用横向条形图,按照地区代码从上到下依次展示该省各地市四大税种的税收情况 某省税收构成情况分析:利用柱状图,按照地区代码从左到右依次展示该省各地市一般纳税人和小规模纳税人税收情况		
过滤条件	开始时间(默认为当年一月),结束时间(当前月),默认执行查询,开始时间和结束时间不能超过 12 个月,查询区间不能跨年		
数据频率	按月展示数据		
数据链接	1. 点击"某省各地区四大税种税收统计"中的某个税种,进入"税收构成(按税种)统计报表"用例 2. 点击"某省税收构成情况分析"中的某个纳税人类型,进入"税收构成(按纳税人类型)统计报表"用例		

（续）

用例标识	XM201905-HGFX-02	用例名称	税收构成情况
创建人	张三	创建日期	2019-3-18
版本号	V1.0	用例类型	图表展示
数据来源	金三征管系统征收信息表		
非功能需求	报表展现应当更炫、更体现科技感		
备注	无	优先级	高
业务需求列表			
创建人	版本	描述	创建日期

2.1.5　业务需求列表

笔者对无数失败项目做了分析总结之后，得出的一个重要结论就是，软件项目需要跟踪需求。一个持续数月的项目，会经过数轮的需求分析与设计，再经过数轮的需求确认与变更，用户、需求分析员、系统架构师、设计人员、开发人员、测试人员，一个一个的角色像走马灯一样加入再离开。需求变得模糊不清，软件设计的初衷开始偏离。开发人员不知道依据哪个标准开发，测试人员不知道依据哪个标准测试，甚至一些需求都被人遗忘了。最终，等到软件交付的时候，客户会说出最经典的那句"你们做的不是我想要的"，项目以失败告终。问题出在哪里呢？问题就出在没有如实记录原始需求并以此来验证最终的软件。这个如实记录原始需求的文档，就是业务需求列表。

业务需求列表，又称为需求跟踪表，是用户对业务需求的最原始描述。它不掺杂任何需求分析人员对业务需求的分析与设计，是业务人员对该系统应当提供的功能的简要描述。

首先，需求列表不掺杂我们对业务需求的任何分析与设计，这是需求列表的核心，也是它存在的意义。从用例模型到领域模型，我们不难发现，这是一个分析与设计的过程。需求分析员对业务需求进行捕获、认识、理解以后，需要结合软件专业知识进行分析设计，还要听取系统架构师和设计师对需求可行性的分析，最后才整理和编写出用例模型。在这样一个过程中，随着业务需求复杂度的提高，以及各种技术分析的掺杂，最终的结果很有可能偏离原有的业务需求。这种偏离常常表现为对业务需求正确性与完整性的偏离，即需求已经"变味儿"了，或者某些需求项目缺失。需求列表就是那个最初的、最完整的、正确的业务需求。用这样一个列表来开展分析，最后用它来验证设计，使之成为分析设计之旅的一个正确的航标。有了这样一个航标，我们最终才能到达正确的彼岸。

其次，需求列表应当是站在业务人员视角的，是对业务需求的简明扼要的描述。也就是说，用户对于软件开发来说是非专业的。但是，不论软件怎么设计，最终只要能达到某个效果，就能解决用户的难题，让用户满意。因此，后续的分析设计都应当围绕这个目标，并且用这个目标来验证。

此外，需求列表中应当剔除那些客户对界面、对设计方面的要求。前面我们提到，客户，特别是那些对信息化建设有一定经验的客户，容易提一些对系统设计的期望，比如什么功能应当做成什么样子，功能界面是怎样的。客户提的这些意见也许不是最佳的，我们经过深入的分析设计以后可能会提出一些更加合理的方案。因此，这些内容不能成为验证系统功能的基石，因而不应当写入需求列表中。需求列表描述的更应当是客户对软件功能的意图，即这个功能要解决用户的什么业务痛点。

最后，在系统需求日后变更过程中，每次变更都先将变更写入需求列表中，然后再变更与设计。完成了对变更的相关设计后，再回到需求列表中，验证我们的设计是否满足了此次变更的需求。对需求的跟踪和验证，能够有效地避免因对需求理解的不到位而带来的风险，这样的风险往往是大多数项目失败最主要的风险。

2.1.6 需求规格说明书

有的项目组拿着用户编写的原始需求就直接开始开发，随后状况不断，整个研发过程令人崩溃。在用户编写的原始需求的基础上，编写自己的需求规格说明书之所以重要，就在于用户编写的原始需求是脱离了技术实现的一份十分理想的业务需求，而理想与现实总是有差距。所以我们要编写自己的需求规格说明书，要本着实事求是、切实可行的态度，编写经过业务与技术两方面确认以后的业务需求，摒弃那些不可行的需求，或者换成更加可行的解决方案。这就是需求规格说明书的重要作用。

需求规格说明书分为用户需求规格说明书和产品需求规格说明书。用户需求规格说明书是站在用户角度描述的系统业务需求，用于与用户签字确认业务需求；产品需求规格说明书是站在开发人员角度描述的系统业务需求，是指导开发人员完成设计与开发的技术性文档。但是，笔者认为，用户需求规格说明书与产品需求规格说明书的差别并不大。当今敏捷开发注重的是"轻文档"，即在项目进程中只编写那些最有必要的文档。而本书后面要提到的领域驱动设计所倡导的，更是要让用户、需求分析员、开发人员站在一个平台，使用统一的语言（统一语言建模）来表达概念。从这个角度讲，需求规格说明书就应当只有一个，不需要区分用户需求规格说明书和产品需求规格说明书。

现在越来越多的团队开始敏捷转型，然而一些团队错误地将"轻文档"理解为不要文档，这给软件研发与日后维护带来诸多问题。"轻文档"是要将项目人员从繁重的文档编写中解脱出来，只写最有必要的文档，但不等于不写文档。而在所有这些文档中，需求规格说明书就是那个最有必要编写的文档。它的重要作用在于，将大家通过探讨最终确认下来的需求，以文字的形式确定下来。如果没有这个确定的过程，开发如何准确理解需求？测试用什么标准测试？用户又如何对软件成果进行验收？当系统上线运行起来以后，后续的团队如何接手现有的项目？如何在现有的基础上修改变更？没有文档会带来诸多问题。因此，需求规格说明书是敏捷团队在"轻文档"研发过程中必须要编写的文档。

那么需求规格说明书怎么写呢？不同的公司、不同的人、不同的项目，特别是在需求分析中采用不同的方法，写出来的需求规格说明书格式都是不一样的。在这里，我给大家一个采用用例模型的方式编写的需求规格说明书的模板，供大家参考。

1. 引言

1.1 编写目的

描述你编写这篇文档的目的和作用。但最关键的是，详细说明哪些人可以使用这篇文档，用它做什么。需求规格说明书是用来做什么的？毫无疑问，首先是供用户与开发公司确认软件开发的业务需求、功能范围。其次就是指导设计与开发人员设计开发系统。此外，还包括指导测试人员设计测试，指导技服人员编写用户手册，以及帮助其他相关人员熟悉系统。描述这些，可以帮助读者确定这篇文档是否可以提供帮助。

1.2 业务背景

描述业务背景是为了让读者了解与该文档相关的人与事。你可以罗列与文档相关的各种事件，也可以描写与项目相关的企业现状、问题分析与解决思路，以及触发开发该项目的大背景、政策法规等。

1.3 项目目标（或任务概述）

就是项目能为用户带来什么利益，解决用户什么问题，或者说怎样才算项目成功。前面提到过，这部分对项目成功作用巨大。

1.4 参考资料

参考资料的名称、作者、版本、编写日期。

1.5 名词定义

就是文档中可能使用的各种术语或名词的定义与约定，大家可以根据需要删减。

2. 整体概述

这部分是对系统整体的描述。

2.1 整体系统概述

从宏观的角度去描述系统整体的业务规划与功能。

2.2 整体用例分析

绘制第 0 层的整体用例图，然后对用例图中的每个用例编写用例描述。如果系统比较大，每个用例就是一个子系统，后面的"功能需求"分多个文档分别进行描述；如果系统比较小，则不写该部分，而是在后面的"功能需求"部分画用例图，然后对用例图中的每个用例编写用例描述。

2.3 角色分析

一个用例图，描述系统中所有的角色及其相互关系。在随后的说明中，详细说明每个角色的定义及其作用。

2.4 其他

这部分还可以根据项目需要编写其他的内容，如部署方案、网络设备、功能结构、软件架构、关键点难点技术方案，等等。

3. 功能需求

3.1 功能模块（子系统）

描述系统中的每个功能模块（或子系统），即整体用例分析中的每个用例。这部分是需求规格说明书最主要的部分。如果系统规模比较大，可以将子系统分为多个文档进行编写；如果规模不大，可以分章节进行描述，每个章节按模块名进行命名。

3.1.1 用例图

绘制该模块的用例图。

3.1.2 用例说明

对用例图中的每个用例编写用例描述。

4. 非功能需求

这里描述的是软件对非功能需求的一般要求，即整体设计原则。

5. 接口需求

如果项目涉及与外部系统的接口，则编写这部分需求。

5.1 接口方案

详细描述采用什么体系结构与外部系统相连接。

5.2 接口定义

接口的中文名、英文名、功能描述、参数、返回值、使用者等内容。

2.2 界面原型分析

需求分析之难，就难在用户自己常常弄不清楚自己的需求。在需求确认的时候说得好好的，一到软件上线的时候就不是那么回事了，这可没办法。但我们只要坐下来仔细分析就会发现，在需求分析的时候，我们跟用户常常是在"空对空"地讨论问题。用户不是专业人士，他搞不清楚软件到底会做成什么样，所以你跟他确认的时候他就认可了。但是，当软件上线后，他拿到了实物了，知道软件做成什么样了，一旦不满意他就会提变更了。这就应了那句名言，"当我看到了我就开始变更了"。所以，用户没有看到软件时说的一切都不算数，只有看到实物了才能跟你确认需求，需求分析的症结就在于此。

既然症结在此，毫无疑问，我们就应当在需求分析阶段尽快拿出实物，用实物与用户确认需求，这就是快速原型法的基本思想。快速原型法，简称原型法（Prototyping），是20世纪 80 年代提出的一种采用全新的设计思想、工具、手段的系统开发方法。它摒弃了那种一步步周密细致地调查分析，然后逐步整理出文字档案、设计开发、最后才能让用户看到软件结果的烦琐做法。当我们捕获了一批业务需求以后，就立即使用可视化工具快速开发出一个原型，交给用户去试用、去补充、去修改。当用户提出一些新的需求以后，再开发一版新的原型。原型法的关键就是这个快速开发出的原型，它不用考虑性能、美观、可靠性，其目的就是模拟客户的需求，用来与客户进行确认。

原型开发的速度与模拟到什么程度，是互相矛盾的，要由我们来把握。要快速开发，必然不可能和最终交付的软件系统一模一样，许多复杂问题被简化，非关键性流程被忽略，这就是所谓的模拟。因此，模拟到什么程度是关键问题，原型开发要既能说明问题，又不耽误时间。通常来说，能拿出界面，并可以走通关键流程，可以给用户演示，说明我们的设计，就足够了。一些快速开发平台为快速原型法提供了可能，如 Axure（如图 2-3 所示）、墨刀等。

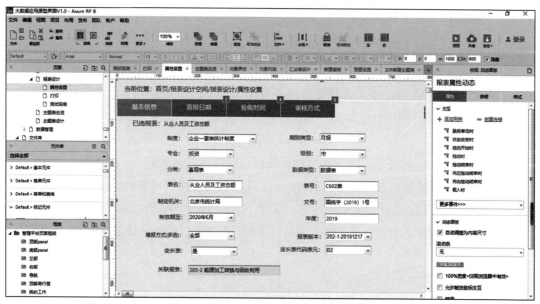

图 2-3　采用 Axure 进行界面原型设计

用快速原型法，让用户提前看到未来软件的界面效果，能给用户一个非常美妙的体验。如果这个界面更加"酷炫"，操作更有科技感，用户体验就会更好。因此，用 Vue 框架进行快速界面绘制，也是一种不错的尝试。

当用户拿到原型、可以自己操作时，需求研讨的气氛立刻就变得不太一样了。当用户享受原型给他们带来的体验快感时，就会有针对性地提出需求。这时候的需求，就不再是枯燥无味的文字游戏，而是生动形象的图形界面。日后，如果项目采用迭代开发，让用户看着软件一点一点地成长，这又是多么美妙的体验。与此同时，你与用户的信任也在一步一步地建立起来，软件风险在降低，项目将朝着正确方向前进。

快速原型法是美妙的，它给你与用户带来了从未有过的体验。但美妙的同时，也可能会带来一些尴尬和不必要的误会，我们一定要注意。最常见的误会就是用户误以为原型就是最终交付的系统。开发一个系统需要持续数月，但你几天就搞定了，为什么还要在这个系统上投入大量资金呢？如果对方的领导开始有了这样的想法，双方就开发费用进行的谈判可能会不太顺利。所以在给用户看到原型前，一定要跟用户解释清楚。

总之，根据实际情况灵活运用原型法，就可以更加顺畅地与用户确认需求，甚至在编写需求规格说明书的时候，还可以将原型的截图放到每个用例描述的后面。用例模型描述的是系统后台的业务处理，界面原型描述的是系统前端的用户界面。将这一前一后描述清楚了，就可以准确把握用户需求，减少许多后续的软件研发过程中的变更风险。

2.3 领域模型分析

2004 年，软件大师 Eric Evans 出版了他的著作《领域驱动设计：软件核心复杂性应对之道》。从书名可以看出，这是一本讲述应对软件系统越来越复杂的方法论的书。然而，当时中国的软件业才刚刚起步，软件系统还没有那么复杂，即使维护了几年后软件退化了，不好维护了，推倒重新开发就好了。因此，在过去的那么多年里，真正运用领域驱动设计开发的团队并不多。

然而，这些年，随着中国软件业的快速发展，软件规模越来越大，生命周期越来越长，推倒重新开发的风险越来越大。软件退化成为了无数软件团队的噩梦。软件团队急切需要以较低成本持续维护一个系统很多年。这时，基于领域驱动的软件设计成为了解决问题的关键。那么，领域驱动为什么能解决软件规模化的问题呢？首先我们要从软件退化的根源谈起。

2.3.1 软件退化的根源

我们正处于一个快速变化的时代，这种快速变化首先体现在最近 10 年的互联网发展上。从电子商务到移动互联，再到"互联网 +"与传统行业的互联网转型，这是一个非常痛苦的过程，而近几年人工智能与 5G 技术的发展，又会带动整个产业向着大数据与物联网发展，另一轮的技术转型已经拉开帷幕。这个过程一方面会给我们带来很多的挑战，但另一方面又会给我们带来无尽的机会。它会带来更多的新兴市场、新兴产业与全新业务，给我们带来全新的发展机遇。

然而，在面对全新业务、全新增长点的时候，我们能不能把握住这样的机遇呢？我们期望我们能，但现实令人沮丧。软件总是经历着这样的轮回：软件设计质量最高的是第一次设计的那个版本，第一个版本上线后就开始应对各种需求变更，需求变更又常常会打乱原有的设计。因此，需求变更一次，软件就修改一次；软件修改一次，质量就下降一档。不论第一次的设计质量有多高，经历几次变更后软件都会进入一种低质量、难以维护的状态。然后，团队就不得不在这样的状态下以高成本的方式维护多年。维护好原有的业务都非常不易了，又如何再去期望未来更多的全新业务呢？

图 2-4 是一段电商网站支付功能的代码，最初的版本设计质量还是不错的。

```java
public boolean payoff(Order order, String addressId) {
    //收集客户信息
    String customerId = SessionService.getUserId();
    Customer customer = dao.getCustomer(customerId);
    order.setCustomer(customer);
    Address address = dao.getAddress(addressId);
    order.setAddress(address);

    //计算付款
    double amount = 0;
    for(OrderDetail detail : order.getDetails()) {
        amount += detail.getQuantity()*detail.getPrice();
    }
    order.setAmount(amount);
    Serializable orderId = dao.save(order);

    //跳转支付页面
    WebserviceFactory factory = new WebserviceFactory();
    PaymentWebservice payment =
        (PaymentWebservice)factory.getWebservice("aliPayment");
    return payment.payoff(orderId, customer, amount);
}
```

图 2-4　电商网站支付功能第一个版本的设计

第一个版本上线后，很快就迎来了第一次变更。第一次变更的需求是增加商品折扣功能，并且这个折扣功能还要分为限时折扣、限量折扣、某类商品的折扣、某个商品的折扣。拿到这个需求时该怎么做呢？很简单，增加一个 if 语句，如果是限时折扣就怎么样，如果是限量折扣就怎么样……代码开始膨胀。

接着，第二次变更需要增加 VIP 功能，除了增加金卡、银卡的折扣，还要为会员发放各种福利，让会员享受各种特权。为了实现这些需求，我们又需要在 payoff() 方法中加入更多的代码。

第三次变更增加的是支付方式，除了支付宝支付，还要增加微信支付、各种银行卡支付、各种支付平台支付，为此我们又要塞入一大堆代码。经过这三次变更，大家可以想象现在的 payoff() 方法是什么样子了吧，变更是不是可以结束了呢？其实不能，接着还要增加秒杀、预订、闪购、众筹、返券等。程序越来越乱，越来越难以阅读，每次变更也变得越来越困难，如图 2-5 所示。

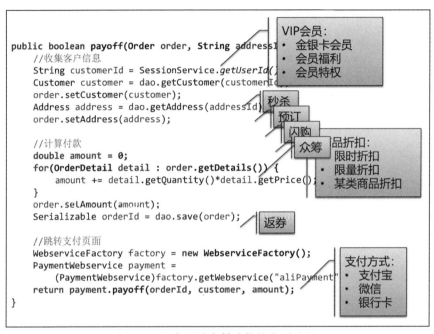

图 2-5　电商网站支付功能的变更过程

那么，为什么软件会退化，为什么软件设计质量会随着变更而下降呢？在这个问题上，我们必须寻找到问题的根源，才能对症下药、解决问题。

要探寻软件退化的根源，首先要从探寻软件的本质及其规律开始。软件的本质就是对真实世界的模拟，每个软件都能在真实世界中找到它的影子。因此，软件中业务逻辑正确与否的唯一标准就是是否与真实世界一致。如果一致，则软件就是正确的；如果不一致，则用户就会提 Bug，提新需求。

软件做成什么样，既不由我们来决定，也不由用户来决定，而是由客观世界决定。而用户总在改需求，是因为他们也不确定客观世界的规则，只有遇到问题了才能想得起来。因此，对于我们来说，与其唯唯诺诺地按照用户的要求去做软件，不如主动地在理解业务的基础上去分析软件，而后者会更有利于我们降低变更的成本。

那么，真实世界是怎样，我们就怎样开发软件，不是就简单了吗？其实并非如此，因为真实世界非常复杂，要深刻理解真实世界中的这些业务逻辑是需要一定的时间的。因此，我们最开始只能认识真实世界中那些简单、清晰、易于理解的业务逻辑，把它们做到我们的软件里。所以，每个软件的第一个版本的需求总是那么清晰明了、易于设计。

然而，当我们把第一个版本的软件交付用户使用的时候，用户会发现还有很多不简单、不明了、不易于理解的业务逻辑，还有些需求没做到软件里。这使得用户在使用软件的过程中不方便、和真实业务不一致。因此，用户就会提 Bug，提新需求。

在我们不断地修复 Bug、实现新需求的过程中，软件的业务逻辑会越来越接近真实世界，使得我们的软件越来越专业，让用户感觉越来越好用。但是，在软件越来越接近真实世界的过程中，业务逻辑也会变得越来越复杂，软件规模越来越庞大。

大家一定有这样一个认识：简单软件有简单软件的设计，复杂软件有复杂软件的设计。如图 2-6 所示，现在的需求就是将用户订单按照"单价 × 数量"计算应付金额，那么在一个 PaymentBus 类中增加一个 payoff() 方法，这样的设计没有问题。然而，如果现在的需求是需要在付款的过程中计算各种折扣、优惠、返券，那么我们必然会做出一个复杂的程序结构。

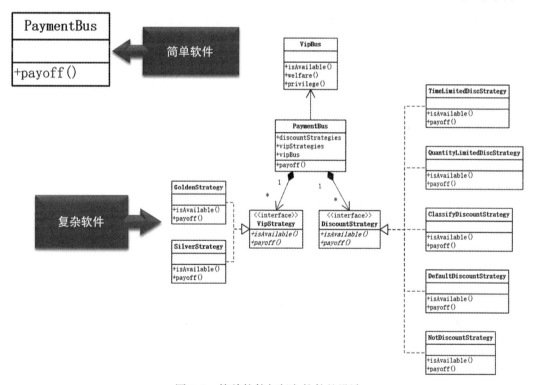

图 2-6　简单软件与复杂软件的设计

但是，真实情况却不是这么简单。真实情况是，起初我们拿到的需求是那个简单需求，因此我们就在简单需求的基础上进行了设计开发，但随着软件的不断变更，软件业务逻辑变得越来越复杂，软件规模不断扩大，逐渐由一个简单软件转变成一个复杂软件。这时，如果要保持软件设计质量不退化，就应当逐步调整软件的程序结构，逐渐由简单的程序结构转变为复杂的程序结构。如果我们总是这样做，就能始终保持软件的设计质量。然而，非常遗憾的是，我们以往在维护软件的过程中不是这样做的，而是不断地在原有的简单软件的程序结构下，向 payoff() 方法中塞代码，这样做就必然会造成软件的退化。

也就是说，软件变更不是软件退化的根源，而只是一个诱因。如果每次软件变更时适时地进行解耦和功能扩展，再实现新的功能，就能保持高质量的软件设计。如果在每次软件变更时没有调整程序结构，而是在原有的程序结构上不断地塞代码，软件就会退化。这就是软件发展的规律。

2.3.2 两顶帽子的设计方式

前面谈到，要保持软件设计质量不退化，必须在每次需求变更的时候，对原有的程序结构进行适当的调整，那么应当怎样进行调整呢？我们还是回到前面电商网站付款功能的案例，看看每次需求变更应当怎样设计。

在交付第一个版本后，很快第一次需求变更就到来了。第一次需求变更要求增加商品折扣功能，该功能分为以下几种类型：

1）限时折扣；

2）限量折扣；

3）对某类商品打折；

4）对某个商品打折；

5）不打折。

以往我们拿到这个需求，可能很不冷静地开始改代码，修改成如图 2-7 所示的设计。

这里增加的一段 if 语句，并不是一种好的变更方式。如果每次变更都是这样加代码，那么软件必然会退化，进入难以维护的状态。那么这种变更为什么就不好呢？因为它违反了"开放–封闭原则"。

开放–封闭原则（OCP）包括开放原则与封闭原则两部分。

开放原则：我们开发的软件系统，对于功能扩展是开放的（Open for Extension），即当系统需求发生变更时，我们可以对软件功能进行扩展，使其满足用户的新需求。

封闭原则：对软件代码的修改应当是封闭的（Close for Modification），即在修改软件的同时，不要影响到系统原有的功能，所以应当在不修改原有代码的基础上实现新的功能。也就是说，在增加新功能的时候，新代码与老代码应当隔离，不能在同一个类、同一个方法中。

前面的设计，在实现新功能的同时，新代码与老代码在同一个类、同一个方法中了，就违反了封闭原则。然而，怎样才能同时满足开放原则和封闭原则呢？在原有的代码上，

你发现你什么都做不了，难道"开放 - 封闭原则"错了吗？

```java
public boolean payoff(Order order, String addressId) {
    //收集客户信息
    String customerId = SessionService.getUserId();
    Customer customer = dao.getCustomer(customerId);
    order.setCustomer(customer);
    Address address = dao.getAddress(addressId);
    order.setAddress(address);

    //计算付款
    double amount = 0;
    for(OrderDetail detail : order.getDetails()) {
        if(hasTimeLimited(detail)) {
            //如果有限时抢购，此处省略100字
        } else if(hasQuantityLimited(detail) {
            //如果有限量抢购，此处省略100字
        } else if(hasClassifyDiscount(detail) {
            //如果某类商品打折，此处省略100字
        } else if(hasDiscount(detail) {
            //如果某个商品打折，此处省略100字
        } else {
            amount += detail.getQuantity()*detail.getPrice();
        }
    }
    order.setAmount(amount);
    Serializable orderId = dao.save(order);

    //跳转支付页面
    WebserviceFactory factory = new WebserviceFactory();
    PaymentWebservice payment =
        (PaymentWebservice)factory.getWebservice("aliPayment");
    return payment.payoff(orderId, customer, amount);
}
```

图 2-7　一段糟糕的需求变更设计

当我们实现新需求时，应当采用"两顶帽子"的方式进行设计，这种方式要求在每次变更时将变更分为两个步骤。

两顶帽子：

1）在不添加新功能的前提下，重构代码，调整原有程序结构，以适应新功能；

2）实现新的功能。

以上面的案例为例，为了实现新的功能，我们在原有代码的基础上，在不添加新功能的前提下调整原有程序结构，因此我们抽取出了 Strategy 这样一个接口和"不打折"这个实现类。这时，原有程序变了吗？没有。但是程序结构变了，增加了一个接口，我们称之为"可扩展点"。在这个可扩展点的基础上再实现各种折扣，既能满足"开放 - 封闭原则"，保证程序质量，又能够满足新的需求。当日后发生新的变更时，需要实现什么类型的折扣，就修改对应的实现类，添加新的折扣类型就增加新的实现类，维护成本得以降低。"两顶帽子"的变更设计代码如图 2-8 所示。

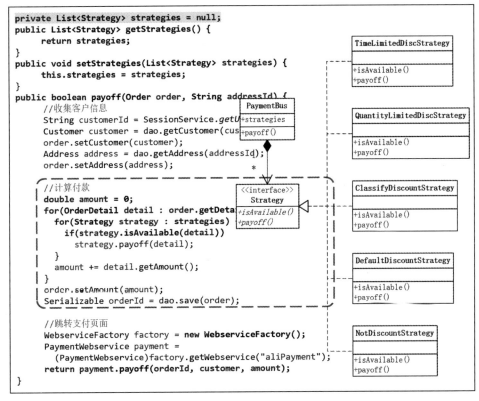

图 2-8 "两顶帽子"的变更设计

"两顶帽子"的设计方式意义重大。过去，我们在每次软件设计时总是担心日后的变更，就设计了很多所谓的"灵活设计"。然而，每一种"灵活设计"只能应对一种需求变更，而我们又不是先知，不知道日后会发生什么样的变更。最后的结果往往是，我们期望的变更并没有发生，所做的设计都变成了摆设，它不起任何作用，还增加了程序复杂度。然而，我们没有期望的变更发生了，原有的程序依然不能解决新的需求，程序又被打回了原形。这样不能真正解决未来变更的问题的设计被称为"过度设计"。

有了"两顶帽子"，我们不需要再担心过度设计了。正确的思路应当是"活在今天的格子里做今天的事"，也就是为当前的需求进行设计，使其刚刚满足当前的需求。所谓的"高质量的软件设计"就是要掌握一个平衡，一方面要满足当前的需求，另一方面要让设计刚刚满足需求，从而使设计最简化，代码最少。这样做，不仅软件设计质量提高了，设计难度也得到了大幅度降低。

简而言之，保持软件设计不退化的关键在于每次需求变更的设计。只有保证每次需求变更时做出正确的设计，才能保证软件能不断维护下去，而这种正确的设计方式就是"两顶帽子"。但是，在实践"两顶帽子"的过程中，大家觉得比较困难的是第一步。在不添加新功能的前提下，如何重构代码，如何调整原有程序结构，以适应新功能，这是有难度的。很多时候，第一次变更、第二次变更、第三次变更，这些事情还能想清楚，但到了第十次变更、第二十次变更、第三十次变更，这些事情就想不清楚了，设计开始迷失方向。那么，有没有一种方法，让我们在面临数十次变更时依然能够找到正确的设计方向呢？有，那就是"领域驱动设计"。

2.3.3　领域驱动的设计思想

前面谈到，软件的本质就是对真实世界的模拟。那么能不能将软件设计与真实世界对应起来，真实世界是什么样子，那么软件世界就怎么设计？如果是这样，那么在每次需求变更的时候，将变更还原到真实世界中，看看真实世界是什么样子的，根据真实世界进行变更。日后不论怎么变更，经过多少轮变更，都按照这样的方法进行设计，就不会迷失方向，设计质量就可以得到保证，这就是领域驱动设计（Domain-Driven Design，DDD）的思想。

那么，如何将真实世界与软件世界对应起来呢？这样的对应包括以下三个方面的内容：

1）真实世界有什么事物，软件世界就有什么对象；

2）真实世界中这些事物都有哪些行为，软件世界中这些对象就有哪些方法；

3）真实世界中这些事物间都有哪些关系，软件世界中这些对象间就有什么关联。

在领域驱动设计中，将以上三个对应先做成一个领域模型，然后通过这个领域模型指导程序设计；在每次需求变更时，先将需求还原到领域模型中分析，根据领域模型背后的真实世界进行变更，然后根据领域模型的变更指导软件的变更，设计质量就可以得到提高。

我们再次以前面电商网站的支付功能为例，来演练一下基于 DDD 的软件设计及其变更的过程。最初的原始需求是这样描述的，用户付款功能如下：

1）在用户下单以后，经过下单流程进入付款功能；

2）通过用户档案获得用户名称、地址等信息；

3）记录商品及其数量，并汇总付款金额；

4）保存订单；

5）远程调用支付接口进行支付。

采用领域驱动的方式，在拿到新需求以后先进行需求分析，设计领域模型。按照以上业务场景，可以分析出该场景中有"订单"，每个订单都对应一个用户。一个用户可以有多个用户地址，但每个订单只能有一个用户地址。此外，一个订单对应多个订单明细，每个订单明细对应一个商品，每个商品对应一个供应商。最后，可以对订单进行"下单""付款""查看订单状态"等操作。以此形成了如图 2-9 所示的领域模型。

有了这样的领域模型，就可以通过该模型进行如图 2-10 所示的程序设计了。

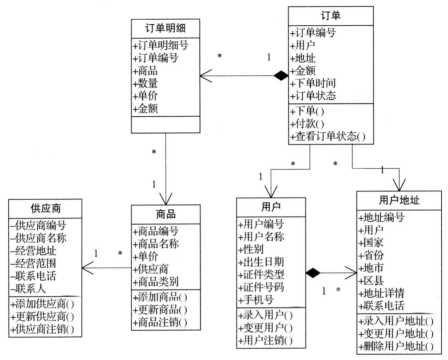

图 2-9 付款功能的领域模型

通过领域模型的指导，将"订单"分为订单 Service 与值对象，将"用户"分为用户 Service 与值对象，将"商品"分为商品 Service 与值对象，以此类推，然后在此基础上实现各自的方法。

2.3.4 领域驱动的变更设计

当电商网站的付款功能按照领域模型完成了第一个版本的设计后，很快就迎来了第一次需求变更，即增加折扣功能，并且该折扣功能分为限时折扣、限量折扣、某类商品的折扣、某个商品的折扣与不打折。当我们拿到这个需求时应当怎样设计呢？按照领域驱动设计的思想，应当将需求变更还原到领域模型中进行分析，进而根据领域模型背后的真实世界进行变更，如图 2-11 所示。

这是上一个版本的领域模型，现在要在这个模型的基础上增加折扣功能，并且还要分为限时折扣、限量折扣、某类商品的折扣等不同类型。这时，应当怎么分析设计呢？首先分析付款与折扣的关系。

你可能会认为折扣是在付款的过程中进行的折扣，因此就应当将折扣写到付款中。这样思考对吗？我们应当基于什么样的思想与原则来设计呢？这时，另外一个重量级的设计原则应该出场了，那就是"单一职责原则"。

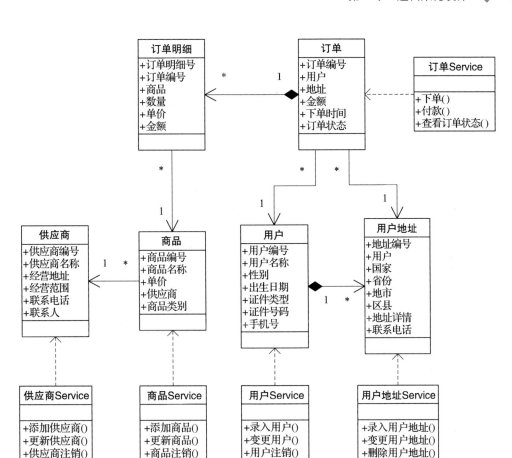

图 2-10　基于领域模型的设计

单一职责原则：

软件系统中的每个元素只完成自己职责范围内的事，而将其他的事交给别人去做，自己只是去调用。

单一职责原则是软件设计中一个非常重要的原则，但如何正确地理解它非常关键。在这句话中，准确理解的关键就在于"职责"二字，即自己职责的范围到底在哪里。以往，我们错误地理解了这个职责，认为就是做某事，与这个事情相关的所有事情都是它的职责。这个错误的理解带来了许多错误的设计，例如将折扣写到付款功能中。那么，怎样才是对"职责"正确的理解呢？

"一个职责就是软件变化的一个原因。"这是著名的软件大师 Bob 大叔在他的著作《敏捷软件开发：原则、模式与实践》中的表述，但这个表述过于精简，大家很难深刻地理解其中的内涵，因此也不能有效地提高我们的设计质量。这里我详细给大家解读一下这句话。

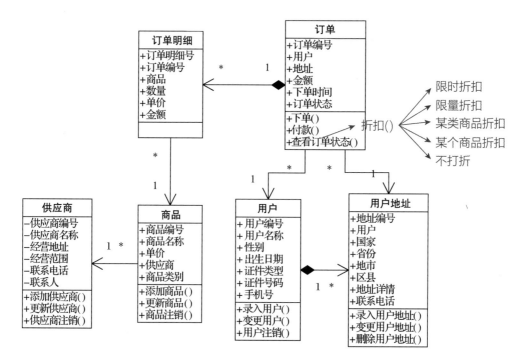

图 2-11 折扣功能在领域模型中的分析设计

什么是高质量的代码？大家可能立即会想到低耦合、高内聚以及各种设计原则，但这些评价标准都太"虚"了。最直接、最落地的评价标准就是，当用户提出一个需求变更时，为了实现这个变更而修改软件的成本越低，那么软件的设计质量就越高。当出现了一个需求变更时，怎样才能让修改软件的成本降低呢？如果为了实现这个需求，需要修改 3 个模块的代码，修改完了这 3 个模块都需要测试，其维护成本必然"高"。因此为了降低维护成本，最现实的方案就是只修改 1 个模块，维护成本最低。

那么，怎样才能在每次变更的时候都只修改一个模块就实现新需求呢？这需要我们平时不断地整理代码，将那些因同一个原因而变更的代码都放在一起，而将因不同原因而变更的代码分开放，放在不同的模块、不同的类中。这样，当因为这个原因而需要修改代码时，需要修改的代码都在这个模块、这个类中，修改范围就缩小了，维护成本就降低了，自然设计质量就提高了。

总之，单一职责原则要求我们在维护软件的过程中不断地进行整理，将因同一个原因而变更的代码放在一起，将因不同原因而变更的代码分开放。按照这样的设计原则，回到前面那个案例中，应当怎样去分析"付款"与"折扣"之间的关系呢？只需要回答两个问题：

1）当"付款"发生变更时，"折扣"是不是一定要变？

2）当"折扣"发生变更时，"付款"是不是一定要变？

这两个问题的答案是否定的，就说明"付款"与"折扣"是软件变化的两个不同的原因，那么把它们放在一起，放在同一个类、同一个方法中，就不合适了，应当将"折扣"从"付款"中提取出来，单独放在一个类中。同样的道理，不同类型的折扣也是软件变化不同的原因，将它们放在同一个类、同一个方法中也是不合适的。通过以上分析，我们做出了如图 2-12 所示的设计。

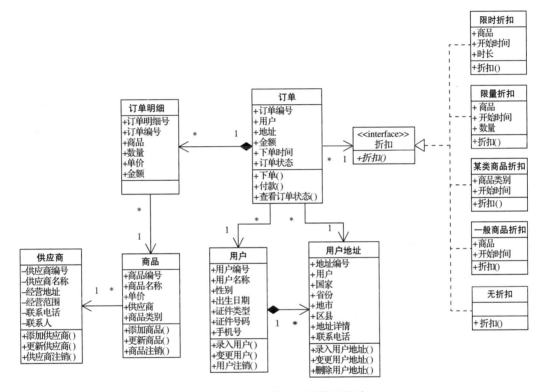

图 2-12　折扣功能的领域模型设计

在该设计中，我们将折扣功能从付款功能中独立出去，做了一个接口，然后以此为基础设计了各种类型的折扣实现类。当付款功能发生变更时不会影响折扣，而折扣发生变更的时候不会影响付款，变更的范围缩小了，维护成本就降低了，设计质量自然提高了。

同样，当限时折扣发生变更时只与限时折扣有关，限量折扣发生变更时也只与限量折扣有关，与其他折扣类型无关，变更的范围缩小了，维护成本就降低了，设计质量提高了。这就是"单一职责原则"的意义。

接着，我们在这个版本的领域模型的基础上进行程序设计，在设计时还可以加入一些设计模式的内容，如图 2-13 所示。

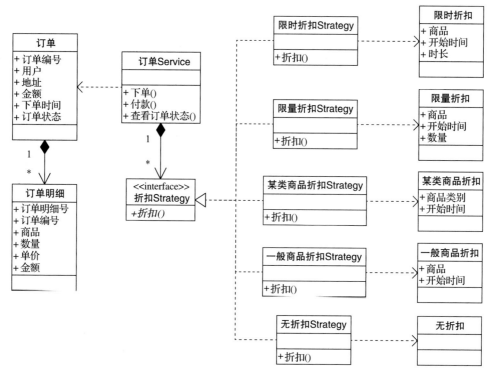

图 2-13 折扣功能的程序设计

显然，在该设计中加入了"策略模式"的内容，将折扣功能做成了一个折扣策略接口与各种折扣策略的实现类。哪个折扣类型发生变更，就修改哪个折扣策略实现类，要增加新的类型的折扣，就再写一个折扣策略实现类，从而提高了设计质量。

在第一次变更的基础上，很快迎来了第二次变更，这次要增加 VIP 功能，业务需求如下。

增加 VIP 功能：

1）对不同类型的 VIP（金卡会员、银卡会员）给予不同的折扣；

2）在支付时，为 VIP 发放福利（积分、返券等）；

3）VIP 可以享受某些特权。

我们拿到这样的需求又应当怎样设计呢？同样，先回到领域模型，分析"用户"与"VIP"的关系，"付款"与"VIP"的关系。在分析的时候，还是回答那两个问题：

1）"用户"发生变更时，"VIP"是否要变？

2）"VIP"发生变更时，"用户"是否要变？

通过分析发现，"用户"与"VIP"完全不同。"用户"要做的是用户的注册、变更、注销等操作，"VIP"要做的是会员折扣、会员福利与会员特权。而"付款"与"VIP"的关系是在付款的过程中去调用会员折扣、会员福利与会员特权。通过以上的分析，我们做出了如图 2-14 所示的版本的领域模型。

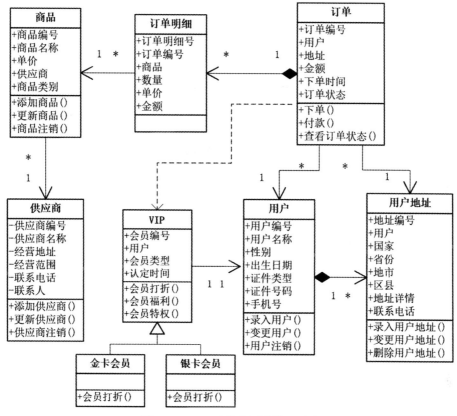

图 2-14 VIP 功能的领域模型设计

有了这些领域模型的变更，就可以以此为基础，指导后面的程序代码的变更了。

同样，第三次变更是增加更多的支付方式，我们在领域模型中分析"付款"与"支付方式"之间的关系，发现它们也是软件变化不同的原因，因此我们做出了如图 2-15 所示的设计。

在设计实现时，支付功能要与各个第三方的支付系统对接，也就是要与外部系统对接。为了将第三方的外部系统的变更对我们的影响最小化，我们在它们中间加入了"适配器模式"，设计如图 2-16 所示。

加入适配器模式后，订单 Service 在进行支付时调用的不再是外部的支付接口，而是我们自己的"支付方式"接口，与外部系统解耦。只要保证"支付方式"接口是稳定的，那么订单 Service 就是稳定的。当支付宝支付接口发生变更时，影响的只限于支付宝 Adapter；当微信支付接口发生变更时，影响的只限于微信支付 Adapter；当要增加一个新的支付方式时，只需要再写一个新的 Adapter。日后不论哪种变更，要修改的代码范围缩小了，维护成本自然降低了，代码质量就提高了。

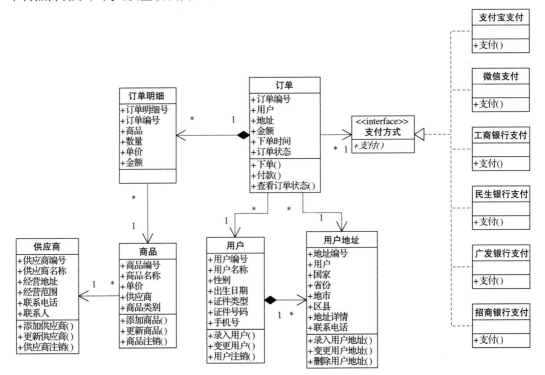

图 2-15　不同支付方式的领域模型设计

2.3.5　领域驱动设计总结

领域模型改变了软件设计的思维方式。过去，我们在进行软件开发的时候，用户说他想要什么功能，我们就给用户做什么功能。然而，在这个过程中，不论是客户还是我们，都不能掌握准确理解需求所需的所有知识。这就导致，无论是客户还是我们都不能准确地理解与描述软件需求。在需求分析中常常会出现这种情况：客户以为他把需求描述得足够清楚了，我们也以为我们听得足够清楚了，但当软件开发出来以后，客户才发现这并不是他需要的软件，而我们才发现并没有真正理解需求。尽管如此，客户依然没有想清楚他想要什么，而我们还是不知道该怎样做。

采用领域驱动设计的核心就是统一语言，也就是我们去主动理解业务，理解业务流程与业务痛点，理解用户提出的业务需求背后的动机。当我们深刻理解了业务后，再运用专业知识去思考软件到底应当给用户提供什么样的功能。这样的思考将更加深刻、更加专业，从而有效避免了很多无谓的变更。领域驱动设计的过程如图 2-17 所示。

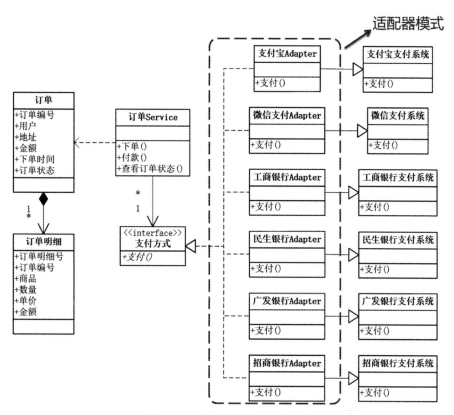

图 2-16　适配器模式的程序设计

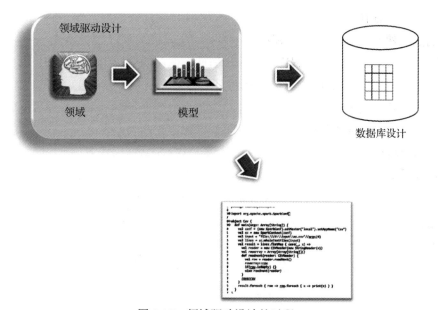

图 2-17　领域驱动设计的过程

无谓的变更不等于没有变更。我们对业务及其痛点的理解是一个由浅入深的过程，我们对业务理解得越来越深刻后，就会开始思考软件还应当提供什么样的功能才能更好地解决用户痛点，把软件做得更专业，让用户更满意。这时，我们就开始主动去变更功能，而不再是被动地接收用户的需求。

领域模型可以表达我们对业务领域知识的理解，然后将这种理解转换为设计，包括数据库设计与程序设计。随着我们对业务的理解越来越深刻，就会将这些理解落实到领域模型中，对领域模型进行相应的调整。接着，将这样的调整落实到数据库和程序设计中。如果我们采用了这样的设计过程，就能让软件设计质量更高，日后维护的成本更低，从而更有效地降低软件开发过程中的风险，带领软件团队更平稳地去开发软件项目。

2.4 技术可行性分析

在逻辑架构的设计阶段，我们对即将设计的软件系统进行需求分析。这是一个分析设计的过程，而不是简单记录用户需求。因此，这个阶段的输入是用户需求，但输出的是软件最终要为用户提供哪些功能。在这个过程中，需要我们将用户最初的需求进行落实与细化。

然而，在以往的许多项目中，这个过程没有架构师参与，而是直接由需求分析人员完成的。需求分析人员去做需求分析，理解用户需求，然后提交开发团队开始设计开发。这个过程看似流畅、各司其职，但潜藏着巨大的风险，也就是业务需求的技术不可行。

首先我们来看看用户是怎样提业务需求的。用户在提需求的时候，非常清楚他们的业务以及痛点。然而，用户对于软件研发是非专业的，他们只知道业务问题，但不知道软件如何解决这些业务问题，怎样解决会更优。因此，他们提出的业务需求，是用他们对软件知识有限的理解，想象软件如何解决他们的问题，而这样的需求必然是不专业的，它不能最优地解决问题，甚至很多时候是天马行空，技术上难以实现。因此，如果不能在逻辑架构设计这个阶段将这些不靠谱的需求识别出来，那么花费巨大的精力与成本所得到的结果并不会令用户满意。

因此，我们需要在逻辑架构设计阶段将那些不靠谱的需求及时识别出来，有效地去解决。那么，需求分析人员能够识别一个需求技术可不可行吗？不能，因为很多需求分析人员长期远离技术。需求可不可行的识别工作，是需要交给架构师去完成的。架构师都有很好的技术功底，又能够深刻地理解业务，所以能够很好地识别哪些需求技术可行，哪些不可行。但是，如果架构师在对需求确认的过程中发现某些需求不可行，他能拒绝用户的需求吗？不能，他没有拒绝的权力。这时，架构师应该怎么办呢？

笔者根据多年的经验，总结出来了以下三个解决这类问题的步骤。

（1）跳出需求去分析需求相关的业务

用户需求只是整个业务流程中很小的一部分，而且是并不连续的一部分。如果把注意力仅仅停留在用户需求上，就不能把用户的各个业务流程打通，就不能深刻地真正理解业务，对用户需求的理解就会浮于表面。最后落实到软件设计上，就会做出不专业的软件，不能很好地满足用户的需求。因此，有经验的架构师在与用户探讨需求时，起初先闭口不谈当前的需求，而是与用户探讨相关的业务，包括业务流程、业务规则、业务痛点，等等。把这些理解清楚了后再回到业务需求，我们对业务需求的理解就完全不同了，就能够深刻理解用户为什么提这样的需求。

（2）分析需求背后的动机

对业务有了一定的深刻理解以后，就重新回到当前的需求，这时就开始去尝试理解每个需求背后的动机。用户在提需求的时候，每个需求都有它背后的动机，就是解决某个业务问题、业务痛点。用户提需求的根本目的是要解决业务问题，然而他不是软件专业的，提不出更加专业的解决方案。因此，对于我们，抓住了这个业务问题，就抓住了问题的关键。

（3）基于需求动机去制订可行的方案

抓住了需求的动机，即用户要解决的业务问题，就抓住了问题的关键。这时我们就围绕这个业务问题，运用我们的专业知识，制订出新的解决方案。这个解决方案既可以有效地解决用户的业务问题，又在技术上是可行的。然后，我们拿着这个方案再去与用户沟通和探讨。当我们提出问题的时候，适时地抛出解决方案，用户能够接受吗？用户不仅可以接受这个方案，而且还会觉得你非常专业，能懂他。这个方案既解决了他的问题，还能达到他意料之外的、意想不到的效果。这样，你逐渐就能在用户心目中树立威信，让用户觉得你很专业，特别靠谱。这种威信对于架构师来说是非常重要的。

在一个团队中，用户特别喜欢与架构师聊天，因为用户提出问题后，架构师不仅能告诉他这个问题能解决，而且会告诉他我们是怎么解决这个问题的，使用户感觉特别踏实。如果架构师能够在用户心目中树立威信，就能够在整个项目进展过程中去引导用户，告诉用户怎样做能够规避风险，就能保障项目顺利进行。如果架构师具有了这样的能力，就能在项目中起到非常关键的作用，体现出自己的价值，从而成长为一个顶级架构师。

数据架构设计

数据，就是软件系统业务价值的核心。

有了逻辑架构，软件系统需要实现哪些功能就逐步清晰起来了，这时候我们进入数据架构设计阶段。数据架构阶段要对逻辑架构中确定下来的功能进行进一步细化，对功能性需求进行设计。然而，系统功能性需求的设计是一个非常烦琐的过程。架构设计不同于概要设计、详细设计，是抓主要、抓核心，而功能性需求的核心是数据，即那些业务处理流程的实质就是对数据的处理。抓住了这些数据的结构，清楚都有哪些字段、应当进行什么操作，就抓住了功能性需求的核心。因此，数据架构设计就是以数据为核心，来梳理整个业务处理流程。抓住了这些，整个系统的设计思路就清楚了，剩下的就是设计实现的细节了。

3.1　数据架构的设计过程

以往的数据架构设计是以数据库设计为核心的设计过程，如图 3-1 所示。前面谈到，当需求确定下来以后，团队首先开始的是数据库的设计，因为数据库是各个模块唯一的接口。当整个团队将数据库设计确定下来以后，就可以按照模块各自独立地进行开发了。在这个过程中，为了提高团队开发速度，应尽量让各个模块不要交互，从而达到独立开发的效果。但是，随着系统规模越来越大，业务逻辑越来越复杂，系统就越来越难以保证各个模块彼此独立、不交互了。

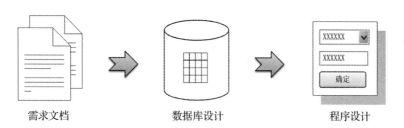

图 3-1　传统的软件设计过程

当软件系统变得越来越复杂时，原有的设计过程就不能满足设计的需要了。在原有的设计过程中，首先进行数据库设计，而数据库设计只能描述数据结构，不能描述系统对这些数据结构的处理。因此，在第一遍对整个系统的梳理过程中，只能梳理系统的所有数据结构，形成数据库设计。接着，我们再次梳理整个系统，分析系统对这些数据结构的处理，形成程序设计。那么，我们为什么不能一次性地把整个系统的设计梳理到位呢？

因此，我们按照面向对象的设计过程来分析设计系统，如图 3-2 所示。当开始分析设计时，首先进行用例模型的设计，分析整个系统要实现哪些功能。接着进行领域模型的设计，分析系统的业务实体。在领域模型设计中，采用类图的形式，每个类可以通过属性来表述数据结构，又可以通过方法来描述对数据结构的处理。因此，在领域模型设计中，我们就把表述数据结构与对数据结构的处理这两项工作一次性完成了。

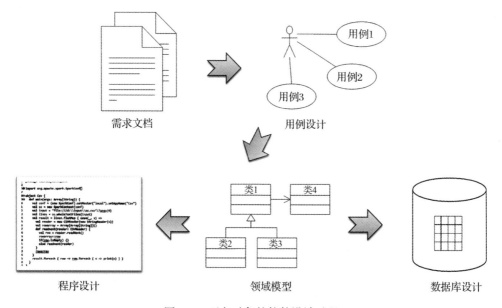

图 3-2　面向对象的软件设计过程

这个设计过程的核心就是领域模型，然后以它为核心指导系统的数据库设计与程序设计。这时候，数据库设计就弱化为了领域对象持久化设计的一种实现方式。

领域对象的持久化，就是指在整个系统运行的过程中所有的数据都是以领域对象的形式存在的。譬如，要插入数据就是创建领域对象，要更新数据就是根据 key 值去修改领域对象，删除数据则是摧毁这个领域对象。假如我们拥有一台超级强大的服务器，那么我们不需要任何数据库，直接操作这些领域对象就可以了。但现实世界中没有那么强大的服务器，因此在设计实现的过程中，必须将暂时不用的领域对象持久化存储到磁盘中，需要时再从磁盘中恢复这个领域对象。这就是领域对象持久化存储的设计思想，而数据库就是这种持久化存储的一种实现方式。

所以，现在我们讨论的数据库设计，实际上就是将领域对象的设计按照某种对应关系转换成数据库的设计。随着整个产业的大数据转型，今后的数据库设计思想也将发生巨大的转变，数据库可能不再是关系型数据库了，可能是 NoSQL 数据库或者大数据平台。数据库的设计也不一定遵循第三范式（Third Normal Form，3NF）了，可能会增加更多的冗余，甚至是"宽表"。数据库设计在发生巨大的变化，但唯一不变的是领域对象。这样，当系统在大数据转型时，可以保证业务代码不变，变化的是数据访问层（Data Access Object，DAO）。这将使得日后大数据转型的成本更低，让我们更快地跟上技术发展的脚步。

因此，在数据架构设计这个环节，我们首先进行领域模型的设计，然后将领域模型的设计转换成数据库设计以及程序设计。这里大家可能发现了一个有趣的问题，逻辑架构设计包含了领域模型，而数据架构设计也包含领域模型。这其实反映了领域模型设计到底是谁的职责：属于逻辑架构的部分应当属于需求分析人员的职责，属于数据架构的部分应当属于设计人员的职责。但我认为，领域模型是两个角色相互协作的产物。未来敏捷开发的组织形成，团队将更加扁平化。过去是需求分析人员做需求分析，然后交给设计人员设计开发。这种方式就使得软件设计质量低下、机构臃肿。未来"大前端"的思想将支持更多设计开发人员直接参与需求分析，实现从需求分析到设计开发的一体化组织形式。这样，领域模型就成了设计开发人员快速理解需求的利器。

3.2　基于领域的数据库设计

随着面向对象软件设计的不断发展，数据架构中的数据库设计实际上已经变成了以领域模型为核心，将领域模型转换成数据库设计。那么怎样进行转换呢？在领域模型中是一个一个的类，而在数据库设计中是一个一个的表，因此我们需要做的就是将类转换成表。

图 3-3 是一个绩效考核系统的领域模型。该绩效考核系统首先进行自动考核，发现一

批过错，然后再给一个机会，让过错责任人对自己的过错进行申辩。这时，过错责任人可以填写一张申辩申请单，在申辩申请单中的每个明细对应一个过错行为，每个过错行为都对应了一个过错类型，就形成了这样一个领域模型。

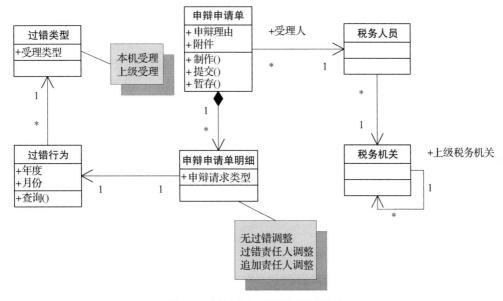

图 3-3 绩效考核系统的领域模型

接着，要将这个领域模型转换成数据库设计。领域模型中的一个类可以转换成数据库中的一个表，类中的属性可以转换成表中的字段，但这里的关键是如何处理类与类之间的关系，如何将其转换成表与表之间的关系。有 5 种类型的关系需要转换：传统的 4 种关系和继承关系。

3.2.1　传统的 4 种关系

传统的关系包含一对一、多对一、一对多、多对多。这 4 种关系在类与类之间存在，在表与表之间也存在，所以可以直接转换。

首先是一对一关系。在以上案例中，"申辩申请单明细"与"过错行为"就是一对"一对一"关系，如图 3-4 所示。在该关系中，一个"申辩申请单明细"必须要对应一个"过错行为"，没有一个"过错行为"的对应就不能成为一个"申辩申请单明细"。这种约束在数据库设计时，可以通过外键来实现。此外，一对一关系还有另外一个约束，就是一个"过错行为"最多只能有一个"申辩申请单明细"与之对应。这个约束暗含的是一种唯一性的约束。因此，我们将过错行为表中的主键作为申辩申请单明细表的外键，并将该字段升级为申辩申请单明细表的主键。

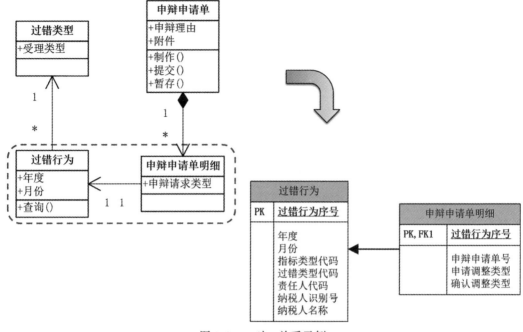

图 3-4 一对一关系示例

接着是多对一关系，在日常的分析设计中最常见的一种关系。在以上案例中，一个"过错行为"对应一个"税务人员"、一个"纳税人"与一个"过错类型"。同时，一个"税务人员"，或"纳税人"，或"过错类型"，都可以对应多个"过错行为"。它们就形成了"多对一"关系。在数据库设计时，通过外键就可以建立这种"多对一"关系。因此，我们进行了如图 3-5 所示的数据库设计。

多对一关系在数据库设计上比较简单，然而落实到程序设计时，需要好好探讨一下。在以上案例中，在按照这样的方式设计以后，在查询时往往需要在查询过错行为的同时显示它们对应的税务人员、纳税人与过错类型。这时，以往的设计是增加一个 join 语句。然而随着数据量不断增大，查询性能将受到极大的影响。也就是说，join 操作往往是关系型数据库在面对大数据时最大的瓶颈之一。一个更好的方案就是先查询过错行为表，分页，然后再补填当前页的其他关联信息。这时，就需要在过错行为这个值对象中通过属性变量增加对税务人员、纳税人与过错类型等信息的引用。

一对多关系往往表达的是一种主–子表的关系。譬如，以上案例中的"申辩申请单"与"申辩申请单明细"就是一对"一对多"关系，订单与订单明细、表单与表单明细，也是一对多关系。一对多关系在数据库设计上比较简单，就是在子表中增加一个外键去引用主表中的主键，如本案例中，申辩申请单明细表通过一个外键去引用申辩申请单表中的主键，如图 3-6 所示。

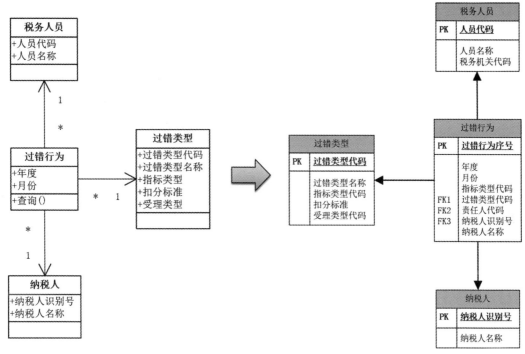

图 3-5 多对一关系的示例

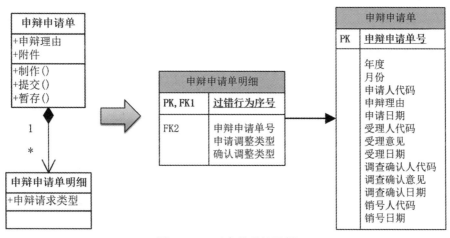

图 3-6 一对多关系的示例

除此之外,在程序的值对象设计时,主对象中也应当有一个集合的属性变量去引用子对象。如本例中,在"申辩申请单"值对象中有一个集合属性去引用"申辩申请单明细"。这样,当通过申辩申请单号查找到某个申辩申请单时,同时就可以获得它的所有申辩申请单明细。一对多关系的代码如下所示。

```
public class Sbsqd {
  private Set<SbsqdMx> sbsqdMxes;
  public void setSbsqdMxes(Set<SbsqdMx> sbsqdMxes){
    this.sbsqdMxes = sbsqdMxes;
  }
  public Set<SbsqdMx> getSbsqdMxes(){
    return this.sbsqdMxes;
  }
  ......
}
```

　　最后一种关系是多对多关系，比较典型的例子就是"用户角色"与"功能权限"。一个"用户角色"可以申请多个"功能权限"，而一个"功能权限"又可以分配给多个"用户角色"使用，这样就形成了一个"多对多"关系。这种多对多关系在对象设计时，可以通过一个"功能-角色关联类"来详细描述。因此，在数据库设计时就可以添加一个"角色功能关联表"，而该表的主键就是关系双方的主键进行组合所形成的联合主键，如图3-7所示。

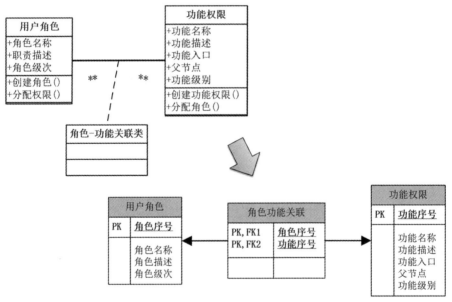

图 3-7　多对多关系的示例

　　以上4种关系是领域模型有、数据库也有的4种传统关系。因此，在数据库设计时，直接将相应的关系转换成数据库设计即可。在数据库设计时还要将它们进一步细化。如在领域模型中，无论对象还是属性在命名时都是采用中文，这样有利于沟通与理解，但到了数据库设计时，就要将它们改为英文命名，或者汉语拼音首字母，同时还要确定它们的字段类型与是否为空等其他属性。

3.2.2 继承关系

以上 4 种常见的关系，领域模型里有，数据库里也有，转换起来就比较得心应手。然而继承关系就不太一样了，在领域模型设计中有，但在数据库设计中没有。如何将领域模型中的继承关系转换成数据库设计呢？有 3 种方案可以选择。

先看看图 3-8 所示的设计方案。"执法行为"通过继承分为"正确行为"和"过错行为"。如果这种继承关系的子类不多（一般就二三个），且每个子类的个性化字段也不多，则可以使用一个表来记录整个继承关系。在这个表的中间有一个标识字段，标识表中的每条记录到底是哪个子类。这个字段的前面部分罗列的是父类的字段，后面依次罗列各个子类的个性化字段。

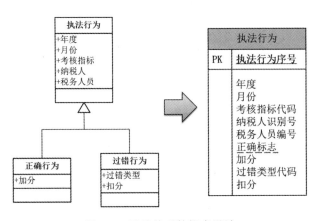

图 3-8　继承关系数据库设计

这个方案的优点是简单，整个继承关系的数据全都保存在这个表里。但是，它会造成"表稀疏"。在该案例中，如果"过错行为"记录只有一条，则字段"加分"永远为空；如果"正确行为"记录只有一条，则字段"过错类型"与"扣分"永远为空。假如这个继承关系中各子类的个性化字段很多，就会造成该表中出现大量空字段，我们把这种情况称为"表稀疏"。在关系型数据库中，为空的字段是要占用空间的。这种"表稀疏"既会浪费大量存储空间，又会影响查询速度，因此需要极力避免。所以，子类比较多或者子类个性化字段多的情况是不适合该方案的。

如果执法行为按照考核指标的类型进行继承，分为"考核指标 1""考核指标 2""考核指标 3"等，并且每个子类都有很多的个性化字段，则采用前面那个方案就不合适了。这时，我们有另外两个数据库设计方案。一个方案是将每个子类都对应到一个表，有几个子类就有几个表，如图 3-9 所示。

执法行为
+年度
+月份
+考核指标
+纳税人
+税务人员
考核指标1
+税务登记日期
+税务登记人
+登记表类型
考核指标2
+申报日期
+申报期限
+征收项目
+销售收入
+税额
考核指标3
+征收项目
+征收品名
+销售收入
+税额
+开票日期
+缴款日期

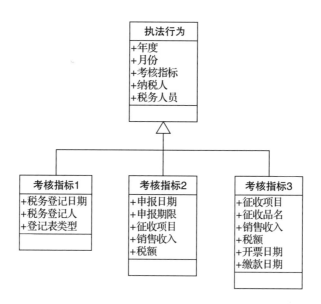

图 3-9 领域模型继承关系的另一个案例

这些表共用一个主键，即这几个表的主键生成器是一个，某个主键值只能存在于某一个表中，不能存在于多个表中。每个表的前面是父类的字段，后面罗列各个子类的字段，如图 3-10 所示。

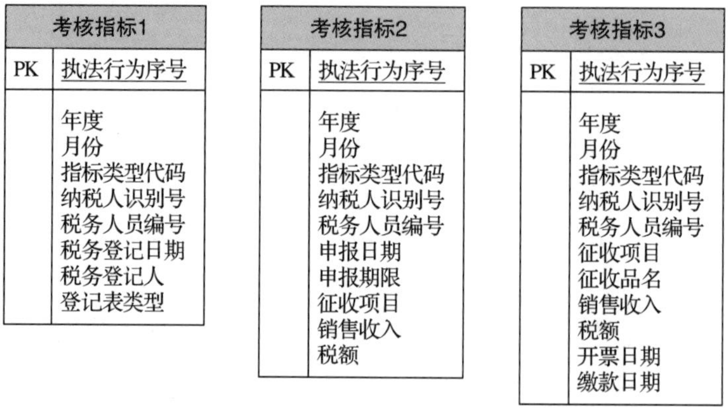

考核指标1
PK 执法行为序号
年度
月份
指标类型代码
纳税人识别号
税务人员编号
税务登记日期
税务登记人
登记表类型
考核指标2
PK 执法行为序号
年度
月份
指标类型代码
纳税人识别号
税务人员编号
申报日期
申报期限
征收项目
销售收入
税额
考核指标3
PK 执法行为序号
年度
月份
指标类型代码
纳税人识别号
税务人员编号
征收项目
征收品名
销售收入
税额
开票日期
缴款日期

图 3-10 为继承关系的每个子类设计一个表

如果业务需求是在前端查询时每次只能查询某一个指标，那么采用这种方案就能将每次查询落到某一个表中，方案就最合适。但如果业务需求是要查询某个过错责任人涉及的所有指标，则采用这种方案就必须要在所有的表中进行扫描，那么查询效率就比较低，并不适用。

如果业务需求是要查询某个过错责任人涉及的所有指标，则更适合采用第二个方案，将父类做成一个表，各个子类分别对应各自的表，如图 3-11 所示。这样，当需要查询某个过错责任人涉及的所有指标时，只需要查询父类的表就可以了。如果要查看某条记录的详细信息，再根据主键与类型字段查询相应子类的个性化字段，那么这种方案就是完美实现该业务需求的选择。

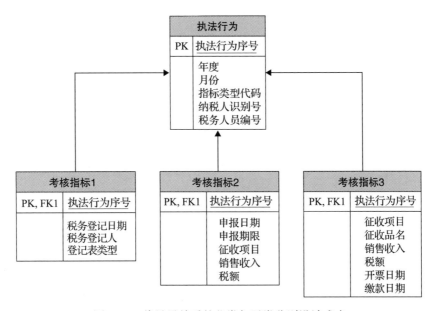

图 3-11　将继承关系的父类与子类分别设计成表

综上所述，将领域模型中的继承关系转换成数据库设计有三种方案，并且每个方案都有各自的优缺点。因此，我们需要根据业务场景的特点与需求去评估，选择更适于该业务场景的方案。所以，在没有详细了解需求之前是不能进行架构设计的。

3.2.3　NoSQL 数据库的设计

前面我们讲的数据库设计，还是基于传统的关系型数据库和第三范式的数据库进行的。但是，随着互联网高并发与分布式技术的发展，另一种全新的数据库类型应运而生，那就是 NoSQL 数据库。正是由于互联网应用带来的高并发压力，采用关系型数据库进行集中式部署不能满足这种高并发的需求，才使得分布式 NoSQL 数据库得到快速发展。也正因为如此，NoSQL 数据库与关系型数据库的设计套路是完全不同的。

NoSQL 数据库的设计思想就是尽量减少 join 操作，即将需要进行 join 操作的查询在写入数据库表前先进行 join 操作，然后直接写到一张单表中进行分布式存储，我们称这张表为"宽表"。这样，在面对海量数据查询时，我们就不需要再进行 join 操作了，而是可以直接在这个单表中查询。同时，因为 NoSQL 数据库自身的特点，使得它在存储空字段时不占用空间，不必担心"表稀疏"的问题，不影响查询性能。因此，NoSQL 数据库在设计时尽量要在单表中存储更多的字段，避免数据查询中的 join 操作，即使出现大量为空的字段也无所谓。更多关于 NoSQL 数据库的设计原理详见 7.2.5 节。

正因为 NoSQL 数据库在设计上有以上特点，因此在将领域模型转换成 NoSQL 数据库时，设计就完全不一样了。比如，图 3-12 所示的这张增值税发票，在数据库设计时需要分为发票信息表、发票明细表与纳税人表，而在查询时需要进行 4 次 join 操作才能完成。

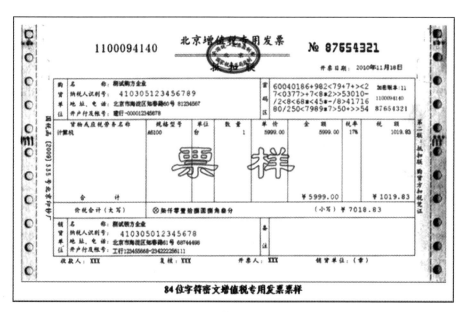

图 3-12　增值税发票的票样

但在 NoSQL 数据库设计时，可将其设计成这样一张表，代码如下：

```
{ _id: ObjectId(7df78ad8902c)
  fpdm: '7300134140', fphm:'02309723',
  kprq: '2016-1-25 9:22:45',
  je: 70451.28, se: 11976.72,
  gfnsr: {
    nsrsbh: '730112583347803',
    nsrmc: '电子精灵科技有效公司',…
  },
  xfnsr: {
    nsrsbh: '730112576687500',
    nsrmc: '华荣商贸有限公司',…
  },
  spmx: [
    { qdbz: '00', wp_mc:'蓝牙耳机车  语者S1  蓝牙耳机', sl:2, dj:68.00,… },
    { qdbz: '00', wp_mc:'车载充电器  新在线', sl:1, dj:11.00,… },
    { qdbz: '00', wp_mc:'保护壳 非尼膜属  iPhone6  电镀壳', sl:1, dj:24.00,… }
  ]
}
```

在该案例中，对于"一对一"和"多对一"关系，在发票信息表中通过一个类型为"对象"的字段来存储，如 gfnsr 与 xfnsr 字段；对于"一对多"和"多对多"关系，通过一个类型为"对象数组"的字段来存储，如 spmx 字段。这样就可以完成对所有发票的查询，无需再进行任何 join 操作。

采用 NoSQL 数据库怎样实现继承关系的设计呢？由于 NoSQL 数据库自身的特点决定了不必担心"表稀疏"，同时要避免 join 操作，所以比较适合采用第一个方案，即将整个继承关系放到同一张表中进行设计。这时，NoSQL 数据库的每一条记录可以有不一定完全相同的字段，代码如下：

```
{ _id: ObjectId(79878ad8902c),
  name: 'Jack',
  type: 'parent',
  partner: 'Elizabeth',
  children: [
    { name: 'Tom', gender: 'male'},
    { name: 'Mary', gender: 'female'}
  ]
},
{ _id: ObjectId(79878ad8903d),
  name: 'Bob',
  type: 'kid',
  mother: 'Anna',
  father: 'David'
}
```

以上案例是一个用户档案表，有两条记录：Jack 与 Bob。Jack 的类型是 parent，因此其个性化字段是 partner 与 children；而 Bob 的类型是 kid，因此其个性化字段是 mother 与 father。显然，NoSQL 数据库设计更灵活。

3.3 基于领域的程序设计

数据架构阶段要完成的另一项任务，就是基于业务需求中的功能性需求进行业务梳理，完成相应的程序设计。然而，在整个软件开发的过程中，程序设计与软件开发耗时最长、工作量最大，是不可能在数据架构设计阶段全部完成的。因此，在该阶段进行的程序设计，实际上是最顶层的程序设计。也就是说，从业务上去梳理每个模块的每个功能中最主要的都有哪些服务、哪些实体，以及这些服务与实体主要包含哪些行为、哪些方法、执行什么流程。这时我们要做的，就是将前面设计的领域模型，映射成数据架构中的程序设计，从而通过领域驱动提高软件设计质量。那么，应当怎样进行映射，怎么让领域模型指导程序设计呢？

3.3.1 服务、实体与值对象

要将领域模型映射到程序设计，最终都会落实到三种类型的对象设计：服务、实体和值对象。

服务标识的是那些在领域对象之外的操作与行为。在领域驱动设计中，服务通常承担了两类职责：接收用户的请求、执行某些操作。当用户在系统界面中进行一些操作时，就会向系统发出请求。这时，是由服务首先去接收用户的这些请求，然后再根据需求去执行相应的方法，再去操作相应的实体与值对象。最后，当所有操作都完成以后，再将实体或值对象中的数据持久化到数据库中。

接着，就是实体与值对象。在领域驱动设计中，对实体与值对象进行了严格的区分。实体就是那些通过一个唯一标识字段来区分真实世界中的每一个个体的领域对象。例如，在学籍管理系统中的"学员"对象就是一个实体，它通过标识字段"学员编号"将每一个学员进行了区分，通过某个学员编号就能唯一地标识这个学员。并且，这个学员有许多属性，如姓名、性别、年龄等，这些属性也是随着时间不断变化。这样的设计就叫做"实体"。

然而，在领域建模的过程中，还有另外一种领域对象，它代表的是真实世界中那些一成不变的、本质性的事物，这样的领域对象叫做"值对象"。例如地理位置、行政区划、币种、行业、职位，等等。可变性是实体的特点，而不变性则是值对象的特点。例如北京是一个城市，架构师是一个职务，人民币是一个币种，这些特性是永远不变的。

在实际项目中，我们可以根据业务需求的不同，灵活选用实体和值对象。比如，在在线订餐系统中，菜单既可以设计成实体，也可以设计成值对象，关键看业务需求。例如"宫保鸡丁"是一个菜品，如果将其按照值对象设计，则整个系统中"宫保鸡丁"只有一条记录，所有饭店菜单中的这道菜都是引用的这条记录。如果按照实体进行设计，则认为每个饭店的"宫保鸡丁"都是不同的，比如每个饭店的"宫保鸡丁"的价格都不同，因此将其设计成有多条记录，有各自不同的 ID，每个饭店都使用自己的"宫保鸡丁"。

3.3.2 贫血模型与充血模型

服务、实体与值对象，是领域驱动设计的基本元素。然而，要将业务领域模型最终转换为程序设计，还要加入相应的设计。通常，将业务领域模型转换为程序设计，有两种设计思路：贫血模型与充血模型。

软件大师 Martin Fowler 在自己的博客中提出了"贫血模型"的概念，当时是将其作为反模式来批评的。所谓的"贫血模型"，就是在软件设计中有很多的 POJO（Plain Ordinary Java Object）对象，它们除了有一堆 get/set 方法外，几乎没有任何业务逻辑。这样的设计被称为"贫血模型"，如图 3-13 所示。

我们以图 3-13 为例，在领域模型中有 VIP 的领域对象除了有很多属性以外，还有"会员打折""会员福利""会员特权"等方法。如果将该领域模型按照贫血模型进行设计，就会设计一个 VIP 的实体对象与 Service。实体对象包含该对象的所有属性以及这些属性包含的数据。然后，将所有的方法都放入 Service 中，在调用它们的时候，必须将领域对象作为参数进行传输。在这样的设计中，领域对象中的那些方法及其在执行过程中所需的数据被割裂到两个不同的对象中，对象的封装性被打破了。这么做会带来什么问题呢？

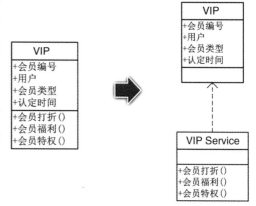

图 3-13　VIP 的贫血模型设计

如图 3-14 所示，在领域模型中的 VIP 通过继承分为了"金卡会员"与"银卡会员"。如果将该领域模型按照贫血模型进行设计，则会设计出一个"金卡会员"的实体对象与 Service，同时设计出一个"银卡会员"的实体对象与 Service。"金卡会员"的实体对象应当调用"金卡会员"的 Service，如果用"金卡会员"的实体对象去调用"银卡会员"的 Service，系统就会出错。所以，除了进行以上的设计之外，还需要有一个客户程序去判断当前的实体对象是"金卡会员"还是"银卡会员"。这时，系统变更就不那么灵活了。

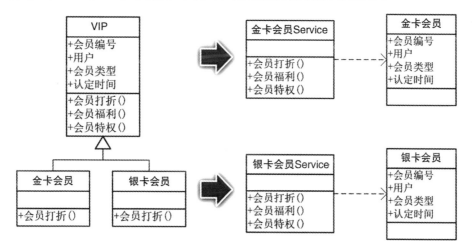

图 3-14　VIP 的贫血模型设计

如果现在需要在原有的基础上再增加一个"铂金会员"，那么不仅要增加一个"铂金会员"的实体对象与 Service，还要修改客户程序的判断，系统变更成本就会提高。

针对贫血模型的问题，Martin Fowler 提出了"充血模型"的概念。如图 3-15 所示，假如采用"充血模型"，就会将领域对象的原貌直接转换为实体对象的设计。因此在程序设计时，既有父类的"VIP"，又有子类"金卡会员"与"银卡会员"。与贫血模型不同的是，那些在领域对象中的方法也同样保留到了程序设计的实体对象中。这样，通过继承，虽然"金卡会员"与"银卡会员"都有"会员打折"，但"金卡会员"的"会员打折"与"银卡会员"的"会员打折"是不一样的。

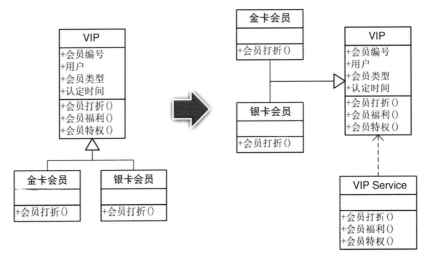

图 3-15　VIP 的充血模型设计

与贫血模型不同的是，虽然在充血模型中也有 Service，里面也有"会员打折""会员福利""会员特权"等方法，但是充血模型的 Service 只做一件非常简单的事，就是在接收到用户的请求后，直接去调用实体对象中的相应方法，其他的什么都不做。这样，VIP Service 不需要关注现在调用的是"金卡会员"还是"银卡会员"，它只需要去调用"会员打折"就行了。如果当前拿到的是"金卡会员"，就是执行"金卡会员"的"会员打折"；如果当前拿到的是"银卡会员"，就是执行"银卡会员"的"会员打折"。如果要再增加一个"铂金会员"，就只需要写一个"铂金会员"的子类，重写"会员打折"方法，而 VIP Service 不需要做任何修改，变更成本就大大降低了。

采用充血模型的设计有诸多好处。充血模型保持了领域模型的原貌，领域模型可直接转换成程序的设计。当领域模型随着业务变更而频繁甚至大幅度调整时，可以比较直接地映射成程序的变更，代码修改起来比较直接。此外，充血模型保持了对象的封装性，使得领域模型在面临多态、继承等复杂结构时易于变更。

充血模型在理论上非常优雅，在工程实践上却不尽如人意。而贫血模型从表面上看简单粗暴，但在工程实践上有许多优异的特性。主要体现在以下几个方面。

（1）贫血模型比充血模型更加简单易行

充血模型是将领域模型的原貌直接映射成了程序设计，因此在程序设计时需要增加更多的诸如仓库、工厂的组件，对设计能力与架构提出了更高的要求。譬如，现在要设计一个订单系统，在领域建模时，每个订单需要有多个订单明细，还要对应相关的客户信息、商品信息。因此，在装载一个订单时，需要同时查出它的订单明细和对应的客户信息、商品信息。这些需要有强大的订单工厂进行装配。装载订单以后，还需要放到仓库中进行缓存，因此需要订单仓库具有缓存的能力。此外，在保存订单的时候，还需要同时保存订单和订单明细，并将它们放到一个事务中。所有这些都需要有强力的技术平台的支持（详见 4.3.3 节）。这个系统的充血模型架构设计如图 3-16 所示。

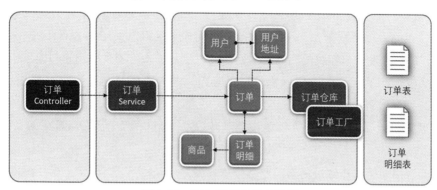

图 3-16　充血模型的架构设计

相反，贫血模型就显得更加简单。在贫血模型中，MVC 层直接调用 Service，Service通过 DAO 进行数据访问。在这个过程中，每个 DAO 都只查询数据库中的某个表，然后直接交给 Service 去使用，去完成各种处理。以订单系统为例，订单有订单 DAO，负责查询订单；订单明细有订单明细 DAO，负责查询订单明细。它们查询出来以后，不需要装配，而是直接交给订单 Service 使用。在保存订单时，订单 DAO 负责保存订单，订单明细 DAO负责保存订单明细。它们都是通过订单 Service 进行组织，并建立事务。贫血模型不需要仓库，不需要工厂，也不需要缓存，一切都显得那么简单且一目了然，如图 3-17 所示。

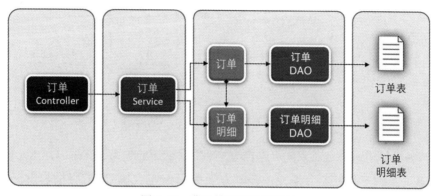

图 3-17　贫血模型的架构设计

（2）充血模型需要有更强的设计与协作能力

充血模型的设计实现对开发人员的能力提出了更高的要求，开发人员需要具有更强的 OOA/D 能力，分析业务、业务建模与设计能力。譬如在订单系统这个案例中，开发人员需要首先进行领域建模，分析清楚该场景中的订单、订单明细、用户、商品等领域对象的关联关系，还需要分析各个领域对象在真实世界中都有什么行为，对应到软件设计中都有什么方法，在此基础上再进行设计开发。

同时，充血模型需要有较强的团队协作的能力。比如，在该场景的订单创建过程中，需要对用户以及用户地址的相关信息进行查询，这时候订单 Service 不能直接去查询用户和用户地址的相关表，而是要去调用用户 Service 的相关接口，由用户 Service 去完成对用户相关表的查询。开发订单模块的团队就需要向开发用户模块的团队提出接口需求。

与充血模型相比，贫血模型就比较简单直接。所有业务处理过程都交给 Service 去完成。在业务处理过程中，需要哪些表的数据，就去调用相应的 DAO：需要订单就找订单 DAO，需要用户就找用户 DAO，需要商品就找商品 DAO。程序简单就易于理解，日后维护起来也比较容易。

（3）贫血模型更容易应对复杂的业务处理场景

在进行设计时，充血模型是在领域对象的相应方法中实现所有业务处理过程的。如果业务处理过程比较简单，这样的设计还可以从容应对，但如果面对的是非常复杂的业务处理场景，就有一些力不从心。

在这些复杂的业务处理场景中，如果采用贫血模型，可以将复杂的业务处理场景划分成多个相对独立的步骤，然后将这些独立的步骤分配给多个 Service 串联起来执行。这样，各个步骤就以一种松耦合的形式串联在一起，以领域对象作为参数在各个 Service 中进行传递，如图 3-18 所示。

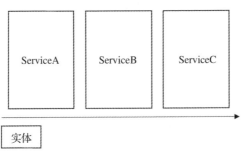

图 3-18　复杂业务流程的生产流水线处理方式

在这样的设计中，领域对象既可以作为各个方法调用的输入，又可以作为它们的输出。比如，在这个案例中，领域对象作为参数首先调用 ServiceA，之后将结果数据写入领域对象的前 5 个字段，传递给 ServiceB。ServiceB 拿到领域对象以后，既可以作为输入去读取前 5 个字段，又可以作为输出将执行结果写入中间 5 个字段。最后，将领域对象传递给 ServiceC，执行完操作以后去写后面 5 个字段。当所有字段都写入完成以后，存入数据库，完成所有操作。

在这个设计中，如果日后需要变更，要增加一个处理过程，或者去掉一个处理过程，再或者调整它们的执行顺序，都是比较容易的。这样的设计要求处理过程必须在领域对象之外，在 Service 中实现。然而，如果采用的是充血模型的设计，就必须要将所有的处理过程都写入这个领域对象中去实现，不管这些处理过程有多复杂。这样的设计势必会加大日后变更维护的成本。

所以，贫血模型和充血模型各有优缺点。到底应当采用贫血模型还是充血模型，人们争执了多年，但笔者认为它们并不是熊掌和鱼的关系。我们应当把它们结合起来，取长补短，合理利用。首先应当弄清楚贫血模型和充血模型的差别，也就是两种模型的业务逻辑应当在哪里实现：贫血模型的业务逻辑在 Service 中实现，但充血模型是在领域对象中实现的。清楚了这一点，那么在以后的软件设计中，我们可以将那些需要封装的业务逻辑放到领域对象中，按照充血模型去设计。其他的业务逻辑放到 Service 中，按照贫血模型去设计。

那么，哪些业务逻辑需要封装起来按照充血模型设计呢？这个问题仁者见仁智者见智，本书总结了以下几点经验，供读者参考。

1）如前所述，如果在领域模型中出现了类似继承、多态的情况，则应当将继承与多态的部分以充血模型的形式在领域对象中实现。

2）如果软件设计的过程中需要对一些类型或者编码进行转换，则将转换的部分封装在领域对象中。例如一些布尔类型的字段，在数据库中是没有布尔类型的，不同的人习惯不同，有的人习惯采用 0 和 1，有的人习惯用 Y 和 N，或者 T 和 F，这样就会给上层开发人员带来诸多的困惑，到底哪些字段是 Y 和 N，哪些是 T 和 F。这时我们就可以将它们封装在领域对象中，然后转换为布尔类型展现给上层开发人员，按充血模型来设计。

3）希望在软件设计中能更好地表现领域对象之间的关系。比如，在查询订单的时候显示每个订单对应的用户，以及每个订单包含的订单明细。这时，除了要将领域模型中的关系体现在领域对象的设计上之外，还需要有仓库与工厂的支持。如装载订单时需要同时查询订单和订单明细，并通过订单工厂装配；查询订单以后需要通过工厂补填相应的用户与明细。

4）在"聚合"情况下。"聚合"就是在真实世界中那些代表整体与部分的事物之间的关系。比如，在订单中有订单和订单明细，一个订单对应多个订单明细。从业务关系来说，它们是整体与部分的关系，订单明细是订单的一个部分，没有了这张订单，它的订单明细就没有任何意义了。这时，我们在操作订单的时候，就应当将对订单明细的操作封装在订单对象中，按照充血模型的形式进行设计。

3.3.3 聚合

要将领域模型最终转换为程序设计，仅仅有服务、实体与值对象，并进行一些贫血模型与充血模型的设计，是远远不够的，还需要有聚合、仓库与工厂的设计。

聚合是领域驱动设计中一个非常重要的概念，它表达的是真实世界中那些整体与部分的关系，如订单与订单明细、表单与表单明细、发票与发票明细。以订单为例，在真实世界中，订单与订单明细本来是同一个事物，订单明细是订单中的一个属性，但由于关系型数据库中没有办法在一个字段中表达一对多的关系，因此必须将订单明细设计成另外一张表。在领域模型的设计中，我们又将其还原到真实世界中，以"聚合"的形式进行设计。比如，将订单明细设计成订单中的一个属性，代码如下：

```
public class Order {
  private Set<Items> items;
  public void setItems(Set<Item> items){
    this.items = items;
  }
  public Set<Item> getItems(){
    return this.items;
  }
  ......
}
```

有了这样的设计，在创建订单的时候，不需要再单独创建订单明细了，而是将订单明细创建在订单中；在保存订单的时候，应当同时保存订单表与订单明细表，并放在同一事务中；在查询订单时，应当同时查询订单表与订单明细表，并将其装配成一个订单对象。这时候，订单就被作为一个整体进行操作，不再单独去操作订单明细。也就是说，对订单明细的操作是封装在订单对象内部的设计实现。对于客户程序来说，只使用订单对象就可以了，包括作为属性去访问订单对象的订单明细，而不再需要关注它内部是如何操作的。

当创建或更新订单时，在订单对象中填入或更新订单的明细即可。在保存订单时，只需要将订单对象作为整体去保存，而不需要关心订单数据是怎么保存的，保存到哪几张表中，是不是有事务。保存数据库的所有细节都封装在了订单对象内部。当删除订单时，删除订单对象就好了，删除订单明细是订单对象内部的实现，外部的程序不需要关注。当查询或装载订单时，客户程序只需要根据查询语句或 ID 查询订单对象就好了，查询程序会在查询过程中自动补填订单对应的订单明细。按照以上的思路进行的设计就是聚合。

聚合体现的是一种整体与部分的关系。正是因为有这样的关系，在操作整体的时候，整体就封装了对部分的操作。但并非所有对象间的关系都有整体与部分的关系，那些不是整体与部分的关系不能设计成聚合。因此，正确地识别聚合关系就变得尤为重要。

所谓的整体与部分的关系，就是当整体不存在时，部分就没有了意义。部分是整体的一个部分，与整体有相同的生命周期。比如，只有创建了这张订单，才能创建它的订单明细；如果没有了这张订单，那么它的订单明细就变得没有意义，就需要同时被删除。这样的关系才具备整体与部分的关系，才是聚合。

再比如，订单与用户之间的关系就不是聚合。这个用户不是创建订单时才存在的；而当删除订单时，用户也不会随着订单的删除而删除。

那么，饭店和菜单的关系是不是聚合关系呢？关键要看系统如何设计。如果系统设计成每个饭店都有自己各不相同的菜单，每个菜单都隶属于某个饭店，则饭店和菜单是聚合关系。这种设计中，虽然各个饭店都有"宫保鸡丁"，但每个饭店的"宫保鸡丁"都不同，有各自的描述、图片与价格，在数据库中是各不相同的记录。这时，要查询菜单要先查询饭店，离开了饭店的菜单是没有意义的。

但是，饭店和菜单还可以有另外一种设计思路，就是所有的菜单都是公用的，每个饭店只是去选择有还是没有这个菜品。这时，系统中有一个菜单对象，"宫保鸡丁"只是这个对象中的一条记录。其他各个饭店，如果它们的菜单上有"宫保鸡丁"，则去引用这个对象，没有则不引用。这时，菜单就不再是饭店的一个部分，没有这个饭店，这个菜品依然存在，此时就不再是聚合关系。因此，判断聚合关系最有效的方法，就是去探讨如果整体不存在时部分是否存在。如果不存在，就是聚合；反之，则不是。

有了聚合关系，部分就被封装在整体里面，这时候就会形成一种约束，即外部程序不能跳过整体去操作部分，对部分的操作都必须要通过整体。这时，整体就成为了外部访问的唯一入口，被称为"聚合根"。也就是说，一旦将对象间的关系设计成了聚合，那么外部程序只能访问聚合根，而不能访问聚合中的其他对象。这样的好处就是，当聚合内部的业务逻辑发生变更时，只与聚合内部有关，只需要对聚合内部进行更新，与外部程序无关，从而有效降低变更的维护成本，提高系统的设计质量。

然而，这样的设计并非所有时候都有效。譬如，在管理订单、对订单进行增删改时，聚合是有效的，但是如果要统计销量，分析销售趋势、销售占比，需要对大量的订单明细进行汇总和统计，此时每次操作都必须查询订单，必然导致效率极低而无法使用。因此，领域驱动设计通常适用于增删改的业务操作，而不适用于分析统计。增删改的业务可以采用领域驱动的设计，而在非增删改的分析汇总场景，则不必采用领域驱动的设计，直接 SQL 查询即可。

3.3.4　仓库与工厂

前面只提到了聚合，要真正将聚合落实到软件设计中，还需要两个非常重要的组件：仓库与工厂。

比如，我们现在创建了一个订单，订单中包含多条订单明细，我们将它们做成了一个聚合。订单创建完成后，就需要保存到数据库里。怎么保存呢？需要同时保存订单表与订单明细表，并将其做到一个事务中。这时候谁来负责保存，并对其添加事务呢？

过去我们采用贫血模型，通过订单 DAO 与订单明细 DAO 去完成数据库的保存，然后由订单 Service 去添加事务。这样的设计没有聚合，缺乏封装性，不利于日后的维护。

采用了聚合以后，订单与订单明细的保存就会封装到订单仓库中去实现。也就是说采用了领域驱动设计以后，通常会实现一个仓库（Repository）去完成对数据库的访问。那么，仓库与数据访问层有什么区别呢？

一般来说，数据访问层就是对数据库中某个表的访问，如订单有订单 DAO、订单明细有订单明细 DAO、用户有用户 DAO。当数据要保存到数据库中时，由 DAO 负责保存，但保存的是某个单表，如订单 DAO 保存订单表、订单明细 DAO 保存订单明细表、用户 DAO 保存用户表；当数据要查询时，还是通过 DAO 去查询，但查询的是某个单表，如订单 DAO 查订单表、订单明细 DAO 查订单明细表。那么，如果在查询订单的时候要显示用户名称，就需要做另一个订单对象，并在该对象里增加"用户名称"。这样，通过订单 DAO 查订单表时，在 SQL 语句中增加用户表，完成数据的查询。这时会发现，我们在系统中非常别扭地设计了两个或多个订单对象，并且新添加的订单对象与领域模型中的有较大的差别，不够直观。系统简单时尚能厘清，但当系统的业务逻辑越来越复杂时，程序可读性变差，变更也越来越麻烦。

因此，在应对复杂业务系统时，我们希望程序设计能较好地与领域模型对应上，代码如下：

```java
public class Order {
  ......
  private Long customer_id;
  private Customer customer;
  private List<OrderItem> orderItems;
  /**
   * @return the customerId
   */
  public Long getCustomerId() {
    return customer_id;
  }
  /**
   * @param customerId the customerId to set
   */
  public void setCustomerId(Long customerId) {
    this.customer_id = customerId;
  }
  /**
   * @return the customer
   */
```

```
public Customer getCustomer() {
  return customer;
}
/**
 * @param customer the customer to set
 */
public void setCustomer(Customer customer) {
  this.customer = customer;
}
/**
 * @return the orderItems
 */
public List<OrderItem> getOrderItems() {
  return orderItems;
}
/**
 * @param orderItems the orderItems to set
 */
public void setOrderItems(List<OrderItem> orderItems) {
  this.orderItems = orderItems;
}
}
```

可以看到，我们在订单对象中加入了对用户对象和订单明细对象的引用：与用户对象是多对一关系，做成对象引用；与订单明细对象是一对多关系，做成对集合对象的引用。这样，当创建订单对象时，在该对象中填入 customerId 以及它对应的订单明细集合 orderItems，然后交给订单仓库去保存。订单仓库在保存时就进行了封装，同时保存订单表与订单明细表，并在其上添加了一个事务。

这里特别要注意的是对象间的关系是否是聚合关系，这关系到如何保存。譬如，在本案例中，订单与订单明细是聚合关系，因此在保存订单时还要保存订单明细，并放到同一事务中；订单与用户不是聚合关系，因此在保存订单时不会去操作用户表，只是查询订单时还要查询与该订单对应的用户。

这个保存的过程比较复杂，但对于客户程序来说不需要关心它是怎么保存的，它只需要在领域对象建模的时候设定对象间的关系，并将其设定为"聚合"就可以了。这样做既保持了与领域模型的一致性，又简化了开发，使得日后的变更与维护变得简单。

有了这样的设计，装载与查询又应当怎样去做呢？所谓的装载（load），就是通过主键 ID 去查询某条记录，比如要装载一个订单，就是通过订单 ID 去查询该订单。那么订单仓库如何实现对订单的装载呢？

首先，比较容易想到的是，用 SQL 语句到数据库里去查询这张订单。与 DAO 不同的是，订单仓库在查询订单时，只是简单地查询订单表，不会连接其他表。当查询到该订单以后，将其封装在订单对象中，然后再通过查询补填用户对象、订单明细对象。

补填后会得到一个用户对象和多个订单明细对象，需要将它们装配到订单对象中。这时，那些创建、装配的工作都交给了工厂组件。

DDD 中的工厂与设计模式中的工厂不是同一个概念。在设计模式中，为了避免调用方与被调方的依赖，将被调方设计成一个接口下的多个实现，将这些实现放入工厂中。这样，调用方通过一个 key 值就可以从工厂中获得某个实现类。工厂就负责通过 key 值找到对应的实现类，创建出来，返回给调用方，从而降低了调用方与被调方的耦合度。

DDD 中的工厂的主要工作是通过装配来创建领域对象，是领域对象生命周期的起点。譬如，系统要通过 ID 装载一个订单，这时订单仓库会将这个任务交给订单工厂。订单工厂就会分别调用订单 DAO、订单明细 DAO 和用户 DAO 去查询，然后将得到的订单对象、订单明细对象、用户对象进行装配，即将订单明细对象与用户对象分别设置到订单对象的"订单明细"与"用户"属性中。最后，订单工厂将装配好的订单对象返回给订单仓库。这些就是 DDD 中工厂要做的事情。

然而，当订单工厂将订单对象返回给订单仓库以后，订单仓库不是简单地将该对象返回给客户程序，它还有一个缓存的功能。如果服务器是一个非常强大的服务器，那么我们不需要任何数据库。系统创建的所有领域对象都放在仓库中，当需要这些对象时，通过 ID 到仓库中去获取。

现实中没有那么强大的仓库，因此仓库在内部实现时会将领域对象持久化到数据库中。数据库是仓库进行数据持久化的一种内部实现，它也可以有另外一种内部实现，就是将最近反复使用的领域对象放入缓存中。这样，当客户程序通过 ID 去获取某个领域对象时，仓库会通过这个 ID 先到缓存中查找。查找到了，则直接返回，不需要查询数据库；没有找到，则通知工厂，工厂调用 DAO 去数据库中查询，然后装配成领域对象返回给仓库。仓库在收到这个领域对象以后，在返回给客户程序的同时，将该对象放到缓存中。

查询订单的操作同样是交给订单仓库去完成。订单仓库会先通过订单 DAO 去查询订单表，但这里只查询订单表，不做 join 操作。订单 DAO 查询了订单表以后，会进行一个分页，将某一页的数据返回给订单仓库。这时，订单仓库就会将查询结果交给订单工厂，让它去补填其对应的用户与订单明细，完成相应的装配，最终将装配好的订单对象集合返回给仓库。

简而言之，采用领域驱动的设计以后，对数据库的访问就不是一个简单的 DAO 了。通过仓库与工厂，对原有的 DAO 进行了一层封装，在保存、装载、查询等操作中，加入聚合、装配等操作，并将这些操作封装起来，屏蔽上层的客户程序。这样，客户程序不需要以上这些操作，就能完成领域模型中的各自业务，技术门槛降低了，变更与维护也变得简便。

另外一个值得思考的问题就是，传统的领域驱动设计是每个模块自己去实现各自的仓库与工厂，这样会大大增加开发工作量。但这些仓库与工厂的设计大致都是相同的，会产生大量的重复代码。如果能通过抽象提取出共性，形成通用的仓库与工厂，下沉到底层技术中台中，就能进一步降低领域驱动的开发成本与技术门槛。也就是说，实现领域驱动设计还需要相应的平台架构支持。关于这些方面的思路，我们将在开发架构设计部分进一步探讨（详见 4.3.3 节）。

3.3.5　问题域和限界上下文

前面我们通过用户下单这个场景讲解了领域驱动设计的建模、分析与设计的过程。然而，站在更大的电商网站的角度来看，用户下单只是其中一个很小的场景。那么，如果要对整个电商网站进行领域驱动设计，应当怎么做？它包含那么多场景，每个场景都要包含那么多的领域对象，就会形成很多的领域对象，并且每个领域对象之间还有那么多复杂的关联关系。这时候，怎样通过领域驱动来设计这个系统呢？怎么去绘制领域模型呢？是绘制一张密密麻麻的大图，还是绘制成一张一张的小图呢？

假如将整个系统中那么多的场景，涉及的那么多领域对象，全部绘制在一张大图上，可以想象这张大图将绘制出密密麻麻的领域对象，它们之间有着纷繁复杂的对象间关系。绘制这样的图，绘制的人和看图的人都非常费劲。这样的图就不利用我们厘清思路、交流思想、提高设计质量。因此，正确的做法就是将整个系统划分成许多相对独立的业务场景，在一个一个的业务场景中进行领域分析与建模，我们称这样的业务场景为"问题子域"，简称"子域"。

领域驱动核心的设计思想就是将对软件的分析与设计还原到真实世界中，首先去分析和理解真实世界的业务与问题。因此，把真实世界的业务与问题叫做"问题域"，这里面的业务规则与知识叫"业务领域知识"。如电商网站的问题域是人们如何进行在线购物，购物的流程是怎样的；在线订餐系统的问题域是人们如何在线订餐，饭店如何在线接单，系统又如何派送骑士去配送。

然而，不论是电商网站还是在线购物系统，都有一个非常庞大而复杂的问题域。要一次性分析清楚这个问题域对我们是有难度的，因此我们采用"分而治之"的策略，将这个问题域划分成许多个问题子域。比如，电商网站包含了用户选购、下单、支付、物流等多个子域，而在线订餐系统包含了用户下单、饭店接单、骑士派送等子域。如果某个子域比较复杂，在子域的基础上还可以进一步划分子域。

因此，对一个复杂系统的领域驱动设计，就是以子域为中心进行领域建模，绘制出一张一张的领域模型，然后以此为基础指导程序设计。这一张一张的领域模型，称为"限界上下文"（Context Bound，CB）。

DDD 中限界上下文的设计，很好地体现了高质量软件设计中"单一职责原则"的要求，即每个限界上下文中实现的业务都是因同一个原因而变更的软件的功能。比如，"用户下单"这个限界上下文都是实现用户下单的相关业务。这样，当"用户下单"的相关业务发生变更的时候，只与"用户下单"这个限界上下文有关，只需要对它进行修改就行了，与其他限界上下文无关。这样，需求变更的代码修改范围缩小了，维护成本就降低了。

但是，在用户下单的过程中，对用户信息的读取是否也应该在"用户下单"这个限界上下文实现呢？答案是否定的，即读取用户信息不是用户下单的职责，当用户下单业务发生变更的时候，用户信息不一定变；当用户信息变更的时候，用户下单也不一定变；它们是软件变化的两个原因。因此，应当将读取用户信息的操作交给"用户信息管理"限界上下文，"用户下单"限界上下文只是对它的接口进行调用。这样的划分实现了限界上下文内的高内聚和限界上下文间的低耦合，可以很好地降低日后代码变更的成本，提高软件设计质量。而限界上下文之间的这种相互关系，我们称之为"上下文地图"（Context Map）。

所谓"限界上下文内的高内聚"，就是每个限界上下文内实现的功能都是因同一个原因而变更软件的代码，因为这个原因的变化才需要修改这个限界上下文，除此之外的修改与它无关。正是因为限界上下文有如此好的特性，才使得现在很多微服务团队用限界上下文作为微服务拆分的原则。每个限界上下文对应一个微服务，按照这样的原则拆分出来的微服务系统在之后变更维护时，可以很好地将每次的需求变更快速落到某个微服务中变更。这样，变更这个微服务就实现了该需求，升级该服务就可以交付用户使用了。这样的设计使得越来越多大规模开发团队今后可以实现低成本维护与快速交付，进而快速适应市场变化，提升企业竞争力。

所谓"限界上下文间的低耦合"，就是限界上下文通过上下文地图相互调用时是通过接口进行调用，如图 3-19 所示。图中，模块 A 需要调用模块 B，那么它就与模块 B 形成了一种耦合。这时，如果需要复用模块 A，所有有模块 A 的地方都必须有模块 B，否则模块 A 就会报错。如果模块 B 还要依赖模块 C，模块 C 还要依赖模块 D，那么所有使用模块 A 的地方都必须有模块 B、C、D，使用模块 A 的成本就会非常高昂。然而，如果模块 A 不依赖模块 B，而是依赖接口 B'，那么所有需要模块 A 的地方就不一定需要模块 B。如果模块 F 实现了接口 B'，那么模块 A 调用模块 F 就可以了。这样，调用方和被掉方的耦合就被解开了。

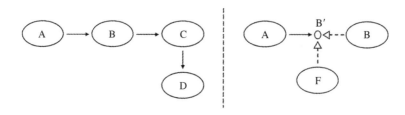

图 3-19　限界上下文之间的低耦合

在实现代码时，可以通过微服务来实现"限界上下文间的低耦合"。比如，"下单"微服务要去调用"支付"微服务。在设计时，首先在"下单"微服务中增加一个"支付"接口，这样在"下单"微服务中所有对支付的调用就变成了对该接口的调用。接着，在其他"支付"微服务中实现支付。比如，现在设计了 A、B 两个"支付"微服务，在系统运行时配置的是 A 服务，那么"下单"微服务调用的就是 A；如果配置的是 B 服务，调用的就是 B。这样，"下单"微服务与"支付"微服务之间的耦合就被解开了，使得系统可以通过修改配置去应对各种不同的用户环境与需求。

限界上下文的设计使系统在应对复杂应用时更轻松，设计质量得到了提高，变更成本得以降低。过去，每个模块在读取用户信息时都是直接读取数据库中的用户信息表，一旦用户信息表发生变更，各个模块都要变更，变更成本就会越来越高。现在，采用领域驱动设计，读取用户信息的职责交给了"用户管理"限界上下文，其他模块都是调用它的接口。当用户信息表发生变更时，只与"用户管理"限界上下文有关，与其他模块无关，变更维护成本就降低了。通过限界上下文将整个系统按照逻辑进行了划分，但从物理上它们都还是一个项目，运行在一个 JVM 中。这种限界上下文只是"逻辑边界"。

今后，将单体应用转型成微服务架构以后，各个限界上下文都是运行在各自不同的微服务中，是不同的项目、不同的 JVM。不仅如此，在进行微服务拆分的同时，数据库也进行了拆分，每个微服务使用不同的数据库。这样，当各个微服务要访问用户信息时，它们没有访问用户数据库的权限，就只能通过远程接口去调用"用户"微服务开放的相关接口。这时，这种限界上下文就真正变成了"物理边界"。限界上下文的架构变迁过程如图 3-20 所示。

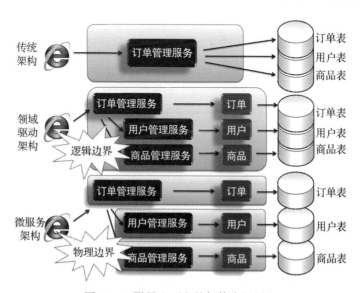

图 3-20　限界上下文的架构变迁过程

Chapter 4 第 4 章

开发架构设计

架构师，就是统领全局的将军！

架构设计经历了逻辑架构与数据架构的设计阶段，接下来开始进入开发架构的设计阶段。从逻辑架构到数据架构，实质上是一个将需求与设计逐步细化的过程。通过这两个阶段的设计，我们对软件的业务需求以及基于业务需求的设计开发有了一个全面的认识。

开发架构设计阶段，实质上就是一个由细到粗、归纳与抽象的过程。首先，通过整理归纳出各个模块的技术共性，看都有哪些共性的需求、共性的设计、共性的技术架构。然后，通过这些归纳，从全局角度去思考整个软件的顶层架构，像城市规划师一样去规划整个系统，像决策者一样去决策整个系统的技术架构。这时候，架构师统领全局的特质就体现出来了。

在开发架构设计阶段，架构师主要完成以下几项工作：

1）系统规划；

2）接口定义；

3）系统分层；

4）技术选型；

5）代码规范。

4.1 系统规划与接口定义

开发架构的设计首先是从系统规划开始的。所谓"系统规划"，就是像城市规划师一样去规划一个系统。城市规划师会把城市从整体上规划出几个功能区域：工业区、商业区、住宅区等。这些区域不是彼此孤立的，它们有千丝万缕的联系。譬如，工业区不能污染住宅区，同时需要有比较好的交通彼此联通；商业区不能离住宅区太远，要能够比较便捷地让人们去购物，去消费。规划一个软件系统也是一样。首先站在全局的角度把整个系统规划成几个大的模块或子系统，准确定义出它们的功能与范围，把相互之间的边界划分清楚。然后在此基础上，将各个功能落实到这些模块中。通过这样的划分，我们就可以把整个系统设计的工作分配给多个团队，让彼此独立地去工作。但是，在各团队独立工作之前，还需要分析清楚彼此之间的联系，落实各模块间的接口。通过以上这些操作，就可以将繁重的架构设计工作快速分配出去，让各个团队都行动起来，从而推进整个项目。

4.1.1　系统规划

当拿到一个庞大而复杂的软件系统以后，具体应当怎样进行系统规划呢？我们来看看前面提到的"中医远程智慧医疗平台"的规划与设计的过程。

中医远程智慧医疗平台是一套集互联网、云计算与人工智能为一体的大数据医疗平台。该平台首先有一个智慧诊疗数据模型，它通过人工智能与数据建模，辅助医生进行诊断治疗。很显然，这需要一个大数据平台来进行数据的采集与建模。中医远程智慧医疗平台的顶层系统规划如图 4-1 所示。

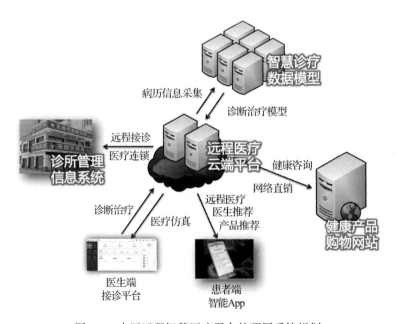

图 4-1　中医远程智慧医疗平台的顶层系统规划

　　然而，智慧诊疗数据模型在对外提供服务时，需要一个云端平台开放服务，通过弹性计算来应对互联网的高可用与高并发。为此，系统规划了一个远程医疗云端平台。这个云端平台需要对外提供哪些服务呢？一方面通过一个开放接口与各种第三方的医院信息管理系统（Hospital Information System，HIS）对接，另一方面与该平台自己的诊所系统对接。

　　该平台的诊所系统面向千千万万的社区诊所，因此被规划为连锁式系统，即该系统搭建在云端，同时为各地的诊所提供服务。正因为其搭建在云端，医生不必局限于本地诊所，而是通过互联网实现远程接诊。因此，我们将医生从各个诊所系统中剥离出来，形成一个独立的医生端。这样，医生可以通过医生端同时在多个诊所进行远程接诊，更加合理地利用有限的医疗资源，不用再受地域的限制。

　　医生既然能从各个诊所中剥离出来，通过医生端在各个诊所接诊，那么也可以通过患者端 App 直接接诊患者。同时，患者在生病时，还可以通过患者端 App 填写一个问卷描述自己的症状，由智能诊疗模型为患者进行初步诊断。有了这个初步诊断，了解患者大致得了什么疾病，就可以有针对性地为患者推荐医院和医生，进而有针对性地进行网上预约。

　　最后，在医生接诊开药结束后，在诊所接诊的患者在诊所中缴费、取药；在 App 接诊的患者通过健康购物网站远程配送药物。智能诊疗模型就会根据不同的数据接入来源，将诊疗结果返回给不同的数据来源方。

　　以上就是通过需求分析对中医远程智慧医疗平台进行的规划。这些规划将整个系统划分成智慧诊疗数据模型、远程医疗云端平台、诊所管理信息系统与健康产品购物网站四块。同时，在诊所管理信息系统中，又划分出了医生端、患者端、诊所端与平台端。医生端，是从诊所系统脱离出来的医生的独立接诊工作台；患者端即患者智能 App，提供远程预约和远程就诊功能；诊所端，就是为各地社区诊所提供的连锁式诊所管理信息系统；平台端，则是整个医疗平台，可以管理各个医生、患者和诊所。以上系统规划除了要对各个子系统进行划分以外，还要为各个子系统定义明确的职责，划分明确的边界。

4.1.2　接口定义

　　经过以上的规划，我们就可以将整个系统的设计分配给各个团队，各自独立地完成各自的分析与设计。但是，在分配给各个团队，让各个团队独立工作之前，还要将各个团队之间的接口定义出来。有了这些接口作为各自的契约，各个团队才能独立工作，团队间的沟通成本才能降低，设计开发工作才能够并行开展。

　　我们先以流程作为主线，定义各个系统之间的协作与接口。以患者就诊为流程分析的各系统之间的接口如图 4-2 所示。

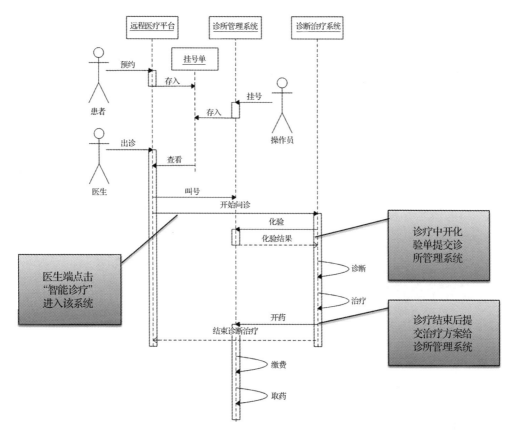

图 4-2　患者就诊流程在各子系统的接口

从图中可以看到，患者首先在远程医疗平台中提前预约，然后去相应的诊所挂号。医生在医生端出诊，先查看已经挂号的患者，一个一个叫号，对患者进行接诊。在接诊时，通过诊断治疗平台辅助诊疗。在接诊过程中，医生可以通知诊所端对患者进行体检或化验。接诊结束后，通知诊所端开药，最后在诊所端缴费与取药。各个子系统该如何配合、如何设置接口，都有了一个清晰的描述。

有了以上规划，再组织各个子系统的相关人员坐一起，细化各个接口的技术方案与格式。例如，医生在接诊过程中如何进入诊断治疗平台？诊疗结束后又如何返回？在这里非常关键的设计是，医生可能通过第三方的 HIS 进入，也可能通过本平台的医生端进入，还可能通过患者端 App 进入。多个不同的数据来源，决定了诊断治疗平台在设计时对外提供的必须是开放接口。通过该开放接口制订一个接口规范，那么其他各方就可以通过该规范接入进来。智能诊疗服务接口如图 4-3 所示。

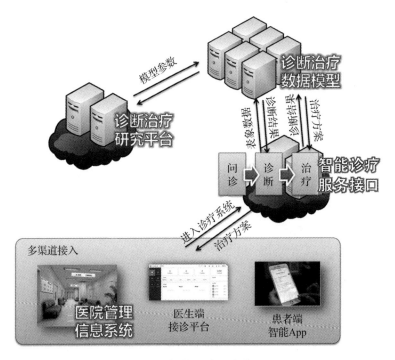

图 4-3　智能诊疗服务接口

在智能诊疗服务接口与外部系统对接的同时，内部的诊断治疗研究平台、诊断治疗数据模型、智能诊疗服务接口之间的接口也可以依次定义出来。

就这样，通过一系列的组织与协调工作，各个开发团队就可以进场开展工作了。

4.2　系统分层与整洁架构

以上系统规划将一个庞大的系统划分成了多个相对独立的子系统，彼此独立地交给各个开发团队，实现"分而治之"。然而，各个子系统应当是一个有机的整体，有机地组织在一起，而不是杂乱无章地堆砌在一起。因此，架构师除了要纵向地划分各子系统以外，还要为每个团队、每个子系统制订统一的开发规范。在开发规范中，需要制订统一的分层架构、技术路线、模块划分与代码规范，所有团队都需要按照这个规范组织各自的开发。

4.2.1　系统分层

首先来看看系统该如何分层。在大规模、复杂的业务系统中，系统分层已经成了大家的共识。但是，系统为什么要分层呢？它能带给我们什么好处呢？前面我们探讨了"单一职责原则"，它通过划分软件变化的原因，从纵向将整个系统划分成了一个一个的小格子。这样，当系统变更时，就可以将变更需要修改的代码缩到一个比较小的范围，从而降低系统变更的维护成本。系统分层也是这样，如图 4-4 所示。

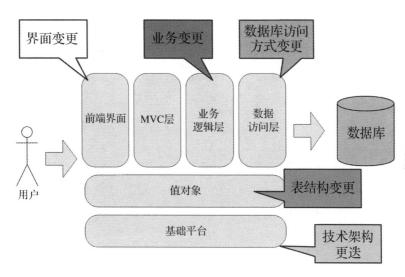

图 4-4　通过系统分层进行各司其职的变更

系统分层，就是从横向对系统进行划分。这样划分后，系统要进行哪个方面的变更，就去修改哪个层次的代码。譬如，界面变更就去修改前端界面，业务变更就去修改业务逻辑层，数据库访问方式变更就去修改数据访问层，表结构变更就修改值对象，技术框架变更就修改基础平台。这个道理大家都懂，然而项目实践并不简单。很多系统的设计，一变更就需要修改许多层次的代码。造成这种状况的原因有以下几点。

首先，是层与层之间的编码不正确。虽然架构师在开发架构中定义出了系统的分层结构，但是，如果层与层之间的边界定义不准确，或者架构师没有清晰地将分层的规范传达给各团队成员，或者团队成员编码时没有严格遵照架构师的规范，那么层与层之间就会产生耦合。

比较典型的例子就是 MVC 层的设计。MVC 设计模式是从 20 世纪 80 年代逐渐发展起来的，被 J2EE 架构所广泛采用。如今，基于 MVC 的技术框架在系统中主要负责完成系统的前后端交互，即接收前端提交的请求参数，并将其塞入值对象中，或者将执行结果返回给前端。在这个过程中，不应当包含任何业务逻辑与判断，仅仅进行一些数据转换。

然而，在以往的很多项目中，开发人员为 MVC 写了大量的代码。在其接收前端数据以后，进行了大量的判断与处理，然后再写入值对象。这些判断与处理实际上暗含了各种业务逻辑，使得 MVC 技术框架、Web 容器、界面展现与业务逻辑耦合在一起，应当编写业务逻辑的业务逻辑层反而没有什么代码可写，从而带来诸多软件设计与架构更迭的问题。因此，要提高整个系统的设计质量，就应当降低技术框架与业务代码的耦合。通过重构，MVC 层中的大量业务代码被正确地移入业务逻辑层中，MVC 层得以减负并还原本来的面目。

其次就是数据访问层的设计。该层本来的职责是完成对不同类型的数据库的访问，如访问 Oracle 写个 Oracle 的 DAO，访问 SQL Server 写个 SQL Server 的 DAO，访问 MongoDB 写个 MongoDB 的 DAO，这个过程应当与业务无关。然而，一些实际项目在 DAO 中加入了很多的业务逻辑。比较典型的例子就是通过 SQL 语句进行查询，表与表如何关联，用哪些过滤条件，都暗含着业务。当业务需求发生变更时，DAO 也要跟着变更。那么，这类问题怎么解决呢？由于 SQL 语句依然是最有效的数据库访问方式，因此我们至少不应当将 SQL 语句写在 DAO 的各种类中去拼串，而是应该类似 MyBatis 框架那样将 SQL 语句写入 XML 文件中进行配置。在 XML 文件中进行变更比在类中变更方便且易于查找。

4.2.2 底层技术更迭

接下来是底层的基础平台。这些年来，互联网、大数据、人工智能等新技术层出不穷，整个 IT 产业的技术架构也在快速迭代。过去我们认为"架构是软件系统中最稳定不变的部分"，而现在我们提倡"好的架构源于不停演变"。因此，如今的架构设计需要思考如何让底层的架构设计更易于技术更迭、易于架构调整，以应对不断演变的新技术、新框架，从而在行业竞争中获得技术优势。

然而，在实际项目中，特别是很多运行了七八年、十多年的旧项目，要做一次技术升级既艰难又痛苦，因为大量的业务代码依赖于底层的技术框架，形成了耦合。譬如，过去采用 Hibernate 进行数据持久化，每个模块的 DAO 都要继承自 HibernateDaoSupport，如图 4-5 所示。这样，所有的 DAO 都与 Hibernate 形成了一种依赖关系。当系统架构由 Hibernate2 升级成 Hibernate3，甚至升级成 MyBatis 时，就不是改换一个 jar 包那么简单的事情了。技术框架一换，底层的类、接口、包名都变了，这就意味着上层的所有模块都需要改，改完了还要测试。这样的技术升级成本极高，风险极大，需要我们认真去思考解决方案。

总之，旧系统技术架构升级成本极高的根源在于业务代码与底层技术框架的耦合。因此，解决思路就是对它们进行解耦。如何解耦呢？就是在上层业务代码与底层技术框架之间建立"接口层"，如图 4-6 所示。

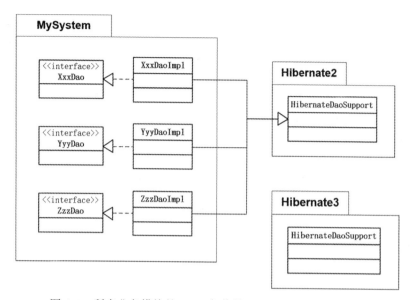

图 4-5　所有业务模块的 DAO 都依赖于 HibernateDaoSupport

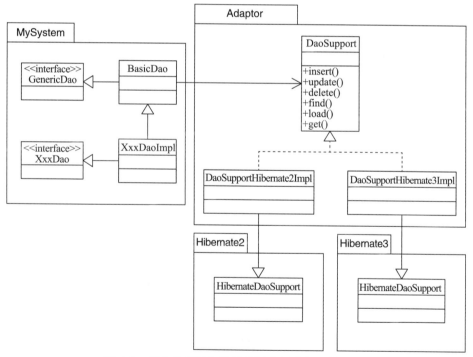

图 4-6　在业务代码与底层框架之间建立"接口层"

如何在业务代码与底层框架之间建立"接口层"呢？图中，上层业务代码在进行持久化时，各个模块的 DAO 不再去调用底层框架，而是对接口层的 DaoSupport 进行调用。

DaoSupport 接口是我们自己设计的接口，它应当满足上层的所有业务需求，比如各种类型的 insert、update、delete、get、load、find，并让这个接口保持稳定。上层业务代码的设计实现都依赖于 DaoSupport 接口，只要它稳定了，上层业务代码就稳定了。

接着，在 DaoSupport 接口的基础上编写实现类，由实现类去调用底层技术框架，实现真正的持久化。这时，起初使用 Hibernate2 作为底层框架，所以为 Hibernate2 编写了一个实现类。当 Hibernate2 升级成 Hibernate3 时，为 Hibernate3 写一个实现类。当底层框架要升级成 MyBatis 时，再为 MyBatis 写一个实现类。这样设计后，系统进行技术架构升级，就不会影响业务层代码，技术升级的成本也将得到大幅度的降低。其他技术架构的设计都是这个思路。

4.2.3　整洁架构设计

通过前面的分析可知，将业务代码与技术框架解耦，既能轻松实现技术架构演化，又能保证开发团队的快速交付。如图 4-7 所示，在系统分层时，基于领域驱动的设计，将业务代码都整合在业务领域层中去实现。这里的业务领域层包括了 BUS 中的那些 Service，以及与它们相关的业务实体与值对象。业务领域层设计的实质，就是将领域模型通过贫血模型与充血模型的设计最终落实到对代码的设计上。在此基础上，通过分层将业务领域层与其他各个层次的技术框架进行解耦，这就是"整洁架构"的核心设计思路，如图 4-8 所示。

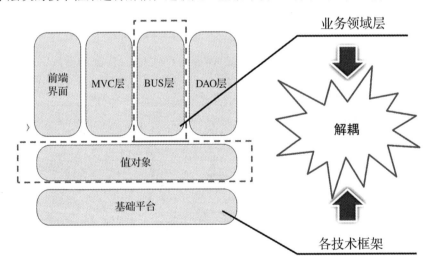

图 4-7　通过分层将业务与技术解耦

整洁架构（The Clean Architecture）是 Robot C. Martin 在《架构整洁之道》一书中提出来的架构设计思想。它以圆环的形式把系统分成了几个不同的层次，因此又被称为洋葱架构（The Onion Architecture）。在整洁架构的中心是业务实体（Entity）与业务应用（Application），业务实体就是那些核心业务逻辑，而业务应用就是面向用户的服务（Service）。它们合起来组成了业务领域层，也就是通过领域模型形成的业务代码的实现。

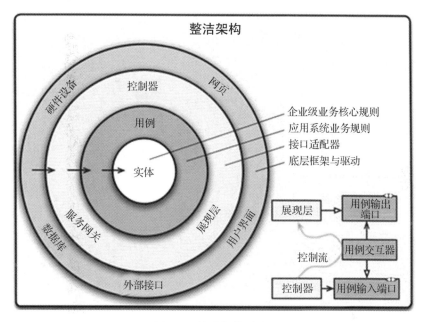

图 4-8　整洁架构设计

整洁架构的最外层是各种技术框架，包括与用户界面的交互、客户端与服务器的网络交互、与硬件设备和数据库的交互以及与其他外部系统的交互。而整洁架构的精华在于其中间的适配器层，它通过适配器将核心的业务代码与外围的技术框架进行解耦。因此，如何设计这个适配层，让业务代码与技术框架解耦，让业务开发团队与技术架构团队各自独立地工作，就成了整洁架构落地的核心，如图 4-9 所示。

在整洁架构中，适配器层通过数据接入层、数据访问层与接口层等几个部分的设计，实现与业务的解耦。首先，用户可以以浏览器、客户端、移动 App、微信端、物联网专用设备等不同的前端形式，多渠道地接入系统。不同渠道的接入形式是不同的，但是通过数据接入层进行解耦，然后以同样的方式去调用上层业务代码，就能将前端的多渠道接入与后台的业务逻辑解耦。此后，不管前端怎么变，有多少种渠道形式，都只需要一套后台业务，维护成本将大幅度降低。

接着，通过数据访问层将业务逻辑与数据库解耦。前面说了，在未来三五年时间里，我们又将经历一轮大数据转型。转型成大数据以后，数据存储的设计可能不再仅限于关系型数据库与 3NF 的思路设计，可能将通过使用 JSON、增加冗余、设计宽表等设计思路，将数据存储到 NoSQL 数据库中，设计思想将发生一个巨大的转变。但不论怎么转变，都只是存储形式的转变，唯一不变的是业务逻辑层中的业务实体。因此，通过数据访问层的解耦，今后系统在向大数据转型的时候，业务逻辑层不需要做任何修改，只需要重新编写数据访问层的实现，就可以转型成大数据技术。转型成本将大大降低，转型将更加容易。

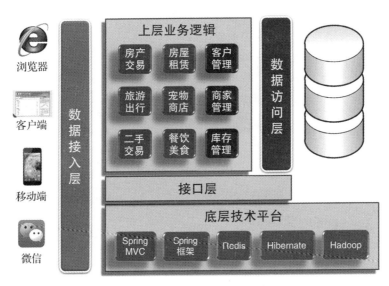

图 4-9　整洁架构的落地实现

最后，就是底层的技术架构。现在我们谈架构，越来越多地都是在谈架构演化，也就是底层技术架构要不断地随着市场和技术的更迭而更迭。话虽如此，技术架构的更迭却是一个非常痛苦的过程。因为软件在设计时将太多业务代码与底层框架耦合，所以底层框架一旦变更，就将变更大量业务代码。架构调整的成本大，风险高。

既然这里的问题是耦合，那么解决的思路就是解耦。在平台建设的过程中，除了通过技术选型将各种技术整合到系统中以外，还应通过封装在其上建立接口层，将接口开放给上层的业务开发人员。这样既可以降低业务开发的技术门槛，让他们更加专注于业务，提高开发速度，又可以让业务代码与技术框架解耦。有了这种解耦，未来可以用更低的成本更迭技术，快速实现技术架构演进，跟上飞速发展的时代。

4.2.4　易于维护的架构

除了将业务与技术解耦以外，另外一个非常重要的架构思想就是简化开发。以往的软件项目在研发的过程中需要编写的代码太多，既加重了软件研发的工作量，延缓了软件交付的速度，又使得日后的维护与变更成本超大。软件研发的一个非常重要的规律就是：写的代码越多，Bug 出现的概率就越高，而日后的维护与变更就越困难；写的代码越少，Bug 就越少，日后维护与变更就越容易。俗话说：船小好掉头。写代码也是一样，一段十几行的代码要变更会很容易，但一段成百上千行的代码要变更就非常复杂。因此，我们设计软件应当秉承这样的态度：花更多的时间去分析设计，让软件设计精简到极致，从而花更少的时间去编码。俗话说：磨刀不误砍柴工。用这样的态度编写出来的代码，既简短又易于维护。

接着看一看以往软件研发过程中存在的问题。以往的软件项目在研发的过程中需要编写的代码非常多，要为每个功能编写前端界面、MVC 层、BUS 和 DAO，如图 4-10 所示。并且，每一个层次的数据格式都不同，需要编写大量代码用于层次之间的数据格式转换。譬如，前端以 Form 的形式将数据传输到后台，后台通过 MVC 层由 Model 或者 request 中获得数据并将其转换成值对象，接着调用 Service。然而，在这个过程中，从 Model 或者 request 中获得数据以后，我们会在 MVC 层的 Controller 中写很多判断与操作，再将其塞入值对象中。

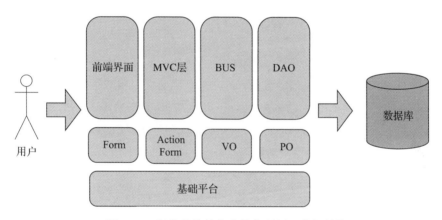

图 4-10　以往的软件将大量代码用于数据转换

接着在 Service 中进行各种业务操作，最后要存盘的时候，又要将值对象（Value Object，VO）转换为持久化对象（Persistence Object，PO），将数据持久化存储到数据库中。这时，又要为每一个功能编写一个 DAO。代码越多，日后维护与变更就越困难。那么，能不能通过开发架构的设计，将这些转换统一为公用代码，下沉到技术中台中呢？

基于这样的思想，将架构调整为图 4-11 所示的样子。

在这个架构中，如何将各层次的数据都统一成为值对象？现在越来越多的前端框架都是以 JSON 形式传递数据的。JSON 的数据格式实际上是一种名－值对，因此可以制订一个开发规范，要求前端 JSON 对象与后台值对象的格式一一对应，当 JSON 对象传递到后台以后，MVC 层就只需要一个通用的程序，以统一的形式将 JSON 对象转换为值对象。整个系统也只需要一个 Controller，将其下沉到技术中台中就可以了。

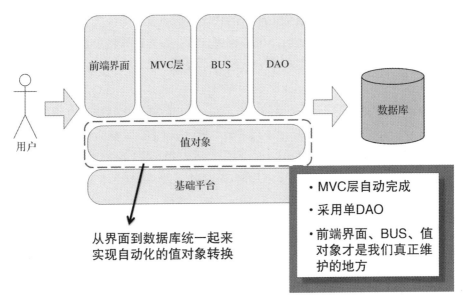

图 4-11 易于维护的架构设计

同样，Service 在经过了一系列的业务操作之后要存盘时，可以这样做：制作一个 vObj. xml 的配置文件，建立对应关系，将每个值对象都对应到数据库中的一个表，明确哪个属性对应到哪个字段。这样，DAO 只要拿到值对象，就知道该对象中的数据应当保存到数据库的哪张表中。这时，还需要为每个功能编写一个 DAO 吗？不用了，整个系统只需要一个 DAO 就可以了。

用以上的设计思想作为指导，架构系统的开发工作量将大大降低。在业务开发时，每个功能都不用再编写 MVC 层了，就不会将业务代码写到 Controller 中，而是按照规范写到 Service 或业务实体中。

整个系统只有一个 DAO，也下沉到技术中台中。在业务开发时，每个功能的 Service 注入的都是这一个 DAO。这样，真正需要业务开发人员编写的仅限于前端界面、Service 和值对象。而 Service 和值对象都源于领域模型的映射，因此业务开发人员就可以将更多的精力用于功能设计与前端界面，给用户更好的用户体验，交付速度也得以提高。

4.3 技术中台建设

前面提到了"大前端"的思想，也就是今后软件团队的组织形式是"大前端 + 技术中台"，通过快速交付提高市场竞争力。所谓的"大前端 + 技术中台"，就是在开发团队中有一个强大的架构支持团队，他们通过架构强大的技术中台，将软件开发中的许多技术架构封装在平台中，其他各个开发团队就基于此技术中台进行业务开发。这样既可以降低业务开发的工作量，提高开发速度，又可以降低技术门槛。业务开发人员也不必过于关注技术，能够将更多的精力集中于对业务的理解，将对业务的深刻理解融入领域建模的过程中，从而开发出让用户更满意的软件，提高用户体验。因此，如何打造一个强大而实用的技术中台，成为各个软件开发团队的迫切需求。

技术中台应当具有以下特征。

（1）简单易用、快速便捷

它能够明显降低软件开发的工作量，使软件系统易于变更、易于维护、易于技术更迭，进而明显降低业务开发人员的技术门槛。前面讲的单 Controller、单 DAO 的架构设计，就能够达到这个目的，关键是如何落地。

（2）易于技术架构演化

我们打造的技术中台可以帮助开发团队调整技术架构，进行技术架构演化，并有效地降低技术架构演化的成本。这就要求系统在开发架构设计时，能够有效地将技术框架与业务代码解耦。采用整洁架构、六边形架构、CQRS 等架构设计模式，可以实现技术框架与业务代码的解耦。

（3）支持领域驱动与微服务的技术架构

前面讲了领域驱动设计的思想，但要将这样的思想落地到软件项目中，甚至最终落地到微服务架构中，也需要一个技术中台，支持领域驱动与微服务技术架构。

现在就从实战的角度看一看以上设计思想该如何落地技术中台建设。

4.3.1　增删改的架构设计

命令与查询职责分离（Command Query Responsibility Segregation，CQRS）是软件大师 Martin Fowler 在他的著作《企业应用架构模式》中提出来的一种架构设计模式。该模式将系统按照职责划分为命令（即增删改操作）与查询两部分。所有命令部分的增删改操作都应当采用领域驱动设计的思想进行软件设计，从而更好地应对大规模复杂应用；所有的查询功能则不适用于领域驱动设计，而是采用事务脚本（Transaction Script）模式，即直接通过 SQL 语句进行查询。该设计模式是我们在许多软件项目中总结出来的最佳实践。因此，技术中台在建设时对业务系统的支持也分为增删改与查询两部分，如图 4-12 所示。

增删改部分采用了前面提到的单 Controller、单 DAO 的架构设计。如图 4-12 所示，各功能都有各自的前端界面。但与以往的架构不同的是，每个功能的前端界面在对后台请求时，不再调用各自的 Controller，而是统一调用一个 Controller，但调用时传递的参数是不一样的。首先要从前端传递的是 bean。后台各功能都有一个 Service，将该 Service 注入那个 DAO 以后，会在 Spring 框架中配置成一个 bean。这时，前端只知道调用的是这个 bean，但不知道它具体属于哪个 Service。这样的设计既保障了安全性（前端不知道具体是哪个类），又有效地实现了前后端分离，将前端代码与后端解耦。紧接着，前端还要传递一个 Method，即确定要调用哪个方法和哪个 JSON 对象。这样，被调用的 Controller 就可以通过反射进行相应的操作。在这里的设计思想是，在软件开发过程中，通过规范与契约的约定，前端开发人员事先已经知道了他需要调用后端哪个 bean、哪个 method 以及什么格式的 JSON，以此简化技术中台的设计。

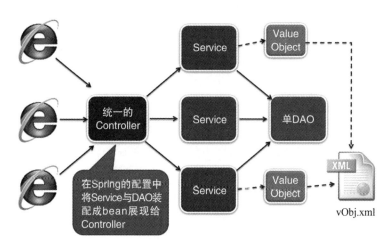

图 4-12 增删改部分的技术中台架构设计

1. 单 Controller 的设计

单 Controller 的具体设计详见 https://github.com/mooodo/demo-ddd-trade。前端所有功能的增删改操作以及基于 ID 的 get/load 操作，都是访问 OrmController 来实现的。前端在访问 OrmController 时，输入如下 http 请求：

```
http://localhost:9003/orm/{bean}/{method}
```

GET 请求为：

```
http://localhost:9003/orm/product/deleteProduct?id=400006
```

POST 请求为：

```
http://localhost:9003/orm/product/saveProduct -d
"id=40006&name=ThinkPad+T220&price=4600&unit=%E4%B8%AA&supplierId=20002&classify
  =%E5%8A%9E%E5%85%AC%E7%94%A8%E5%93%81"
```

{bean} 是配置在 Spring 中的 bean.id，{method} 是该 bean 中需要调用的方法。注意，此处不支持方法的重写。如果出现重写，它都将去调用同名方法中的最后一个。

如果要调用的方法有值对象，按照规范，必须将值对象放在方法的第一个参数上。如果要调用的方法既有值对象，又有其他参数，则值对象中的属性与其他参数都放在该 JSON

对象中。

以调用 saveProduct(product, saveMode) 方法为例，其 POST 请求如下：

```
http://localhost:9003/orm/product/saveProduct -d
"id=40006&name=ThinkPad+T220&price=4600&unit=%E4%B8%AA&supplierId=20002&classify
   =%E5%8A%9E%E5%85%AC%E7%94%A8%E5%93%81&saveMode=1"
```

需要特别注意的是，目前 OrmController 不包含任何权限校验，因此配置在 Spring 中的所有 bean 的方法都可以被前端调用。所以在实际项目中需要在 OrmController 之前进行一个权限校验，来规范前端可以调用的方法。建议使用服务网关或 Filter 进行校验。

OrmController 的流程设计如下：

1）根据前端参数 bean，从 Spring 中获得 Service；

2）根据前端参数 method，通过反射获得调用方法；

3）通过反射获得调用方法的第一个参数作为值对象；

4）通过反射创建值对象，根据反射获得值对象的所有属性，从前端 JSON 中获得对应属性的值，写入值对象；

5）根据前端 JSON 获得其他参数；

6）值对象与其他参数使用反射调用 Service 中的 method。

2. 单 DAO 的设计

系统在 Service 中完成了一系列的业务操作、最终要存盘时，都统一调用那个单 DAO。但是，在调用单 DAO 之前，每个值对象都应当通过 vObj.xml 进行配置。在该配置中，将每个值对象对应的表以及值对象中每个属性对应的字段通过 vObj.xml 配置文件进行对应，那么通用的 BasicDao 就可以通过配置文件形成 SQL，并最终完成数据库持久化操作。vObj.xml 配置文件代码如下：

```xml
<?xml version="1.0" encoding="UTF-8"?>
<vobjs>
  <vo class="com.demo2.customer.entity.Customer" tableName="Customer">
    <property name="id" column="id" isPrimaryKey="true"></property>
    <property name="name" column="name"></property>
    <property name="sex" column="sex"></property>
    <property name="birthday" column="birthday"></property>
    <property name="identification" column="identification"></property>
    <property name="phone_number" column="phone_number"></property>
  </vo>
</vobjs>
```

值对象中可以有很多属性变量，但只有最终做持久化的属性变量才需要配置。这样可以使值对象的设计具有更大的空间，从而可以去做更多的数据转换与业务操作。前面提到充血模型的设计，就需要在值对象中加入更多的操作与转换，使得值对象与数据库的表不一样。但只要配置最后要持久化的属性，就会将这些属性写入数据库相应的表中，或者从数据库中读取数据。

有了以上设计，每个 Service 在 Spring 中都是统一注入 BasicDao 的（如果要使用 DDD 的功能支持，注入通用仓库 Repository；如果要使用 Redis 缓存，注入 RepositoryWithCache）。Spring 配置代码如下：

```xml
<?xml version="1.0" encoding="UTF-8"?>
<beans xmlns="http://www.springframework.org/schema/beans" ...>
  <description>The application context for orm</description>
  <bean id="customer" class="com.demo2...CustomerServiceImpl">
    <property name="dao" ref="basicDao"></property>
  </bean>
</beans>
```

特别需要说明的是，虽然当下注解比较流行，并且有诸多优势，但它最大的问题是会让业务代码依赖技术框架，违背了技术中台的设计初衷。因此，在这里，虽然 Controller、DAO 以及其他功能设计上使用了注解，但基于本框架进行的业务开发，包括 Spring 的配置、MyBatis 的配置、vObj 的配置，建议都采用 XML 文件的形式，而不要采用注解。这样，业务开发中设计的 Service 都是纯净的，没有任何技术依赖，才能在将来移植于各种技术框架时长盛不衰。

单 DAO 的流程设计如下：

1）单 DAO 调用 VObjFactory.getVObj(class) 获得配置信息 vObj；

2）根据 vObj.getTable() 获得对应的表名；

3）通过 prop.getColumn() 获得值对象对应的字段；

4）运用反射从值对象中获得所有属性及其对应的值；

5）通过以上参数形成 SQL 语句；

6）通过 SQL 语句执行数据库操作。

4.3.2 查询功能的架构设计

接下来是查询功能的技术中台设计，如图 4-13 所示。

与增删改的部分一样，查询功能部分每个功能的前端界面也是统一调用一个 Controller。但与增删改部分不一样的是，查询功能部分的前端界面传递的参数不同，因此是另一个类 QueryController。在调用时，首先需要传递的还是 bean，但与增删改不同的是，查询功能部分的 Service 只有一个，那就是 QueryService。但是，该 Service 在 Spring 中配置的时候，向 Service 中注入的是不同的 DAO，因此可以装配成各种不同的 bean。这样，前端调用的是不同的 bean，最后执行的就是不同的查询。

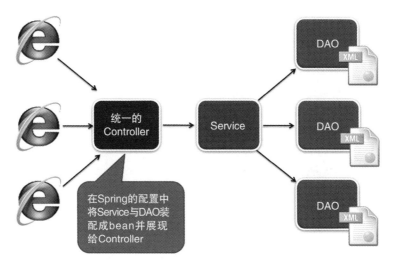

图 4-13 查询功能的技术中台架构设计

此外，与增删改部分不同的是，查询部分不需要传递 Method 参数，因为每次查询调用的方法都是 query()。前端还要以 JSON 的形式传递各种查询参数，之后就能进行后端查询了。

1. 单 Controller 的设计

单 Controller 的具体设计如下所示。

在进行查询时，前端输入 http 请求：

```
http://localhost:9003/query/{bean}
```

例如：

```
http://localhost:9003/query/customerQry?gender=male&page=1&size=30
```

该方法既可以接收 GET 请求，也可以接收 POST 请求。{bean} 是配置在 Spring 中的 Service。QueryController 通过该请求在 Spring 中找到 Service，并调用 Service.query(map) 进行查询，此处的 map 就是该请求传递的所有查询参数。

为此，查询部分的单 Controller 的流程设计如下：

1）从前端获得 bean、page、size、count 以及查询参数；

2）根据 bean 从 Spring 中获得相应的 Service；

3）从前端获得查询参数 JSON，将其转换为 Map；

4）执行 service.query(map)；

5）执行完查询后，以不同形式返回给前端。

2. 单 Service 的设计

查询部分采用了单 Service 的设计，即所有的查询都是配置 QueryService 进行查询，但注入的是不同的 DAO，这样就可以配置成不同的 bean，完成各自不同的查询。为了使设计更加简化，每个 DAO 都可以通过 MyBatis 框架注入同一个 DAO，但配置的 Mapper 不同，这样就可以完成不同的查询。因此，先配置 MyBatis 的 Mapper 文件，代码如下：

```xml
<?xml version="1.0" encoding="UTF-8"?>
<!DOCTYPE mapper PUBLIC "-//mybatis.org//DTD Mapper 3.0//EN"
"http://mybatis.org/dtd/mybatis-3-mapper.dtd">
<mapper namespace="com.demo2.customer.query.dao.CustomerMapper">
  <!--筛选条件-->
  <sql id="searchParam">
    <if test="id != '' and id != null">
      and id = #{id}
    </if>
  </sql>

  <!--求count判断-->
  <sql id="isCount1">
    <if test="count == null  and notCount ==1">
      select count(*) from (
    </if>
  </sql>
  <sql id="isCount2">
    <if test="count == null  and notCount ==1">
      ) count
    </if>
  </sql>

  <!--是否分页判断-->
  <sql id="isPage">
    <if test="size != null  and size !=''">
      limit #{size} offset #{firstRow}
    </if>
    <if test="size ==null  or size ==''">
      <if test="pageSize != null  and pageSize !=''">
        limit #{pageSize} offset #{startNum}
      </if>
    </if>
  </sql>

  <select id="query" parameterType="java.util.HashMap" resultType="com.demo2.
    customer.entity.Customer">
      <include refid="isCount1"/>
          SELECT * FROM Customer WHERE 1 = 1
       <include refid="searchParam"/>
       <include refid="isPage"/>
       <include refid="isCount2"/>
  </select>
</mapper>
```

然后，将其注入 Spring 中，完成相应的配置，就可以进行查询了，代码如下：

```xml
<?xml version="1.0" encoding="UTF-8"?>
<beans xmlns="http://www.springframework.org/schema/beans" ...>
  <description>The application context for query</description>
  <bean id="customerQry" class="com.demo2.support.service.impl.QueryServiceImpl">
    <property name="queryDao">
      <bean class="com.demo2.support.dao.impl.QueryDaoMybatisImpl">
        <property name="sqlMapper" value="com.demo2.customer.query.dao.
          CustomerMapper.query"></property>
      </bean>
    </property>
  </bean>
</beans>
```

每个查询的 bean 都是配置的 QueryServiceImpl，但每个 bean 配置的是不同的 sqlMapper，这样就会执行不同的查询。这里的 sqlMapper 应当与前面 MyBatis 配置中的 namespace 相对应。

这样，查询部分的单 Service 流程设计如下：

1）将查询参数 Map、page、size 传递给 DAO，执行查询 dao.query(map)；

2）在查询的前后增加空方法 beforeQuery()、afterQuery() 作为"钩子"（hook），当某业务需要在查询前后进行处理时，通过重载子类去实现；

3）判断前端是否传递 count，如果有，就不再求和，否则调用 dao.count() 求和计算"第 x 页，共 y 页"；

4）将数据打包成 ResultSet 对象返回。

通常，在执行查询时，只需要执行 dao.query(map) 就可以了。由于不同的 bean 注入的 DAO 不同，因此执行 dao.query(map) 就会执行不同的查询。但是，在某些业务中，需要在查询前个性化地进行某些处理，如对查询参数进行某些转换，或者在查询后对查询结果进行某些转换与补填。现在的设计中只有一个 Service，如何实现查询前后的这些处理呢？

首先，在 QueryService 中增加了 beforeQuery() 和 afterQuery() 两个方法，但这两个方法在 QueryService 中被设计成空方法，什么都没写，调用它们就跟没有调用一样。这样的设计叫"钩子"，代码如下：

```java
/**
 * do something before query.
 * It just a hook that override the function in subclass if we need do something
   before query.
 * @param params the parameters the query need
 */
protected void beforeQuery(Map<String, Object> params) {
  //just a hook
```

```
    }
    /**
     * do something after query.
     * It just a hook that override the function in subclass if we need do something
       after query.
     * @param params the parameters the query need
     * @param resultSet the result set before deal with.
     * @return the result set after deal with
     */
    protected ResultSet afterQuery(Map<String, Object> params, ResultSet resultSet) {
      //just a hook
      return resultSet;
    }
```

这样，如果不需要在查询前后添加处理，直接配置 QueryService 就行了。在执行查询时，就像没有这两个方法一样。然而，如果需要在查询前或查询后添加某些处理，则通过继承编写一个 QueryService 的子类，并重写 beforeQuery() 或 afterQuery()。在 Spring 配置时配置的是这个子类，以实现查询前后的处理。

譬如，需要在查询后对查询结果集补填 Supplier，此时我们可以通过继承去编写一个子类 ProductQueryServiceImpl，重写 afterQuery()，代码如下：

```
    public class ProductQueryServiceImpl extends QueryServiceImpl {
      @Autowired
      private SupplierService supplierService;
      @Override
      protected ResultSet afterQuery(Map<String, Object> params,
        ResultSet resultSet) {
        @SuppressWarnings("unchecked")
        List<Product> list = (List<Product>)resultSet.getData();
        for(Product product : list) {
          String supplierId = product.getSupplierId();
          Supplier supplier = supplierService.loadSupplier(supplierId);
          product.setSupplier(supplier);
        }
        resultSet.setData(list);
        return resultSet;
      }
    }
```

最后，将查询结果以 ResultSet 值对象的形式返回给 Controller，Controller 再返回给前端。在这个 ResultSet 中，属性 data 是这一页的查询结果集，page、size 是分页信息，count 是在不分页情况下的查询记录总数。通过这 3 个值就可以在前端显示"第 x 页，共 y 页，z 条记录"。在第一次查询时，除了查询这一页的数据，还要执行 count，将该 count 记录下来以后，后面再进行分页查询时，就不再需要执行 count，从而有效提高查询性能。

属性 aggregate 是一个 Map，如果该查询在前端展现时需要在表格的最下方对某些字段进行汇总，并且这个汇总是对整个查询结果的汇总，而不是这一页的汇总，则将该字段作为 key 值写入 aggregate 中，value 是汇总的方式，如 count、sum、max 等。通过这样的设置，就可以在查询结果集的最后一行返回一个汇总记录。

通过以上技术中台的设计，各查询功能的编码就会极大地简化。具体来说，设计一个普通的查询，只需要制作一个 MyBatis 的查询语句配置，在 Spring 配置中制作一个 bean，然后就可以通过前端进行查询了，甚至都不需要编写任何类。只有在查询前后需要添加操作时，才需要自己制作一个子类。此外，对于进行查询结果集的补填，也可以使用通用程序 AutofillQueryServiceImpl 来实现，具体内容将在下一节进行讲解。

4.3.3 支持领域驱动的架构设计

在前面逻辑架构与数据架构的设计中，我们多次谈到了"领域驱动"的设计思想。在逻辑架构的设计中，通过对业务需求的理解，建立领域模型；在数据架构的设计中，将领域模型通过一系列的设计，最后落实到程序设计，准确地说是程序设计中业务领域层的设计。然而，只有以上这些设计，要将领域驱动落地到软件项目中，还是远远不够的，还需要一个强有力的技术中台的支持。

1. 传统 DDD 的架构设计

通常，在支持领域驱动的软件项目中，其架构设计如图 4-14 所示。展现层是前端界面，它通过网络与后台的应用层交互。这里的应用层类似于 MVC 层，主要用于前后端交互，在接收到用户请求以后，调用领域层的服务，也就是那些 Service。在领域层中，用户请求首先由 Service 接收，然后在执行业务操作的过程中，使用领域对象作为参数（贫血模型的实现），或者去调用领域对象中的相应方法（充血模型的实现）。领域对象可以是实体，也可以是值对象，也可以将它们制作成一个聚合（如果多个领域对象间存在整体与部分的关系）。最后，通过仓库将领域对象中的数据持久化到数据库中；通过工厂将数据从数据库中读取出来，拼装并还原成领域对象。这些都是前面提到的，将领域驱动落地到软件设计时所采用的设计。

从架构分层的角度来说，DDD 的仓库和工厂的设计介于业务领域层与基础设施层之间，即接口在业务领域层而实现在基础设施层。DDD 的基础设施层相当于支撑 DDD 的基础技术架构，通过各种技术框架支持软件系统完成除了领域驱动以外的其他各种功能。

然而，传统的软件系统在采用 DDD 进行架构设计时，需要在各个层次之间进行各种数据结构的转换，如图 4-15 所示。首先，前端的数据结构是 JSON，传递到后台数据接入层时需要将其变为数据传输对象 DTO。然后通过应用层去调用领域层时，需要将 DTO 转换为领域对象 DO。最后，将数据持久化到数据库时，又要将 DO 转换为持久化对象 PO。在这个过程中，需要编写大量代码进行数据的转换，无疑将加大软件开发的工作量与日后变更的维护成本。因此，可以考虑像前面提到的设计一样将各个层次的数据结构统一起来。

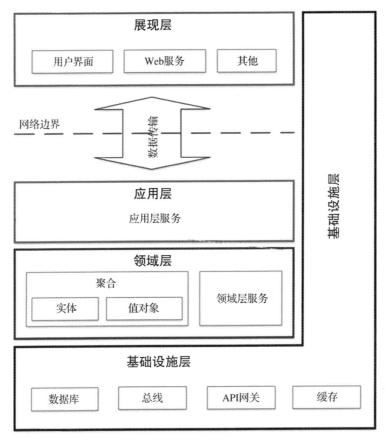

图 4-14 在领域驱动设计中的架构设计

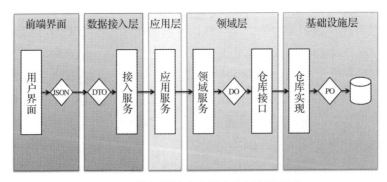

图 4-15 数据结构在各层次之间频繁转换

另外，传统的软件系统在采用 DDD 进行架构设计时，需要为每一个功能模块编写各自的仓库与工厂，如订单模块有订单仓库与订单工厂，库存模块有库存仓库与库存工厂，如图 4-16 所示。各个模块在编写仓库与工厂时，虽然需要实现各自不同的业务，但会形成大量重复的代码。

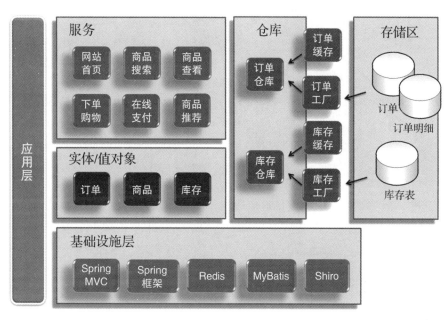

图 4-16　传统 DDD 架构要求每个功能模块都要有自己的仓库与工厂

这样的问题与前面探讨的 DAO 的问题一样，是否可以通过配置与建模，设计成一个统一的仓库与工厂？如果可以，那么仓库和工厂又与 DAO 有什么关系呢？

2. 通用仓库与通用工厂的设计

基于以上问题的思考，我提出了统一数据建模、内置聚合的实现、通用仓库和工厂的设计理念，来简化 DDD 业务开发的架构设计，如图 4-17 所示。

该设计与前面的架构设计相比，差别仅限于将单 DAO 替换为通用仓库与通用工厂。也就是说，与 DAO 相比，DDD 的仓库就是在 DAO 的基础上扩展了一些新的功能。例如，在装载或查询订单的时候，不仅要查询订单表，还要补填与订单相关的订单明细与客户信息、商品信息，并装配成一个订单对象。在这个过程中，查询订单是 DAO 的功能，但其他类似补填、装配等操作，则是仓库在 DAO 基础上进行的功能扩展。

同样，在保存订单时，在保存订单表的同时，还要保存订单明细表，并将它们放到同一个事务中。保存订单表是 DAO 原有的功能，但保存订单明细表并添加事务，则是仓库在 DAO 基础上进行的功能扩展。这就是 DDD 的仓库与 DAO 的关系。

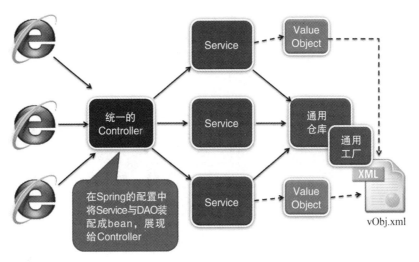

图 4-17 支持领域驱动的架构设计

基于这种扩展关系，该如何设计这个通用仓库呢？如果你熟悉设计模式，可能会想到"装饰者模式"。"装饰者模式"就是在原有功能的基础上进行"透明功能扩展"。这种"透明功能扩展"，既扩展了原有功能，又不影响原有的客户程序，使客户程序不用修改任何代码就能实现新功能，从而降低变更的维护成本。因此，将通用仓库设计成了如图 4-18 所示的样子。

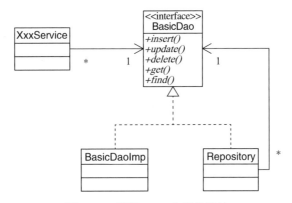

图 4-18 通用 DDD 仓库的设计

在原有的 BasicDao 与 BasicDaoImpl 的基础上，增加了通用仓库 Repository。将 Repository 设计成装饰者，它也是接口 BasicDao 的实现类，然而它通过一个属性变量引用 BasicDao。在使用的时候，在 BasicDaoImpl 的基础上包一个 Repository，就可以扩展出那些 DDD 的功能。因此，所有的 Service 在注入 Dao 的时候，如果不使用 DDD，则像以前一样注入 BasicDaoImpl；如果需要使用 DDD，则注入 Repository。配置代码如下：

```xml
<?xml version="1.0" encoding="UTF-8"?>
<beans xmlns="http://www.springframework.org/schema/beans" ...>
  <description>The application context for orm</description>
  <bean id="basicDao" class="com...impl.BasicDaoJdbcImpl"></bean>
  <bean id="redisCache" class="com...cache.RedisCache"></bean>
  <bean id="repository" class="com...RepositoryWithCache">
    <property name="dao" ref="basicDao"></property>
    <property name="cache" ref="redisCache"></property>
  </bean>
  <bean id="product" class="com.demo2...impl.ProductServiceImpl">
    <property name="dao" ref="repository"></property>
  </bean>
  <bean id="supplier" class="com.demo2...impl.SupplierServiceImpl">
    <property name="dao" ref="basicDao"></property>
  </bean>
  <bean id="productQry" class="com.demo2...AutofillQueryServiceImpl">
    <property name="queryDao">
      <bean class="com.demo2.support.dao.impl.QueryDaoMybatisImpl">
        <property name="sqlMapper" value="com.demo2...dao.ProductMapper.query"></
          property>
      </bean>
    </property>
    <property name="dao" ref="basicDao"></property>
  </bean>
</beans>
```

在以上配置中可以看到，Repository 有一个属性 dao 配置的是 BasicDao。这样 Repository 可通过 BasicDao 来访问数据库。同时，这里实现了两个通用仓库：Repository 与 Repository-WithCache。如果配置后者，则可以实现缓存的功能。

在以上示例中，Product 在配置 dao 时配置的是 repository。这样，Product 在通过 ID 装载的时候，就会在产品对象中加载与其关联的供应商 Supplier。同时，productQry 在配置时配置 queryDao 为 AutofillQueryServiceImpl，则在查询产品信息后，自动补填与其关联的供应商 Supplier。

通用仓库是如何知道 Product 关联了 Supplier 呢？关键就在于配置文件 vObj.xml 进行了如下配置：

```xml
<?xml version="1.0" encoding="UTF-8"?>
<vobjs>
  <vo class="com.demo2.trade.entity.Product" tableName="Product">
    <property name="id" column="id" isPrimaryKey="true"></property>
    <property name="name" column="name"></property>
    <property name="price" column="price"></property>
    <property name="unit" column="unit"></property>
    <property name="classify" column="classify"></property>
    <property name="supplier_id" column="supplier_id"></property>
    <join name="supplier" joinKey="supplier_id" joinType="manyToOne"
      class="com.demo2.trade.entity.Supplier"></join>
```

```
    </vo>
    <vo class="com.demo2.trade.entity.Supplier" tableName="Supplier">
      <property name="id" column="id" isPrimaryKey="true"></property>
      <property name="name" column="name"></property>
    </vo>
</vobjs>
```

在 Product 的配置中增加了 join 标签，标注领域对象间的关联关系。其中 joinKey=
"supplier_id" 代表在 Product 对象中有一个属性 supplier_id 用于与 Supplier 的 key 值关联。
joinType 代表关联类型，支持 oneToOne、manyToOne、oneToMany 三种类型的关联，但不
支持 manyToMany（基于性能的考虑）。当类型是 oneToMany 时，补填的是一个集合，因此
领域对象中也应当是一个集合属性，例如 Customer 中有一个 Address 是 oneToMany，因此
领域对象设计如下：

```
/**
 * The customer entity
 * @author fangang
 */
public class Customer extends Entity<Long> {
  ......
  private List<Address> addresses;
  /**
   * @return the addresses
   */
  public List<Address> getAddresses() {
    return addresses;
  }
  /**
   * @param addresses the addresses to set
   */
  public void setAddresses(List<Address> addresses) {
    this.addresses = addresses;
  }
}
```

因此，在 vObj.xml 中进行如下配置：

```
<?xml version="1.0" encoding="UTF-8"?>
<vobjs>
  <vo class="com.demo2.customer.entity.Customer" tableName="Customer">
    <property name="id" column="id" isPrimaryKey="true"></property>
    <property name="name" column="name"></property>
    <property name="sex" column="sex"></property>
    <property name="birthday" column="birthday"></property>
    <property name="identification" column="identification"></property>
    <property name="phone_number" column="phone_number"></property>
    <join name="addresses" joinKey="customer_id" joinType="oneToMany" isAggregation=
      "true" class="com.demo2.customer.entity.Address"></join>
```

```
      </vo>
      <vo class="com.demo2.customer.entity.Address" tableName="Address">
        <property name="id" column="id" isPrimaryKey="true"></property>
        <property name="customer_id" column="customer_id"></property>
        <property name="country" column="country"></property>
        <property name="province" column="province"></property>
        <property name="city" column="city"></property>
        <property name="zone" column="zone"></property>
        <property name="address" column="address"></property>
        <property name="phone_number" column="phone_number"></property>
      </vo>
    </vobjs>
```

这样，在装载和查询 Customer 的时候，内置就将它关联的 Address 也加载出来了。在加载时，通过 DAO 去数据库中查询数据，然后将查询到的 Customer 与多个 Address 交给通用工厂去装配。如果配置的是 RepositoryWithCache，则加载 Customer 时会先检查缓存中有没有该客户，如果没有，则到数据库中查询。

3. 内置聚合功能

聚合是领域驱动设计中一个非常重要的概念，它代表在真实世界中的整体与部分的关系。比如，Order（订单）与 OrderItem（订单明细）就是一个整体与部分的关系。当加载一个订单时应当同时加载其订单明细，而保存订单时应当同时保存订单与订单明细，并放在同一事务中。在设计支持领域驱动的技术中台时，应当简化聚合的设计与实现，让业务开发人员不必每次都编写大量代码，而是通过一个配置就可以完成聚合的实现。

例如，若订单与订单明细存在聚合关系，则在 vObj.xml 中建模时通过 join 标签关联它们，并配置 join 标签的 isAggregation=true。这样，在查询或装载订单的同时装载它的所有订单明细，而在保存订单时保存订单明细，并将它们置于同一事务中。具体配置如下：

```
<?xml version="1.0" encoding="UTF-8"?>
<vobjs>
  <vo class="com.demo2.order.entity.Customer" tableName="Customer">
    <property name="id" column="id" isPrimaryKey="true"></property>
    <property name="name" column="name"></property>
    <property name="sex" column="sex"></property>
    <property name="birthday" column="birthday"></property>
    <property name="identification" column="identification"></property>
    <property name="phone_number" column="phone_number"></property>
    <join name="addresses" joinKey="customer_id" joinType="oneToMany" isAggregation=
        "true" class="com.demo2.order.entity.Address"></join>
  </vo>
  <vo class="com.demo2.order.entity.Address" tableName="Address">
    <property name="id" column="id" isPrimaryKey="true"></property>
    <property name="customer_id" column="customer_id"></property>
    <property name="country" column="country"></property>
    <property name="province" column="province"></property>
```

```xml
    <property name="city" column="city"></property>
    <property name="zone" column="zone"></property>
    <property name="address" column="address"></property>
    <property name="phone_number" column="phone_number"></property>
  </vo>
  <vo class="com.demo2.order.entity.Product" tableName="Product">
    <property name="id" column="id" isPrimaryKey="true"></property>
    <property name="name" column="name"></property>
    <property name="price" column="price"></property>
    <property name="unit" column="unit"></property>
    <property name="classify" column="classify"></property>
    <property name="supplier_id" column="supplier_id"></property>
  </vo>
  <vo class="com.demo2.order.entity.Order" tableName="Order">
    <property name="id" column="id" isPrimaryKey="true"></property>
    <property name="customer_id" column="customer_id"></property>
    <property name="address_id" column="address_id"></property>
    <property name="amount" column="amount"></property>
    <property name="order_time" column="order_time"></property>
    <property name="flag" column="flag"></property>
    <join name="customer" joinKey="customer_id" joinType="manyToOne" class="com.
      demo2.order.entity.Customer"></join>
    <join name="address" joinKey="address_id" joinType="manyToOne" class="com.
      demo2.order.entity.Address"></join>
    <join name="orderItems" joinKey="order_id" joinType="oneToMany"
      isAggregation="true" class="com.demo2.order.entity.OrderItem"></join>
  </vo>
  <vo class="com.demo2.order.entity.OrderItem" tableName="OrderItem">
    <property name="id" column="id" isPrimaryKey="true"></property>
    <property name="order_id" column="order_id"></property>
    <property name="product_id" column="product_id"></property>
    <property name="quantity" column="quantity"></property>
    <property name="price" column="price"></property>
    <property name="amount" column="amount"></property>
    <join name="product" joinKey="product_id" joinType="manyToOne" class="com.
      demo2.order.entity.Product"></join>
  </vo>
</vobjs>
```

在该配置中可以看到，订单不仅与订单明细关联，还与客户、客户地址等信息关联。但是，订单与客户、客户地址等信息不存在聚合关系，保存订单时不需要保存或更改这些信息。只有订单明细与订单具有聚合关系，因此只有在订单中配置订单明细的 join 标签时，才增加 isAggregation=true。这样，当保存订单时，同时也保存订单明细，并将它们放到同一事务中。这样的设计既简化了聚合的实现，又使得聚合实现在底层技术中台中，与业务代码无关。因此，系统可以通过底层不断优化聚合的设计实现，使变更成本更低。

4.3.4　支持微服务的架构设计

有了技术中台对领域驱动的支持，如何将这些支持应用于微服务架构呢？支持 DDD 与微服务的技术中台应当具备以下几个方面的能力：

1）能解决当前微服务架构的技术不确定性，使得微服务项目可以以更低的成本应对日后技术架构的更迭；

2）可以更容易地将领域驱动设计应用到微服务架构中，包括领域建模、限界上下文的微服务拆分、事件通知机制等；

3）能够实现微服务间的数据装配，以便于通过仓库与工厂装配领域对象的过程中将本地查询替换为远程接口调用。

如今最常见的微服务架构是 Spring Cloud。然而，在 Spring Cloud 框架下的各种技术组件依然存在诸多不确定性，如：注册中心是否采用 Eureka，服务网关是采用 Zuul 还是 Gateway，等等。同时，Service Mesh 刚刚兴起，不排除今后所有的微服务都要切换到 Service Mesh 的可能。因此，业务代码尽量不要与 Spring Cloud 耦合，才能在将来更容易切换到 Service Mesh。

当前端通过服务网关访问微服务时，首先将访问聚合层的微服务，如图 4-19 所示。这时，在聚合层的微服务中，采用单 Controller 来接收前端请求。这样，只有该 Controller 与 MVC 框架耦合，后面所有的 Service 却不会耦合，从而实现了业务代码与技术框架的分离。同样的，当聚合层的 Service 需要调用原子服务层的微服务时，不是通过 ribbon 进行远程调用，而是在聚合层的本地编写一个 Feign 接口。这样，聚合层在调用原子层微服务时，实际调用的是自己本地的接口，再由这个接口加载 Feign 注解，由它去实现远程调用。这样，聚合层微服务中的各个 Service 就不会与 Spring Cloud 各个组件发生任何耦合，只有那些 Feign 接口与 Spring Cloud 耦合。

同样的道理，原子服务层的微服务在对外开放接口时，不是由各个 Service 直接开放 API 接口。如果让 Service 直接开放 API 接口，就需要编写相关注解，使得 Service 与 Spring Cloud 耦合。因此，由统一的 Controller 开放接口，再由它去调用内部的 Service，这样所有的 Service 就是纯净的，不与 Spring Cloud 技术框架耦合，只有 Controller 与其耦合。

有了以上这些设计，当未来需要从 Spring Cloud 框架迁移到 Service Mesh 时，只需要将那些纯净的、不与 Spring Cloud 耦合的 Service 与领域对象中的业务代码迁移到新的框架中，就可以以非常低的成本在各种技术框架中自由地切换，从而跟上技术发展的步伐。通过这种方式，就能很好地应对未来的技术不确定性问题，更好地开展架构演化。

此外，微服务架构设计最大的难题是微服务的合理拆分，拆分要体现单一职责原则，微服务间低耦合，微服务内高内聚。那么，在软件项目中该如何做到这些呢？业界最佳的实践无疑是基于领域的设计，即先按照领域业务建模，然后基于限界上下文进行微服务拆分。这样设计出来的微服务系统，每次变更都保证尽量落到某个微服务上变更。这个微服务变更完了，自己独立升级，就能达到降低维护成本，实现快速交付的目的。

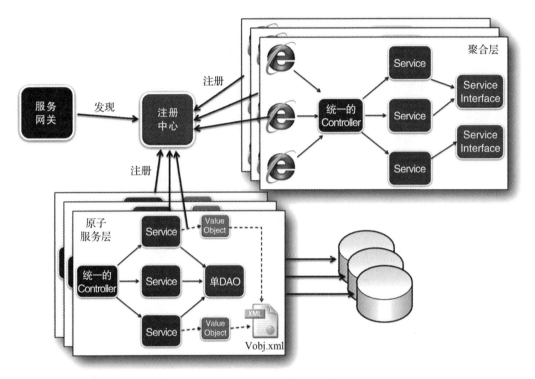

图 4-19 单 Controller、单 DAO 的设计在微服务架构中的应用

基于这样的思路，每个微服务在设计时，都采用前面支持领域驱动的技术中台。每个微服务都是基于领域驱动建模和设计，然后在该技术中台中编码实现，既提高了开发速度，又降低了维护成本。

然而，转型为微服务以后，有一个技术难题亟待解决，那就是跨库的数据操作。当一个单体应用拆分成多个微服务以后，不仅应用程序需要拆分，数据库也需要拆分。譬如，经过微服务拆分以后，订单有订单数据库，用户有用户数据库。当查询订单时，需要补填其对应的用户信息，就不能从自己本地的数据库中查询了，而是调用"用户"微服务的远程接口，到用户数据库中查询，然后返回给"订单"微服务。这时，原有的技术中台就必须做出调整。

通用 DDD 仓库在执行查询或者装载操作后，查询订单并补填用户信息时，不通过DAO 去查询本地数据库，而改成通过调用远程接口来调用用户微服务。这时，可以先在订单微服务的本地编写一个用户 Service 的 Feign 接口，由订单仓库与工厂调用这些接口就可以了。然后通过 Feign 接口实现对用户微服务的远程调用。

采用这种方式，在 vObj.xml 中进行建模时，将 join 标签改为 ref 标签就可以了。其配置如下：

```xml
<?xml version="1.0" encoding="UTF-8"?>
<vobjs>
  <vo class="com.demo2.product.entity.Product" tableName="Product">
    <property name="id" column="id" isPrimaryKey="true"></property>
    <property name="name" column="name"></property>
    <property name="price" column="price"></property>
    <property name="unit" column="unit"></property>
    <property name="classify" column="classify"></property>
    <property name="supplier_id" column="supplier_id"></property>
    <ref name="supplier" refKey="supplier_id" refType="manyToOne" bean="com.
      demo2.product.service.SupplierService" method="loadSupplier" listMethod=
      "loadSuppliers"></ref>
  </vo>
  <vo class="com.demo2.product.entity.Supplier" tableName="Supplier">
    <property name="id" column="id" isPrimaryKey="true"></property>
    <property name="name" column="name"></property>
</vo>
```

在这里进行配置时，将 supplier 由 join 标签改为了 ref 标签，其中 bean 代表在"产品"微服务本地的那个调用"供应商"微服务的 Feign 接口，method 是指定要调用这个 Feign 接口的哪个方法，而 listMethod 是在批量查询"产品"数据集时进行批量补填的优化措施。通过这样的配置，在查询产品过程中，通用仓库在补填供应商信息时，就不会去调用本地的 DAO，而是调用这个 SupplierService 的 Feign 接口，由它去实现对"供应商"微服务的远程调用，从而实现跨微服务的数据装配。

4.4 技术选型与技术规划

在开发架构这个设计阶段，除了给系统进行整体的规划，就是给各团队、各模块制定规范。这种规范既体现在对整个系统的分层上，也体现在技术架构的选型和编码的规范上。也就是说，架构师努力要让整个系统形成的是一个有机的整体。因此，各子系统、各模块在进行技术选型并以此作为基础进行设计、编码的时候，都必须采用相同或者相似的技术架构与设计。只有这样，才能有效地降低日后变更的维护成本，而不会每个模块的变更设计都各不一样，或者每个模块都需要掌握不同的技术才能进行维护。

4.4.1 软件正确决策的过程

我们说，软件架构是一系列有层次的决策。这里的"决策"二字有两个含义：1）它是一种选择，从 A、B、C 等多套方案中选择一套最优的方案；2）这种选择的正确与否非常重要，一旦选错，影响巨大。

软件架构设计的过程，实质就是一次一次决策的过程。在这个过程中，架构师不得有失，一旦选择错误，项目损失巨大。正因为如此，在整个业界，架构师这个角色的差别是最大的。上有比尔·盖茨、乔布斯以及各大高科技公司的一众首席架构师，下有千千万万像我们这样普通的架构师。不同层次的架构师，他们决策的内容层次不同。"乔布斯"们决策的是整个业界的发展方向，而普通的我们只是决策这个系统的技术架构。

决策的层次不同，产生的价值不同，形成的影响也就完全不同了。架构师要能够在其所在的层次上做出正确的决策，帮助企业规避风险，带领团队走向成功。这种认知是架构师在见多识广的基础上形成的软实力。所以，要成为顶级架构师，首先要在不断学习与项目实践中逐步提高自己的软实力；其次要热爱思考，能够主动思考更高层次的事情，帮助公司去做更高层次的决策。

软件架构是一套软件系统最宏观、最核心部分的浓缩，因此在架构设计时做出的每一步设计，都是一种决策。架构师必须要保证他做出的每一步决策都是正确的。因此，拍脑门草草做出的决策，或者基于以往经验的直觉做出判断，都是不负责任的。架构师必须在决策前进行调查研究、收集有用数据。只有基于这些调查与数据基础所做的决策，才是负责任的、保证质量的决策。这也适用于技术选型的决策过程。

架构师应当仔细研究即将设计的软件系统的每一个需求，全面把握系统需求的方方面面，把握住这个系统的各个关键点与难点，而不要过早做决策。同时，在选型时，应当查找资料，全面了解当前市面上的同类产品与框架，了解它们的优缺点，而不要仅凭某些厂商的一面之词就冲动地做出决定。

当然，技术选型是每一个架构师不得不跨过的坎，但要保证每次都能正确决策，确实不太容易。如果我们在互联网中查找到某个主流技术框架的大量负面消息，是不是代表这个技术框架就不好呢？不一定。正因为主流技术框架使用的人多，应用得比较广，才能发现更多深层的Bug，多次升级修复后的框架会更加成熟与稳定。因此，应当尽量选择主流的技术框架。

相反，某些技术框架非主流，用的人少，自然发现的Bug就少。发现的Bug少就能说明它成熟吗？那不一定，可能还有很多Bug没有发现而已。如果我们使用了这些框架，问题又多，出现了问题还查不到资料，只能自己去跟源码，自己解决，无疑就会增加软件项目的技术风险，后患无穷。

因此，以我的经验，在技术选型时，一方面尽量选择主流框架，另一方面要多询问使用过这些框架的朋友、同行，从而获得最直观的第一手资料。

4.4.2 商用软件与开源框架

在技术选型时还需要考虑选择商用软件还是开源框架。这个问题在十多年前还不成立，因为那时的开源框架都不成熟，因此人们宁愿选择收费的商用软件。

　　商用软件都是大厂家出品，技术成熟，产品线完备。无论你在应用开发过程遇到什么问题，它都有相应的产品给你提供支持。即使我们在应用开发的过程中遇到了其他问题，厂家也能帮忙解决。因此，我们使用商用软件开发项目，省时省力，对团队技术要求不高，可以快速完成开发并投入市场。我们只专注于自己的业务就可以了。

　　然而，商用软件的优势和缺点都非常明显。缺点首先就是费用高昂，并且这些费用不是一次性付出，我们自己的软件每完成一笔交易，厂家都要分一杯羹。另外，我们的产品是基于商用软件开发的，没有商用软件就没有我们的产品，因此我们将完全依赖于该商用软件，会极大地受制于对方。

　　正所谓三十年河东，三十年河西。时至今日，开源框架盛行。甚至有一种说法：白猫黑猫，开源了的才是好猫。开源框架正因为是开源的，所以用户多，得到的测试也多，被发现的 Bug 也能及时得到修复。这样，经过如此多用户的应用考验，开源框架的运行甚至比商用软件都稳定。用的人多了，就有很多的其他厂家为其编写外围软件，围绕该开源框架的生态圈就形成了，该开源框架也得以应用到更加广泛的场景中，变得更加主流。从这个角度来看，在选型开源框架时，一个非常重要的指标就是主流与否。

　　主流的开源框架，社区活跃、用户多、更新速度快。正因为如此，在使用的时候遇到的所有问题几乎都能通过网络搜索获得满意的答案。这样，使用该框架的风险与成本就降低了，开发团队就更能掌控这个框架，并顺利地开发出产品。

　　虽然开源框架是免费的，但并不意味着就真正省钱，另外一部分成本将增加，那就是开发团队的人力成本。开发团队必须开出更高的工资，招聘技术能力更强的人，才能够用好这些开源框架，这些都是成本。

4.5　模块划分与代码规范

　　架构师除了规范分层结构、规范技术架构，还要规范各个模块的命名和编码，如图 4-20 所示。经过这样的规范，虽然有很多人参与设计开发，但最终编写出来的代码像一个人写的一样。日后运维的时候，每个模块的编码规则都是一样的，代码修改的方式也是一样的，维护的成本自然就低了。

　　首先，制订各个模块包的命名方式。譬如，名称都是以 com 或者 org 开头，然后是公司名，接着是项目名。在项目名的基础上，再是各个模块的模块名，如 customer、product、order 等。基础框架可以是 support，工具代码是 utils。通常，各个业务模块之间不要相互调用，即使调用也是基于接口的调用。所有业务模块都依赖于基础框架 support。这样做能有效避免模块间的循环依赖，方便日后的变更与拆解，如图 4-21 所示。

图 4-20 模块的分包及其命名规范

在各个模块的基础上，再统一进行分层。譬如，每个模块都有 service、entity、utils 这些包，service 是服务，entity 是实体与值对象，utils 是工具类。但模块中不一定有 web、dao 等包，web 中放的是那些 Controller，dao 中放的是数据访问层代码，它们可能已经被整合到底层框架中了。

最后是代码规范。架构师制订的代码规范必须要有针对性，一份放之四海而皆准的代码规范是没有任何意义的。代码规范怎样才能有针对性呢？那就一定要与软件系统中采用的技术架构相配合。使用 SSH 架构、EJB 架构、Hadoop 架构的系统所采用的开发规范是完全不同的。

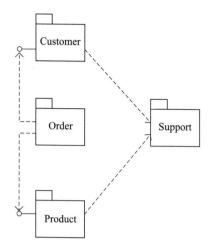

图 4-21　各个业务模块之间只有接口调用，并都依赖于基础框架

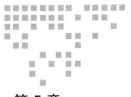

运行架构设计

作为"技术大牛"，架构师要去攻克技术难题了！

从逻辑架构设计，到数据架构设计，再到开发架构设计，这实际上是一个"由粗到细再到粗"的架构设计过程，系统被逐步拆解成多个模块、提交给多个团队。但这个阶段的工作都是围绕着功能性需求展开的。随后架构师会逐步将工作的重点转移到另一项非常重要的工作——非功能性需求的分析与设计。这时候，架构师开始发挥"作为'技术大牛'去攻克技术难题"的特质。

大多数架构师都是从程序员逐步成长起来的，正是因为技术好，才逐步从程序员中脱颖而出，成长为架构师。因此，技术好，是对架构师最基本的要求。架构师要有能力解决所有的技术难题，并且坚韧不拔、勇于担当。

运行架构关注的是系统如何运行，是同步还是异步，是并发还是串行，关注运行中的各个对象如何交互，状态如何转换，关注那些安全性、可靠性、可伸缩性等质量要求，以及响应时间、吞吐量等性能要求。与前面的那些架构设计不同，运行架构关注的不再是全局，而是局部，是系统中那些关键点与难点。也就是说，为了提升自己的竞争力与号召力，让用户更有意愿买单，每个软件都希望采用一些新技术，解决一些新问题，有自己的技术亮点。这就要求架构师在项目初期就加入，在运行架构设计阶段就攻克技术难题，要求架构师参与技术攻关，甚至技术预研。

5.1 属性→场景→决策

非功能性需求，是软件开发过程中非常重要的一部分内容。然而，在以往的软件开发过程中，非功能性需求常常被忽略，因为系统运行在局域网中，功能性需求更重要。然而，随着越来越多的系统朝着互联网转型，在互联网的严苛环境下运行，非功能性需求就变得越来越重要了。

一旦被架设到互联网上，系统就需要面对安全性、可靠性、可伸缩性等一系列问题。任何一个问题如果没有在架构设计阶段尽早识别出来，没有制订相应的方案去规避，就会在项目中后期甚至项目上线的时候爆发出来，给项目带来不可挽回的巨大损失，甚至导致项目失败。

那么，该如何开展对非功能性需求的分析与设计呢？这也需要有一套成熟的方法，一步一步、有条不紊地开展工作，避免出现遗漏。我们通常都会采用"属性→场景→决策[⊖]"的过程，一步一步进行架构设计。

这里的"属性"就是整个系统应当遵循的质量属性。团队通常都会在产品需求规格书的最后一章详细罗列出该项目在设计上应当遵循的非功能性质量属性。譬如，整个系统应当达到的安全性、可靠性，应当达到多少秒内的响应时间，以及多大的高并发与吞吐量。某项目罗列的非功能性需求如下所示。

1. 可靠性需求

应确保系统 7×24 小时持续、稳定、可靠运行，保障平均年故障时间小于 3 天、平均故障修复时间小于 1 小时。同时，在软件设计上应消除单点故障，部署时考虑适当冗余，并具备良好的备份机制。

2. 性能需求

1）日常交易类业务

具有较高的响应要求，如表 5-1 所示。

表 5-1 日常交易类业务响应时间

业务复杂性	平均响应时间参考值（秒）	峰值响应时间参考值（秒）
日常交易	小于 5	小于 10

2）查询类业务

根据查询的复杂程度、查询的数据量大小等因素，查询类业务分为简单查询与复杂查询两种，如表 5-2 所示。

⊖ 参见温昱所著的《软件架构设计》一书。

表 5-2 查询类业务响应时间

业务复杂性	平均响应时间参考值（秒）	峰值响应时间参考值（秒）
简单查询	小于 5	小于 10
复杂查询	小于 20	小于 40

3. 易用性要求

系统部署要求简单、轻量。

1）安装包尽可能小，不应超过 100MB。

2）实现应用一键部署。

3）修改配置尽可能容易，降低部署的门槛。

……

需特别注意的是，在制订非功能性需求时，每一项必须有明确的可验证的标准，如必须达到什么指标或者必须实现什么样的功能，以便在后续的架构设计中逐个落实。

所以，这里的"场景"，就是拿着非功能性需求中的每一个质量属性，到整个项目中去扫描，哪些功能能达到要求，哪些功能不能达到。这样，就把整个项目对质量属性的要求变成了某些关键场景对质量属性的设计。架构师会依据质量属性的要求，对这些场景进行技术选型，制订各种方案，然后依据方案设计编码，最后搭建实验环境进行测试验证，通过不断地优化最终达到质量属性的要求。

最后就是"决策"了。在这个阶段，架构师要决策的，就是他在该应用场景中进行的设计是不是适用于其他的各个场景。这里有两种可能：

1）该应用场景比较特殊，这个设计只适用于该场景；

2）这个设计同样适用于其他应用场景。

后者出现的可能性更高。这时，架构师就需要思考，是不是应当将该设计提炼出来，下沉到底层的技术架构中，调整架构设计，从而将其应用到系统其他各应用场景中。

使用"5 视图法"进行架构设计的过程中，底层的技术架构首先是在开发架构设计阶段产生的，其设计依据主要是功能性需求，即架构设计是在对系统的功能性需求进行全面梳理、总结归纳的基础上制订的，是对各个功能共性的设计。当这部分架构被设计出来、能够满足功能性需求以后，就到了运行架构设计阶段，此时需要对技术架构进行更进一步的设计。

运行架构的设计，不是对开发架构的否定与替换，而是进一步的调整与优化。譬如，在开发架构阶段的设计只考虑对数据库的访问，而到了运行架构阶段则要考虑性能，从而添加缓存与分布式队列的设计，等等。这充分体现了架构设计的分而治之与逐步细化的设计思想。

5.2　非功能性需求

那么，非功能性需求应当包含哪些内容呢？我们可以简单归纳为"URPS+"，即可用性（Usability）、可靠性（Reliability）、性能（Performance）、可支持性（Supportability）以及其他（+）。

可用性是一个非常宽泛的概念，泛指那些能让用户顺利使用该系统的指标，包括易用性（易操作、易理解）、准确性、安全性（系统安全、数据安全、权限体系、访问限制等）、兼容性（服务器、客户端的兼容程度），等等。

可靠性，就是系统可以可靠运行不宕机，包括系统成熟度（数据吞吐量、并发用户量、连续不停机性能等）、数据容错度、系统易恢复性等。可靠性涉及的"单点故障可容忍"及各种相关技术，后面也会反复探讨。

性能，是非功能性需求分析中非常重要的内容。用户对性能的要求没有止境，但现实非常残酷。性能往往受到诸多方面因素的影响，包括功能性需求、软件设计、数据库设计、系统部署方式等。其中，功能性需求与部署方式是对其影响最大的两个方面，必须在该阶段就想清楚，解决掉。

功能与性能往往是矛盾的，保证了性能就必须要牺牲功能。比如，数据导出功能看似简单，但是仔细分析以后会发现它不简单。客户在查询数据的时候如果时间跨度为数年，查出的数据量可能达到数十万，从运行效率、系统稳定性与用户体验上都是一种挑战。要解决这类问题通常就两个思路。

1）从功能上限制一次性导出的数据量（如最多导出 2 万行）。这样无疑会影响用户体验。

2）从部署方式上采用分布式导出，即将导出任务交给另一台服务器。当需要执行导出任务时，通过消息队列通知导出服务器。这样，无论客户还是应用服务器都不需要等待，既保证了用户体验，又保证了系统性能。服务器完成了导出任务以后，再通过消息机制通知用户去下载。

无论采用哪种方案，都需要架构师基于性能的考虑，调整系统相应的功能性需求。

可支持性，就是软件的可维护性、易变更性。可支持性对于客户是透明而不可见的，因此客户通常不关心这个。同时，软件开发初期，由于时间紧、任务重，可支持性也常常被管理者所忽略。但随着业务的不断深入、需求的不断变更，系统的维护成本和变更成本都会越来越高。架构师必须通过抽象共性的方法或搭建技术中台来解决可支持性问题。

5.3　恰如其分的架构设计

通过"5 视图法"全面覆盖架构设计方方面面的内容，是高质量架构设计的要求之一。

恰如其分的架构设计也是高质量架构设计的重要方面。恰如其分的架构设计包含两个方面的设计要求。

（1）当前的架构设计必须满足当前的所有需求

通过"5 视图法"进行架构设计，先全面梳理当前的需求，既要覆盖功能性需求，也要覆盖非功能性需求，既包含软件设计，也包含硬件部署，把来自方方面面的问题都囊括，不遗漏任何一个设计风险。在这样的基础上设计出来的架构就是高质量的。

（2）没有过度设计

所谓的"过度设计"，就是脱离了当前的需求，试图去满足未来的需求。为了应对需求变更，我们做了很多的设计。然而，每种设计只能应对一种变化，没有什么设计能够应对所有变化。因此，常常出现的情况是，我们期望的变化没有发生，所有的设计都变成了摆设；我们没有期望的变化却发生了，当前的设计依然不能适应这个变化，又被打回了原形。因此，这种不能解决未来的变更、反而使系统更复杂且难以维护的设计被称为"过度设计"。

然而，不过度设计，并不意味着架构师完全不考虑未来。那些近期可以预见的变化还是可以预先做一些设计的，但那些自己都不确定未来会不会发生的变化，不做也罢。恰如其分的架构设计就是在这些利与弊、划算与不划算中不断权衡的过程。

5.4 技术架构演化

毫无疑问，在过去这十年的时间里，"互联网＋"的变革是创新，为行业注入了活力，深刻地改变了我们的生活方式。普通人感受到的是互联网发展所带来的便利，架构师面对的则是无尽的压力与责任。互联网带给我们的最大变化就是客户群的变化。过去，我们的软件仅仅服务于某个企业、某个地域。然而，互联网打破了这些限制，客户群体不再受时间与地域的束缚，他们可以在任何时间、任何地点使用我们的系统。不仅如此，为了产品的推广和公司的发展而推出的各种"秒杀"成为了架构师的梦魇。随着业务量的不断增长，老板、产品经理、项目团队，所有的人都露出了舒心的微笑，架构师却面色凝重，因为他们知道，业务量的增长意味着技术架构又要改造了！

图 5-1 是京东在 2011～2014 年"618"店庆时的业务增长趋势图。大家可以想象，为了扛住这 8 倍之多的业务增长量，京东的同人在改造系统时需要承受多么大的压力。

不仅如此，"互联网＋"也逼迫着许多传统行业革命，向互联网转型。在所有这些转型中，12306 则无疑是最耀眼的一个。12306 过去是众多传统行业中的一员，对它们来说，维护好全国的售票大厅和网络站点就可以了。事情的转变发生在 2010 年 1 月 12306 购票网站的开通，"互联网＋购票"的序幕正式拉开。12306 初次上线就被全国人民压瘫了。随后 12306 开始了持续多年的改造，包括异步化操作、内存数据库、向云端的扩展等。如今，

12306 在技术上得到了长足的进步，才能够从容应对各类刷票软件的狂轰滥炸。

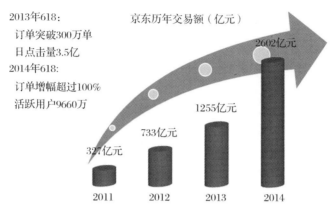

图 5-1　京东 2011～2014 年"618"店庆的交易额

从京东和 12306 的故事中，我们都不难看出一个"变"字。"互联网 +"对于所有行业来说都是一次变革，而对于架构师来说，这种变革是经常的、持续的。正如 58 同城的同人在其专访中提到的：好的架构源于不停衍变。

有人说，找一个好的架构就能应对系统的变更。笔者认为这是不正确的。所谓好的架构，其实只能适应某一段时期的变更，但随着市场的变化，用户访问量的增长，它必然会逐渐变得不再适应这种变化，变成不好的架构。这时，我们应当适时地对架构进行调整，改造相应的技术架构，使其适应新的变化，从而重新成为好的架构。所以，对于架构师来说，要经常地、持续地进行架构更迭，即"架构演化"。

5.4.1　意图架构

过去，架构设计追求的是架构规划。架构师需要有多年的从业经验，能够在项目设计初期就预测到未来多年系统的变化，并提前规划出应对这些变化的策略。然而，随着互联网的快速更迭，架构师已经没有办法准确预测未来的变化了。譬如，系统今年的流量是 100万，那么明年呢？业务发展得好可能就是 1000 万了，业务发展得不好可能也就 200 万。那么架构师在规划架构时，是按照 200 万规划，还是按照 1000 万去规划？我们不是先知，不可能去预测虚无缥缈的未来，而好的架构只适用于一时而不是一世。因此，我们需要调整架构设计的思路，不再是去规划一成不变的未来，而是规划可以预测的当前，并随时做好应对未来变化的准备。这种思路指导下的架构就是"意图架构（Intentional Architecture）"。

意图架构，就是根据近期需求变更的意图，去规划近期的技术架构，使其刚刚满足近期的需求。未来当需求变化时，再根据未来需求变更的意图，去规划未来一段时间的技术架构，使其刚刚满足未来这段时间的需求。也就是说，意图架构永远规划的是近期的架构，能够刚刚满足近期的需求，并随时做好应对未来变化的准备。这也就是恰如其分的架构设计。

意图架构与架构规划最大的差别在于，意图架构将大范围的架构规划变为了小范围的架构调整。不过多地去思考前瞻性架构设计，而是更多地去思考如何应对当前的变化。那么，那些前瞻性架构设计是不是就不考虑了呢？也不是，但不必考虑那么细，只需做方向性的考量，而将更多时间用在考虑当前的、近期的架构设计上。

因此，意图架构就是在每次迭代的时候，在制订迭代计划时，依据当前的需求去识别系统架构可能存在的风险。这些风险是依据系统当前的运行状况得到的，如随着业务增长系统慢慢扛不住用户压力，或者通过系统监控发现某些用户利用系统漏洞进行刷单，等等。这种风险也可能是新增需求带来的，比如要增加"秒杀"功能需要更大的吞吐量。同时，这种需求更可能是对未来新技术的开拓。

有了这些分析，就可以形成"意图"，即类似"为了实现 ××（意图），需要架构实现 ×× 功能"这样的描述。例如：

❑ 为了满足目前用户量不断增长的业务需求，需要架构实现 5000 万的并发能力；
❑ 为了应对突发的流量，需要架构设计服务降级、限流措施等功能；
❑ 为了满足"秒杀"功能的业务需求，需要架构实现异步化操作；
❑ 为了在未来更好地开展对外数据服务的业务，需要架构实现数据共享与交换的功能。

所有的意图都要体现近期的一种价值，要么补救了某些漏洞，要么满足了某些需求，要么提高了系统的某些能力，使其能更好地应对未来更多类似的业务。有了这些意图，架构师就可以基于这些意图进行架构演化，快速调整系统架构来满足系统近期的需求。

未来，随着大数据、物联网、人工智能等高新技术的快速更迭，架构设计必须慢慢由长周期的架构规划，向着短周期的意图架构转变，才能让架构设计更好、更快地去适应未来市场的变化，从而帮助团队通过快速的技术更迭获得市场的技术竞争优势。

5.4.2　使能故事

有了以上的思路，架构师又该如何实践"意图架构"呢？通常，在敏捷团队中，架构团队会采用"使能故事"（Enabler Story）来开展架构设计。所谓的"使能故事"，是相对于"用户故事"（User Story）提出的。以往敏捷团队会将一个长周期的开发活动划分为一个一个的迭代（Iterator），每个迭代为期二三周，以短周期的形式逐步开展开发活动。同时，在每个迭代前制订迭代计划，在迭代结束后交付一个可运行的版本，以这样的形式组织开发。

然而，在以往制订每个迭代的工作任务时，都是以"用户故事"的形式描述需求，即将一个大的功能拆分为多个用户故事，每个用户故事都是一个小的、独立的、可以由一个人独立完成的任务。然而，这些用户故事都是基于用户提出的功能性需求。也就是说，以往的敏捷团队全部都是围绕着用户需求，用很短的时间去做增量式开发，通过对上一版本的修改来完成用户故事。这样的设计被称为"浮现式设计"，是一种基于代码演化与增量开发进行设计的方法。

浮现式设计通过演进式开发来应对快速需求变化，进而快速交付用户价值。然而，浮现式设计每次都是在原有代码的基础上进行修改，一方面对代码质量提出了更高要求，另一方面又使得团队总是处于"救火"状态，刚完成一个，又匆忙去赶下一个。这种方法的开发成本更高，耗时更长，团队成员也没有时间去提升自己，其开发能力与工作效率都无法提高，就更忙碌于日常的工作，形成了恶性循环。

因此，在每个迭代中，敏捷团队除了完成那些用户故事以外，还应当拿出一定比例的工作量来完成使能故事，提高团队研发的能力。这里所谓的"使能"，就是使自身的能力得到提高，包括：

1）更深层次地理解用户业务，探索用户需求，给用户更好体验；

2）优化既有的代码，提高代码质量，以降低日后变更的成本；

3）调整既有的技术架构，以支持未来更多的功能，更快更好地完成开发；

4）将现有功能算法下沉，构建更加强大的技术中台，以支持未来的发展。

虽然使能故事不能直接产生用户价值，却可以有效地提升未来完成用户故事的速度与能力，从而间接地提高生产力，产生更多用户价值。譬如，通过使能故事进行代码重构，将业务代码与技术框架分离，就能支持更快速的技术架构更迭；从需要频繁设计功能的报表中提取共性，下沉为报表设计平台，就能支持今后更快速的报表开发；通过使能故事快速替换不合适的技术框架，可使架构重新回到正轨。因此，在敏捷团队中，越来越多的技术架构演化在迭代的使能故事中完成。

这里的基本思想就是：长周期的大重构，不如短周期的小重构。以往技术架构的调整，每次都是先做一次大的规划，制订一个持续数月的系统级重构计划，然后再一步一步实施。这样的方案，首先成本很高，持续数月的时间都不能产生用户价值；其次，时间过长，快速变化的市场等不起架构的调整；最关键的是，架构设计不可能一步到位，刚刚完成的架构可能过不了多久又不能适应新的市场变化，又需要重构了。与其这样，不如将架构演化融入日常的工作中。

这个过程就好像要一次性地还几百万元的房贷，一次付清压力太大，但将其分解到每个月的分期付款就没那么大压力了。技术架构的演化也是这样，要一次还清过去数年的技术债非常痛苦，但如果将还技术债的过程放到日常，今天做点儿，明天做点儿，事情就可以一步一步地落实下去。

5.4.3　架构跑道

前面谈到，架构师按照使能故事来落实每个阶段的意图架构，最终落实到每个迭代对架构设计的持续调整。这时可以看到，运行架构的设计不仅仅是架构师一个人的工作，还是整个架构团队的工作，架构师在里面起到的是带领和指导方向的作用。同时，意图架构要求每次的设计应当刚刚好、恰如其分地满足当前的需求。这里的恰如其分如何把握，需要掌握一个度：既要满足未来一段时间的需求，又不能规划得太远，从而产生浪费，这就是"架构跑道"的设计思路。

所谓的"架构跑道"，实际上是一种隐喻：在机场建设时，飞机跑道应当设计多长呢？如果设计过短，飞机无法起飞；如果设计过长，飞机早已起飞，那么后面那段跑道就是浪费。因此，飞机跑道的设计应当恰如其分、不偏不倚、刚刚好满足飞机起飞，或者稍微留出一点儿盈余。

架构设计也是这样的。应当既能满足用户，又不会产生浪费。比如，系统设计要满足多大的系统吞吐量呢？如果我们评估最近一年内吞吐量就只能达到 200 万，那就按 200 万设计，而不要奔着 1000 万设计。今后通过评估如果吞吐量要达到 1000 万了，再通过架构演化设计成 1000 万。这样的设计才最合理，不产生浪费。

所以，在系统维护过程中，敏捷团队在每个迭代中都会有使能故事，而这些使能故事源于意图架构。敏捷团队在迭代计划会议中，首先要通过讨论形成意图架构，也就是要在架构设计中进行什么调整，以满足什么需求。接着，架构团队依据这些意图架构进行设计，形成架构跑道，即对这些意图的设计应当设计到什么程度，就能满足多大范围内的需求。

譬如，意图架构需要通过提高系统吞吐量来应对不断增长的用户并发，因此架构团队就需要根据系统当前的运行状况收集数据，结合未来一段时间的业务规划制订架构跑道，即达到多大的系统吞吐量就能满足多久的系统需求。然后，将这样的分析结果与意见提交给各方进行讨论，达成共识，在下一个迭代中开展架构的设计与演化，这就是架构跑道。同时，架构跑道也有一个消费的过程。经过一段时间，当前的架构跑道已经不能适应新的需求变化，那么我们再进行意图架构，再设计一个新的架构跑道，如此往复。

5.4.4　我们的实践

意图架构、使能故事与架构跑道，是在新的技术发展形势下的大胆革新。它改变了过去对技术架构调整"偶尔为之，或不得以才为之"的设计思路，而是以开放的心态经常为之、持续为之，从而拥抱变化。那么，按照这样的思想，如何进行架构设计呢？

如图 5-2 所示，项目中有多个团队，都是按照同样的迭代周期，按节奏开发。除了多个业务开发团队，还有一个架构团队给他们提供支持。业务负责人通过对产品的业务发展规划，制订许多特性并分解为许多用户故事放到待办事项中。这样，各个业务团队就根据各自的功能分工，在各个迭代中制订各自的开发计划。在大多数情况下，各业务团队可以独立完成各自的用户故事，在完成迭代后各自独立发布，交付给客户使用。

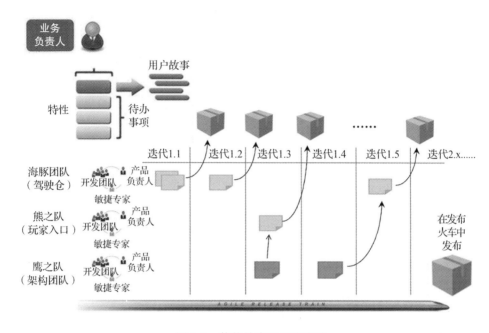

图 5-2　使能故事的工程实践

然而，一些比较复杂的功能，业务开发团队需要架构团队提供技术支持，以完成开发。在迭代计划会上，业务开发团队会提出需求，即意图架构，也就是架构团队需要提供什么样的支持，业务开发团队才能完成该功能的开发。此后，双方开始协商，技术架构的边界在哪里，业务开发的边界在哪里，双方的 API 接口是什么，各自在哪个迭代周期完成，等等。

如果架构需求比较简单，双方可以依据 API 接口，在同一迭代期同时开工，然后集成、测试，完成发布；如果架构需求比较复杂，则由架构团队先完成架构设计、测试、发布，然后业务团队在此基础上完成相应的业务开发。

但是，以上这些还是基于传统的"先规划后开发"的架构思路。未来技术与市场快速更迭，架构师已经很难提前规划技术架构，以支持业务的快速交付。这时，与其让业务等待架构，不如先开展业务，再下沉架构。因此，如图 5-3 所示，业务开发团队先开展业务代码的开发、测试、发布，将业务开展起来。然后，架构师根据已经开展的业务，在原有的设计中提取共性，将这些共性下沉到技术中台中。最后，业务开发团队在依据技术中台的 API，重构这部分代码。经过这样一个过程，虽然对外提供的还是原来的功能，它的意义却发生了重大的变化：

1）原有功能的代码得到了简化，使得日后更加容易维护；

2）技术中台的能力得到了加强，使得日后开展同类型的需求开发更快。

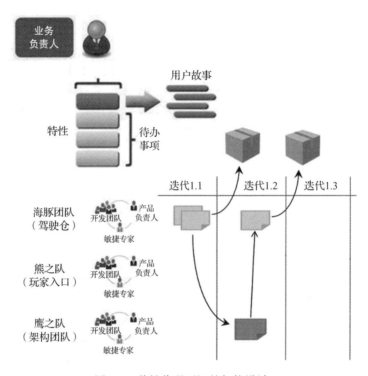

图 5-3　共性代码下沉的架构设计

5.5　技术改造与软件重构

前面讲的架构跑道与使能故事都是团队在日常维护时会用到的概念，但当一个团队更大规模地开始做一些新的功能，开发一些新的模块，开展一些新的业务，甚至需要引入一些新的技术时，架构师又该如何进行架构设计呢？

架构师普遍喜欢做新项目，因为新项目就像一张白纸，有无限大的自由发挥的空间和令人兴奋的全新业务。最令架构师讨厌的则是维护老项目。老项目中有许许多多以前遗留下来的问题和包袱，你必须在它们的基础上进行架构设计；还有许许多多的约束，你必须在原有的技术和架构的基础上开展工作。因此，维护老项目，没有高质量的架构设计，没有优秀的程序设计，没有主流的高新技术，只有各种无奈的权衡。

随着 IT 产业的不断发展，系统规模越来越大。过去我们为某个生产线设计软件，为整个企业设计软件，而如今是为整个行业设计产品，甚至是为整个社会设计系统。系统应用的范围不断扩大，业务复杂度也就越来越大，历史数据包袱也越来越大，这样的趋势导致软件系统的生命周期越来越长。过去开发一套软件，运行了 3～5 年就推倒重新开发，然而现在，复杂的业务逻辑，巨大的历史数据包袱，使得推倒一套系统重新开发的风险越来越大，软件企业越来越不敢这么干。当一套软件系统已经成为企业生存的依靠，那么未来所有的设计开发都只能围绕着它不断地展开。这时，在老系统上开发新产品、设计新程序、进行新的架构设计改造将成为一种常态。虽然你不喜欢，但必须去适应，这就是趋势。

5.5.1　架构师的十年奋斗

也就是说，未来的架构设计，开发新系统的机会越来越少，更多的是在老系统上进行新产品开发、架构设计。那么，在这种新形势下，架构师又该如何进行架构设计的呢？我总结出了以下三种方式。

（1）缝缝补补又三年

系统已经运行维护多年，这期间每年都在添加各种功能、打各种补丁、进行各种技术架构的改造，系统已经凌乱不堪了，但变更还在继续，补丁也在继续。在这个过程中，每次的修改都是需求驱动的，即如果用户没有提新需求，就不修改。但问题是，每次用户提的新需求都很紧急。在这样的情况下，架构师很难站在全局的角度，从根本上解决一些问题。设计中发现了问题后，我们总是采用一些临时的方案进行补救，只负责完成当前阶段的开发，没有人会从根本上解决问题，设计的债务就此产生。

最要命的是，每次开发人员都是以"使修改最小化"为原则进行维护，即在原有程序结构的基础上去塞代码，这样必然导致软件不断退化，维护变更成本越来越高。因此，这种方式"治标不治本"，不能从根本上解决架构的问题。

（2）走一步推两步，浅尝辄止

你是一个有远见卓识的架构师，你敏锐地看到了系统的问题，并且说服了老板从架构上去改造。于是你着手改造系统。一开始，大家意气风发，制订了一个宏伟的目标，把系统改造成什么什么样，有美好的未来前景。但没多久你就遇到了各种各样的困难和阻力。

首先，产品经理不乐意了："运行得好好的，改什么改，改出问题怎么办？就算改完了也不产生价值，客户不给你一分钱！"接着，你的组员也说了："我们不是不愿意跟你干，但手头还有一大堆需求要做呢！"最关键的是，你还会遇到许多代码的雷区。

"代码的雷区"，就是那些谁都看不懂的代码，这些代码是很久以前某个开发人员写的，现在他在哪里谁都不知道。但是，这么多年这段代码一直没有变更、没有报错，结果你一改就出错了，就得为这个错误负责了。所以，面对现实你只能妥协：这部分就不要改了，那部分也别改了。最终雷声大，雨点小，系统改造草草收场。根据我多年的经验，系统改造的事越是大张旗鼓，越容易失败。相反，从小处一点一点做，反倒容易成功。

（3）洗心革面，重头再来

有一天我们终于开始改造系统，将原有的那个凌乱不堪的老系统扔到了一边，从头开始开发。需求分析人员花了三个月的时间仔细梳理业务，程序员们花了两个月时间加班加点开发新系统。但是，新系统一上线就遭遇各种状况，用户非常不满意。

为什么会这样呢？大家想象一下，在对一个系统多年的维护过程中，我们积攒下来的最有价值的东西是什么？是那些细小的业务逻辑。在这么多年不断地修复 Bug、实现新需求的过程中形成的业务逻辑，经常细小到根本写不到需求文档中，却真实地存在于代码行间里。然而，现在一切都推翻重来，这些细小的需求很可能就丢失了。我们感受不到这些需求的丢失，但上线后用户会感受到。新系统上线以后，用户突然发现过去那些已经解决了的问题现在又出现了，就会失望，"还不如原来那个。"如果是这样，新系统的改造就会失败，原来的系统重启，忙碌了这么久又回到了原点。

5.5.2 演化式的技术改造思路

前面三种方式都不能帮助我们很好地在既有的系统上进行架构设计。在既有系统上进行技术架构改造一定要慎重，切忌草率行事。

以往技术架构改造最大的风险就在于，原系统运行维护多年，期间遇到的许多业务与功能的问题已经在多年的维护中得到了解决。但这些都是一些极其细小的业务逻辑，如果在改造的过程中没能被新系统正确地识别，致使新系统上线以后再次出现以前已经解决的问题，就会让用户对新系统丧失信心，造成技术改造失败。

如果采用重做的方式，抛弃原有的系统重新开发，虽然可以快速有效地摆脱原有系统的技术债务，但与此同时也丢失了那些细小而繁复的业务逻辑，为整个系统的改造带来巨大的项目风险。

因此，我们提倡演化式技术改造，即利用重构在原有的系统上逐步改造。重构是在原有系统的基础上，通过一步一步演进式的代码调整，逐步达到技术改造的目标。每一步重构都保持外部功能不变，只调整程序的内部结构。通过内部程序结构的优化，业务代码逐渐与各个层次、各种技术解耦。重构后的系统像更换零件一样完成各类技术的改造，这就是演化式技术改造的过程。

从这里可以看出，演化式技术改造的目标是实现业务代码与技术框架的解耦，使系统适于进行技术改造，而采用的方法就是重构。通过重构将长周期的改造过程，划分成一个一个短周期的重构，保障每次重构的正确性。每做一小步重构，就进行一次验证，保证原有功能的正确性。正是这样的过程，保证了在改造过程中，虽然修改了既有代码，但没有影响既有功能，使得改造能更加平稳地进行下去。经过这一系列改造，系统的业务代码与技术框架解耦了，接口层建立起来了，就可以从容地开展真正的技术改造了。

5.5.3　一个遗留系统改造的故事

在遗留系统中进行技术改造，是像汽车更换零件那么简单吗？为了给客户更好的前端体验，加入 Ajax 框架就可以了；为了扛住更大的用户并发，加入异步操作与分布式缓存就可以了；为了处理海量的数据，解除数据库 I/O 瓶颈，加入数据库的读写分离与分库分表设计就可以了……起初大家可能认为，有什么需求就加上什么技术，不需要的技术就替换掉。然而，当我们真正面对那些运行、维护了多年的系统时，才会发现事情并不是那么简单。

在既有系统上进行技术改造是一件非常困难的事情，特别是那些运行、维护多年的遗留系统。它难在哪里呢？难在由于多年的运维，系统中的各种功能与代码盘根错节地交织在一起。各种大函数（一个动辄上千行代码的函数）与大对象（一个对象包含了数十个方法）更让人头疼不已。毫无疑问，这样的系统日常维护已然不易，根本没有办法承受未来的技术改造，但激烈竞争的市场逼迫着我们必须得改。

像这样运行维护多年的老系统，在各大软件企业中普遍存在，而且往往还是核心业务系统，是企业生存的"饭碗"。这些系统技术改造的难题不解决，又如何应对未来互联网的转型、大数据的转型、5G 技术与人工智能的转型呢？但这些系统又不能采用推倒重来这种革命式的改造，必须要平稳。因此，"演化式技术改造"成了唯一的选择。

1. 改造的工具：软件重构

采用"演化式技术改造"，采用的工具就是软件重构。然而，一提到重构，许多人对它有误解，觉得它是对代码进行大改特改，轻易不敢尝试，或者认为它不过就是把原有的代码都重新改造一遍。这些看法都不对。

软件重构，就是在不改变原有系统外部行为的基础上，调整它的内部结构，使其更加易于阅读、维护和变更。

从软件重构的定义中，我们可以总结出以下几个特点。

（1）不改变系统原有功能

改造系统首要的前提，是不影响系统原有的功能，这个特征非常重要。一旦修改了原有功能，就可能带来 Bug，影响用户使用。因此，在整个系统改造的过程中，每做一次小的重构，就需要确认一次系统功能没有被修改。这样才能保证整个改造平稳且不出问题，这也是重构与乱改代码最大的区别。

（2）调整程序内部结构

这是重构的工作内容，即不改变外部行为，只改变内部程序。因而，在改造系统时，通常会划定一个范围。在这个阶段的重构中，只改变这个范围内部的代码，这个范围以外的接口及其功能都必须保持不变。这个范围可大可小，从代码级重构到系统级重构均可。以往大家一提到重构，想到的都是系统级重构，然而越是大张旗鼓的重构越容易失败，越是从小处一点一点重构越容易成功。

（3）易于阅读、维护和变更

提高代码质量，降低日后的维护成本，是重构的目标。但怎样提高代码质量呢？我们需要运用一些简单易行的重构方法，从小处一点一点去解决那些大函数、大对象的问题，许多复杂的系统级重构都是从小重构开始的。

2. 几个简单易行的重构方法

软件大师 Martin Fowler 在其经典著作《重构：改善既有代码的设计》中，提出了 68 个重构方法。然而，在日常中反复使用的其实只有几个。不要把软件重构想象成一件非常复杂的事情，真实的软件重构，其实是从小处着手，反复使用那几个非常简单易行的重构方法，逐步把系统级的重构，甚至系统级的技术改造做起来。现在就来看看这几个简单易行的重构方法。

（1）抽取方法

抽取方法（Extract Method）就是从大段的程序中抽取出一段功能相对独立的代码，放到新函数中。这样，原程序就不再需要这段代码，而是变为对新函数的调用。抽取方法通过这种简单的方式，将遗留系统中非常头疼的"大函数"问题解决了，代码可读性与可维护性显著提高。

（2）抽取类

抽取类（Extract Class）就是将这个类的某个方法，抽取到另一个类中。"大对象"包含的方法太多，所以职责不单一，功能耦合严重，代码维护成本高。运用抽取类，就是将那些不属于该对象职责的方法抽取出来，放到属于它的职责的那个类，从而实现"同一职责的代码都放在一起，不同职责的代码相互隔离"的单一职责设计思想，降低日后的变更维护成本。

（3）抽取接口

抽取接口（Extract Interface）就是当上层对象 A 需要调用底层对象 B 时，依据依赖反转原则，从对象 B 中抽取出接口 B′。这样，对象 A 不再依赖对象 B，而是在设计期依赖接口 B′，在运行期将对象 B 放到接口上，让对象 A 去调用。如果另一个对象 C 实现了接口 B′，也可以通过调整配置，让对象 A 去调用对象 C，而不是对象 B。这样的设计，使得上层对象 A 不再依赖底层对象 B，二者都依赖于接口 B′。运用抽取接口，可以顺利地将上层业务代码与底层技术框架解耦，从而像汽车更换零件一样地更新技术架构。

3. 演化式技术改造的执行过程

有了以上的铺垫，再来看看演化式技术改造的执行过程。

步骤一： 通过抽取方法，将各业务模块中对底层框架进行调用的代码从其他业务代码中剥离出来，放到单独的方法中，但代码还是在各业务模块中，如图 5-4 所示。

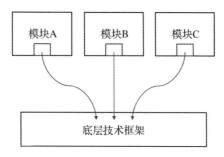

图 5-4　运用抽取方法抽取代码

步骤二：通过抽取类，将以上这些方法从各业务类中抽取出来，形成接口层单独的类，与业务代码分离，如图 5-5 所示。

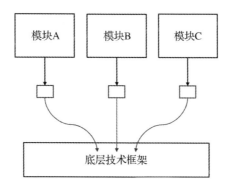

图 5-5　运用抽取类形成接口层

步骤三：通过抽取接口，将各业务类对接口层类的调用，变成对接口层接口的调用，从而实现业务代码与接口层的解耦，如图 5-6 所示。

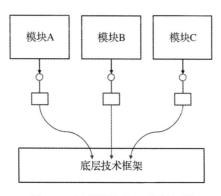

图 5-6　运用抽取接口进行解耦

步骤四：通过对所有接口层的接口进行总结归纳，逐步合并，抽取共性，保留个性，逐步形成各业务模块对一些公用接口的调用，如图 5-7 所示。

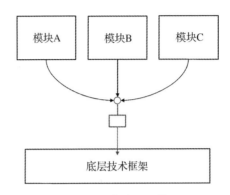

图 5-7 整合接口层代码

通过以上步骤，原有的系统架构可以逐步在业务代码与技术框架之间形成接口层，实现对它们的解耦。这样，日后进行各种技术改造时，就可以像汽车更换零件一样更换各个技术框架。每次更换技术框架只会影响接口层的实现，而不会影响各业务代码，技术改造成本大幅度降低。

在具体项目实施时，实施的步骤可以灵活掌握。通常我们会先选择某个较小的范围开展以上步骤。在开展的过程中，其难点在第四步的总结归纳，因此范围小的时候比较容易归纳。归纳时只满足这个小范围的需求就可以了。

小范围的改造成功后，我们就可以尝试下一个小范围的重构与改造。在进行到第四步时，应当尽力向上一次总结归纳的接口层接口靠拢。如果上一次总结归纳的接口层接口有不满足此次需求的地方，则按照"两顶帽子"的设计方式对这个接口层接口进行重构，然后再改造。

按照上述方法，一个小范围、一个小范围地对遗留系统进行重构，就可以平稳而有效地实现业务代码与技术框架的解耦，就可以在以后的日子里以更低的成本不断进行架构演化，从而跟上技术的快速发展，获得技术竞争优势。

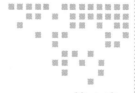

第 6 章 *Chapter 6*

物理架构设计

所有的软件系统，最终都要部署在硬件设备上。

　　所有的软件系统架构设计，最终都要落实到硬件部署与网络拓扑上。在运行架构中对许多质量属性的设计，最终也要落实到硬件设备的部署上。所以，只有落实了物理架构设计，才能真正完成运行架构中对这些质量属性的设计，譬如安全性、可靠性、可伸缩性，等等。也就是说，物理架构与运行架构联系紧密，往往是运行架构的细化，常常与其结合在一起进行设计。

　　物理架构设计首先关注的是物理部署，是集中式部署还是分布式部署，系统中的各个组件到底部署到什么位置。软件最初都是单机部署的，所有的程序都部署在用户的计算机上。随着系统信息化的不断深入，逐渐开始进行网络部署。然而，最初的网络部署都是两层结构，即客户端与服务器，程序都部署在客户端，服务器只有数据库。这种结构虽然简单，却有致命缺点，一方面程序部署在客户端不利于升级维护，另一方面数据库直接面对网络，安全性、可靠性、可伸缩性都比较差。尽管如此，直到今天，这种结构依然在许多行业的内网环境中广泛应用。

　　互联网出现后，将数据库直接暴露于互联网，安全性实在太差，因此网络部署逐渐由两层结构转变为三层结构，即在数据库之前又架设了一个应用服务器，由应用服务器去直面互联网。这样，应用服务器可以通过各种措施去保障网络安全。但随着互联网应用越来越广泛，用户访问量不断增大，系统可靠性与可伸缩性的问题越来越突出。一个应用、一个数据库的物理部署越来越不能满足系统的需要。软件的系统架构又逐渐开始转型，由集中式部署向着分布式部署发展。

系统发展为分布式系统时，需要将整个系统的用户压力均匀地分布到多个物理节点上，负载均衡算法及其运行效率就变得越来越重要。同时，物理节点也开始出现分工，分为应用集群、反向代理、分布式缓存、数据库集群以及分布式大数据平台。既然有了那么多物理节点，就需要有网络将其互联互通，就必须有网络拓扑以及各种网络设备。同时，那么多物理设备互联互通就必须要考虑网络安全，进行访问控制。

整个互联网业务逐步开展起来以后，还要考虑更多的性能指标，如可靠性与可伸缩性。系统的可靠性就是保障系统连续 24 小时运行不出现故障。然而，绝对的可靠是无法保障的，一个分布式系统，有那么多物理节点，任何一个环节都有可能出错。因此，需要通过"单点故障可容忍"来保障整个系统的可用性，即系统中任何一个节点出错宕机都不影响整个系统的可靠运行，从而保障用户可以持续地使用系统。而这种"单点故障可容忍"必须通过物理节点的冗余来保障，即每个环节都必须部署在不止一个物理节点上。

同样，系统的可伸缩性也是需要物理架构设计予以保障的。用户压力已经超过当前的设计能力后，是不是只要增加物理设备就一定能提升系统性能呢？不一定。在增加物理设备的同时，另外一部分成本也在增加，即路由的成本与节点间数据同步的成本。如果这些成本随着物理节点的增加也呈指数增长，那么增加到一定程度后，不仅不能提升性能，反而可能降低性能。因此，系统架构的设计要具备可伸缩性，才能通过增加物理设备提升系统性能，扛住互联网压力。

6.1 集中式与分布式

以前的架构设计喜欢采用集中式部署，即不论用户压力有多大，都是由一台强大的数据库予以支撑。采用集中式部署的优势在于能够很好地保障数据一致性。但随着用户压力越来越大，一个数据库就慢慢支撑不住了。

后来，通过数据库的改造，将原来的一个数据库改造为数据库集群。通过具有 Oracle RAC 的数据库集群，可以将用户压力分散到多个物理节点。但最终读写磁盘时是一个集中式存储，所以这个集中式存储就成了关键瓶颈，即磁盘 I/O 瓶颈，如图 6-1 所示。

业务量越来越大，数据库又无法突破这个 I/O 瓶颈，因此另外一种设计思路又出现了，即多级集中式部署。多级集中式部署，就是将用户按照地域划分为多个区域，每个区域一个服务器，如图 6-2 所示。这样，北京有北京的服务器，山东有山东的服务器；白天，数据被分散在各省市，到了晚上再集中同步到全国库中。如果有跨省交易，再将跨省交易清分到各个省。

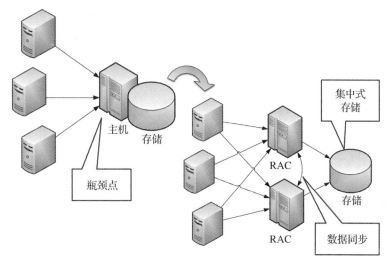

图 6-1　集中式部署的性能瓶颈

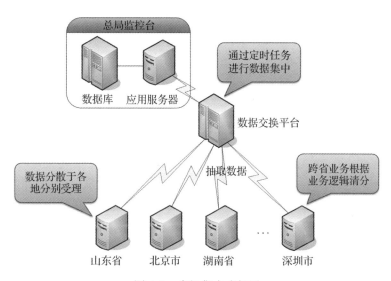

图 6-2　多级集中式部署

多级集中式部署在过去非常好用，但随着互联网的发展，局限性越来越明显。首先，随着移动互联的兴起，用户不再局限于相应区域，而是在各个区域快速移动。同时，各个区域的用户量也极其不均衡，导致有些服务器快被压瘫了，另一些服务器还在闲置。然而，由于各个区域的站点地址都不一样，用户到底访问哪个站点是由用户决定的，而不是由我们决定的。因此，我们没有任何措施去均衡用户对各个站点的访问。这时，系统建设开始向分布式发展。

分布式系统的最大特点就在于，系统如何将压力分布到各个节点，这个事情对于用户来说是透明的。因此，一个复杂的分布式系统，它展现给客户的就好像只有一个站点。它只有一个"数据接入"，所有的用户，所有的流量，都是通过这一个数据接入系统。正因为这种透明，使得系统可能在内部有更大的设计空间，选用不同的路由算法来优化系统，可以使系统更加高效地将用户压力均匀地分布到各个物理节点上，进行分布式并行计算，扛住用户压力。只有有了分布式系统，才能真正面对互联网越来越大的用户并发，使其成为未来的发展趋势，如图6-3所示。

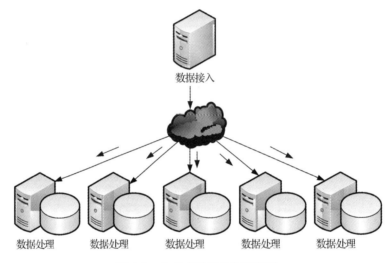

图 6-3　分布式系统的物理部署

然而，万事都有好有坏，分布式系统固然有它的好处，但不可避免地带来了另外一个问题，就是数据一致性。集中式部署的优势在于数据一致性，却损失了性能；分布式部署的优势在于性能，却必须要放弃完全的一致性。因此，越来越追求性能的业务场景放弃了完全一致性，追求最终一致性，从而与性能达成了一种完美的平衡。

6.2　网络架构图

架构师还必须掌握硬件设备与网络的选型与配置。

某业务系统的物理架构设计如图6-4所示，从中可以看出架构师的职责之重。

该系统从安全的角度，将系统建设分为了4个区域，每个区域的安全级别各不一样。最外层的是互联网区域，从互联网接入进来，首先进入数据隔离区域（Demilitarized Zone，DMZ）。数据隔离区域除了有入侵检测、漏洞扫描等与业务无关的安全设备，还有负载均衡等网络设备。通过数据隔离区域以后，就进入了外网区域，它是业务系统受理互联网业务的区域。该区域首先有 CA 服务器以及身份认证服务器，还有各类安全审计、病毒防护的系统。除此之外，就是各类面向互联网的业务系统的受理端。

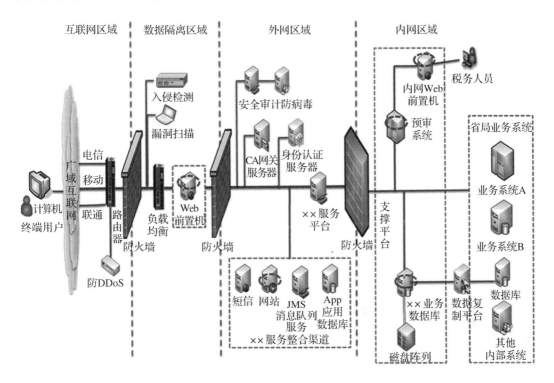

图 6-4　某业务系统的物理架构设计

　　各类面向互联网的业务系统，通过受理端受理用户请求以后，就会进入内网区域的处理端，去处理相关业务，并保存到数据库中。内网区域是一个相对比较安全的网络区域。在该区域除了有各业务系统的处理端，还有它们各自的数据库，因此各系统之间的数据交换也在这个区域建设。此外，许多内部的员工也是通过企业内网访问内部的管理系统，完成对用户业务的受理、审批、核准等操作。

　　有了这样的物理架构设计，将不同的业务系统部署在不同的安全区域中，就可以有效降低内部管理系统的安全等级，降低资源耗费与建设成本，让各系统的建设各得其所。

6.3　系统架构与应用架构

　　架构师通过"5 视图法"进行架构设计，从非常专业的角度为开发团队描述整个系统的宏伟面貌，为后面的软件开发指明方向。然而，架构师除了为开发团队指明方向，还有一个职责，就是为客户提供整个项目的设计方案。在这个设计方案中，一方面要高屋建瓴地表明我们的建设思路，突出用户最关心的那些问题的设计，另一方面又不能过于专业，必须要让客户一眼就能看明白。这时，就需要架构师站在全局的角度，给用户绘制一张总体架构图。这样的架构图中展示的就是"系统架构"或者"应用架构"。

系统架构与应用架构虽然比较相近，都是通过一张图从全局的角度描述整个系统，但它们在侧重点上稍有不同。系统架构（System Architecture）是在确认需求的基础上，更加全面地去规划整个系统方方面面的设计，包括实现的功能、软件的框架、采用的技术、硬件的部署等。应用架构（Application Architecture）更加侧重于系统要实现哪些用户关注的功能，以及实现这些功能应当采用怎样的设计与技术。正因为侧重点不同，架构图描绘重点就有所不同。

要将逻辑架构、数据架构、开发架构、运行架构和物理架构的那么多内容，绘制在一张架构图中，本身就有相当大的难度。这时，最忌讳的就是堆砌，什么都想画，什么都没有画清楚。架构师在绘制这类图的时候，最关键在于抓住重点与条理性。也就是说，在图纸中绘制的都是用户能看懂并且最关心的，并且要把这些最关心的内容规划得条理清晰、井然有序。这样，用户一眼就能看明白我们的设计，一眼就能看明白他所关心的问题我们是如何解决的，认可架构师的条理性与专业性，能够放心地交给我们去设计开发。

某风控系统的系统架构图如图 6-5 所示。在该图中我们可以得到以下信息：整个系统从开发架构上分为 5 个不同的层次，在每个层次中从逻辑架构的角度实现了哪些用户的需求，数据从哪里来以及提供给哪些用户使用，采用了哪些主要的技术，如何进行系统部署。

与系统架构不同的是，应用架构更关注功能及其实现。某省的智慧电子税务局的应用架构设计如图 6-6 所示。该图体现了在各个不同的层面（如外网应用与内网应用）上系统为用户都提供了哪些功能，这些功能都在哪个部分规划以及如何与外部对接。外网应用架设在互联网上，开放给外部的各纳税企业，既可以与它们进行多渠道接入，又可以与外部的第三方应用对接。内部应用运行在内网环境中，为内部管理人员提供工作平台与监控平台，同时与内部的其他信息化系统进行数据交换。这样一张条理清晰、逻辑缜密的应用架构图，让用户一眼就能明白整个系统的建设思路，为后续的合作奠定了基础。

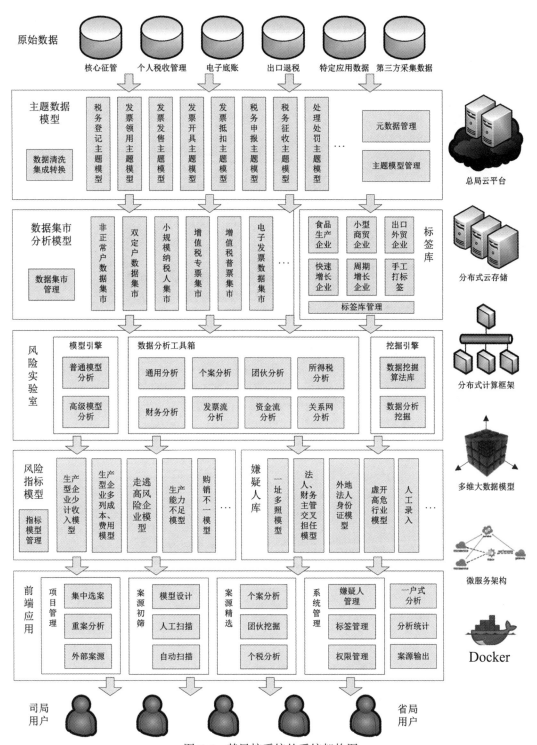

图 6-5　某风控系统的系统架构图

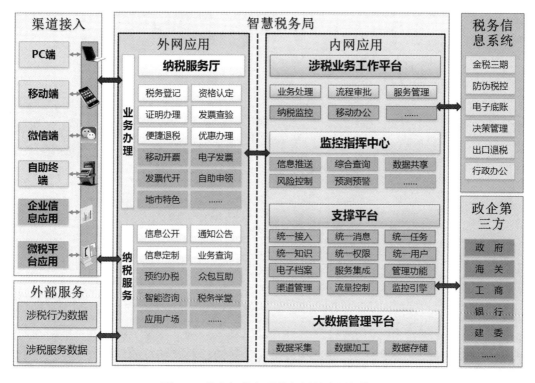

图 6-6 某省智慧电子税务局的应用架构

第二部分 *Part 2*

分布式架构设计与实践

- 第 7 章　分布式架构设计
- 第 8 章　微服务架构设计
- 第 9 章　基于云端的分布式部署

我们正处于变革时代，新技术层出不穷，市场快速更迭，互联网行业爆发式增长并引发传统行业向互联网转型。

互联网业务最大的特点就是"来的快，去的也快"。"来的快"，是说互联网有非常强的放大效应，一旦产品对路了，迎合了互联网上大量用户的需求，就会出现特定时间点大量用户集中访问系统的现象，产生一个巨大的峰值，给系统带来巨大的压力。因此，在互联网上建设系统最大的难题就是如何应对高并发。

"去的快"，意味着互联网产品面对的是"速食主义"的市场，好不容易打开了市场，有大量用户流入，但如果没有新的业务创新，这些用户也将快速流失。另外，一旦有了新思路，发现了新业务，必须要快速研发出来、快速进入市场，稍有贻误就会错失良机、丢失大好的市场。

软件规模化发展是所有软件发展的必然趋势。因此，解决规模化团队与软件快速交付的矛盾，也是互联网企业和向互联网转型的传统行业不得不面对的一大难题。

于是，互联网转型的利器——微服务——应运而生。微服务将原本复杂、庞大的单体应用拆分成了小而灵活的微服务，分而治之，既解决了分布式互联网云端部署的难题，又解决了规模化团队快速交付的难题，真的是"一石多鸟"。

但微服务转型之路依然荆棘重重。本部分就着重探讨如何正确地设计分布式架构，如何正确地设计微服务架构。

第 7 章　*Chapter 7*

分布式架构设计

分布式架构设计说起来简单，做起来难，涉及诸多的难题。因此，我们用一整章的篇幅来探讨分布式架构的设计过程。

7.1　互联网架构演进

前面谈到，高质量的架构设计一定是恰如其分的，刚刚好满足系统最近一段时间的需求。架构不足将不能满足用户对系统的需求，但做得太多又是浪费。因此，架构师必须要经过调查研究，根据实际情况进行架构设计。但是，一个只有 500 万流量承受能力的系统在运行过程中突然遭遇一个超过 500 万的峰值，该怎么办呢？应该通过限流措施进行限流，制订服务降级方案，让系统扛住瞬时的峰值。

在应对高并发的时候，我们可以采用"目标→问题→决策"的解决步骤。目标，就是系统要达到的吞吐量，实际上被表述为两个指标：最大用户并发量与最大平均响应时间。

最大用户并发量，就是系统上线以后的最大用户峰值，可以通过评估总用户量去评估在线用户量，再通过在线用户量去评估并发用户量。最大平均响应时间是评判系统是否被压瘫的标准，即用户等待时间超过了用户可以忍耐的最大等待时间，就代表系统已经被压瘫了。这个值可以参考权威机构发布的行业均值。有了这两个指标，就可以测试并优化系统了。

一个系统到底能达到多大的吞吐量，遵循的是"木桶效应"，即是由性能最差的那部分组件决定的。因此，优化系统的过程就是通过压力测试发现瓶颈点，制订技术方案解决瓶颈点，再发现下一个瓶颈点的过程。

但是，在解决高并发这类问题时，架构师作为技术人员，总是习惯从技术的角度去思考并解决问题。然而，通过技术将系统的响应时间降低 0.5 毫秒都需要付出巨大的努力，也就是说，从技术的角度对系统进行优化，效果往往是有限的。这时，如果架构师能够转换一下思维，从业务流程的角度进行梳理，让用户请求频率降低 50%，那么瞬间就能根本性地解决高并发的问题。

为了帮助大家理解这个问题，我们来看看淘宝网应对"双十一"高并发的优化。据菜鸟网络物流数据的统计，2019 年"双十一"的前 1 分 26 秒淘宝网就达到 100 亿元的交易量，5 分 25 秒达到了 300 亿元的交易量，全天全网成交达到了 4101 亿元。面对如此的高并发，淘宝网是如何扛住的呢？他们采用了许多的措施，其中"一键下单"功能成了一个经典案例。在推出"一键下单"功能之前，用户在"双十一"这个关键的时刻，还需要进入各个商家一个一个地下单，每个用户在这个时刻都要发送多次请求，给系统带来压力。"一键下单"功能推出以后，用户在"双十一"到来之前将商品逐个加入购物车，在"双十一"当天只需要点击一次就可以完成所有下单。这样，系统收到的每个用户的请求只有一次，用户访问频率大大降低，系统就可以扛住这样的压力。

另外，许多互联网产品的业务是逐步拓展的，其架构也是逐步演化的。本节就详细介绍互联网架构演进。

7.1.1　All-in-One 架构

很多互联网产品在发展的初期业务量并不大，并不需要一来就采用分布式、云部署的复杂方案，用 All-in-One 的简单架构即可。所谓的 All-in-One 架构，就是将系统的所有功能都放在一个项目中，部署一个应用服务器、一个数据库，就可以支撑当前的应用，如图 7-1 所示。在这个阶段，高并发并不是主要矛盾，如何支撑团队快速开发、快速上线才是关键。因此，将这时的简单业务放到一个应用中设计、开发、部署，执行效率更高，开发效率也更高。项目可以采用 LAMP 架构[⊖]与 ORM 框架[⊜]，没有必要采用微服务架构与分布式部署。顶级架构设计的精髓就在于"看菜下饭"，而这个"菜"就是当前的需求。

然而，在这个阶段的架构设计应当仔细思考如何应对未来的架构演化。因此，采用整洁架构的思想，将业务代码与技术框架分离，通过分层与规划形成数据接入层、数据访问层与接口层的设计，甚至支持领域驱动设计，是架构师进行架构设计的重点。

　⊖　LAMP 架构，Linux+Apache+MySQL+PHP 的架构设计，特点是开发快、部署简单、免费开源。
　⊜　ORM 框架，就是支持将数据库表映射成值对象进行快速设计开发的技术框架。

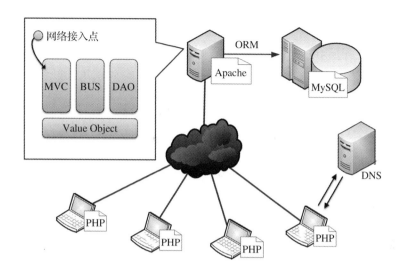

图 7-1　All-in-One 的架构设计

随着业务量的不断增长，系统压力也在不断增大，但在压力并不是太大时，可以采用一些简单易行的方法扛住压力。其中，采用 CDN 内容分发网络就是思路之一。来自世界各地的用户都要访问源站点，必然会给源站点带来巨大的压力。因此，我们可以将源站点的网页以镜像的形式分发到世界各地的 CDN 节点上，CDN 节点就拥有与源站点完全相同的网页。这样，各地的用户就可以通过本地的路由将请求重定向到本地的 CDN 节点上，网络路由更短，用户访问更流畅，源站点的压力也将大幅度降低。

采用 CDN 必须要让每个 CDN 节点的内容与源站点完全一致。然而，源站点的数据是在不断变化的，因此需要不断将源站点的数据同步到各地的 CDN 节点上。但这种同步不可能完全实时，必然有一定的延时。因此，CDN 内容分发网络只适用于数据更新频率比较低、实时性不高的应用场景。如电商网站的商品页，访问压力非常大，但一旦商品发布，几个月都不会更新，非常适合 CDN 的应用。此外，那些视频网站、音频网站、应用商店、软件驱动下载网站等，一旦发布就很少更新，也非常适合 CDN 网络。这样的设计使得视频与音频的播放更加流畅，软件下载速度更快，而源站点却不必申请巨大的带宽，从而大幅降低运营成本。

CDN 内容分发网络最大的优势就是改造成本低，向网络运营商申请就可以了。然而，CDN 内容分发网络也有它的局限性，那些用户下单、订单跟踪等实时更新的应用不适用。

7.1.2　流量在 1000 万以内的架构设计

随着业务量的进一步增长，系统承受的用户压力越来越大，但系统流量还是在 1000 万以内。这时，一台应用服务器、一个数据库显然不能支撑了，但也并不意味着需要上各种复杂的分布式系统。将原有的一台应用服务器变为应用服务器集群，在前面架设反向代理，增加 CDN 节点与本地缓存，就可以应对这样的场景。流量在 1000 万以内的架构设计如图 7-2 所示。

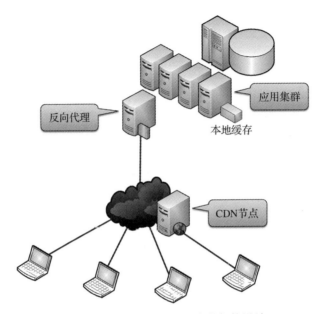

图 7-2　流量在 1000 万以内的架构设计

1. 动静分离与前后端分离

将原有的一台应用服务器变为应用服务器集群，一方面增加了系统吞吐量，有更多的服务节点共同来扛住用户压力，另一方面增加了系统可靠性，即系统运行过程中任何一个服务器节点宕机时还有其他的节点可用，系统依然可以可靠运行。然而，这里设计的关键却是它们前面架设的反向代理服务器，它能起到负载均衡的作用。

前面提到，分布式系统的特点就是将海量用户并发压力有效分解到各子节点去负载，同时对用户透明。这样，所有用户的访问都从数据接入点进入，系统就可以有更多的路由措施，合理地将用户流量分解到各个子节点去负载。这个数据接入点就是反向代理服务器。

反向代理服务器本来是一个安全保障的服务器，它架设在源站点之前，保障源站点不被黑客攻击。当它接收用户请求，并将请求重定向到源站点时，调整它的路由算法就可以定向到多个源站点上，实质性地实现了负载均衡的功能。如果将这个算法改为根据 url 的内容进行匹配，即 jsp、php、asp 或 do 文件重定向到动态应用服务器，html、htm、shtml 文件重定向到静态应用服务器，js、css、jpg、gif 等文件重定向到资源服务器，那么就实现了动静分离的架构设计，如图 7-3 所示。

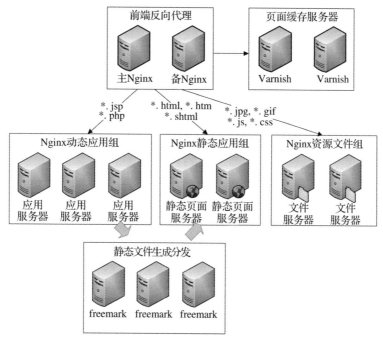

图 7-3　动静分离的架构设计

　　近些年 JSP 等动态网页逐渐衰弱，Ajax 大行其道，"动静分离"的架构设计也随之逐步转变成了"前后端分离"的架构设计。那么，"动静分离"的架构与"前后端分离"的架构有什么差别呢？

　　"动静分离"的架构中的动态应用组，实际上部署的是类似 JSP 的动态网页。这些动态网页，既有绘制界面的 html 部分，又有动态程序的部分，后面还跟着应用程序与业务逻辑。但是，如今的技术发展趋势中已经没有了动态网页，而是转变为了静态网页以及静态网页中那些包含 Ajax 程序的 JavaScript。这样，整个架构就没有了动态应用组，而变成了接收 HTTP/REST 请求的后端程序。因此，就将原来的静态应用与资源文件合并起来，称为"前端服务"，采用 Node.js、Angular.js、Vue 等框架；将那些接收 HTTP/REST 请求的后端程序称为"后端服务"，采用微服务架构，从而转变为"前后端分离"的架构设计。

2. Nginx 的高可用设计

　　如今最主流的反向代理方案就是 Nginx。Nginx 本来是由伊戈尔·赛索耶夫为俄罗斯访问量第二的 Rambler.ru 站点开发的反向代理服务器，但由于性能卓越，成了当今主流的高性能的 HTTP 与负载均衡服务器。Nginx 著名的" epoll and kqueue"模型，使得它能够支持高达 50 000 并发连接数的响应，为站点提供高并发、高吞吐量创造了条件。Nginx 的高可用架构如图 7-4 所示。

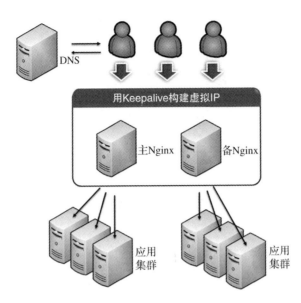

图 7-4　Nginx 的高可用架构

　　尽管 Nginx 具有超强的系统性能，但系统高可用的设计要求，决定了系统设计在每一个环节都必须具备"单点故障可容忍"的能力。因此，系统只部署一个 Nginx 节点，如果宕机了则整个系统都将不可用，这显然是不行的，因此需要构建一个高可用的 Nginx 集群。高可用的 Nginx 集群是由"一主多备"的多个 Nginx 节点组成的。主 Nginx 负责工作，其他备 Nginx 不断与它同步。同时，在它们之上架设了一个 Keepalive 的虚拟 IP。这样，所有用户通过 DNS 访问我们的站点时，DNS 定向的是 Keepalive 的虚拟 IP，再由 Keepalive 将请求定向到主 Nginx 的 Mac 地址上。Keepalive 负责对所有的 Nginx 进行心跳检测，如果主 Nginx 宕机了，就会切换到另外一个可用的备 Nginx 上，并将它升级为主节点。这样只要 Nginx 集群有一个节点可用，系统就可以可靠运行，从而大大增强了系统的可用性。

3. 多层负载均衡的架构设计

　　系统压力增大后，Nginx 负担的应用节点越来越多，就需要将 Nginx 改造成多级负载均衡，即将大量应用节点划分到多个负载均衡器上，每个负载均衡器负担几个应用节点，然后在它们前面再架设一个负载均衡器，如图 7-5 所示。这时候，最上层的负载均衡需要承受更大的压力，所有的用户请求都是先经过它再去负载均衡。因此，这个最高层次的负载均衡可以选用通讯协议更低的 Linux 虚拟服务器（Linux Virtual Server，LVS），或者直接使用 F5 硬件负载均衡器。Nginx 只支持第七层的 HTTP 协议与第四层 TCP 长连接，虽然具有良好的 I/O 算法，但还是不如支持更底层协议的 LVS 性能高。LVS 能支持二层协议的虚拟 IP+MAC 地址，性能更高，可支持更大流量的多层负载均衡。

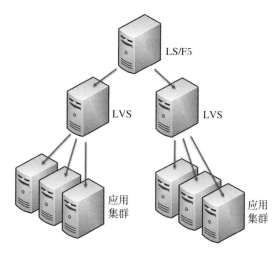

图 7-5 多级负载均衡的设计方案

当用户流量进入系统时，首先交给 LVS 或 F5 承载所有的用户压力，然后再通过负载均衡分配给多个 LVS。每个 LVS 分配了多个应用，通过它们的负载均衡，就能将用户压力分配给更多的应用服务器，从而扛住更大的用户并发。

7.1.3　流量在 1000 万以上的架构设计

随着业务的不断拓展，系统流量逐渐突破了 1000 万。1000 万以上的流量，除了负载均衡、应用集群，更大的性能瓶颈在于数据库。以往集中式的数据库架构可以获得非常好的数据一致性，却会带来性能的瓶颈。过去的解决思路是通过纵向扩展，更换性能更好的服务器。然而，随着互联网的发展，服务器性能的提升已经达到了瓶颈，无法跟上互联网的快速发展。这时，数据库集群及分布式数据库出现了。

1. 数据库瓶颈与数据库集群

基于 Oracle RAC 的数据库集群，就是将数据库的计算分配到多个节点上，从而起到提升系统性能的目的。然而，数据库集群的设计思想还是基于 Shared Disk，即虽然计算节点分布式了，但存储设备依然采用集中式。而这个集中式的存储设备就成为了整个系统的关键瓶颈，即数据库 I/O 瓶颈，如图 7-6 所示。

此外，基于 Oracle RAC 的数据库集群，为了保障数据一致性，还在集群的每个节点与每个节点之间架设了数据同步线。每当数据在某个节点上更新以后，需要以广播的形式发送给所有其他节点，以保障数据一致性。然而，这样的设计使得集群间的数据通讯量巨大。当集群只有 2 个节点时，每次同步只需要 2 次通信，然而 3 个节点需要 6 次，4 个节点需要 12 次，5 个节点需要 20 次……数据库集群不具备无限扩展的能力，能扩展到 8 个节点已经是它的极限了。所以，这样的数据库架构是没有办法满足不断拓展的用户流量需求的。

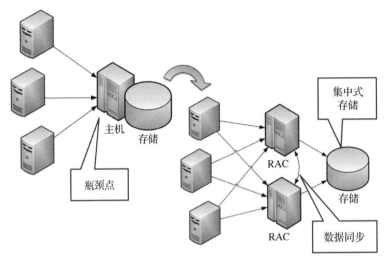

图 7-6 集中式数据库的瓶颈

2. 三种类型的数据库操作

那么，采用什么架构才能突破数据库的 I/O 瓶颈呢？让我们先来看一看用户对系统访问的特点。我们可以发现，用户访问系统的所有操作都可以归纳为三种类型：业务操作、随机查询与统计分析。

业务操作，就是大量用户在系统中进行的短事务、高并发的写操作，如用户下单、支付、交易等操作。这类操作主要是写操作，有较高的一致性要求。同时，由于高并发，需要通过降低响应时间来获得更高的系统吞吐量。因此，最好的优化措施就是降低数据库索引的使用，以提高写入速度。

随机查询，就是大量的用户在海量的明细数据上进行的查询，如跟踪订单状态、查询交易明细等。这类操作是在海量明细数据上进行的，但每次查询结果较少，如只查询某个订单，或只查询某页的 20 条航班记录。但必须要应对大量用户的高并发查询，因此只有更快的查询、更低的响应时间才能获得更大的吞吐量。这时，更多地使用数据库索引成为最佳优化措施。

统计分析，就是少量的管理人员对海量的数据进行大范围的分析统计，展现宏观的分析数据，如业务增长趋势、产品销量占比等。这些分析往往需要扫描好几个月的数据，但实时性与并发量并不高。因此，将数据通过预处理提前统计，存放到数据仓库中，每次查询在数据仓库中进行，可以获得一个非常好的性能。同时，在索引使用上更多地采用位图索引而不是 B 树索引（通常在随机查询中建立的索引都是 B 树索引）。

三种类型的操作,各自的特点不同,优化策略也不一样,甚至是相互矛盾的。因此,解决高并发、大数据问题的核心思想就是一个字:拆。将原有的一个数据库拆分为多个数据库。但这里的关键是怎么拆,按照什么规则去拆。拆的思路有两个:读写分离与数据分库。

3. 读写分离的数据库设计

要对数据库进行拆分,从而提高数据库性能,其中一个重要思想就是"读写分离"。所谓"读写分离",就是将一个数据库拆分成多个数据库,一些数据库专门负责写,一些数据库专门负责读。然而,读写分离数据库设计的关键,在于如何实现从写库到读库的数据同步。

首先来看一看基于 MySQL 主从机的数据库读写分离方案,如图 7-7 所示。当有用户需要进行数据库写入的业务操作时,系统将这部分的写入路由到 MySQL 的主机上。数据写入完成后,MySQL 自带的功能"实时热备"开启,将写入的数据同步到多个 MySQL 的从机中。这样,MySQL 的从机就有与 MySQL 的主机完全相同的数据。因此,当有大量用户需要进行查询时,就不需要在主机上进行查询,而是负载均衡到各个 MySQL 的从机上查询就可以了,从而有效地分担了主机的性能压力。

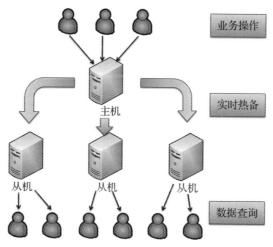

图 7-7　MySQL 主从机的数据库读写分离方案

采用 MySQL 主从机的方式,写库与读库的同步靠 MySQL 固有的实时热备功能实现,因此比较简单。然而,正是因为实时热备是一种备份的方案,因此不能对从机做任何优化,只能被动地与主机保持一致。这种方案就决定了不能对写库减少索引、对读库增加索引,只能分别对它们进行优化,有较大的局限。

真正的读写分离数据库方案如图 7-8 所示,它将数据库分为生产机与查询机,生产机专门负责写，查询机专门负责读。然而，不论是生产机还是查询机，它们都不是一台服务器，而是由多台服务器组成的数据库集群。生产机负责写入和实时性较高的当前数据查询。由于所有历史数据都会同步到查询机中，因此生产机不需要保留那么多的历史数据，只保留近期的数据就可以了，从而有效地提高写入的性能。生产机应当保留多长时间的数据与系统需求有关，即系统允许用户对多长时间内的数据进行更新与删除，如果是3个月则保留3个月，如果是半年则保留半年。

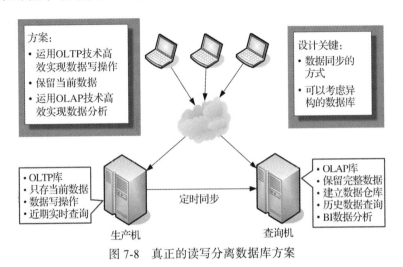

图 7-8　真正的读写分离数据库方案

查询机存储了所有数据，所以如何将生产机的数据实时同步到查询机中成为设计的关键。我们首先会想到的最佳方案当然是实时同步。然而，随着数据量的不断增大，实时同步的成本将非常高昂。它不仅需要非常大的网络带宽与技术要求，并且还经常会因为数据阻塞而增大运维的成本。因此，架构师的最佳选择不再是实时同步，而是其他的措施。

如何避免实时同步呢？就是将需要实时查询的应用场景改为对生产机的查询，而将其他的查询交给查询机，并告知用户这些查询有一定的延时。很多时候功能与性能都存在着矛盾，选择性能必然会损失一定的功能。将这些告知用户，让他们也参与决策，他们就会理解。

此外，一些巧妙的设计也可以解决这些问题。一个典型的案例就是查询当月销量的需求，该查询需要实时展现当前的销量，如果全部交给生产机查询又会变得性能极差，该如何设计呢？可以每天晚上同步数据，然后在查询机中统计昨天以前的销量，存储到汇总表中。这样，第二天在实时查询销量时，通过查询机可以快速获得昨天以前的销量，然后在生产机上统计出当日的销量，加在一起，就可以实时展现当月销量了。这样的设计，既避免了实时同步，降低了设计难度，又解决了实时查询的问题。

那么，如何实现从生产机到查询机的数据同步呢？如果生产机与查询机都采用 Oracle 数据库，则可以采用类似 Oracle Golden Gate 的数据同步方案。然而，由于查询机需要存储海量的历史数据，采用关系型数据库不能很好支撑海量数据存储与高效查询。因此，未来会有越来越多的系统采用异构的方案，即生产机采用关系型数据库，而查询机采用 NoSQL 数据库。这样，数据同步将采用 Flink、Spark Streaming 等大数据技术来完成。

采用这样的方案，由于生产机与查询机得到了有效地解耦，就可以根据各自的需求分别进行设计与优化。生产机利用关系型数据库无比卓越的事务性能，按照 3NF 原则进行数据库设计；而查询机为了提升查询性能，提前进行 join 操作，设计成"宽表"，或提前对海量数据进行汇总，按照主题模型进行数据仓库的设计。

4. 数据分库的数据库设计

前面经过读写分离，将数据库拆分成了生产机与查询机，并且实现了它们的解耦。这时，就可以分别对生产机与查询机进行优化了。

对生产机最重要的优化之一就是数据分库，即将写入的数据分散存储在多个数据库节点中，从而突破数据库的 I/O 瓶颈，实现性能的提升。那么，为什么数据分库就可以突破数据库的 I/O 瓶颈呢？这与数据库设计的两大核心思想有关。

当今数据库设计有两大核心思想：Shared Disk 与 Shared Nothing，如图 7-9 所示。Oracle RAC 集群就是基于 Shared Disk 的思想设计的，它将计算节点拆分到多个节点进行分布式计算，然而最终的磁盘读写却采用了集中式存储。这样的设计可以很好地满足数据一致性的要求，但正因为这个集中式存储成为了数据库的关键瓶颈，所以无法承载更大的系统吞吐量。

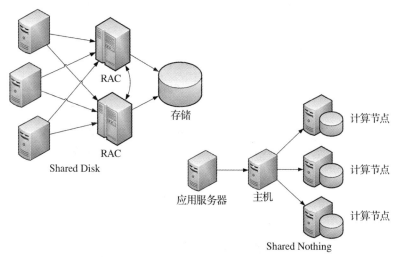

图 7-9　Shared Disk 与 Shared Nothing

　　Shared Nothing 的核心思想就是，在将数据分布式存储在多个计算节点时，每个节点都只访问本地的磁盘、相互不共享。这样，通过对数据的分区，将数据分别存储在不同的节点中，彼此独立而不相互影响，数据库 I/O 瓶颈就突破了。这里的关键就是避免各节点之间的通信，如果节点间存在通信，那么在节点数增长时通信量会呈指数增长。没有了这种通信，当数据量与访问量不断增大时，可以通过不断增加计算节点的个数来分散压力，从而让数据库设计具有无限扩展的能力，扛住无限大的数据量与访问量。

　　任何事物都有它的两面性，数据库设计也是这样。Shared Disk 获得了很好的数据一致性，却损失了系统性能与吞吐量；Shared Nothing 获得了系统性能与吞吐量，损失的却是数据一致性。因此，最好的方案就是取长补短，尽力避免 Shared Nothing 去做节点间的事务。我们可以根据某种数据分区规则，将不同分区的数据存储到不同的物理节点中。而这里的分区规则有两种：纵向切分与横向切分。

5. 纵向切分与微服务架构

　　数据库的纵向切分就是按照业务模块将一个数据库切分成多个数据库，每个模块对应一个数据库。然而，数据库进行了纵向切分以后不一定就能提升系统性能，不合理的数据库拆分甚至有可能带来系统的灾难。如图 7-10 所示，某系统进行了如下的数据库拆分。

　　系统按照模块划分，将数据库划分成了客户管理、库存管理、供应商管理与在线销售 4 个数据库。这样的设计不仅不能提升系统性能，甚至会给系统带来灾难性的问题。首先，系统在"在线销售"数据库中保存订单的同时，需要在"库存管理"数据库中进行库存扣减，并且需要将这两个操作放到同一事务中。这样就会带来跨库的事务处理。

　　其次，当用户在"在线销售"数据库中查找订单时，需要通过 join 语句关联客户信息与供应商信息。客户信息在"客户管理"数据库中，供应商信息在"供应商管理"数据库中，就会带来跨库的关联查询。无论是跨库的事务处理，还是跨库的关联查询，都会带来系统的性能问题。

　　纵向切分，就是按照业务模块将一个庞大的业务系统进行拆分，实现分而治之的目的。从这个角度进一步扩展，从数据库扩展到整个系统，那就是微服务的设计思想。随着业务的不断拓展，系统功能变得越来越复杂，代码规模与团队规模也不断扩大，这是软件发展的必然趋势。当系统扩展到一定时候，All-in-One 的架构就不再适用，需要由原有的单体应用向着微服务架构发展。

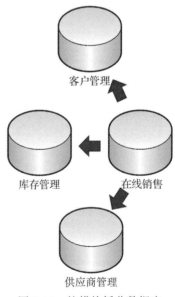

图 7-10　按模块拆分数据库

微服务架构就是按照业务模块纵向地切分整个系统，如图 7-11 所示。它不仅切分了业务应用，还切分了数据库，使得每个微服务都有各自独享的数据库，彼此独立地运行。这样的拆分不仅降低了每个微服务的系统复杂度，而且使得整个系统的交付速度得到提高。当然，这是一个比较理想的状态。实际上，在微服务转型初期还是会选用数据共享模式，即先只拆分应用，由多个微服务共享一个数据库。

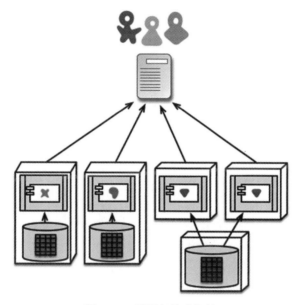

图 7-11　微服务技术架构

微服务架构是系统架构随着业务的发展合理进行架构演化的一个典型案例。业务发展的初期，会将单体应用拆分成少量的几个微服务。随着业务越来越多，业务逻辑越来越复杂，微服务也会不断地进行裂变。微服务的裂变带动着数据库的裂变，数据库被拆分得越来越细。这时，跨库的事务处理与跨库的关联查询，就成了微服务永远绕不开的设计难题。

6. 横向切分与分布式数据库

纵向的系统划分，虽然可以将一个系统以及它的数据库拆分成多个微服务与数据库，从而分而治之，应对高并发与大数据的应用场景，然而，它最大的问题就是数据与压力的分布不均。大多数软件系统在大量用户访问时都会体现出二八原则，即用户对系统中所有功能的使用是不均衡的，20% 的功能有 80% 的用户在使用，产生 80% 的数据，这部分功能就是系统的核心功能，它们是整个系统存在的价值。但是，这部分功能所在的模块就会承载更大的系统压力与数据量，仅仅采用一个应用与一个数据库显然不够。因此，就需要将这部分模块，在纵向切分的基础上，按照某种标准进一步进行横向切分。

横向切分，在应用层面，就是为某个功能模块的微服务部署多个节点，以此来应对系统的高并发，如秒杀中的交易模块。同时，在数据库层面，就是将数据库中的某些表（数据量与并发压力大的表）按照某个字段或者算法进行分区，将该表的数据有序地存储在多个数据库节点中。Sharding 的横向分区策略如图 7-12 所示。

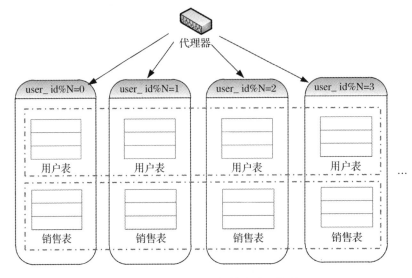

图 7-12　Sharding 的横向分区策略

横向切分按照切分的方式又分为范围存储与分片存储。

范围存储，就是根据某个字段的分区将数据存储在不同的数据库节点中，如按照地域切分、按照时间切分等。范围存储虽然比较容易理解，但数据的分布依然不够均匀。

分片存储，就是对某个 key 值进行 hash 算法，如对 user_id 除以 n 求余，等于 0 存第一个库，等于 1 存第二个库，等于 2 存第三个库……分片存储的优势是数据分布会非常均匀，每个数据库的数据量都差不多。但分片存储会带来查询困难的问题，如果每次都根据 user_id 进行单用户查询，运用以上的 hash 算法可以快速定位该数据在哪个节点上，查询速度非常快。然而，如果不按 user_id 进行查询，则需要扫描所有的节点，查询性能就会非常低。好在该设计主要应用在生产机上，主要进行写入与单用户查询。然后，将所有数据同步到查询机上，在查询机上进行查询，问题得到完美解决。

从实战的角度来说，纵向切分是按照功能模块切分，因此不同模块的数据库连接不同的微服务就可以了。然而，横向切分的设计实现就没有那么简单了。通常情况，当应用完成了相应的业务操作，发出存库请求时，就直接存储到数据库的相应表中。但是，经过横向切分以后，在存库之前必须要进行一个判断，到底是存到数据库 A 还是存到数据库 B。我们显然不希望把这个条件判断写到业务代码中，那样会加大系统耦合度，不利于日后的变更。数据库横向切分的设计最好能对业务代码透明，因此就有了如图 7-13 所示的设计。

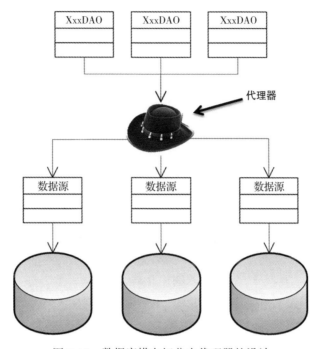

图 7-13　数据库横向切分中代理器的设计

在该设计中，数据库横向切分成了多个数据库，每个数据库对应一个数据源。这时，在所有数据源之上又扣了一个"帽子"，那就是代理器，由代理器决定数据写到哪个数据源中。同时，代理器也是数据源接口，对于上层应用来说，它们还是像以前一样去访问这个"数据源"（其实是代理器），而完全不知道数据库已经切分为多个了。这样的设计就会降低耦合，使横向切分的变更成本更低。

这个代理器的设计就是横向切分设计实现的关键。以往，代理器的设计是一个极其复杂的过程，涉及许多数据库性能的优化。现在，代理器已经被封装在分布式数据库中了，由分布式数据库决定如何分区。关于分布式数据库的设计，详见 7.2.5 节。

7.1.4　流量在 5000 万以上的架构设计

系统流量达到 5000 万以后，系统最大的瓶颈依然是数据库。然而这时，单单进行一些数据库的优化已经不能够满足系统的需求了，需要有更多的措施来降低数据库压力。这时，采用分布式缓存、内存数据库、异步化操作等技术方案，都是不错的选项。

1. 分布式缓存

提高系统吞吐量最有效的措施就是降低系统平均响应时间。所谓的响应时间，就是从用户发出请求开始到最终获得系统反馈所需要的时间。用户发出请求以后，除了网络通讯耗时以外，在服务端的耗时主要分为两个部分：数据存库前的耗时和存储数据库中的耗时。数据存库前要进行各种逻辑校验与业务操作。校验与操作的效率的决定性因素并非算法，而是那些为了完成校验和业务而进行的查询。所以，提高这部分操作的查询效率，才是性能提升的关键。

这部分操作的最大特点就是，有相当大的概率会反复查询某些数据。如果在第一次从数据库中完成查询以后，将这些需反复查询的数据存入内存，以后直接从内存中获取数据，那么查询效率将得到大幅度提升。这就是"缓存"概念的由来。

最初的缓存被称为"本地缓存"，就是将应用服务器集群中每个节点本地的内存拿出一部分，将其作为缓存来存储数据。这样的做法实现简单，只要在项目中加入类似 Ehcache 的框架，或者在程序中加入一个集合变量就可以了。但是，本地缓存有一个缺点，就是它的容量有限。当系统不断向缓存写入数据时，如果缓存被写满了，就会运用最近最少使用算法[⊖]删除一部分数据，才能写入新的数据。也就是说，缓存中的数据就像流水一样，不断地写入又不断地删除。那么，缓存怎样才能提升系统性能呢？最关键的就是"命中率"。

所谓"命中"，就是当系统需要查询某条数据时，能够从缓存中找到这条数据。命中率越高，性能越好。要查询的数据只有在缓存中命中，缓存才能起到提升性能的作用。数据在第一次查询的时候是必然不可能命中的，只可能在第二次及以后反复查询时才可能命中。如果在第二次及以后的查询时该数据已经被删除，也不可能命中。因此，第二次查询时该数据还没有被删除的概率与哪些因素有关，是性能优化的关键。

那么，这个概率与哪些因素有关呢？首先是两次查询的间隔时间，间隔越短概率越高，然而这个间隔是我们没有办法决定的。接着是数据量，写入缓存的数据量小，删除的数据量就小，命中数据的概率就高。然而，写入缓存的数据量也不能由我们来决定。只剩最后一个决定因素，就是缓存自身的容量，容量越大，存储的数据就越多，命中率自然就提高了。但是，本地缓存的数据容量始终是有限的，因此未来会越来越多地采用"分布式缓存"。

所谓"分布式缓存"，就是将缓存从应用服务器中分离出去，单拉出一些设备进行缓存。这样，既不占用应用服务器资源，又可以通过增加服务器节点来实现容量的无限增长，以满足日后互联网海量数据的应用。同时，由于分布式缓存在部署时独立于应用服务器之外，所以其数据只需存一份就可以为各个应用服务器节点所共享，数据利用率也大幅提高。与本地缓存相比，分布式缓存唯一的缺点就是需要网络访问，会损失一点性能。但是这点损失换来的是命中率高、可靠性高、可扩展性等诸多的优势，因此分布式缓存成为了互联

⊖ 最近最少使用算法（Least Recently Used，LRU）：当内存中需要删除部分数据才能写入新的数据时，选择删除最近最少使用的数据。这是一种内存管理算法。

网架构实现高并发、高可用、大数据的重要措施之一。本地缓存与分布式缓存的对比如
图 7-14 所示。

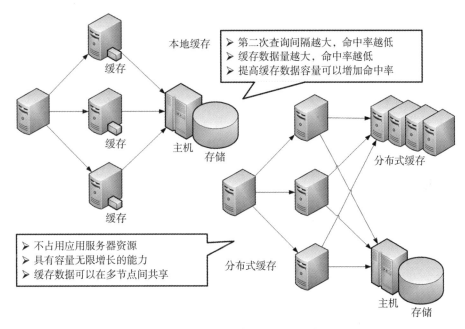

图 7-14　本地缓存与分布式缓存

2. 内存数据库

对数据存库前的优化可以采用缓存，而对于存储数据库的部分，除了对数据库本身进
行读写分离等优化措施以外，还可以采用内存数据库。

内存数据库不是将所有数据都存储在内存的数据库，而是将一部分活动数据存储在内
存中进行快速访问。当活动数据逐渐冷却下来以后，最终还要被存储到传统数据库的磁盘
中。内存数据库的运行原理如图 7-15 所示。

图 7-15　内存数据库的运行原理

在传统架构中，当用户通过网络向系统发出请求以后，系统通过应用服务器接收请求，进行判断与操作后，到数据库中去存库。这些数据必须要最终存储在数据库的磁盘中才能完成存库，才能通过应用服务器返回给用户，大量的时间被耗费在磁盘存库的过程中。

采用内存数据库后，数据是存储在内存数据库的内存中的。当数据完成了对内存数据库内存的写入以后，就可以返回给用户了。从写磁盘变为写内存，存库速度将大大提升，系统整体的平均响应时间缩短，系统吞吐量得以提升。

前面提到，在面对高并发时，磁盘 I/O 是系统最主要的性能瓶颈。虽然可以采用诸多的措施进行数据库拆分，但只是从一定程度上缓解矛盾，并没有根本解决问题。当系统流量从 1000 万上升到 5000 万以后，磁盘 I/O 的性能瓶颈再次凸显。这时，采用内存数据库，将写磁盘改为写内存，性能将大幅提升，从而满足用户的访问需求。

数据写入内存虽然速度快，但并不保险，内存数据库还有很多问题需要解决。如何解决这些问题，如何设计与应用内存数据库，将在 7.2.2 节详细讲解。

3. 异步化操作

在面对 5000 万流量的用户压力时，除了分布式缓存、内存数据库等措施以外，还可以采用"异步化操作"。我们通过 12306 订票系统的设计过程来了解异步化操作。

12306 的设计困局如图 7-16 所示。当用户发出订票请求的时候，12306 进入订票处理程序。在订票处理程序中，首先要进行余票查询，检查系统当前是否有票。然而，跟电商网站库存查询不同，12306 的余票查询的算法要复杂得多。比如，同一车次北京到上海段的车票已经没有了，但北京到济南段的车票还有。为什么呢？因为有其他用户订购了济南到上海段的车票。因此，12306 的余票查询需要动态地查询其他用户的订票，才能计算出这个路段的余票，算法比较复杂。再加上后续的一系列操作，最终存储到数据库中才能完成订票处理，返回给用户，那么这个过程的响应速度必然快不了。

12306 还要面对数次的客流高峰，必须要提高系统吞吐量。提高系统吞吐量最有效的办法就是降低平均响应时间，即用更快的速度完成订票处理程序。这时，复杂的业务处理过程与提高系统吞吐量之间就形成了矛盾，因为复杂的业务处理过程没法缩短平均响应时间，也就没法提高系统吞吐量，但系统的业务压力要求我们必须要提高系统吞吐量，此时系统的技术架构设计陷入了困局。

架构设计做到顶级，需要创新，需要突破以往的思维定式。在本案例中，我们的思维定式就

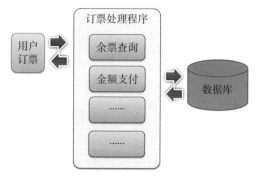

图 7-16　12306 的设计困局

是，服务端必须要完成所有的业务，将数据存入数据库以后，才能返回给用户。要打破思维的定式，也就是要考虑，能不能不做完所有的事情就提前把数据返回给用户。

基于这个思路，得出如图 7-17 所示的异步化设计。当用户发出订票请求的时候，首先由订票受理程序来接收请求。而订票受理程序接收请求以后，只做一件非常简单的事情，就是将用户请求打包成一个消息，发送到消息队列中。发送完消息以后，订票受理程序的任务就完成了，立即返回给用户，从而获得一个非常快的响应速度。响应速度提升了，系统吞吐量自然就提升了，就能够扛住高并发。

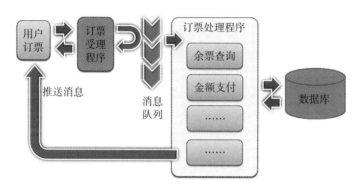

图 7-17　12306 的异步化设计

系统虽然通过订票受理程序完成了对用户的响应，从而获得了一个极高的系统并发，但是，用户还没有订到车票！因此，系统后台通过守护进程不断地从消息队列中读取消息，完成后续的订票处理程序。这时，原有的通讯信道已经结束，无法采用以往的方式反馈用户了，只能另辟蹊径，采用 App 推送、发短信、发邮件等其他方式通知用户。以上的设计过程，被称为"异步化操作"。

异步化操作通过消息队列将整个业务操作过程分为前后两个部分。前面受理阶段只做一些简单的事情，然后快速打包发送一个消息，就返回给用户，从而获得一个极快的响应速度与极高的系统吞吐量。这时，制约吞吐量的瓶颈就不再是受理端的处理速度了，而是消息队列的容量。因为此时，受理端写入消息的速度快，处理端读取消息的速度慢。如果持续保持这种状态，消息队列中的消息就会越积越多。当消息队列中的容量满了以后，就不能再接收新的消息，系统吞吐量就会出现瓶颈。

有了异步化的设计，受理端就可以获得一个无限大的系统吞吐量，而处理端也不必那么急急忙忙地处理业务了，可以按照自己的节奏去处理，前提条件是消息队列的容量足够大。这个过程就好像生活中有很多人到银行排队办理业务。这时，为了不让用户排队，提高银行的服务质量，银行大厅就给所有的用户发号，而发号机就相当于消息队列。用户很快拿到一个号，就不用在窗口排队了，可以做自己的事情，发号机一个一个地叫号，被叫到号的用户才到窗口办理业务。有了发号机，无论来了多少用户，都不用在大厅排队，叫到号了才过来办理业务，但前提是发号机要有足够多的号。

在生活中，一个银行每天来办理业务的人数并不会非常多，因此一个发号机足以应付。但在互联网上，一个"秒杀"就可能引来成千上万的用户，这时消息队列的性能与容量就非常关键了。如果将所有这些消息都存储在一个物理节点上，它的磁盘容量是有限的，迟早会占满，并且存在着性能瓶颈与单点故障。因此，在面对高并发时，必然要采用分布式队列，将整个队列部署在多个物理节点上，扩展消息队列容量。有了分布式队列，一旦遇到类似"秒杀"的高并发场景，就将分布式队列扩展到更多物理节点中，从而获得一个无限大的存储空间，以应对无限大的用户压力，高并发的问题将从根本上得到解决。而消息队列之后的处理端也不必那么急急忙忙地处理业务，按照自己的节奏处理就可以了。

异步化操作的关键是分布式队列，然而分布式队列该如何设计，如何选型呢？我们将在 7.2.4 节中讲解。

7.1.5 亿级流量的架构设计

系统的业务流量达到亿级时，规模已经相当庞大了。一方面，随着业务规模越来越庞大，系统设计也会变得越来越复杂，系统不得不面对规模化带来的挑战，并且需要得到有效的服务治理。另一方面，用户对其的依赖程度越来越高，使其成了用户生活甚至社会生产中非常重要的部分，哪怕短暂的宕机都会带来非常大的影响。因此，高并发、高可用、高可靠的"三高"设计原则，逐渐成为了系统建设的重点，并落实到系统设计的每一个环节。

1. "三高"设计原则

当业务系统达到亿级流量时，如何应对高并发的业务压力，逐渐成了架构设计的核心。然而，在高并发的重压之下，要保障整个系统各个组件、各个环节完全不出问题是不可能的事情。因此，系统建设必须要做到，即使个别节点宕机、网络不可用，依然能保证整个系统对用户是可用的，可以为用户正常提供服务。这就要求系统能通过冗余、主从切换或者单点故障可容忍的设计，保障系统的高可用。此外，在个别节点宕机，系统自动进行主从切换等操作时，又可能出现瞬时的数据丢失，带来巨大的经济损失。因此，保障数据不丢失的高可靠设计，是系统设计的另一个重点。

（1）高并发

在面对亿级流量时，系统设计的每一个环节都是一个终极考验，必须做到极致。我们通过分层将系统划分成了四个层次，然而这时我们发现，上层抗压能力强，底层抗压能力弱，形成了一个倒三角的态势。因此，对于系统整体架构来说，应当做到系统分层、逐级限流，如图 7-18 所示。

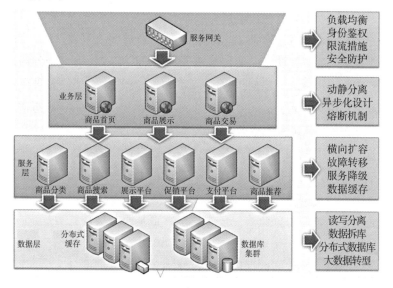

图 7-18　层层限流的架构设计

在这四个层次中，最上层的服务网关，系统压力是最大的，所有用户压力都要经过它。这时，服务网关首先要做的是负载均衡，将所有压力均匀地分布到许多物理节点上来共同扛住压力。然而，服务网关不能将所有的流量直接转发给下游，它需要通过限流，将最终有效的流量转发给下游。因此，它需要用户身份鉴权，阻止不合法的用户流量；还需要有限流措施，当业务流量超过系统设计能力时，将过载的那部分流量拒绝掉，以保护下游的稳定运行；还需要有安全防护，保护系统免受 DDoS 等互联网攻击。

接着就到了业务层，面向的是为用户提供的各项业务功能。这个层次要承担用户界面绘制，展现 UI 界面，因此需要"动静分离"或"前后端分离"，通过页面缓存更加流畅地展现用户界面，提高用户体验。同时，当用户在界面中进行各种操作时，由它来接收用户请求，但不由它完成相关操作，而是调用后台服务层的服务去完成。所以，前端业务层的抗压能力是比较强的，而后端服务层的抗压能力比较弱，因为它们除了完成各种业务操作，还要读写数据库。因此，业务层通过异步化设计，先受理用户请求，然后发送给消息队列。这样的设计，既可以让业务层获得更大的吞吐量，又可以降低服务层的压力，让服务层能从容地完成各项业务。当下游的服务层快扛不住流量压力而大量超时的时候，业务层通过熔断机制及时进行"服务降级"来防止系统雪崩。

所谓的"系统雪崩"，就是在系统压力极大时，个别服务扛不住流量压力而大量超时，导致它的上游线程池被占满并且大量超时。这样一级一级地相互影响，整个系统最终崩溃。防止雪崩的最好办法是引入熔断机制、隔离上游线程池并降级服务，让上游在不调用下游的情况下继续运行。这样，上游不再向下游加压，就能让下游在扛住压力一段时间以后，逐渐恢复过来。

下游的服务层，除了要完成各种业务操作以外，还需要读写数据库，因此读写数据库成了它们最大的瓶颈。为了扛住复杂业务给服务层带来的系统压力，服务层通过云端部署，将业务分散于更多的节点中进行横向扩容，从而扛住业务压力。通过云平台的弹性可伸缩，当压力大时自动扩展到更多节点，而当压力小时自动收缩，就能很好地应对互联网压力的弹性变化，从而降低系统的运营成本。

此外，服务层的最大瓶颈是对数据库的读写。当系统压力过大、数据库扛不住时，服务层就会启动服务降级。查询的服务降级，就是通过不查询数据而返回兜底数据来降低数据库压力；写操作的服务降级，就是不再去写数据库，而是切换为写 Redis 内存数据库加异步写库，从而扛住系统压力。此外，分布式缓存也是服务层降低数据库压力的有效措施之一。

最后一层是抗压能力最差的数据库。通过读写分离将数据库分为生产库与查询库，分别予以系统优化；通过横向、纵向的数据分库分散生产库的写入压力，缓解磁盘 I/O 的瓶颈；通过 NoSQL 数据库与大数据平台实现数据分析与查询的优化。这些都是解决数据层系统压力、提升吞吐量的有效措施。

（2）高可用

高可用要求，即使在面对高并发时个别节点宕机，整个系统对于用户来说仍是可用的，用户的所有请求都将予以处理，并最终反馈给用户。在系统面对高并发时，任何一个节点任何时候都可能出现宕机。因此系统设计应当具备"单点故障可容忍"的特性，并将该特性体现在系统设计的每一个环节。

首先，网关层在面对互联网的时候，可能因为网络故障而造成整个机房不可用。因此，系统建设必须是多机房，并且通过 DNS 的轮询实现多机房的访问。这样，即使一个机房出了问题，还有另一个机房可用。接着，服务网关也要实现高可用，即首先保证负载均衡的高可用（如 Nginx 的主从同步），然后负载到多个服务网关。这样，即使一个服务网关不可用，还有其他服务网关，系统依然保持高可用。

然后是应用层与服务层的高可用。通过 Kubernetes 云端部署（详见第 9 章），每个服务都至少部署在两个以上节点。如果系统运行过程中一个节点不可用，那么就在另一个地方再启动一个节点。失效的那个节点没有完成的任务，通过故障转移交给另一个节点，虽然会增加一点延迟，但任务最终会完成并返回给用户，系统还是高可用的。

最后是数据节点，包括缓存、消息队列、数据库。这些节点的高可用主要是通过主从同步来实现的，当主节点失效以后就会自动切换到从节点，将从节点升级为主节点，就能保证高可用。

（3）高可靠

这里的高可靠，特指数据的高可靠运行不丢失，这对于亿级高并发系统来说也是非常重要的。在面对高并发压力时，个别节点宕机时常发生。但是，节点宕机而自动进行主从切换的瞬间，容易造成数据的丢失。因此，就需要通过加强设计保证数据的可靠。问题多发生于主从切换，所以未来会越来越多地朝着"去中心化"的设计发展，即未来的集群不再有主从之分，或者互为主从，我备份你的数据的同时，你也在备份我的数据，实现数据的多节点复制。有了这样的机制，集群中即使某个节点失效，数据也不会丢失，就能更好地保障数据的高可靠运营。

2. 服务治理

一个亿级流量的业务系统，除了高并发的业务压力，复杂的业务是系统设计另一个难点。很多系统都有这样一个发展历程：起初的业务比较单一，但随着业务量不断地加大，系统业务逻辑也会越来越复杂。这时，系统就需要通过重构不断开展服务治理，更合理地应对未来的复杂业务。

以淘宝网这些年的发展为例，起初的淘宝网业务还是比较单一的，就是将商品展示在网站上供用户选购。然而，随着业务量的不断增大，系统规模就开始不断增长。首先是商品分类随着商品数量的增加而越来越复杂，需要单独分离出一个子系统去完成商品分类。接着是商品搜索需要一个搜索引擎子系统，商品展现需要一个个性化展现平台，商品促销需要一个促销管理平台，商品推荐需要一个智能推荐系统，等等。这些子系统逐步从原有系统分离后，需要把它们制作成一个一个的服务，为前端所调用。

通过服务化，越来越多的子系统从原有系统中独立了出来，形成了一个一个独立的服务。这就带来了两个变化：首先，业务系统开始变得越来越轻，大量的业务都被移出去形成了服务，各业务线只需将这些服务进行组合，以某种形式的界面展现给用户；其次，这些服务被独立出来以后可以增加复用性，为各个业务线所共用，这样不仅增加了系统的可用性、可维护性，也使得日后新产品的研发加速，通过快速交付去应对市场的快速变化。这就是阿里提出来的"小前台、大中台"的架构思想。

所谓的中台，就是将以往业务系统中可以复用的前台与后台代码，剥离个性、提取共性，形成的公用组件。有了这些组件，就可以让日后的系统开发降本增效，提高交付速度。从分类上，中台可以分为业务中台、技术中台与数据中台。业务中台，就是将业务组件抽象，将如用户权限、会员管理、仓储管理、物流管理等公共组件做成微服务，为各业务系统所使用。技术中台，就是封装了各个业务系统所需要的技术框架，以统一的 API 开放出来，使上层的业务开发技术门槛降低、开发工作量减少、提升交付速度。数据中台，则是整理各个业务系统的数据，建立数据存储与运算的平台，为各个系统的数据的分析与利用提供支持。这些中台可以提升软件研发的生产力。

3. 向云端的转型

无论是"三高"设计原则，还是服务治理，其实都是对业务系统的设计。真正要把这些设计优势体现出来，最终还是要落实到物理部署上。亿级流量架构设计的最大难题是，在面对忽高忽低的用户流量时系统的物理架构该如何设计，是按照最高流量设计，还是按照日常流量设计。

互联网的特点就在于用户压力的不确定性，时常会出现一个峰值，但这个峰值并不会始终保持。这样，如果按照峰值来建设，那么系统资源会出现极大的浪费，大多数时间都是闲置；但如果按照日常流量来建设，一旦遇到"大促"这样的峰值，又该怎么办呢？因此，基于云计算的弹性云架构，成了最佳的选择。

每个业务系统的业务特点不同，其峰值出现的时间点也不同。将多个业务系统建设在同一个云平台中，一个系统出现峰值时可以占用另一个系统的闲置资源，多个系统的建设就能起到"1+1 < 2"的效果，从而降低系统建设的成本。因此，在面对亿级流量的高并发时，向弹性云端部署的转型将成为必然。

选择公有云的设计方案，一方面可以有效地降低运维成本，另一方面还可以将很多诸如互联网安全防护的设计难题交给云厂商，让专业的人做专业的事。云技术也将逐渐从虚拟技术向着容器技术甚至 Serverless 方向转型，今后的系统可能不再需要申请虚拟机进行部署，而是直接在基于分布式容器的 Docker + Kubernetes 云平台上部署就可以了。这样，当系统面对高并发时，快速部署轻量级的 Pod 节点，系统性能就提高了。当系统压力降下来后，通过 Kubernetes 进行自动化管理，减少 Pod 节点的个数，占用的资源就收缩回来了，从而节省了运维成本。

以上这些变化将带来未来的一系列技术转型。首先，业务系统将拆分单体应用，采用微服务设计并进行云端部署。这样，我们可以为压力大的模块分配更多的节点，为压力小的模块只分配二三个节点，资源分配更加合理。

其次，系统设计向着分布式设计转型，即过去只能在单节点上执行的，诸如存储过程、触发器，都将进行改造，让所有的计算能够分布到多个节点上。采用无状态设计、降低节点间通讯、保障节点宕机的高可用与数据不丢失，都是分布式技术架构必须要解决的技术难题。

最后，是 DevOps 自动化部署与运维平台的建设。由于系统被分解成了许多微服务，每个微服务还要做多节点部署、弹性伸缩，因此不能再进行手动部署了。同时，系统的升级维护也必须是不停机的、逐节点升级的灰度发布形式。因此，需要搭建一个基于 Git + Jenkins + Docker + Kubernetes 的自动化发布平台，并通过 Prometheus + Grafana 进行系统监控，通过 EFK 进行日志监控（详见 9.4 节）。

7.2 分布式技术

前面我们梳理了分布式架构的设计过程，在不同阶段进行不同的架构设计，以应对不同时期的用户压力，从而获得最高的系统性价比。在这个过程中，架构设计逐渐变为架构演化，通过不断调整技术架构来适应不断变化的用户需求。在这个对技术架构不断细化与落地的过程中，会遇到许多分布式架构设计的难题。本节就着重探讨如何解决这些难题。

7.2.1 分布式缓存

首先，来看看分布式缓存的架构设计以及一些项目实践。

1. 跨库关联查询的解决方案

前面谈到，分布式架构，特别是微服务架构，躲不开两大设计难题，其一就是跨库的关联查询。现在我们就来探讨一下该问题的解决思路。

图 7-19 所示的案例中，"在线销售"微服务在查询订单时，需要通过 join 操作关联客户表与供应商表。这就会带来跨库的关联查询。跨库的关联查询性能很差，"在线销售"微服务没有权限访问客户表所在的数据库，它的访问权限仅限于"客户管理"微服务。

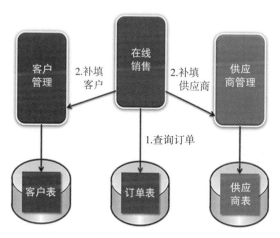

图 7-19 跨库的关联查询解决思路

该如何解决这个问题呢？这就需要调整原有的查询过程，将其分为以下两个步骤。

首先，查询订单表，但不进行 join 操作。假如这个查询结果有 10000 条记录，不可能将这 10000 条记录都返回给前端，而是通过翻页仅返回 20 条记录。接着，针对这 20 条记录，调用"客户管理"与"供应商管理"微服务的相应接口进行补填。这样既可以有效地完成查询，又可以避免跨库的关联查询。

如果采用 join 操作，数据量越来越大后，查询性能也会越来越差。因此，面对海量数据的查询优化，要设法省去 join 操作。

新的方案中没有 join 操作，只对订单表进行单表的查询，然后翻页。这样，在进行补填的时候，仅仅是对当前页的那 20 条记录进行补填。同时，如果在"客户管理"与"供应商管理"微服务中增加了缓存的设计，补填的时候甚至可能不需要查询数据库，只在缓存中进行查询，性能将大大提高。

未来，越来越多的微服务系统会采用数据补填的方式来查询数据。如果为每个查询都编写一段数据补填的代码，那将非常麻烦。因此，可以在技术中台中实现一个通用的数据补填查询，以简化代码的编写。

但是，这个方案如果设计得不合理，也可能性能很差。但性能差的原因不在于补填时的查询，而是网络的通讯。在进行补填时，如果通过一个循环语句一个一个地补填，那么微服务就需要进行 20 次远程调用，会耗费大量时间。因此，在设计补填时，应当将 20 条记录的 ID 做成一个列表，一次性远程调用，一次性查询，一次性补填。这样，20 条记录只进行了一次远程调用，从而获得较好的查询性能。

但是，假如查询时需要通过客户名称或类型进行过滤，该怎么办呢？现在数据库设计普遍采用 3NF 的设计思路。这种设计虽然有效减少了数据冗余，便于维护数据，但会造成频繁的关联查询，影响查询性能，因此需要适当的数据冗余，将需要过滤查询的用户名称与类型冗余到订单表中，直接在订单表中过滤，从而解决查询性能的问题。

但如果查询的过滤条件很多，每次用到的查询条件都不同，又该如何设计呢？难道把所有客户表的数据都冗余到订单表中吗？这些更复杂的查询功能，应当在查询库中进行。为了提高查询库的查询性能，需要在同步到查询库时提前完成 join 操作，之后将数据直接制作成单表进行分布式存储，这样的设计叫"宽表"。在这样的宽表中进行单表查询，就能实现海量数据的秒级查询了。

2. 分布式缓存运行原理

前面跨库关联查询的解决方案中谈到了分布式缓存，通过它可以大幅度提升查询性能。所谓"分布式缓存"，就是从原有的应用集群中单拉出一些服务器，专门完成缓存的功能，如图 7-20 所示。由于这些服务器位于应用集群之外，因此这么做既提升了缓存容量，又可以实现缓存数据在各个节点的共享。

然而，分布式缓存的设计难题在于，数据是存储在多个服务器节点中的，那么要查找的数据到底在哪个节点呢？如果一个一个地扫描，那么随着节点的增加，性能就会越来越差，因此我们需要精确定位。因此，分布式缓存采用了以下方案：

首先，在写入数据时，对 key 值进行散列处理，最简单的散列处理方法就是求余算法。

比如，在该案例中分布式缓存有 4 个节点，那么就是对 key 值除以 4 求余，等于 0 写节点 1，等于 1 写节点 2，等于 2 写节点 3，等于 3 写节点 4。

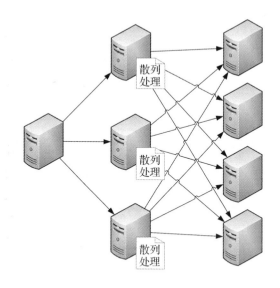

图 7-20　分布式缓存

接着，在查询数据时，采用同样的算法查找数据。比如，某个 key 值除以 4 求余后等于 1，那么它只可能在节点 2，直接在节点 2 中查找。如果节点 2 没有，那么也没有必要查找其他节点，应该直接在数据库中查找。通过该算法可以精确查找数据，节点增加后，查找数据的性能也不会下降，就可以更好地适应分布式的应用。

然而，以上的设计就决定了，分布式缓存的数据存储不可能是过去的二维表，而是 k-v 存储，即每条记录都是由 key 和 value 组成的数据。key 就是主键值，用于数据搜索；value 则是以值对象的形式存入的数据。通过对 key 值进行散列处理，就能将数据均匀地分散在各个节点上存储。但是，采用什么散列算法是有考究的。

最简单的散列算法就是求余算法了，但它不稳定。譬如，有 3 个节点就是除以 3 求余，然而增加一个节点就是除以 4 求余，那么整个数据就要重新分布了。重新分布数据会导致分布式缓存的不可用，这是不可行的，因此需要采用一致性散列算法。但是，一致性散列算法在减少节点时，就会将失效的那个节点的数据全部都压到另一个节点上，导致那个节点也失效，进而造成节点一个一个失效的"雪崩现象"，也是不可行的。

因此，目前最有效的解决方案不再是一致性散列算法，而是求余算法，有节点失效时不改变算法。譬如，原来是 4 个节点，就是除以 4 求余。当某一个节点失效以后，还是除以 4 求余。这时，虽然有一部分数据无法在缓存中查询，增大了部分数据库压力，但至少缓存服务器是稳定的。通过对每一个节点进行主从同步，当某个节点失效时快速切换到从节点上，就可以实现高可用设计了。

3. 分布式缓存的数据一致性

分布式缓存的设计目的就是在系统查找数据时，不再查找数据库，而是查找缓存，这要求缓存与数据库中的数据一致。然而，数据库中的数据总是在变化，因此需要在数据更新和删除时，同时更新和删除缓存。这时，就存在着数据一致性问题。

按照正规的流程，应当是先更新和删除数据库，再更新和删除缓存。但是，如果更新和删除数据库成功，但更新和删除缓存失败，就会出现数据不一致的问题。如何来解决这个问题呢？最有效的方式不是去更新缓存，而是在更新和删除数据库前，直接删除缓存中的相应数据。这样，当下一次需要查询这个数据时，先查询数据库，再装载缓存，问题就解决了。

然而，在系统实际运行中可能出现这种情况：系统在删除缓存与更新数据库的间隙，另一个进程去查找这个数据，由于数据还未完成更新，还是处于更新前状态，查询完就将更新前数据又载入缓存了，数据就不一致了。如何解决该问题呢？如果在删除缓存前先锁定数据不让查找，那样又会影响系统性能。

因此，解决分布式缓存数据一致性最有效的解决方案，就是在数据库更新和删除数据的前后都分别执行一次该数据在缓存中的删除。然后，为了避免最后一次删除失败，还需要定期比对缓存数据，将比对不一致的数据从缓存中删除。

4. Redis 分布式缓存设计

目前最主流的开源分布式缓存无疑就是 Redis 了。Redis（全称 Remote Dictionary Server）是一款开源高性能 k-v 存储的内存数据库。它具有优异的系统性能以及更加丰富的存储数据类型，因而逐渐替代了 memcached 成为分布式缓存的主流。与数据库的二维表不同，Redis 中的数据是以 k-v 形式进行存储。这里的 key 就是每条记录的主键值，Redis 通过它来高速查找数据；value 就是整条记录，通常会将这条记录以值对象的形式进行存储。与 memcached 不同的是，Redis 除了有这种形式的值对象，还可以有 Map（将记录以 Map 的形式存储，每个字段就是一个 k-v）、List（将数据串联起来形成链表，常常用来制作队列）、Set（数据集合）与 ZSet（有序集合，即对某个字段进行排序）。

Redis 的部署有两种形式，一主多从和集群部署，如图 7-21 所示。一主多从就是在系统中部署一个主 Redis 与多个从 Redis，并在它们之间建立"哨兵机制"。平时主要是主 Redis 工作，多个从 Redis 同步数据。当主 Redis 失效后，通过"哨兵机制"就会自动切换到某个从 Redis，将其上升为主 Redis，从而保障系统的高可用。

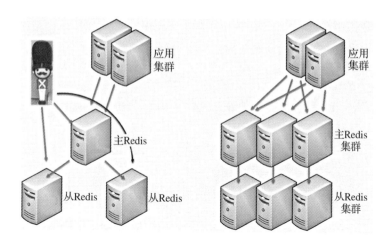

图 7-21　Redis 的两种部署形式

采用 Redis 集群，则是真正地实现了分布式缓存。它将数据通过散列存储在多个 Redis 节点中，每个节点都只保存部分数据，从而将数据访问压力分解，提升系统整体性能。然而，如果 Redis 集群中的任何一个节点挂了，则那一部分数据将无法访问，不能保障高可用。因此，需要为每一个主 Redis 节点配备一个从 Redis 节点。这样，若某个主 Redis 节点失效，将立即切换到它的从 Redis 上，从而保障系统的高可用。

对于 Redis 通常会有两种用法：分布式缓存与内存数据库。如果只作为分布式缓存，那么 Redis 中的数据只是被动地与数据库同步。当系统要更新或删除数据时，先在数据库中执行，然后在下一次查询时同步到 Redis 中。然而，如果将 Redis 作为内存数据库使用，那么所有的增删改查操作都是在 Redis 中进行的，当所有这些操作完成以后，再同步到数据库磁盘中。

7.2.2　内存数据库

前面谈到，数据库的 I/O 瓶颈往往是系统面对高并发时最大的瓶颈。当系统在面对类似"秒杀"的高并发场景时，数据库的读写分离、数据分库等方案也将变得力不从心。这时，最有效的措施就是采用内存数据库，即直接在内存数据库的内存中进行数据的增删改，这样读写速度将大大提升。

数据写入内存速度虽然快，但并不保险。如果系统在运行过程中宕机，就可能导致数据丢失，造成巨大的经济损失。所以，内存数据库在写入数据以后，经过一段时间的冷却，数据最终会写入传统数据库的磁盘中。虽然都是写入数据库磁盘中，然而内存数据库的磁盘写入不在用户响应时间中，因而可以获得响应速度的提升。

尽管如此，从写入内存到写入磁盘还是有一段时间。如果在这段时间内发生系统宕机，依然可能造成数据丢失。那么，内存数据库如何保障数据的安全呢？接下来将介绍三套解决方案，包括主从同步、多节点复制与异步化写数据。

1. Redis 的主从同步方案

目前内存数据库最主流的开源框架就是 Redis，它的系统架构如图 7-22 所示。

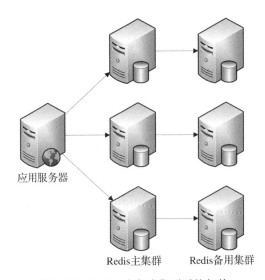

图 7-22　Redis 分布式集群系统架构

应用服务器在存库的时候，将数据存储于 Redis 集群中。这时，Redis 为了有效地提升自己的可用性与可扩展性，将数据存储在由多个节点组成的 Redis 集群中。Redis 集群采用了"去中心化"的设计，即它们没有主次之分，客户程序访问任意一个 Redis 节点就能访问整个集群。整个 Redis 集群通过 Slot 操作，将所有的数据以散列的形式均匀存储到各个节点中。同时，为了保证数据的安全，一方面每一个 Redis 节点在存储时都以镜像的形式将数据存储在本地磁盘中，另一方面为集群中的每个节点提供一个备用节点。这样，当 Redis 中的某个主节点失效时，可以自动通过主从切换，切换到从节点上，既能保证数据安全，又能保障系统高可用。

2. GemFire 的多节点数据复制

Redis 的高可用是通过自动的主从切换来实现的。然而，在主节点正常运行的情况下，从节点处于闲置状态，对分担系统压力不能起到任何作用。这样的设计从资源利用率来说是十分不划算的。另外一种既能保证数据安全、又能保证系统可用的方案叫作"多节点的数据复制"。以 GemFire 为例，它是一个比 Redis 更加强大的分布式内存数据库，如图 7-23 所示，被 12306 网站采用后，才被国内用户熟知。

图 7-23　GemFire 数据库

　　GemFire 数据库的核心是一个叫作 GemFire Data Fabric 的分布式存储结构。在该存储结构中，海量的数据以散列的形式分布存储在多个物理节点的内存中，形成内存资源池。同时，在这个池中的每一条数据，除了存储在主数据点上以外，还以"热备数据点"的形式，复制在其他的多个数据点上。这样，当其中一个物理节点宕机时，就可用自动切换到其他数据点，使其中的某个"热备数据点"自动升级成主数据点，从而保证了集群中数据访问的安全可靠。

　　不仅如此，GemFire 还提供了一整套的数据持久化方案，可以将 GemFire 数据库中的数据同步到传统的关系型数据库、Hadoop 大数据平台等存储设备中，完成数据持久化。强大的 GemFire 唯一的缺点就是其为商用软件而非开源框架，且价格不菲。

3.Redis 的异步化写数据方案

　　与商用化的 GemFire 不同，开源的 Redis 没有强大而成熟的持久化方案，无法直接将数据持久化到数据库等存储设备中。但对于内存数据库的技术方案来说这个能力是必需的。在这种情况下，我们只能自己去实现。如何将 Redis 的数据持久化存储到数据库中呢？通过 Redis 的 API 接口去读取数据再写入数据库，是一个选项，但过于复杂，需要了解很多 Redis 的底层原理与接口。而通过消息队列实现异步写数据，则是另外一个更加简单易行的方案。

　　实现 Redis 的数据持久化，难题就在于如果已经将数据写入 Redis 了，再想通过 Redis 的 API 接口将还没有持久化的数据读出来，难度较大。其实，架构师做到顶级，考验的就是思维，是一种认知能力。因此，既然写入 Redis 以后再读出来很难，那么能不能在写入 Redis 之前就做一些事情？

有了这样的思路以后，异步化写数据的方案就应运而生了。如图 7-24 所示，在这个方案中，我们将写数据库的过程前置，提前到了与应用服务器写 Redis 同时。然而，在这个方案中我们又不希望将写数据库放到用户响应的事务中，这会影响系统性能。因此，采用异步化的写数据库，即将写库请求先打包成一个消息放到消息队列中，再由另一个守护进程从消息队列中读取消息，去写库。这样，写数据库变为了写消息队列，性能就提高了。

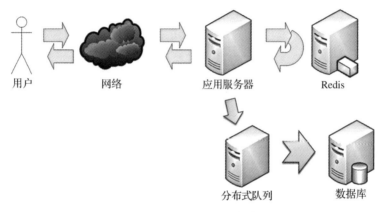

图 7-24　Redis 的异步化写数据方案

这个方案采用了异步化写库，响应速度提高了，技术难度降低了，系统可靠性与数据安全也得到了保障。唯一的缺点就是，写数据库有一定的延时，不能与 Redis 中的数据完全同步。因此，对于后续的查询，实时要求高的在 Redis 中查询，实时要求不高但需要 SQL 查询的在数据库中查询。

这个内存数据库＋异步化写数据的方案，是不是一定就比过去直接写数据库的方案好呢？记住，永远不要脱离实际去探讨一个方案的好坏。没有最好的方案，只有在当下最合适的方案。

在本案例中，内存数据库＋异步化写数据的优势在于提高了系统吞吐量，缺点是增加了系统复杂性。如果当前的性能瓶颈不是系统吞吐量，那么采用直接写库的方案就可以了。但当有一天系统应对活动，有大量用户请求迅速涌入的时候，系统开始面对高并发压力，直接写库就可能不堪重负，随时有被压瘫的可能。这时，快速启动服务降级机制，系统不再直接写入数据库，而是直接读写 Redis，然后异步写库，就可以快速提升系统性能，扛住系统压力。当活动结束，流量从峰值降下来以后，就可以解除服务降级机制，重新回到直接写库的方案。如果系统有了这样的设计方案，就可以从容地面对互联网压力，进退自如。

7.2.3 分布式事务

分布式事务是分布式系统，特别是微服务，永远绕不过的一个话题。一个系统的数据量越来越大之后，数据库拆分是迟早的事。然而，传统的分布式事务，无论是两阶段提交还是三阶段提交，最大的问题都是性能。我们先看看传统的分布式事务是怎么做的，为什么它的性能那么差。

1. XA 分布式事务

传统的 XA 分布式事务分为两阶段提交与三阶段提交两种类型，先来看看两阶段提交的执行过程。比如，现在要从支付宝向余额宝转 5000 元，那么就需要从支付宝扣 5000 元，同时向余额宝加 5000 元，并且保证这两个操作在同一个事务中。由于支付宝与余额宝分属于各自不同的数据库，就需要进行分布式事务。XA 的两阶段提交过程如图 7-25 所示。

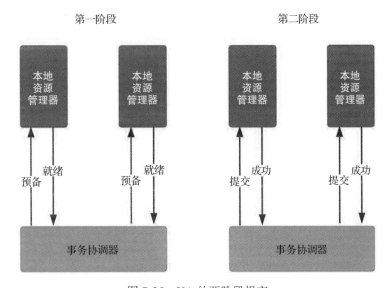

图 7-25 XA 的两阶段提交

当需要开始两阶段提交时，首先将请求交给事务协调器。事务协调器在收到请求以后，就会同时向事务的各方发送各自的请求，比如支付宝扣 5000 元，余额宝加 5000 元。但是，事务的各方在执行操作时，只操作不提交，这就是两阶段提交的第一阶段。当事务的各方成功完成各自的操作并反馈给事务协调器后，开始进入第二阶段。

只操作不提交，就意味着，事务的各方还是处于更新前的状态。当事务的各方成功完成各自的操作并进入第二阶段时，事务协调器就会同时发出提交命令。众所周知，数据库的提交操作是在一瞬间就执行完了的，我们达到的效果就是，在那一瞬间事务的各方就由更新前状态转变为了更新后状态，从而保障了事务的一致性。这就是"两阶段提交"。

采用两阶段提交，在第一阶段是"只操作不提交"，那么如果事务中的某一方执行失败，则同时回滚，从而保障了事务一致性。然而，在这个过程中，假设支付宝早早就完成了自己的操作，它也只能处于锁定状态，等待余额宝操作完成。在这段时间里，由于处于锁定状态，其他用户就不能操作，只能等待。如果支付宝等待了半天，等来的却是余额宝执行失败，不得不回滚，那么支付宝的等待既影响了系统性能，又影响了系统整体的吞吐量。因此，系统需要通过设计，有效提高事务的成功率，即"要么就不做，要做就必须要成功"。因此，在两阶段提交的基础上，在第一阶段的前面再增加一个校验的阶段，校验事务的各方是否能完成各自的事务，这就是"三阶段提交"。如支付宝账号没有 5000 元钱，或者余额宝账号无效，那么就没有必要执行该事务了。

无论是两阶段提交还是三阶段提交，分布式事务的性能都不好，问题的关键在于那个"只操作不提交"，就意味着数据库处于锁定状态，其他请求只能等待。我们要知道，在高并发状态下，哪怕短暂的等待都会带来大量请求的等待，严重影响整个系统的吞吐量。所以，要提高系统吞吐量，必须要去掉"只操作不提交"阶段。

"操作完不等待立即提交"，这样就没有等待状态，系统吞吐量能得到大幅提升。然而，当一方失败时，如何保障数据一致性呢？这时候另一方不能够回滚吗，必须采用"事务补偿"，即通过一个反向操作将刚才那个操作抵消回来。譬如，刚才扣了 5000 元，现在就再加上 5000 元，事务就一致了。

2. TCC 分布式事务

如何实现这个"事务补偿"来提升系统吞吐量呢？业界提出了许多解决方案，TCC 方案无疑是其中最火的一个。TCC 是指执行分布式事务的各方必须要实现的三个接口：Try-Confirm-Cancel，如图 7-26 所示。

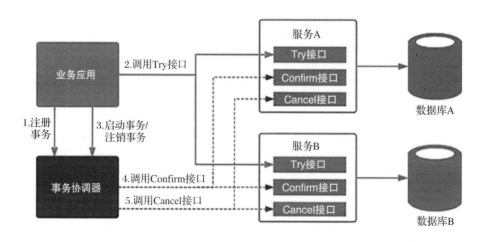

图 7-26 TCC 分布式事务解决方案

执行分布式事务的各方必须要实现以下三个接口。

Try 接口，负责执行分布式事务前的准备，包括对事务的各方是否能成功执行该事务进行校验，以及在执行事务前进行准备工作，如将状态置为"准备"状态等。

Confirm 接口，负责真正执行分布式事务，执行完不等待立即提交，以获得更好的系统并发。

Cancel 接口，负责一方执行事务失败后对其他各方进行事务补偿，将刚才的操作抵消回来。因此 Cancel 通常是 Confirm 操作的反向操作。

有了这三个接口，现在我们来看看 TCC 是怎么执行分布式事务的。

首先，业务应用会发起一个事务。这时，业务应用会到事务协调器中注册一个事务，然后调用事务的各方执行 Try 接口。接着，各方执行 Try 接口去进行事务前的验证。如果其中一方失败了，就没有必要执行该事务了，因此业务应用会通知事务协调器注销该事务，事务以失败结束。如果各方都验证成功，那么业务应用就会通知事务协调器启动事务。

当事务启动以后，业务应用会在那里等待结果吗？绝对不会！在系统高并发场景下，必须要尽量减少系统等待，以便有效提升系统吞吐量。因此，事务启动以后，业务应用的任务就完成了，剩下的事情就交给事务协调器了，而它则应当去做其他的事情，从而获得极高的系统并发。

紧接着，执行分布式事务的任务就交给事务协调器。事务协调器首先调用事务各方的 Confirm 接口执行事务操作，采用"操作完不等待立即提交"的策略，杜绝了等待状态，从而获得了极大的系统并发。如果各方的执行都成功，则通知事务协调器，事务执行结束。

但是，如果其中一方执行失败，自己本地首先执行回滚，然后通知事务协调器。接着，事务协调器就会通知其他各方执行 Cancel 接口，进行"事务补偿"，事务执行失败。

TCC 方案不能保证完全的事务一致性，只能保证最终一致性。不能保证事务一致性的有两个环节：

1）执行 Confirm 接口的速度不一致，先执行完的就提交了，但执行慢的还处于更新前状态，但最终各方执行完了，事务就一致了；

2）其中一方失败了，其他各方执行 Cancel 接口时，事务不一致，但 Cancel 接口执行完了，事务就一致了。

在系统面对高并发时，我们必须要做出一个抉择：要么选择性能，要么选择一致性。然而，现在普遍采用最终一致性，就是放弃完全一致性而追求性能。最终一致性的含义就是，它有一段时间事务不一致，然而过了那段时间事务就一致了。因此，我们选择了性能，并让不一致的时间尽量短。TCC 方案放弃了完全一致性，追求"准一致性"。这里的"准"就是非常接近一致性，即不一致的时间非常短。

这里还有一个问题，就是有一方执行 Confirm 接口失败而另一方执行 Cancel 接口也失败，该如何是好？注意，不要试图为解决一些小概率事件而做复杂设计，那样不划算。试想，如果执行 Confirm 接口失败的概率是 0.1%，执行 Cancel 接口失败的概率也是 0.1%，那么这种事情发生的概率是 0.1%×0.1%。因此，最佳的解决思路就是写日志、找运维。

TCC 方案仅仅是一个解决方案，即一种设计思路。要落地 TCC 方案，可以选择阿里的 GTS，它是 SEATA 的一个开源版。此外，还可以选择一些开源框架，诸如 tcc-transaction、ByteTCC、Hmily 等。

采用 TCC 方案做分布式事务有诸多的好处，但最大的缺点是工作量太大，每个正向操作都必须反向操作，开发工作量增大一倍，设计较为复杂。因此，如果系统没有那么复杂，或者对一致性要求没有那么高，也可以采用更加简单的基于消息的分布式事务。

3. 基于消息的分布式事务

在许多电商网站中，业务没有那么复杂，并且对事务的一致性要求也没有那么高。这时，为了提高系统吞吐量，扛住大促的系统压力，选用了基于消息的分布式事务，如图 7-27 所示。

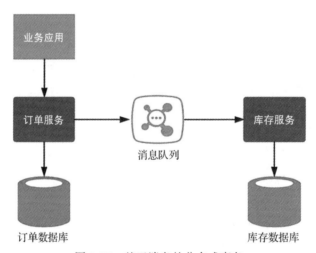

图 7-27　基于消息的分布式事务

图中订单服务在执行"下单"操作时，需要同时执行"保存订单"与"库存扣减"，并放在同一个事务中。然而，订单有订单数据库，库存有库存数据库，因此需要分布式事务。但订单服务在面对大促这样的高并发场景时，不可能接受传统的 XA 分布式事务。

这时，订单服务将"保存订单"与"发送消息"做到同一事务中。由于将消息发送到消息队列中速度极快，因此就可以获得极大的吞吐量。接着，库存服务再从消息队列中读取消息，完成后续的"库存扣减"操作。这就是"基于消息的分布式事务"。

采用基于消息的分布式事务，必然不能保证完全的事务一致性，只能保证最终一致性，并且不一致的时间还比较长。这么做的副作用就是，在促销的过程中商品卖多了，超过了库存。这种现象被称为"超卖"。如何解决"超卖"就成了一个关键的问题。

其中一个思路就是在下单之前，提前将商品从库存中取出。譬如，在利用用户支付的这段时间，提前执行库存扣减，将该商品提前从库存中取出，变为待售商品。这样，当完成支付并保存订单时，就已经完成扣减了，问题就解决了。

采用基于消息的分布式事务，是将"保存订单"与"发送消息"放在同一事务中，表面上看是没有问题的，但具体运营中就会发现问题。分布式消息队列是不能保证消息的可靠投递的，当消息发送失败时，是消息队列没有收到消息，还是收到消息了但反馈信息丢失，客户端是无法分辨的。因此，客户端只能等待一个 timeout 时间没有收到反馈，就再次发送消息。这样，一方面事务的等待时间变长了，另一方面又可能重复多次发送消息。

为了解决以上问题，采用了基于半消息的分布式事务，如图 7-28 所示。所谓的"半消息"就是发送方发送给消息队列消息以后，消息处于暂不投递的状态，直到发送方发出"提交消息"，消息队列才投递给消费者。这样，订单服务先发送半消息，但消息队列暂不投递，而是给订单服务一个确认信息。订单服务收到确认信息以后，保存订单，再发送提交信息。消息队列收到确认信息以后再投递，库存服务才能收到这个消息，完成后续的库存扣减。

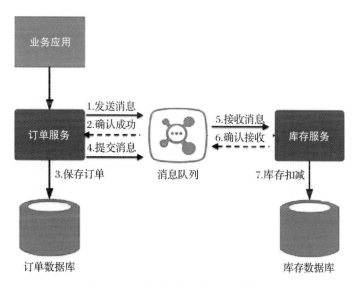

图 7-28　基于半消息的分布式事务

这个方案增加了消息队列投递的确认环节，保证消息有且只有一次投递给消费者，即最终投递的是发送方收到确认信息的那一个，其他重复的半消息未经确认是不会投递的。但是，这依然存在提交消息丢失的可能。因此，需要发送方具有"消息反查"的接口，如果消息队列发现某个半消息等待时间过长未投递，那么就到发送方反查该业务是否提交。

如果提交则开始投递，否则继续等待。显然，基于半消息的分布式事务设计比较复杂，并且不是所有消息队列都有半消息的能力。目前比较主流的消息队列中，只有 RocketMQ 具有半消息的能力。

另外一种方案就是基于消息表的分布式事务，如图 7-29 所示。该方案将分布式事务变为"保存订单"与"保存消息"放在同一事务中。由于消息表与订单表都放到了订单数据库中，因此该分布式事务就变成了本地事务。接着，系统再通过另外一个进程将消息表中的消息，可靠投递到消息队列，并最终投递给库存服务中。这样，由于后面的消息投递在事务之外了，因此既保证了系统性能，又使得系统设计得到简化。

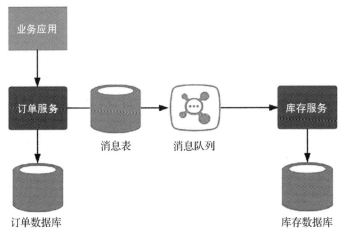

图 7-29　基于消息表的分布式事务

但是这个方案不能保证消息的投递不重复，因此需要在库存服务中增加幂等方面的设计。所谓的"幂等"设计，就是某个操作无论执行多少次得到的结果都是一样的。譬如，用户下单以后的支付，不论你点多少次，只会支付一次，这就是幂等。如果用户手一抖就能支付多次，那说明系统设计有问题。当订单服务下单时，每个订单只能进行一次库存扣减。如果该订单在消息队列中发送了多次消息，就需要在库存扣减时进行幂等设计。这里的幂等设计有以下两个方面的措施。

1）分布式锁：消息队列对同一个订单发送了多个消息，而库存服务也可能部署多个节点，因此必须要通过分布式锁保障一次只有一个节点在处理这个订单的扣减，其他节点都只能等待。

2）幂等性写库：保证一个订单只能扣减一次，那么发送的消息应当包含扣减所对应的订单号，在写库扣减时，应当先检查该订单是否已经执行过扣减，如果没有才能执行扣减，并在另一个表中记录该订单已经扣减，当另一个请求再次对该订单执行库存扣减时，执行将失败，从而保证了库存扣减的幂等性。

最后，如果"库存扣减"失败，又该怎么办呢？还是前面那个思路，不要为小概率事件进行复杂设计。当"库存扣减"失败时，我们应该写日志、找运维，进行人为干预。

7.2.4　分布式队列

通过前面的讲解可以看到，在面对高并发、大吞吐量时，异步化设计往往能起到根本性作用。无论是 12306 的异步化设计、Redis 的异步化写数据、基于消息的分布式事务，还是微服务的异步模式，都是将高并发的海量消息先放到分布式队列中，以提升系统吞吐量。在所有这些设计中，拥有一个高吞吐量、海量存储并稳定运行的分布式队列，显得尤为重要。因此，下面来讨论一下分布式队列吧。

1. 分布式队列的模型

分布式队列在不同的应用场景中使用时，被分为两种模型：生产者 – 消费者模型与发布者 – 订阅者模型。

在生产者 – 消费者模型（如图 7-30 所示）中，消息发送方将消息发送给队列。这时虽然有多个消费者，但只能有一个消费者接收到这个消息，前面谈到的异步化操作往往使用的是这种模型。在异步化操作中，发送方发送的往往是一个个需要处理的任务，所以只能有一个接收方接收到该任务。如果有多个接收方接收到这个任务，那么对这个任务的处理就不幂等了。譬如，用户下单时只能保存一个订单、完成一次支付。假如保存了多个订单或完成了多次支付，那么系统就出问题了。然而，是不是使用生产者 – 消费者模式就能保证幂等呢？其实也不能。

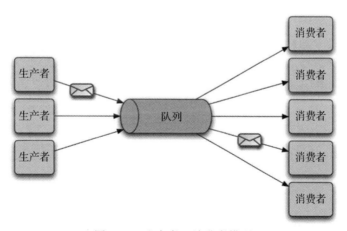

图 7-30　生产者 – 消费者模型

正如前面讲解的，当生产者向队列发送消息时，队列需要反馈一个确认信息，保证队列已经收到这个消息。然而，当生产者等待了一个 timeout 时间还没有收到这个反馈信息时，情况可能有两种：

1）队列没有收到消息；

2）队列收到消息了，但反馈信息丢失了。

这时，生产者是没有办法区分以上两种情况的，只能再重新发送这个消息。这时，如果是第一种情况是可以的，但如果是第二种情况则队列收到了重复消息。如何杜绝重复消息呢？"半消息"是一个解决方案，但设计过于复杂，并且不是所有消息队列都支持"半消息"。因此，通常的消息队列只能保证发送的消息至少有一次，却不能保证发送的消息有且只有一次。这就要求异步化设计让它的下游自己去完成幂等的设计。异步化设计在系统中起到了"削峰填谷"的作用，在高并发应用场景中得到了广泛应用。

分布式消息队列的另一个模型是发布者－订阅者模型，如图 7-31 所示。在这个模型中，消息发送方将消息发送给一个主题，所有订阅了该主题的订阅者都能够收到消息。这样，发送消息的上游无须知道这个消息会被谁接收，只发送消息就可以了。而接收消息的下游，只要订阅主题就好了，无须对上游进行任何修改。这样的设计将上下游的耦合解开了，使得应用系统可以以松耦合的形式与各种组件自由组合，从而提高系统可维护性，降低变更的运维成本。

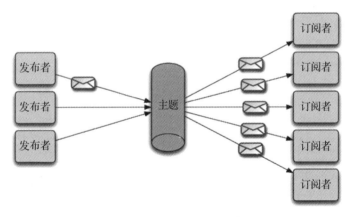

图 7-31　发布者－订阅者模型

发布者－订阅者模型在设计实现时，实际上是每个订阅者都有一个队列，系统将一个主题与多个队列绑定在一起。这样，发布者在发布时是发布到主题中，主题将消息分发给与它绑定的每个队列，这样各个订阅者就都收到消息了。因此，多个接收方监听一个队列，就是生产者－消费者模型；每个接收方都监听各自不同的队列，就是发布者－订阅者模型。这两种模型也可以结合在一起使用。

例如，在电商网站中，用户下单以后可能有多个后续操作，如库存扣减、计算积分、通知物流等，甚至日后还有可能增加新的业务。这时，将"用户下单"作为发布者，其他后续操作都是订阅者，保障了系统的上下游解耦。然而，为了保证高可用，每个后续操作都会部署多个节点，去监听自己的 Queue，从而实现了"生产者 – 消费者"模式。

2. 分布式队列的选型

面对高并发的应用场景，无论是"双 11"的淘宝、"618"的京东，还是春运高峰的 12306，分布式消息队列无疑都是其中的关键设计。选型一款高性能、高可靠性、海量存储的分布式队列变得尤为重要。

目前主流开源分布式队列有 ActiveMQ、RabbitMQ、RocketMQ 和 Kafka，它们之间的比较如图 7-32 所示。

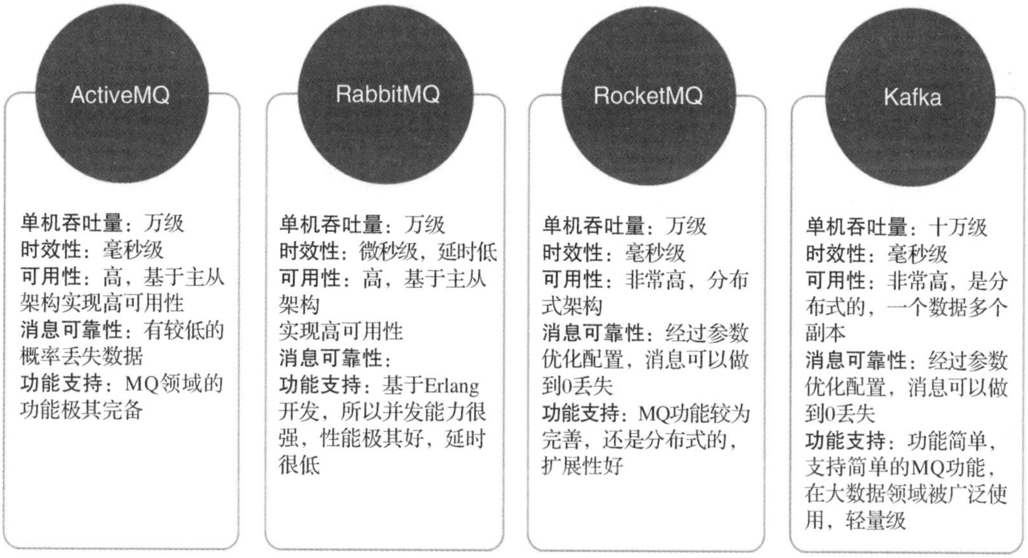

ActiveMQ	RabbitMQ	RocketMQ	Kafka
单机吞吐量：万级 时效性：毫秒级 可用性：高，基于主从架构实现高可用性 消息可靠性：有较低的概率丢失数据 功能支持：MQ领域的功能极其完备	单机吞吐量：万级 时效性：微秒级，延时低 可用性：高，基于主从架构实现高可用性 消息可靠性： 功能支持：基于Erlang开发，所以并发能力很强，性能极其好，延时很低	单机吞吐量：万级 时效性：毫秒级 可用性：非常高，分布式架构 消息可靠性：经过参数优化配置，消息可以做到0丢失 功能支持：MQ功能较为完善，还是分布式的，扩展性好	单机吞吐量：十万级 时效性：毫秒级 可用性：非常高，是分布式的，一个数据多个副本 消息可靠性：经过参数优化配置，消息可以做到0丢失 功能支持：功能简单，支持简单的MQ功能，在大数据领域被广泛使用，轻量级

图 7-32　目前主流开源分布式队列的比较

从图中可以看到，ActiveMQ 与 RabbitMQ 是两款应用场景比较相近的开源产品，都是应用在轻量级、数据量与数据丢失率要求没有那么严格的应用场景，是大多数系统的应用场景。然而，由于 RabbitMQ 采用了 Erlang 的开发方式，并发能力与时效性比较强，因此普遍放弃了 ActiveMQ 而选择 RabbitMQ。RocketMQ 是阿里开源的一款分布式队列，不仅存储容量大、数据丢失率低，而且可以支持"半消息"、严格保障数据时序性，更适合电商网站高并发、高可用的应用场景。

与其他几款产品不同的是，Kafka 的单机吞吐量更大，达到了十万级，被大量应用在大数据场景。然而，Kafka 的吞吐量虽大，控制能力却比较差，只能支持发布者 – 订阅者场景，因此不能用于异步化操作的场景，往往应用在大数据的数据采集、日志处理、业务解耦与数据订阅场景。

首先，在很多大数据应用场景中，需要高并发地接收前端发送的数据包，或者应用系统生成的日志。这时，将这些海量数据发送到 Kafka 中，就可以通过大数据平台从容地接收与处理这些数据（详见 11.2.2 节）。

其次，当大数据分析系统完成海量数据的分析后，应该将这些数据发送给谁使用呢？有了 Kafka 作为数据共享平台，将这些数据丢进 Kafka，那么下游谁订阅了谁就能获得数据。因此，Kafka 在这里起到了海量数据分析的业务解耦与数据订阅的作用。

7.2.5 分布式数据库

当业务系统在面对互联网高并发的时候，最大的瓶颈来源于数据库。过去采用 Shared Disk 方案，虽然采用了数据库集群，然而最终的磁盘存储还是成了瓶颈。为了解决磁盘 I/O 瓶颈，通过数据库拆分，将数据分散存储在多个物理节点中，这样的设计就是"分布式数据库"。然而，数据散列存储不一定能提升性能。按照什么规则散列存储、怎么寻找数据、怎么扩展节点、怎么保证数据一致性，不同类型的分布式数据库采用了不同的方案，最终的效果也是各不相同的。

1. MPP 数据库的运行原理

大规模并行处理（Massively Parallel Processing，MPP）数据库，是一种较早基于 Shared Nothing 存储思想设计的一种分布式数据库。在该数据库中，每个节点都有独立的磁盘存储与内存，业务数据根据数据库模型及其应用特点被划分到各个节点上。同时，每个节点都通过专用网络互相连接、彼此协同，并作为整体对外提供数据库服务。

以 Greenplum 为例来看看 MPP 数据库的设计，如图 7-33 所示。Greenplum 是近些年开源的一款 MPP 数据库，开源后逐渐成为分布式数据库的主流。

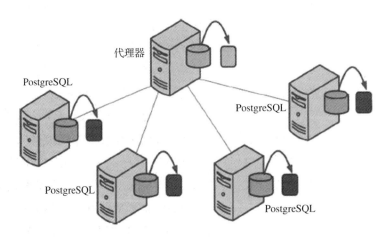

图 7-33　Greenplum 数据库的系统架构

在该数据库中，所有用户对数据库的访问都是通过代理器来完成的。代理器后面是由多个节点组成的数据库集群，每个节点都是一个 PostgreSQL 关系型数据库，一种类似 MySQL 的开源数据库。当用户发出存库请求以后，代理器就会根据某个分区规则，将数据写入对应的数据库节点中。而这个分区规则是用户在建表的时候由建表语句定义的：

```
#按照产品编号进行散列存储的建表语句
CREATE TABLE products
( product_id integer,  name text,  price numeric
  CHECK (price > 0)
) DISTRIBUTED BY (product_id);

#按照下单时间进行按月分区的建表语句
CREATE TABLE orders
( order_id integer,  product_id integer,  customer_id integer,
quantity numeric,  region_id integer,  order_time date
)
WITH (appendonly=true, rientation=column)
PARTITION BY RANGE (order_time)
(START ('2010-01-01'::DATE) END ('2020-12-31'::DATE)
EVERY (interval '1 month');

#按照用户地域进行按范围分区的建表语句
CREATE TABLE orders
( order_id integer,  product_id integer,  customer_id integer,
quantity numeric,  region_id integer,  order_time date
)
PARTITION BY LIST (region_id)
( PARTITION region
  VALUES("01", "02", "03", "04", "05")
);
```

如上所示，每个表在建表语句中定义了分区规则，代理器就可以通过该规则完成对分区的判断。其中，DISTRIBUTED BY 是散列分区，PARTITION BY RANGE 是连续值的范围分区，PARTITION BY LIST 是离散值的范围分区。

同时，以上整个横向切分的存库过程对于上层应用是透明的，上层应用不需要知道是否分区、如何分区，只需要按照单数据库设计开发就可以了。这样的方式使得数据库的转型成本有效降低。然而，MPP 数据库虽然实现了分布式存储，采用的依然是二维表的存储方式，在系统性能与可扩展性方面都存在着较大局限。这些局限将无法适应未来分布式架构的发展。所以，未来的分布式数据库必然会更多地朝着 NoSQL 数据库、NewSQL 数据库以及 k-v 存储的方向发展。

2. NoSQL 数据库的运行原理

NoSQL 是最近几年逐渐发展起来的一种新型数据库，可以分为键值存储数据库（如

Redis)、列式存储数据库（如 HBase）、文档存储数据库（如 MongoDB）以及图数据库（如 Neo4j）。然而无论哪种类型，都有一个共同的特点：放弃了二维表，采用 k-v 存储。

要理解 NoSQL 数据库，必须要理解它背后的理论，即分布式 CAP 理论。该理论认为，在分布式存储系统中，有三个属性是相互制约的，我们最多只能优化其中两个，而不可能三个都优化，所以只能在三个属性中进行权衡。

1）一致性（C）：在数据更新时，所有的用户在同一时刻查询到的数据都是相同的，要么都是更新前的数据，要么都是更新后的数据。

2）可用性（A）：在集群中即使部分节点发生故障，整个集群依然能正常运行，以响应客户端的读写请求。

3）分区可容忍（P）：数据可以通过分区均匀分布到集群中的各个节点上，以实现系统的无限扩展。

在传统的关系型数据库中，一致性是肯定能够满足的，而基于 Oracle RAC 的数据库集群也能满足可用性方面的要求。那么，NoSQL 数据库如何呢？

NoSQL 数据库是由多个节点组成的集群，并且要实现多节点复制。因此，NoSQL 数据库在更新一条数据时会先在某个节点上更新，然后复制到其他节点上，如图 7-34 所示。那么，这个数据复制在不在该数据库事务中呢？如果不在事务中，NoSQL 数据库将该数据在第一个节点上更新完成，事务就结束了。然后，通过其他进程完成后续的数据复制。这样的设计虽然可以获得性能的提升，但从第一个节点上读取的是更新后的数据，而从其他几个节点上读取的可能是更新前的数据，那么数据就不一致了。

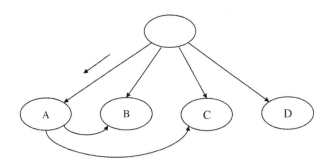

图 7-34　NoSQL 数据库的数据更新过程

如果数据复制在事务中，那么只有完成整个数据的复制，事务才能结束，从而保证在任何节点读到的数据都是一致的。然而，在数据复制时，如果某个节点发生宕机，该复制将无法结束，造成数据库事务无法结束，系统可用性将存在问题。

分区可容忍是 NoSQL 数据库与关系型数据库的主要差别。由于关系型数据库在存储时采用的是二维表，使得它很难通过分区进行多节点存储；MPP 数据库虽然可以多节点存储，但一旦需要拓展节点个数，就需要大范围移动数据库中的数据，拓展成本很高，并且性能提升有限；而 NoSQL 数据库采用的都是 k-v 存储，可以较为自由地通过分区进行散列存储，并且通过 key 值快速定位数据的位置，从而获得较好的系统查询性能。

总之，传统的关系型数据库可以保证 C 和 A，称为 CA 模型；NoSQL 数据库通常需要在 C 和 A 中选择一个，但都能够保证 P，因此又分为 CP 模型与 AP 模型。为了能更好地提升系统性能，更多的 NoSQL 数据库往往放弃 C 而选择 AP 模型。这样，数据库事务的设计就分为两种思路：ACID 原则，即传统的关系型数据库必须保证的 4 个属性；Base 原则，即数据库采用的是柔性事务，它可能在某段时间事务不一致，但追求的是最终一致性。前一种称为"强一致性"，而后一种称为"弱一致性"。因此，关系型数据库通过横向与纵向的切分，大量应用在业务系统的生产库中，而 NoSQL 数据库则大量应用在业务系统的查询库中。

3. MongoDB 数据库的设计实践

由于互联网的高速发展，采用关系型数据库进行集中式部署已经不能满足高并发的系统压力，分布式 NoSQL 数据库得以快速发展。也正因为如此，NoSQL 数据库与关系型数据库的设计套路是完全不同的。

关系型数据库的设计是遵循第三范式进行的，它使得数据库能够大幅度降低冗余，但又从另一个角度使得数据库查询需要频繁使用 join 操作，在高并发场景下性能低下。

而 NoSQL 数据库的设计思想就是尽量去掉 join 操作，即使用"宽表"，直接在这个单表中查询海量数据，进而大幅度提升性能。

现在我们以 MongoDB 这个典型的数据库为例来给大家说明。MongoDB 是由 C++ 语言编写的分布式文档存储数据库，具有高可扩展与高性能数据存储的特点。作为文档存储数据库，它的数据以类似 JSON 的 bjson 格式存储，因此可以存储比较复杂的数据类型。

如图 7-35 所示，这是一张增值税发票，在关系型数据库设计时就需要分为发票信息表、发票明细表与纳税人表，而在查询时需要进行 4 次 join 操作才能完成。

但使用 NoSQL 数据库设计时，则将其设计成这样一张表：

```
{ _id: ObjectId(7df78ad8902c)
  fpdm: '7300134140', fphm: '02309723',
  kprq: '2016-1-25 9:22:45',
  je: 70451.28, se: 11976.72,
  gfnsr: {
      nsrsbh: '730112583347803',
      nsrmc:'电子精灵科技有限公司',…
  },
  xfnsr: {
      nsrsbh: '730112576687500',
      nsrmc:'华荣商贸有限公司',…
```

```
    },
    spmx: [
        { qdbz:'00', wp_mc:'蓝牙耳机  车语者S1  蓝牙耳机', sl:2, dj:68.00,… },
        { qdbz:'00', wp_mc:'车载充电器  新在线', sl:1, dj:11.00,… },
        { qdbz:'00', wp_mc:'保护壳  非尼膜属iPhone6电镀壳', sl:1, dj:24.00,… }
    ]
}
```

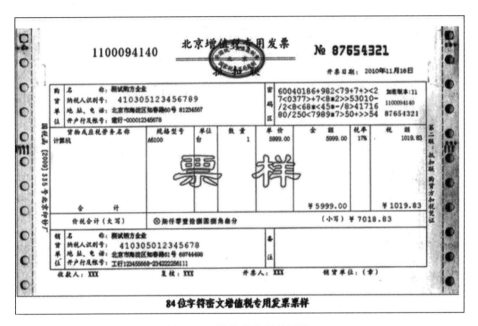

图 7-35　增值税发票的票样

在该案例中，对于"购方纳税人（gfnsr）"与"销方纳税人（xfnsr）"字段，在发票信息表中通过一个"对象"类型的字段来存储。对于"商品明细（spmx）"字段这样的"一对多"关系，通过一个"对象数组"类型的字段来存储。这样，在发票信息表中就可以完成对所有发票的查询，无须再进行任何 join 操作，从而获得海量数据的秒级查询。

此外，NoSQL 数据库对数据的更新，与传统的关系型数据库也有巨大的不同。传统的关系型数据库在更新数据时是在原有的记录上修改。这种方式就造成为空的字段也必须要保留空间，因为现在为空但日后有可能要填写数据。为了日后能填写数据只能保留空间，却会浪费大量的存储空间，并影响查询性能。因此，对于关系型数据库来说，数据库设计特别忌讳"表稀疏"，即表中存在大量为空的字段，影响系统性能。

然而，NoSQL 数据库在更新数据时则完全不同，它是新增一条记录，而该记录与原有的记录具有相同的 key 值，但版本号更高。在查询时默认查询版本号最高的记录，就好像完成了更新，但原有的记录还在。正因为如此，原有的记录一旦写入，就不会再更新，因此不需要为空字段保留空间。所以，NoSQL 数据库无论有多少字段都不担心"表稀疏"，从而更容易设计出"宽表"。也就是说，NoSQL 数据库在设计时就尽量在单表中存储更多的字段，避免数据查询中的 join 操作，即使出现大量为空的字段也无所谓了。

采用 NoSQL 数据库就可以实现海量高并发数据查询的应用场景。通过大数据技术中的 Flink、Spark Streaming 进行流式计算，就能将在线业务数据同步到云端的 NoSQL 数据库中，并实现数据的多节点复制，从而获得高并发查询的能力。然而，一旦在线业务数据发生变更，就需要将该数据在 NoSQL 数据库的多个节点上进行变更，必然就需要一定时间，难以保证数据一致性。正因为如此，很多诸如余票查询的业务场景，数据查询都不太准确。然而，系统追求的是最终一致性，即每张车票都只会卖给一个人。因此，即使数据不一致，业务上也是可以接收的。

4. NewSQL 数据库的运行原理

NoSQL 数据库以它超强的分布式可扩展能力，将数据分布式存储在很多节点上，有效地解决了磁盘 I/O 的瓶颈，大幅度提升了系统性能。然而，架构设计永远是在利弊中权衡的一个过程。NoSQL 数据库大多选择 AP 模型，虽然解决了系统性能的问题，却放弃了数据一致性，只能做到弱一致性，即最终一致性。同时，它还不支持 SQL 操作，使得从关系型数据库转型 NoSQL 数据库的系统改造成本巨大。

因此，业界存在着这样一种需求，希望将关系型数据库与 NoSQL 数据库结合起来，取长补短。它既可以像 NoSQL 数据库那样实现分布式 k-v 存储，提高系统的性能与可扩展性，又可以像关系型数据库那样保障数据一致性，同时可以用 SQL 进行操作，降低技术转型成本。NewSQL 数据库应运而生。

三种类型的数据库的比较如表 7-1 所示。从这个表中可以看出，NewSQL 数据库是介于关系型数据库与 NoSQL 数据库之间的数据库。它兼顾了它们的优势，扬长避短，形成了一种新型的数据库。

表 7-1　三种类型数据库的比较

	关系型数据库	NewSQL 数据库	NoSQL 数据库
CAP 模型	CA 模型	CP 模型	AP 模型
存储形式	二维表	k-v 存储	k-v 存储
系统性能	低	中	高
可扩展性	低	中	高
数据一致性	强	中	弱
支持 SQL	支持	支持	不支持

NewSQL 数据库放弃了关系型数据库的二维表，沿用了 NoSQL 数据库的 k-v 存储，这样可以获得较好的系统性能与可扩展性，但会影响数据一致性。为此，NewSQL 数据库在 k-v 存储的基础上增加了一个数据一致性框架，这样会在一定程度上影响系统性能，即采用 CP 模型，在完成数据多节点复制以后才能结束事务。因此，NewSQL 数据库永远介于二者之间，论性能比关系型数据库好，论数据一致性比 NoSQL 数据库好。

此外，NoSQL 数据库为了提升性能与扩展性，选择了 k-v 存储，使得其无法支持 SQL 语句。这样就导致了 NoSQL 数据库技术转型的困难，即一旦转型为 NoSQL 数据库，那么整个数据访问层都必须修改。

为了让数据库技术架构转型更加容易，NewSQL 数据库选择了支持 SQL。实际上就是在 k-v 存储的基础上，增加一个命令的格式转换。用户用 SQL 语句操作数据库，然后 NewSQL 数据库将 SQL 操作转换为 k-v 操作。这里不仅仅是命令格式的转换，k-v 存储的方式也在一定程度进行了调整。

5. TiDB 数据库的设计实践

在众多 NewSQL 数据库中，TiDB 数据库无疑是当前比较主流的一款。TiDB 数据库是 PingCAP 公司设计的开源分布式 HTAP 数据库，它结合了传统的关系型数据库和 NoSQL 数据库的最佳特性，为 OLTP 和 OLAP 场景提供了一站式的解决方案。TiDB 数据库最大的特点是兼容了 MySQL 数据库，所有采用 MySQL 数据库的应用系统，可以无缝地切换为 TiDB 数据库。

与 MySQL 相比，TiDB 数据库不支持的功能只有触发器与存储过程，因为这两个功能不支持分布式。作为分布式系统，TiDB 数据库需要将数据处理过程分布到多个节点上运行。但触发器与存储过程做不到，它们只能运行在一个物理节点中。因此，如果现有的系统存在触发器与存储过程的设计，那么迟早有一天这些设计要对这些设计进行改造。

TiDB 数据库的目标，是要建设一个高度兼容 MySQL，具备金融级高可用、事务一致性的分布式数据库。我们来看看 TiDB 数据库的技术架构是怎么实现以上这几个目标的。

TiDB 的技术架构如图 7-36 所示。其中，最核心的是 TiKV Server。从命名就可以看出，它的存储形式是 k-v 存储。这种存储形式不仅要求数据被散列存储在多个物理节点中，并且数据将在多个节点中进行数据复制，从而保障数据的可靠性。所以，与其他数据库不同，在 TiDB 中不需要使用备份库，它自身就能够保障数据的高可用。

在 TiKV Server 之上部署的是 TiDB Server，它是外部应用系统的访问接口。外部应用系统通过 SQL 语句访问 TiDB Server，TiDB Server 再将 SQL 语句转换成 k-v 操作指令，然后去操作底层的 TiKV 存储。这样既利于 k-v 存储提升系统性能，又可以使用 SQL 操作，两全其美。

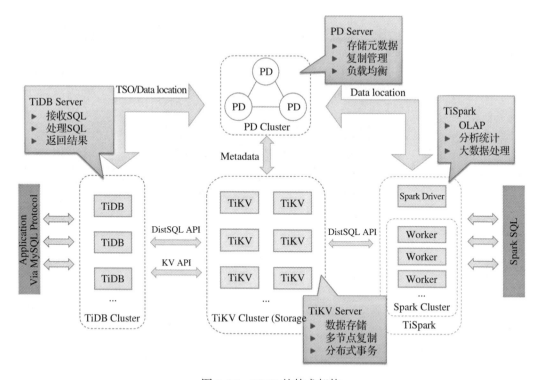

图 7-36　TiDB 的技术架构

　　然后，TiDB 又将存储数据的具体节点的信息存储在 PD Server 中，这些信息就是元数据。有了这些元数据，系统在数据查询时，就可以先通过元数据精确定位数据在哪个节点上，然后再到那个节点获取数据，那么在海量数据中查找将可以获得较好性能。

　　TiDB 数据多节点复制的过程如图 7-37 所示。在这个过程中可以看到，数据以 Region 作为单位存储，均匀分散到各节点。每条数据在存储时，都先存入一个 Leader，再复制到其他几个 Follower。如果要更新数据，则先更新 Leader，再同步更新到其他几个 Follower 中。所有的位置数据都被存入 PD Server 的元数据库里。当需要查询数据时，先查找 PD Server 的元数据库，然后再通过负载均衡去查找相应的 Leader 与 Follower，从而实现数据的并行查找，提高系统吞吐量。

　　最后，如何保证 TiDB 在数据复制时候的数据一致性呢？就需要在 k-v 存储的基础上增加数据一致性算法。如图 7-38 所示，TiDB 在底层 k-v 存储的基础上增加了一个 Raft 一致性算法。这样，数据在写入 Leader 时，通过 Raft 就会将数据复制到其他几个 Follower 节点中。同时，Raft 保证了只有数据完成了多节点复制，事务才能结束。这样虽然损失了一定的性能，却强力保障了数据的一致性。

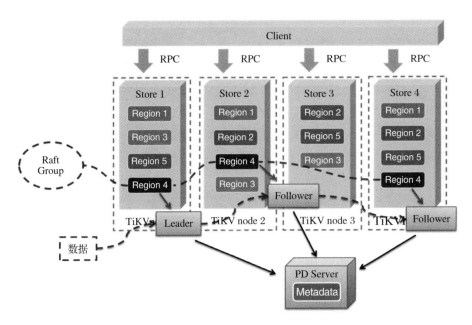

图 7-37 TiDB 数据多节点复制的过程

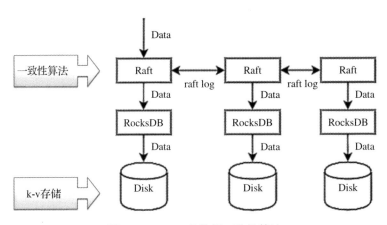

图 7-38 TiDB 的数据一致性算法

当应用系统需要查询数据时，如执行 Select count(*) from user where name="TiDB"，会将该命令先发送给 TiDB Server。TiDB Server 会解析该 SQL 语句，将其转变为一个执行计划，将命令分发给每个 TiKV 节点。每个 TiKV 节点会先执行数据过滤与 count(*) 操作，最后将这些结果汇总给 TiDB Server。最终，TiDB Server 再将查询结果反馈给应用系统。TiDB 的分布式查询过程如图 7-39 所示。

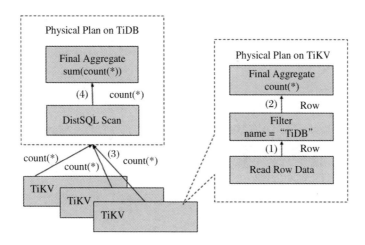

图 7-39　TiDB 的分布式查询过程

微服务架构设计

在面对互联网高并发场景时，我们采用分布式架构。然而，在设计分布式架构时需要面对诸多难题。特别是传统行业进行互联网转型时，既要面对互联网高并发场景，又要面对传统行业的复杂业务场景，使得转型难度再次增加。这时，微服务架构闪亮登场，它既可以解决很多分布式架构的设计难题，降低技术门槛，又可以通过微服务拆分降低业务场景的复杂度，降低日后变更与运维的成本。为此，越来越多的业务系统开始了微服务架构的转型。

但是，与很多的技术一样，微服务架构也不是"银弹"，不能解决一切问题。在微服务架构转型的过程中，依然有很多"坑"需要规避，而且还需要与领域驱动设计等思想相结合。下面，我们先来看看为什么要采用微服务架构。

8.1 为什么要采用微服务架构

当今时代，新技术层出不穷，这样的结果是我们被各种技术绑架，盲目地跟风，带来很多不必要的设计。因此，当我们要采用某个新技术时，一定要清楚它的概念、优势，以及采用它能给系统带来什么帮助，要能够从心底确认是否应当采用这个技术。对于微服务，我们应该弄清楚为什么要采用微服务架构，以及采用它会给系统带来什么帮助。

8.1.1 快速变化需要快速交付

现如今，我们所处的是一个快速变化的年代。这种快速变化首先体现为近 10 年的互联网高速发展。可以预见，在未来三五年时间里，我们又将经历一轮新的转型——大数据转型。在这一轮转型中，虽然我们又会面临很多挑战，但我们也会获得全新的发展机会。然而，我们看到了这样的机会，我们的竞争对手也看到了。大家都站在同一起跑线上起跑，谁将获得最后的胜利呢？决定因素就是速度。

如图 8-1 所示，什么时候软件价值最高呢？是用户刚刚提出需求的时候。此时，市场还没有满足用户需求的产品，如果我们适时推出相应的产品，用户将更有意愿去购买我们的产品。但是，如果经过好几个月后，当我们把所有的功能都完善好之后再推出产品，则可能由于市场的变化，或者竞争对手的进入，而失了先机，失去竞争优势。因此，如何快速进入市场，推出我们的产品，是获得市场竞争优势的法宝。我们需要用更快的交付速度，交付用户最急切想用的功能，快速占领市场，获得竞争优势。

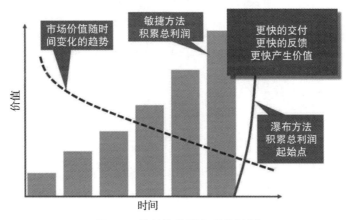

图 8-1　从经济的视角看待问题

举一个简单的例子：我们在做一个大数据项目，客户侧的某位重要领导下周要来视察我们的项目，并且他会重点关注某些分析指标，而这些分析指标是我们原计划在后面阶段才做的。把握住这次机会，项目将获得巨大的发展，但留给我们的时间只有一周。所以，在这一周时间里，我们需要调整工作计划，要完成设计、开发、测试与部署，这将是一次巨大的挑战。

因此，如何才能获得快速交付的能力呢？临时抱佛脚是必然不行的，团队需要在平时修炼内功。而这种内功的修炼体现在了软件研发的方方面面，包括：高效的团队组织、精简的代码维护、强有力的平台支撑。

8.1.2　打造高效的团队组织

许多团队都有这样的经历：项目初期，由于业务简单，参与的人少，往往可以获得一个较快的交付速度；随着项目的不断推进，业务越来越复杂，参与的人越来越多，交付速度变得越来越慢，使得团队越来越不能适应市场的快速变化，渐渐处于竞争的劣势。然而，软件规模化发展是所有软件发展的必然趋势，因此，解决规模化团队与软件快速交付的矛盾就成了我们不得不面对的难题。

为什么团队越大交付速度越慢呢？在从需求到交付的整个过程中，需要多个部门的交互才能完成最终的交付，大量的时间被耗费在部门间的沟通协调中。这样的团队被称为"烟囱式的开发团队"，如图 8-2 所示。

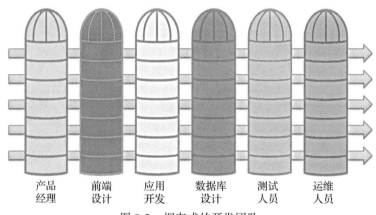

图 8-2　烟囱式的开发团队

烟囱式的开发团队又会导致烟囱式的软件开发，如图 8-3 所示。在大多数软件项目中，每个功能的实现都需要编写大量的代码，并且很多是重复代码。代码写得越多 Bug 就越多，日后的维护和变更也会越难。

图 8-3　烟囱式的软件开发

　　最后，统一发布也制约了交付速度。如图 8-4 所示，当业务负责人将需求分配给多个团队开发时，A 团队的工作可能只需要 1 周就可以完成。但是，当 A 团队完成了他们的工作以后，能立即交付给客户吗？不能，因为 B 团队需要开发 2 周，A 团队只能等 B 团队开发完成以后才能统一发布。系统的统一发布制约了系统的快速交付，使得项目中不同团队的交付相互耦合。因此，即使 A 团队的开发速度很快，也不能立即交付用户。随着团队的规模不断扩大，这种状况会越来越突出。如果这些团队中有某个团队突然出现了重大 Bug，其他所有团队都得继续等，交付速度也会变得更慢。

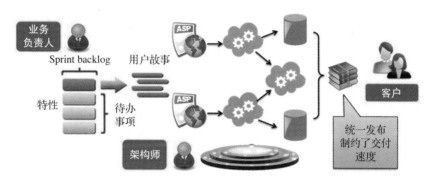

图 8-4　统一发布制约了交付速度

　　这就是传统技术架构的弊端。传统的业务系统将各个功能模块都集中式地放到同一个项目中，在一个进程中运行的系统架构上，称为"单体应用（Monolith）"。这样的设计，随着系统规模越来越大，功能越来越多，开发系统的团队规模越来越大，会导致开发团队的工作效率越来越低，交付周期越来越长，技术转型也越来越困难。

　　如何解决以上问题呢？首先，需要调整团队的组织架构，将筒状的架构竖过来，我们称之为"跨功能团队"或者"特性团队"，如图 8-5 所示。在特性团队中，每个团队都直接面对终端客户。比如购物团队负责的是购物功能，所有与购物相关的功能都由他们来完成，包括从需求到研发，从 UI 到应用再到数据库。功能经过测试后，也是该团队负责上线部署。这样，整个交付过程都由这个团队负责，避免了团队间的沟通协调，交付速度自然就提升了。

　　那么，特性团队就是各自独立工作，相互之间不需要协调吗？也不是。如图 8-5 所示，在这个案例中，无论是购物团队、交易团队，还是物流团队，都需要读取商品信息。如果他们都直接从商品信息表中读取，那么一旦商品信息表发生变更，则多个团队都需要变更，更新后还需要测试、协调统一发布。这样的变更成本非常高，微服务的所有优势也不能得到体现。因此，应当将商品信息统一交给商品团队去维护，其他团队只调用它提供的接口。这样，一旦商品信息表发生变更，只需要商品团队去维护，其他团队则无须变更，从而使维护成本得到降低。这才是高内聚的设计。

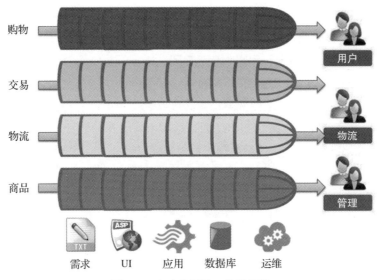

图 8-5　跨功能团队 / 特性团队

8.1.3　大前端 + 技术中台

有了特性团队的组织形式，如果还是统一发布，那么交付速度依然提升不了。因此，在特性团队的基础上，软件架构采用微服务架构，即每个特性团队各自维护各自的微服务。当团队完成一次开发时，该团队将独立打包、独立发布，而无须等待其他团队。这样，交付速度就可以得到大幅度提升。

特性团队 + 微服务架构，可以有效提高规模化团队的交付速度。然而，仔细思考一下就会发现，组建这样一个特性团队，成本是非常高昂的。团队每个成员都必须既要懂业务，也要懂开发；既要懂 UI、应用，还要懂数据库，甚至大数据，做全栈工程师。如果每个特性团队都按这样的要求组建，每个成员都是全栈工程师，成本过高，是没有办法真正落地的。那么，这个问题该怎么解决呢？

这个模式的核心在于底层的架构团队。这里的架构团队就不再是架构师一个人了，而是他带领的一个团队。架构团队通过技术选型，构建技术中台，将软件开发中诸如 UI、应用、数据库，甚至大数据等技术进行了封装，然后以 API 接口的形式开放给上层业务。这样的组织形式可以降低业务开发的技术门槛，减少开发工作量。同时，特性团队的主要职责也将发生变化，即从软件技术中解脱出来，将更多的精力放到对需求的理解，对业务的实现，以及对用户体验的提高上，这就是"大前端"。所谓大前端，是一种职能的转变，即业务开发人员不再只关注技术，而是在关注技术的同时更加关注业务，深刻地理解业务，并快速应对市场业务需求的变化。

采用"大前端＋技术中台"的战略，团队设计能力的提升以及交付速度的提升，都需要架构团队的支撑，如图 8-6 所示。架构团队从业务开发的角度提炼共性，保留个性，并将这些共性沉淀到技术中台中。这样的技术中台，除了需要团队具有前面 4.3 节讲的技术中台建设思路之外，更需要微服务架构的支持。将微服务涉及的各个技术组件封装到技术中台中，能很好地支持各业务团队快速开发业务，快速交付用户，进而让团队获得市场竞争优势。

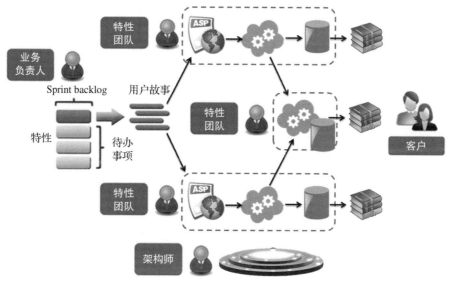

图 8-6　大前端＋技术中台的组织形式

8.1.4　小而专的微服务

说了那么多，什么是微服务呢？可以从以下几个方面了解微服务架构（Microservice Architecture）：

❑ 是一种架构风格与设计模式；

❑ 提倡将大的应用分割成一系列小的服务；

❑ 每个服务专注于各自单一的业务功能；

❑ 每个服务运行于独立的进程中，有清晰的服务边界；

❑ 采用轻量级的通信机制（HTTP/REST）来实现互通、协作。

准确地理解微服务可以帮助我们充分利用微服务的优势，为我们所用，也可以有效规避微服务的劣势。微服务的最大特点就是"小而专"。这里的"小"比较容易理解，就是将原有的大应用拆分成一系列小的服务。然而，以往大家对微服务的理解都片面强调了"小"而忽略了"专"。"专"就是专注，这里指单一职责，也就是高内聚。高内聚的设计对于微服务系统来说非常重要，因为微服务的优势就在于，如果在变更时只需要更新一个微服务，就只升级与发布该微服务，以实现快速交付的目的。然而，如果这个假设不成立，在变更的时候需要更新多个微服务，那么每个微服务都要更新和测试，还要保证各微服务同时发布，微服务架构的优势将荡然无存。

那么，怎样才能保证每次变更都只更新一个微服务呢？前面说过（详见 2.3.4 节），单一职责原则的实质，就是将因同一个原因而改变的代码放在一起，而将因不同原因而改变的代码分开放。落实到微服务，就是将因同一个原因而改变的代码放在一个微服务中，而将因不同原因而改变的代码放到不同的微服务中。只有这样，才能保证每次变更只更新一个微服务，才能真正发挥出微服务的优势。

微服务的设计，不是简单地将应用按照功能模块拆分成几个块，而是需要提升原有的设计质量。将应用按照功能模块拆分，会使得每次变更都会涉及多个微服务，不仅不能提升研发效率，还会使效率更低。因此，需要在模块拆分的同时，提高原有设计的聚合度。

另外一个关于微服务的设计就是数据库。如图 8-7 所示，最理想的状态是每个微服务都有自己的微服务，并且只访问自己的微服务。但这样的设计使得微服务转型的初期会有大量的数据库需要拆分与迁移，进而带来诸如跨库的事务处理、关联查询等设计难题。因此，从更现实的角度出发，在微服务转型的初期往往采用数据共享的模式，即多个微服务共同使用一个数据库。这样的设计是一种现实的折中，虽然更容易落地，但会带来"数据共享"反模式的设计问题。

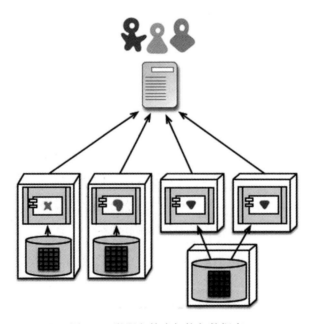

图 8-7　微服务技术架构与数据库

所谓的"数据共享"反模式的设计问题，就是多个微服务共用一个数据库，使得这个数据库一旦变更，多个微服务同时都需要变更的设计问题。譬如，多个微服务都要访问用户信息表，那么一旦这个用户信息表发生变更，则多个微服务都需要变更，从而导致变更成本巨大。这里"数据共享"反模式问题的本质不在于"数据共享"本身不好，而在于我们的设计不到位。

那么，什么是设计到位呢？在微服务转型的过程中，在拆分微服务的同时，需要制订一个规范，即数据库中的每个表只能由一个微服务去访问，其他微服务要访问这个表只能通过调用那个微服务的接口间接访问。譬如，多个微服务都要访问微服务用户信息表，这是不符合规范的。因此，需要调整设计，即只有"用户管理"微服务能访问用户信息表，而其他的微服务只能调用"用户管理"微服务提供的接口。这样，当用户信息表发生变更时，只与"用户管理"微服务有关，而与其他的微服务无关。这样，更新的成本就降低了，微服务的优势才能充分地发挥出来。

但是，如何保证这个规范在微服务转型过程中得到遵守呢？最有效的措施就是从逻辑上划分用户。这时，虽然在物理上，各微服务访问的是一个数据库，然而在逻辑上这个数据库被划分为多个用户表，每个表的访问权限只能是一个用户。这样，每个微服务只有权限访问自己的表，当需要访问其他表时，自然就会申请调用相应微服务的接口，进而使设计质量得到保证。

8.1.5　微服务中的去中心化概念

如图 8-8 所示，当用户以不同的渠道接入系统以后，通过服务网关即可调用后面的微服务。每个微服务都是一个软件项目，麻雀虽小五脏俱全，即每个微服务都有各自的基础设施、服务、实体、数据访问层与数据库。

这时，就有 2 个重要的概念：去中心化的技术治理、去中心化的数据管理，如图 8-8 所示。

1. 去中心化的技术治理

去中心化的技术治理，就是指每个微服务都是一个独立的软件项目，都有各自的基础设施与技术架构，因此它们可以设计得各不相同。这样的设计使得每个团队都可以根据各自业务的不同，选用不同的技术架构，甚至不同的编程语言。譬如，有的团队过去使用 .Net，现在希望使用 Java，那么不需要将过去的代码按 Java 重新实现，只需要将它们各自做成不同的微服务，新业务用 Java，老业务用 .Net，通过微服务将它们集成在一起即可，系统改造成本更低。

再譬如，现在需要采用一些新技术来应对未来的新业务。过去"单体应用"的时代，升级新技术意味着升级所有功能，升级成本很高，导致团队不敢轻易尝试新技术。现在有了微服务，可以将原有的业务放到微服务中，保持原技术不变。然后，构建新的微服务，采用新的技术，实现新的业务。这样，对新技术的应用仅限于新业务，技术升级的成本降低，团队愿意去尝试新技术，从而在市场中获得技术竞争的优势。

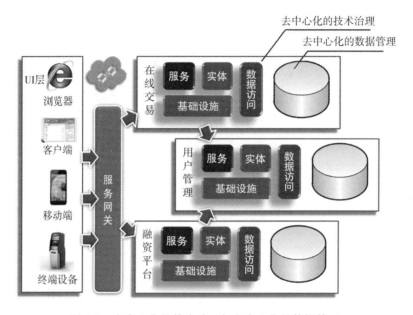

图 8-8　去中心化的技术治理与去中心化的数据管理

然而，架构师应当掌握一个度，即去中心化的技术治理并不意味着系统中的每个微服务都可以采用完全不同的技术架构，那样会使得运维人员必须掌握更多的技术架构才能运维整个系统，大大增加了日后运维的成本。

因此，如图 8-9 所示，在项目初期，为了降低系统的运维成本，架构团队设计了架构 A，微服务 A、B、C 三个团队分别基于架构 A 设计了微服务 A、B、C。随着技术与市场的更迭，当设计微服务 X 和 Z 时，架构 A 已经不能满足它们的需求，因此架构团队设计了可以满足微服务 X 和 Z 需求的架构 B。那么微服务 A、B、C 需要升级吗？假设因为业务的增长，架构 A 已经不能满足微服务 C 的需求。这时，我们只需要将微服务 C 升级到架构 B，微服务 A 与 B 则继续在架构 A 上运行，技术升级的成本将变得可控。

2. 去中心化的数据管理

去中心化的数据管理，即每个微服务除了有自己的基础设施，通过数据库拆分，还可以有自己的数据库。那么，这些数据库采用的数据架构必须一样吗？当然可以不一样。每个微服务都可以根据数据量的大小，以及用户访问数据的特点，采用不同的数据库。这对于即将到来的大数据转型，显得尤为重要。

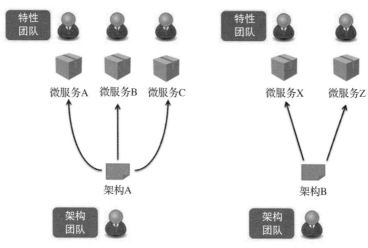

图 8-9 架构团队实践去中心化的技术治理

如图 8-10 所示，对于客户微服务与商品微服务，以及它们各自对应的客户表与商品表，其共同特点都是数据量小且需要反复读取。因此，可以采用一个小型的 MySQL 数据库进行数据存储，并且在前面架设一个 Redis 缓存，以更好地应对这类微服务的需求。

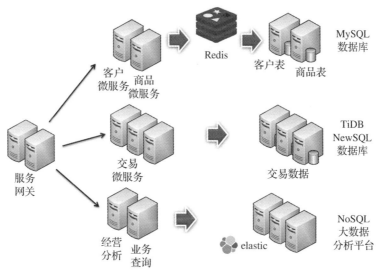

图 8-10 去中心化的数据管理

但对于交易微服务，以及它对应的交易数据，其特点则是高并发与大数据量写入，一个数据库肯定不能满足它的数据需求。因此，我们选用分布式的 NewSQL 数据库（如 TiDB），既可以通过分布式存储分散用户压力，又可以利用 NewSQL 数据库保障数据的一致性，从而满足这类微服务的数据需求。

经营分析与业务查询微服务是对海量数据的数据分析与秒级查询。对于它们，首先通过读写分离，将数据从生产库抽取到 NoSQL 数据库或大数据平台组成的查询库中，然后通过 OLAP 建模（如 Kylin），或者建立分布式索引（如 ElasticSearch），就能很好地满足这类微服务的数据需求。

因此，采用微服务的去中心化的数据治理，可以为开发团队提供更加灵活的方案，以及更加合适的数据架构，以应对未来高并发、大数据的应用场景。

8.1.6　互联网转型利器

如今，我们进入了一个软件业快速变化的年代。一方面，互联网带动越来越多的传统行业向互联网转型，使得传统行业的从业者也必须适应高并发、高吞吐量的应用场景，并且需要不断调整技术架构来应对越来越大的业务量。另一方面，随着业务的不断拓展，服务人群的不断扩大，软件系统也变得越来越复杂。在这样的状况下，大家突然发现，微服务架构已成为互联网转型的利器，它能够帮助我们很好地满足互联网的需求。

互联网的特点就是一句话：来得快，去得也快。来得快，是说互联网的放大效应，即一旦业务上线，瞬间就会有大量用户涌入，给系统带来巨大压力，超越系统的承受能力。那么，如何让系统扛住这样的用户压力呢？那就是横向扩展，即通过增加服务器的节点个数来提升系统吞吐量。然而，并不是所有的功能模块都面临高并发。用户对系统功能的使用往往遵循二八原则，即 20% 的功能却有 80% 的用户在使用，产生 80% 的数据，这 20% 的功能就是核心功能。在高并发到来时，也正是这 20% 的核心功能面临高并发，而另外80% 的非核心功能压力并不大。传统的单体应用，由于所有功能都放在一个项目中，被统一打成一个 jar 包，运行在一个 JVM 中，因此只能无差别地让所有功能都横向扩展，造成大量资源的浪费。

微服务架构则可以将原有的单体应用，以功能模块的形式拆分成多个微服务，从而可以按照微服务进行横向扩展，避免了资源的浪费。例如，当大促到来的时候，核心功能需要承载巨大的压力，因此就将它快速拓展到 20 个节点，以应对用户压力。当大促过以后，为了降低运营成本，又将这 20 个节点快速收缩回原来的 5 个节点。将系统转型成微服务架构，然后部署在云端，就可以充分利用云端的伸缩能力，帮助企业更好地应对互联网这种流量的起伏波动带来的压力。

去得快，是说互联网系统的用户虽然会大量地涌入，但如果没有新的功能的刺激，又会大量流失。因此，互联网企业为了留存用户，必须要不断推陈出新，刺激用户的兴趣点。开发团队需要具备快速交付的能力，一旦产品团队有了新的点子，马上能够开发出新的产品，快速推向市场来留存用户。这就要求开发团队，不仅要在组织形式上是扁平的"特性团队"，打造"大前端＋技术中台"体系，还要具备 DevOps 自动化运维平台，从各个方面实现快速交付，如图 8-11 所示。

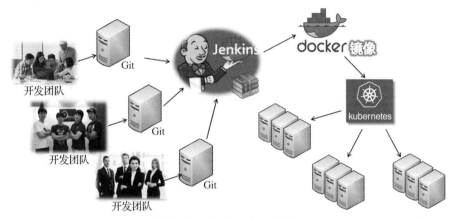

图 8-11　DevOps 运维平台

在 DevOps 运维平台中，各开发团队彼此独立地开发各自的微服务，并上传到各自的 Git 服务器。接着，持续集成工具 Jenkins 每天自动从各 Git 服务器中下载代码，将其打包并制作成 Docker 镜像，发布到镜像仓库中。最后，在 Kubernetes 中定义每个微服务的节点个数，并将其自动化部署到云端平台中。

有了这样一个可以将微服务部署到云端以应对互联网的平台后，微服务该如何运行呢？这里最大的一个难题就是，每个微服务都是动态地部署在云端，其 IP 地址与部署个数都是动态变化的。这时，该如何找到并调用这些微服务呢？

关键就在于图 8-12 中的"注册中心"。当每个微服务被部署在云端时，系统一启动就会将它们注册到注册中心中。这样，注册中心就有了各个微服务的信息。当用户要通过服务网关访问微服务时，服务网关会询问注册中心。比如，服务网关要访问"融资理财"微服务，它就会先询问注册中心，由注册中心返回一个关于"融资理财"微服务都在哪些 IP 和端口号的列表，然后根据列表通过负载均衡去调用它们。

当大促到来时，"融资理财"由原来的 3 个节点扩展到 10 个节点，需要再部署 7 个节点。这 7 个节点启动会注册到注册中心中。这时，服务网关通过注册中心查找到现在有 10 个节点，因此就对 10 个节点做负载均衡。大促过后，为了降低运维成本，"融资理财"又从 10 个节点收缩回 3 个节点，将多余的 7 个节点去掉。由于注册中心要求每个节点定期发送心跳给注册中心，如果注册中心收到心跳则证明这些节点是可用的，反之则证明这些节点失效了，此时注册中心就会将其注销掉。

但另外一个关键的问题在于，如何将各个微服务发布到云端，并且还能弹性伸缩呢？过去在单体应用时代，即使部署 10 个节点也只需要部署 10 次，手动部署成本并不高。然而，在微服务时代，把系统拆分成 5 个微服务，每个微服务部署 5 个节点，就要部署 25

次，还要不停地伸缩调整，成本就会很高。因此，必须采用自动化部署。

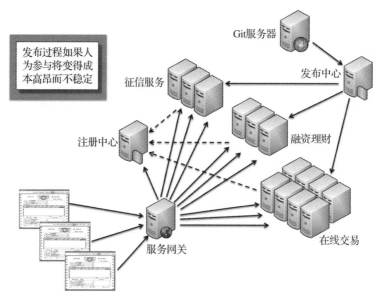

图 8-12　微服务的运行原理

自动化部署是由"发布中心"来完成的。它首先从 Git 服务器下载代码，将其编译打包制作成 Docker 镜像。接着，我们需要在发布中心定义各微服务的部署个数。比如，我们需要为"融资理财"微服务 3 个节点，那么我们就通过发布中心将其部署到云端平台中。这3 个节点部署好后一旦启动，就会注册到注册中心中，服务网关就可以查找并调用它们了。发布中心不仅负责部署，还要保障在整个运行过程中始终部署了 3 个节点。如果在运行过程中一个节点失效了，那么发布中心就立即在另外一个位置再启动一个节点，始终保持 3个节点的部署，保障系统的可靠运行。

当大促到来时，我们在发布中心中将该微服务扩展到 10 个节点，那么发布中心就会再部署另外的 7 个节点。这 7 个节点启动后就会注册到注册中心中，此时系统就扩展到 10 个节点了。大促过后，微服务要收缩回 3 个节点，此时我们要在发布中心中进行修改，由发布中心去掉其中的 7 个节点。之后，注册中心收不到这 7 个节点的心跳信息，就会将其注销。这就是微服务的核心运行原理。

8.2　微服务的关键技术

既然微服务架构如此重要，那么如何设计一个微服务架构呢？通过前面对微服务核心原理的讲解我们知道，微服务有这样几个核心组件：服务网关、注册中心、微服务与发布中心。用户需要通过服务网关访问系统，而服务网关则通过注册中心访问各微服务。不仅是服务网关，所有微服务都可以通过注册中心实现相互调用。最后，发布中心负责将各微服务发布到云端平台中。因此，要构建一套微服务系统，首先要解决的技术难题，是通过注册中心实现各个微服务的调用。

8.2.1 注册中心

注册中心是微服务架构中极其重要的一个组件，它保障了微服务在云端动态部署情况下的相互调用。在对注册中心进行技术选型时，有 5 个方案可以选择，分别是 Dubbo、Consul、Zookeeper、etcd 与 Eureka。

Dubbo 是阿里巴巴出品的分布式服务框架，也是唯一一个独立于 Spring Cloud 的技术框架。但在与 Spring Cloud 多年的竞争中，Dubbo 逐渐败下阵来。究其原因还是 Spring Cloud 强大的"全家桶"。Spring Cloud 整合了微服务架构中的各种技术框架，当我们在构建微服务时，各种技术问题都可以在 Spring Cloud 框架下得到解决，技术门槛得以降低。而 Dubbo 只能实现注册中心相关的功能，其他与微服务相关的问题都必须由开发者自己去寻找其他技术框架来解决，架构成本较高，逐渐丢失市场。

此外，Consul、Zookeeper、etcd 与 Eureka 都是 Spring Cloud 整合的技术框架。Consul 是唯一一个可以支持多数据中心的框架，而 Zookeeper 则是过去使用较多的注册中心框架。目前最适合作为注册中心的是 Eureka，因其更适用于轻量级、中小规模的微服务集群。Eureka 采用了 AP 模型，放弃了数据持久化，却可以获得更好的系统性。不过，随着 Eureka 2.x 官宣停止维护，未来注册中心的市场存在较大变数。这也是整个微服务市场目前的真实写照："战国"纷争时代，未来变数较大。我们需要通过架构设计，随时做好应对未来变化的准备。

基于 Eureka 的微服务技术架构如图 8-13 所示，它是微服务架构的核心，通过注册中心实现各微服务的相互调用。此时，各微服务，无论是生产者还是消费者，在启动的时候都会注册到 Eureka 中。在此基础上，生产者只需要开放 REST API 接口，而消费者则需要通过询问 Eureka 进行服务发现，然后通过 Ribbon 或 Feign 进行远程调用。

1. Eureka Server

在微服务架构中的每一个组件都是微服务，包括 Eureka Server。在 Spring Cloud 中，每个微服务都是基于 Spring Boot 的项目，因此在构建每一个项目的时候，都需要经过以下三个步骤创建 Spring Boot 项目：

1）创建一个 Maven 项目，并且修改 POM.xml 文件；

2）创建一个 application.class 的启动类；

3）编写 .properties 或 .yml 配置文件。

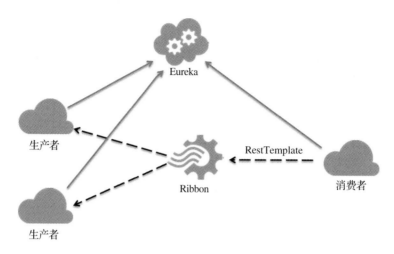

图 8-13　基于 Eureka 的微服务技术架构

构建 Eureka Server 也是这样一个过程。首先创建一个 Maven 项目，在 POM.xml 中进行如下配置：

```xml
<?xml version="1.0" encoding="UTF-8"?>
<project xmlns="http://maven.apache.org/POM/4.0.0" xmlns:xsi="http://www.w3.org/2001/
    XMLSchema-instance"
    xsi:schemaLocation="http://maven.apache.org/POM/4.0.0 http://maven.apache.org/
    xsd/maven-4.0.0.xsd">
    <modelVersion>4.0.0</modelVersion>
    <groupId>com.demo</groupId>
    <artifactId>spring-cloud-eureka</artifactId>
    <version>0.0.1-SNAPSHOT</version>
    <name>spring-cloud-eureka</name>
    <parent>
        <!--引入Spring Boot-->
        <groupId>org.springframework.boot</groupId>
        <artifactId>spring-boot-starter-parent</artifactId>
        <version>2.1.4.RELEASE</version>
        <relativePath/>
    </parent>
    <properties>
        <project.build.sourceEncoding>UTF-8</project.build.sourceEncoding>
        <project.reporting.outputEncoding>UTF-8</project.reporting.outputEncoding>
        <java.version>1.8</java.version><!--必须是JDK8以上-->
    </properties>
    <dependencies>
        <!--引入Eureka Server -->
        <dependency>
            <groupId>org.springframework.cloud</groupId>
            <artifactId>spring-cloud-starter-netflix-eureka-server</artifactId>
        </dependency>
```

```xml
<dependencyManagement>
  <dependencies>
    <!--引入Spring Cloud的依赖包-->
    <dependency>
      <groupId>org.springframework.cloud</groupId>
      <artifactId>spring-cloud-dependencies</artifactId>
      <version>Greenwich.RELEASE</version>
      <type>pom</type>
      <scope>import</scope>
    </dependency>
  </dependencies>
</dependencyManagement>
<build>
  <plugins>
    <plugin>
      <!--在Maven打包时打入Spring Boot的内容-->
      <groupId>org.springframework.boot</groupId>
      <artifactId>spring-boot-maven-plugin</artifactId>
    </plugin>
    <plugin>
      <!--在Maven打包时制作Docker镜像-->
      <groupId>com.spotify</groupId>
      <artifactId>docker-maven-plugin</artifactId>
      <version>0.4.3</version>
      <configuration>
        <imageName>${docker.image.prefix}/${project.artifactId}</imageName>
        <dockerDirectory>src/main/docker</dockerDirectory>
        <resources>
          <resource>
            <targetPath>/</targetPath>
            <directory>${project.build.directory}</directory>
            <include>${project.build.finalName}.jar</include>
          </resource>
        </resources>
      </configuration>
    </plugin>
  </plugins>
</build>
<repositories>
  <repository>
    <!--下载Spring相关框架时，直接从Spring官网中下载-->
    <id>spring-milestones</id>
    <name>Spring Milestones</name>
    <url>https://repo.spring.io/milestone</url>
    <snapshots>
      <enabled>false</enabled>
    </snapshots>
  </repository>
</repositories>
</project>
```

通过以上配置就可以在项目中加入 Spring Boot、Spring Cloud 及其相关的依赖包。此外，在 build.plugins 中加入了 spring-boot-maven-plugin，项目启动时只需要运行 application 启动类即可，启动时内置了一个 tomcat。同时，在打包部署时，会加入 Spring Boot 的相关内容，因此只需要在服务器上安装 JDK，直接运行 java -jar xxx.jar 即可，安装部署也得到了简化。

紧接着创建一个 EurekaApplication.class，作为整个项目的启动类。注意，这里类最好命名为 XxxApplication.class：

```
import org.springframework.boot.SpringApplication;
import org.springframework.boot.autoconfigure.SpringBootApplication;
import org.springframework.cloud.netflix.eureka.server.EnableEurekaServer;
/**
 * @author fangang
 */
@SpringBootApplication
@EnableEurekaServer
public class EurekaApplication {
  /**
   * @param args
   */
  public static void main(String[] args) {
    SpringApplication.run(EurekaApplication.class, args);
  }
}
```

在 class 前通过注解加入 @SpringBootApplication，就可以像启动 Java 程序一样启动整个项目，启动项目时需要加入 main() 函数。同时，加入 Eureka 服务器的注解 @EnableEurekaServer，就可以启动 Eureka 注册中心。

在编写配置文件的时候，有两种形式可以采用。.properties 文件是我们过去采用的形式，但今后服务端的配置会越来越多地采用 .yml 文件，因此我们也要熟悉这种形式。

譬如，要配置 server.port=8761，应当写成：

```
server:
  port: 8761
```

这里，yml 文件不支持 tab，因此需要用两个空格作为缩进。特别要注意的是，这里的 port: 8761 在冒号后面还有一个空格，即属性与值之间，除了有冒号，还需要一个空格。完整的配置如下：

```
server:
  port: 8761
eureka:
  instance:
    hostname: localhost
```

```
client:
  registerWithEureka: false
  fetchRegistry: false
  serviceUrl:
    defaultZone: http://${eureka.instance.hostname}:${server.port}/eureka/
```

完成以上配置后，只需要像运行 Java 程序一样运行 EurekaApplication，就可以启动整个项目。在日志中可以看到，启动项目时，内置了一个 tomcat。启动之后，可以通过 http://localhost:8761 访问 Eureka 的管理界面，如图 8-14 所示。

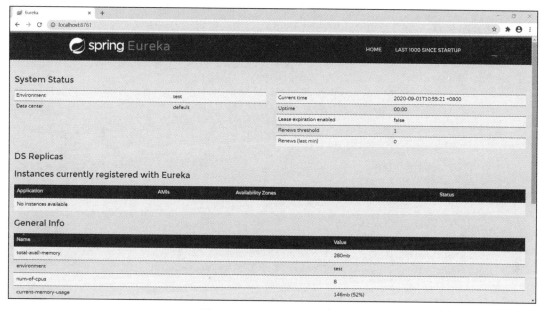

图 8-14　Eureka 的管理界面

2. 生产者

所谓的"生产者"，是指通过开放 API 接口供其他微服务调用的微服务，即被调用者。但在实际项目中，所有的微服务，没有绝对的"生产者"和"消费者"之分，在这个场景中可能是生产者，但在下一个场景中，可能就变成消费者了。这里区分"生产者"与"消费者"只是便于我们学习理解。

要构建一个生产者，只需要做两件事：

1）将其注册到注册中心中；

2）开放基于 HTTP/REST 的 API 接口。

每个微服务都是一个独立的项目，因此与构建 Spring Boot 一样需要 3 步。

1）创建 Maven 项目，修改 POM.xml 文件。

这里，在修改 POM.xml 文件时，内容几乎与构建 Eureka Server 一样，但需要将

Eureka Server 改为 Eureka Client：

```xml
<dependencies>
  <!-- Eureka Client -->
  <dependency>
    <groupId>org.springframework.cloud</groupId>
    <artifactId>spring-cloud-starter-netflix-eureka-client</artifactId>
  </dependency>
</dependencies>
```

Eureka Client 的作用就是帮助各微服务在启动时注册到 Eureka Server 中。因此，无论生产者还是消费者，都需要引入 Eureka Client。

2）创建 ServiceApplication 的启动类：

```java
import org.springframework.boot.SpringApplication;
import org.springframework.boot.autoconfigure.SpringBootApplication;
import org.springframework.cloud.netflix.eureka.EnableEurekaClient;
/**
 * @author fangang
 */
@SpringBootApplication
@EnableEurekaClient
public class ServiceApplication {
  /**
   * @param args
   */
  public static void main(String[] args) {
    SpringApplication.run(ServiceApplication.class, args);
  }
}
```

注意，这里的注解改为了 @EnableEurekaClient。

3）编写 .properties 或 .yml 配置文件：

```
server.port=8762
spring.application.name=Service-Hello
eureka.client.serviceUrl.defaultZone=http://localhost:8761/eureka
```

这是我们熟悉的 properties 配置文件。server.port 是该微服务的网络端口号，spring.application.name 是该微服务的名称。该名称对于微服务架构非常重要，因为生产者在部署时，部署多少个节点，以及部署在哪个服务器上，都是动态变化的。那么，消费者要如何找到生产者并予以调用呢？可以通过该名称到 Eureka 中去查找，然后 Eureka 会根据该名称返回服务器部署的一个列表，这样消费者就可以根据该列表通过负载均衡进行远程调用了。

最后，eureka.client.serviceUrl.defaultZone 告诉微服务 Eureka 的访问地址，各微服务在启动时通过该地址注册到 Eureka 中。

完成以上 3 个步骤后，就可以编写代码开放 HTTP/REST 接口了。开放接口的方式与过去编写 SpringMVC 程序一样：

```java
import org.springframework.beans.factory.annotation.Value;
import org.springframework.web.bind.annotation.GetMapping;
import org.springframework.web.bind.annotation.PostMapping;
import org.springframework.web.bind.annotation.RequestBody;
import org.springframework.web.bind.annotation.RequestMapping;
import org.springframework.web.bind.annotation.RestController;
/**
 * @author fangang
 */
@RestController
public class HelloController {
  @Value("${server.port}")
  private String port;
  @RequestMapping("sayHello")
  public String sayHello(String user) {
    return"Hi "+user+", welcome to you! The server port is "+port;
  }
  @GetMapping("showMe")
  public Person showMe() {
    Person person = new Person();
    person.setId(0);
    person.setName("Mooodo");
    person.setGender("male");
    return person;
  }
  @PostMapping("findPerson")
  public Person findPerson(@RequestBody Map<String, String>param) {
    Person person = new Person();
    person.setId(0);
    String name=param.get("name")==null?"Mooodo":param.get("name");
    person.setName(name);
    String gender=param.get("gender")==null?"male":param.get("gender");
    person.setGender(gender);
    return person;
  }
}
```

这里，通过在 class 前加入注解 @RestController 就可以有效开放基于 HTTP/REST 的 API 接口。同时，在要开放的方法前加入注解 @RequestMapping。

更加流行的做法是，get 接口注解为 @GetMapping，post 接口注解为 @PostMapping。通过以上的配置，就可以通过 HTTP 的方式访问这些接口：

```
curl http://localhost:8762/sayHello?user=Johnwood
curl http://localhost:8762/showMe
curl -X POST http://localhost:8762/findPerson -d"name=Mary&gender=female"
```

这里，在 class 前添加注解 @RequestMapping：

```
@RequestMapping("helloworld")
```

可以在访问前增加一个前缀：

```
curl http://localhost:8762/helloworld/sayHello?user=Johnwood
```

3. Ribbon

所谓的 "消费者"，就是需要调用其他微服务的微服务。在调用时，需要通过被调微服务的名字，到 Eureka 中进行查找，这个过程被称为 "服务发现"。服务发现的输入是被调微服务的名字，输出则是一个被调微服务部署的列表，表中罗列出了所有部署的节点。接着，消费者再通过负载均衡去远程调用其中的一个节点。而负责负载均衡与远程调用的有两种方式：Ribbon 与 Feign。

首先，我们来看看 Ribbon 的实现，还是与创建 Spring Boot 项目相同的 3 个步骤。

1）创建 Maven 项目，修改 POM.xml 文件。

在这里还是与前面一样的配置，只是在添加 Eureka Client 的基础上，还要增加 Ribbon 与 Hystrix：

```
<dependency>
  <groupId>org.springframework.cloud</groupId>
  <artifactId>spring-cloud-starter-netflix-ribbon</artifactId>
</dependency>
<!--断路器Hystrix -->
<dependency>
  <groupId>org.springframework.cloud</groupId>
  <artifactId>spring-cloud-starter-netflix-hystrix</artifactId>
</dependency>
<dependency>
  <groupId>org.springframework.boot</groupId>
  <artifactId>spring-boot-starter-actuator</artifactId>
</dependency>
```

除了 Ribbon 以外，还有 Hystrix 与 Actuator 作为断路器及其监控，保障系统的高可用运行的组件，后面会详细讲解（详见 8.2.3 ）。

2）创建启动类 RibbonApplication.class：

```
import org.springframework.boot.SpringApplication;
import org.springframework.boot.autoconfigure.SpringBootApplication;
import org.springframework.cloud.client.discovery.EnableDiscoveryClient;
import org.springframework.cloud.client.loadbalancer.LoadBalanced;
import org.springframework.cloud.netflix.hystrix.EnableHystrix;
import org.springframework.context.annotation.Bean;
import org.springframework.web.client.RestTemplate;

/**
 * @author fangang
```

```
  */
@SpringBootApplication
@EnableDiscoveryClient
@EnableHystrix
public class RibbonApplication {
  /**
   * @param args
   */
  public static void main(String[] args) {
    SpringApplication.run(RibbonApplication.class, args);
  }
  @Bean
  @LoadBalanced
  public RestTemplate restTemplate() {
    return new RestTemplate();
  }
}
```

生产者在远程调用时首先需要询问 Eureka 进行服务发现，因此需要增加注解 @EnableDiscoveryClient（该注解包含 @EnableEurekaClient）。注解 @EnableHystrix 是断路器，后面再详细讲解。

通过 Ribbon 进行远程调用时，需要注入一个 RestTemplate 模板类，并将其注册到 Spring 中，最简单的方式就是在这里添加一个 restTemplate() 方法，并添加注解 @Bean。同时，返回的 RestTemplate 还要进行负载均衡，因此需要添加注解 @LoadBalanced。

3）编写 .properties 或 .yml 配置文件。

消费者的配置文件与生产者的相同，这里不再赘述。

项目创建后，最关键的是如何实现微服务的远程调用。这时，需要通过 RestTemplate 进行远程调用：

```
import java.util.Map;
import org.springframework.beans.factory.annotation.Autowired;
import org.springframework.web.client.RestTemplate;

/**
 * @author fangang
 */
public class HelloController {
  @Autowired
  private RestTemplate restTemplate;
  public String sayHello(String user) {
    String url = "http://Service-Hello/sayHello?user= {user}";
    return restTemplate.getForObject(url, String.class, user);
  }
  public Person showMe() {
    String url = "http://Service-Hello/showMe";
    return restTemplate.getForObject(url, Person.class);
```

```
    }
    public Person findPerson(Map<String, String> param) {
        String url = "http://Service-Hello/findPerson";
        return restTemplate.postForObject(url, param, Person.class);
    }
}
```

这里，Ribbon 主要通过 RestTemplate 进行远程调用，因此需要通过注解 @Autowired 实现自动注入。接着，远程调用通过调用 RestTemplate 相应的方法来实现。如果对方开放的是一个 get 请求，则调用 getForObject()；如果是 post 请求，则调用 postForObject()。

方法 getForObject() 的第一个参数是 url，即调用生产者的路径。我们显然不希望这个 url 中生产者的 IP 与端口号是一个固定值，因此这里写的是生产者的微服务名称（该名称在 Spring Cloud 1.x 时必须全大写，在 2.x 时则大小写均可）。当进行服务发现并完成负载均衡以后，系统会将该名称改写为某个具体的节点与端口号。在 url 中可能会有参数，但通过拼字符串的形式直接写参数可能存在类似 SQL 注入的安全性问题，因此建议将参数写成如下形式：

```
http://Service-Hello/sayHello?user= {user}
```

接着，在 getForObject() 的第三个参数中按照顺序传入参数值。有一个就写一个，有两个就写两个，没有就不写。

此外，getForObject() 的第二个参数是返回值类型。在这种 Rest 调用中，通常会返回两种类型：字符串与 JSON。如果是字符串则写 String.class，如果是 JSON 则需要对应一个值对象（如 User.class、Person.class），系统会自动将 JSON 转换为你写的值对象。

post 请求与 get 请求最大的差别就在于传参的形式，get 请求在 url 中，而 post 请求则需要另外传递一个 JSON。因此，postForObject() 的第一个参数还是 url，但第二个参数是要传递的参数，通常会是一个值对象或 Map，第三个参数才是返回值类型。

4. Feign

每个微服务都是一个独立的进程，运行在各自独立的 JVM，甚至不同的物理节点上，需要通过网络访问。因此，微服务与微服务之间的调用必然是远程调用。以往，我们采用 Ribbon 的方式进行微服务间的调用，只要在程序中的任意一个位置注入一个 RestTemplate 即可，代码过于随意。这样的编码使得日后在变更时，代码会越来越难于阅读与维护。比如，原来某个微服务中有两个模块 A 与 B，都需要调用模块 C。随着业务越来越复杂，需要将模块 C 拆分到另外一个微服务中。这时，原来的模块 A 与 B 就不能像原来一样调用模块 C 了。

如何解决以上问题呢？我们可以同时改造模块 A 与 B，分别加入 RestTemplate 实现远程调用来调用模块 C，如图 8-15 所示。也就是说，这时所有调用模块 C 的程序都需要改造，改造的成本与风险会比较高。

因此，在实现微服务间调用时，我们通常会采用另外一个方案：Feign。Feign 不是另起炉灶，而是对 Ribbon 的封装，目的是使得代码更加规范，变更更易维护，如图 8-16 所示。

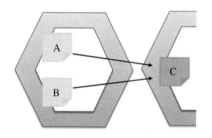
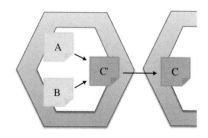

　　　图 8-15　Ribbon 的远程调用方式　　　　图 8-16　Feign 的远程调用方式

对于上面的问题，Feign 的解决方案是，不修改模块 A 与 B 的任何代码，而是在该微服务的本地再制作一个模块 C 的接口 C′。该接口与模块 C 一模一样，拥有模块 C 的所有方法，因此模块 A 与 B 还可以像以前一样调用接口 C′。但接口 C′ 只是一个接口，因此需要通过添加 Feign 的注解去调用模块 C，以实现远程调用。这个方案，既没有修改模块 A 与 B，又没有修改模块 C，而是仅仅添加了一个接口 C′，使维护成本降到了最低。

如何通过 Feign 实现微服务的远程调用呢？首先，在创建项目时，除了添加 Eureka Client、Hystrix 与 Actuator 以外，将 Ribbon 改为 Feign：

```
<dependency>
    <groupId>org.springframework.cloud</groupId>
    <artifactId>spring-cloud-starter-openfeign</artifactId>
</dependency>
<!-- 断路器 Hystrix -->
<dependency>
    <groupId>org.springframework.cloud</groupId>
    <artifactId>spring-cloud-starter-netflix-hystrix</artifactId>
</dependency>
<!-- 断路器监控 -->
<dependency>
    <groupId>org.springframework.boot</groupId>
    <artifactId>spring-boot-starter-actuator</artifactId>
</dependency>
```

接着，在启动类 FeignApplication 中，添加 Discovery Client 以及 Feign Client：

```
import org.springframework.boot.SpringApplication;
import org.springframework.boot.autoconfigure.SpringBootApplication;
import org.springframework.cloud.client.discovery.EnableDiscoveryClient;
import org.springframework.cloud.openfeign.EnableFeignClients;
```

```
/**
 * @author fangang
 */
@SpringBootApplication
@EnableDiscoveryClient
@EnableFeignClients
public class FeignApplication {
  /**
   * @param args
   */
  public static void main(String[] args) {
    SpringApplication.run(FeignApplication.class, args);
  }
}
```

配置文件与 Ribbon 中的配置文件相同，这里不再赘述。下面讲解 Feign 是如何实现调用的。

首先，在消费者端编写一个接口，然后添加 Feign 的注解：

```
import java.util.Map;
import org.springframework.cloud.openfeign.FeignClient;
import org.springframework.stereotype.Service;
import org.springframework.web.bind.annotation.GetMapping;
import org.springframework.web.bind.annotation.PostMapping;
import org.springframework.web.bind.annotation.RequestParam;
/**
 * @author fangang
 */
@Service
@FeignClient("Service-Hello")
public interface HelloService {
  @GetMapping("sayHello")
  public String sayHello(@RequestParam String user);
  @GetMapping("showMe")
  public Person showMe();
  @PostMapping("findPerson")
  public Person findPerson(Map<String, String> param);
}
```

在生产者端有一个 HelloService 类，因此在消费者端要编写一个一模一样的 HelloService 接口与之对应。接着，在 class 前面添加注解 @FeignClient，名称即生产者的名称。在每个方法前添加注解，get 请求添加注解 @GetMapping，post 请求添加注解 @PostMapping，名称即生产者端开放的接口名称。最后，如果需要将参数加入 url 中，则需要在参数前添加注解 @RequestParam。添加好注解后，Feign 就会从接口中取出相应的数据，拼装成 url，再去执行 Ribbon 调用。

5. 注册中心高可用

当微服务在云端部署时，注册中心高可用显得尤为重要。在整个微服务系统中，无论是生产者还是消费者，都会进行多节点部署。这样，当任何一个节点宕机时，还有其他节点可用。然而，如果注册中心只有一个节点，一旦该节点宕机了，整个系统将不可用。因此，注册中心 Eureka 在云端部署时，必须要采用多节点的集群部署。

Eureka 的高可用设计如图 8-17 所示。Eureka 集群部署采用去中心化的设计。

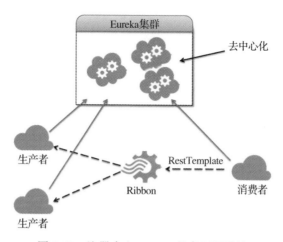

图 8-17　注册中心 Eureka 的高可用设计

Eureka 集群部署采用"去中心化"的设计，即多个节点组成的 Eureka 集群没有主次之分，或者说它们互为主备，所以需要 Eureka 集群的各节点相互注册。

```
spring:
  profiles: primary
server:
  port: 9001
eureka:
  instance:
    hostname: eureka1
    port: ${server.port}
  client:
    serviceUrl:
      defaultZone: http://eureka2:9001/eureka/, http://eureka3:9001/eureka/
---
spring:
  profiles: secondary
server:
  port: 9001
eureka:
  instance:
    hostname: eureka2
```

```
      port: ${server.port}
    client:
      serviceUrl:
        defaultZone: http://eureka1:9001/eureka/, http://eureka3:9001/eureka/
---
spring:
  profiles: tertiary
server:
  port: 9001
eureka:
  instance:
    hostname: eureka3
    port: ${server.port}
  client:
    serviceUrl:
      defaultZone: http://eureka2:9001/eureka/, http://eureka1:9001/eureka/
```

有了以上的配置，就可以通过 profiles 在一个项目中编写多个配置。将系统打包为
eureka.jar 以后，再复制到每个服务器上，在第一个节点中用 primary 配置启动：

```
java -jar --spring.profiles.active=primary
```

在第二个节点中用 secondary 启动：

```
java -jar --spring.profiles.active=secondary
```

在第三个节点中用 tertiary 启动：

```
java -jar --spring.profiles.active=tertiary
```

通过以上的配置，实现 Eureka 集群中各节点的相互注册，如图 8-18 所示。

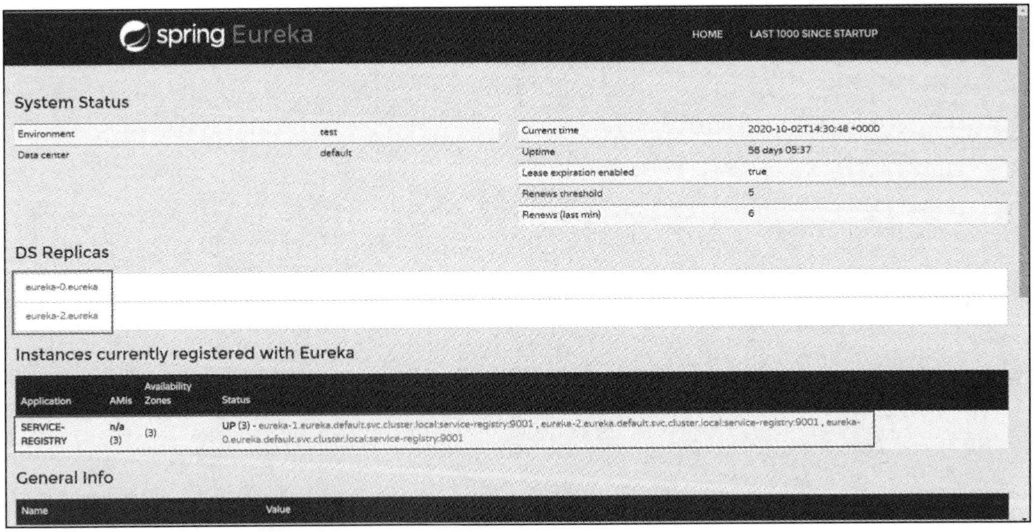

图 8-18　Eureka 集群的管理界面

这样，当某个微服务 A 需要通过 eureka1 注册时，eureka1 就会将该信息发送给所有 eureka 节点。当另一个微服务 B 通过 eureka2 查找微服务 A 时，eureka2 有微服务 A 的信息，可以完成服务发现。因此，即使 eureka1 失效了，也不影响各微服务间的调用。

然而，如果微服务 A 通过 eureka1 进行注册但 eureka1 已经失效时，那么注册就会失败。因此，采用 eureka 集群以后，在配置每个微服务的 eureka 地址时，应当将所有 eureka 节点配置其中：

```
eureka:
  instance:
    prefer-ip-address: true
  client:
    service-url:
      defaultZone: http://eureka-0.eureka:9001/eureka/,http://eureka-1.
        eureka:9001/eureka/,http://eureka-2.eureka:9001/eureka/
```

通常，我们会将以上配置写到集中式配置服务器 Config 中。

8.2.2　服务网关

1. 微服务的安全问题

前面通过注册中心实现了微服务之间的调用。然而，在这个过程中有一个非常重要的细节：当生产者开放出基于 HTTP/REST 的 API 接口以后，不仅消费者可以调用，任何一个用户，只要知道 URL，都可以通过浏览器等客户端进行调用。也就是说，只要后端微服务的 URL 被暴露，用户就可以绕过所有安全检查，直接调用后端微服务，这将给整个系统带来极大的安全隐患。

那么，如何消除这样的安全隐患呢？大家可能首先想到的就是，给每个生产者微服务增加一道锁，即在每次 API 调用前都先进行一次身份认证与安全检查，只有检查通过才能正常调用。换句话说，就是在原有 HTTP 调用的基础上增加一个 SSL 认证，将 HTTP 变为 HTTPS。微服务与微服务之间的调用，实质是一种远程调用，它本身就损耗了一部分性能。现在又将原有的 HTTP 调用变为 HTTPS，将大大影响整个系统的运行效率，性能将大幅度降低。

性能与安全往往是架构设计中的一对矛盾体，如何既保证性能，又保证安全？这个问题我们要好好分析一下。通过分析可以发现，有两种访问生产者微服务 API 接口的方式：消费者微服务与浏览器直接访问。

通过消费者微服务访问，要访问哪个生产者微服务，以何种方式，访问哪些接口，都是开发人员基于需求确定的，是可以把控的。因此，通过消费者微服务访问生产者，其安全性是可以保障的，更应注重性能的提升。所以，不需要认证，直接通过 HTTP 访问就可以了。

通过浏览器直接访问，是真正的安全隐患，因为具体谁在访问，如何访问，会做哪些操作，都是无法把控的。而且进一步分析发现，我们并不需要用户通过浏览器直接访问那些后端微服务。因此可以通过网络措施，直接切断用户访问后端微服务的网络通路。基于以上问题的分析，微服务架构的安全方案就呼之欲出了。

微服务系统的安全保障示意图如图 8-19 所示。首先将所有的微服务部署在微服务平台的一个封闭内网环境（如 Kubernetes 环境）中。微服务与微服务之间可以通过 HTTP 直接访问，但外部用户不能访问这些微服务。这样，既可以保障微服务的安全，又可以保证微服务间相互调用的性能。此时，外部用户又该如何访问整个系统呢？我们需要一个特殊的微服务，它可以被外部用户访问，再根据用户的需求访问其他微服务。这个特殊的微服务就是"服务网关（Gateway）"。

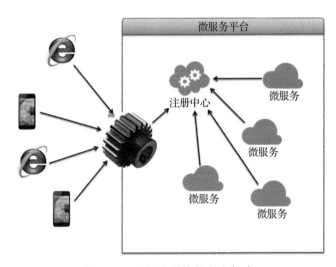

图 8-19　微服务系统的安全保障

正是由于所有的用户访问都必须通过服务网关，因此整个微服务系统的安全就可以通过服务网关来保障。首先，用户可能通过各种不同的渠道访问系统，如浏览器、客户端、移动 App、微信端或物联网专用设备。不同的访问渠道，其接入方式不同，因此需要使用不同的服务网关，但最终都是以相同的形式访问后面的各微服务，如图 8-20 所示。

譬如，用户无论是通过浏览器还是移动 App 进行的访问，他访问的都是"二手交易"。那么，通过不同的服务网关接入以后，都会通过注册中心去访问"二手交易"微服务。这样，多渠道接入的运维成本将大大降低。

接着，当系统接入互联网面对瞬时的高并发时，也会通过"限流措施"，将超过自己承受能力的那部分流量拒绝掉，以保障系统的安全可靠。通过"节流措施"过滤瞬时的重复请求，避免用户刷屏带来的流量压力。

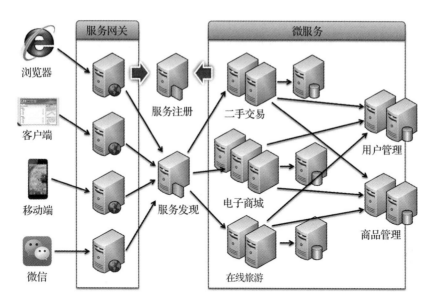

图 8-20　服务网关的多渠道接入

此外，识别用户身份，鉴定用户权限；记录用户行为进行事后的审查与监控；监控用户的访问频率，将高频访问的用户加入黑名单，等等这一系列的安全检查都是由服务网关负责。

服务网关还有两项最重要的职责：动态路由与服务迁移，具体将在后面详细讲解。

2. 服务网关的设计实现

在 Spring Cloud 中，服务网关的实现有两个组件：Spring Cloud Zuul 和 Spring Cloud Gateway。Spring Cloud Zuul 是 Spring Cloud 对 zuul 的二次封装，而 Spring Cloud Gateway 是 Spring Cloud 自己开发的。我们现在以 Spring Cloud Zuul 为例来讲解服务网关的设计实现。

在微服务架构中，服务网关也是微服务，一个特殊的微服务。因此，与前面一样，创建时仍需 3 个步骤。

1）创建 Maven 项目，并修改 POM.xml 文件。

在修改 POM.xml 文件时，与前面一样，除了加入 Spring Boot、Spring Cloud 与 Eureka Client 以外，还要加入 zuul：

```
<dependency>
    <groupId>org.springframework.cloud</groupId>
    <artifactId>spring-cloud-starter-netflix-zuul</artifactId>
</dependency>
```

2）创建启动类 ZuulApplication.class：

```
import org.springframework.boot.SpringApplication;
import org.springframework.boot.autoconfigure.SpringBootApplication;
import org.springframework.cloud.netflix.eureka.EnableEurekaClient;
import org.springframework.cloud.netflix.zuul.EnableZuulProxy;
import org.springframework.context.annotation.Bean;

/**
 * @author fangang
 */
@SpringBootApplication
@EnableEurekaClient
@EnableZuulProxy
public class ZuulApplication {
  /**
   * @param args
   */
  public static void main(String[] args) {
    SpringApplication.run(ZuulApplication.class, args);
  }
}
```

在这里，除了通过注解添加 Eureka Client，还要添加 @EnableZuulProxy。

3）编写 .yml 或 .properties 配置文件，这才是 Zuul 的精华。

Zuul 的配置文件的前面部分与普通的微服务没有什么不同：微服务的端口号、微服务的名称、Eureka 的注册地址。后面部分是 Zuul 配置的核心，其中非常关键的就是"动态路由"功能。

当用户通过各种渠道访问系统中的各种功能时，首先访问的都是服务网关。所以，服务网关必须要有识别用户到底请求的是什么功能，应当调用哪个微服务的能力。然而，服务网关在识别的过程中，又不能包含太多业务细节，否则任何一个模块的业务变更，服务网关都要跟着变更，变得极不稳定。所以，如何路由是服务网关的设计难题。

动态路由的设计思路，就是在各个微服务开放 API 接口的过程中进行统一的路径规划。譬如，用户管理微服务的访问路径都是 /user/**，产品管理微服务的访问路径都是 /product/**，订单管理微服务的访问路径都是 /order/**。这样，服务网关通过用户请求的路径进行匹配，就可以路由到相应的微服务中了：

```
zuul:
  ignoredServices: '*'
  prefix: /demoSystem
  routes: #动态路由
    user:
      path: /user/**
      serviceId: service-user
      stripPrefix: false #是否去掉前缀
    product:
```

```
    path: /product/**
    serviceId: service-product
    stripPrefix: false #是否去掉前缀
order:
    path: /order/**
    serviceId: service-order
    stripPrefix: false #是否去掉前缀
```

在这里，routes 就是动态路由，用户的 url 可以匹配哪个 path，就去访问哪个 serviceId，即对应的微服务。那么，stripPrefix 是什么意思呢？

比如，用户请求的是 http://www.xxx.com/user/showMe。服务网关通过匹配，将去调用 service-user。如果 stripPrefix 为 false，则服务网关调用的 url 是 http://service-user/user/showMe，这就要求微服务 service-user 通过路径规划，使所有的 API 接口都以 /user 作为前缀（添加了注解 @RequestMapping("user")）。

然而，如果微服务 service-user 因为某种原因没有添加这个前缀，则将 stripPrefix 置为 true，那么服务网关调用的 url 就变为 http://service-user /showMe。因此是否加 /user 前缀，关键在于每个微服务的设计。

此外，ignoredServices: '*' 表示如果用户的 url 不能匹配任何一个路由，则该请求将被忽略。prefix: /demoSystem 表示给服务网关的 url 添加一个系统名的前缀。如添加了以上前缀，则访问请求将变为：

http://www.xxx.com/demoSystem/user/showMe

这样，当服务网关接收到用户的这个请求时，就应当先去掉网站前缀与系统名 http://www.xxx.com/demoSystem，再进行路由匹配，完成智能路由。

接着，是"服务迁移"功能。在单体应用向微服务转型的过程中，单体应用往往结构复杂，功能繁多，不可能一次性完成转型。所以，最好的方法是逐步转型，即先将部分功能模块拆分出来做成微服务，还没有拆分的功能保留在原有的单体应用中。因此，我们需要在很长一段时间里，将单体应用与微服务整合。如何整合呢？方法就是，在单体应用与微服务的前面架设一个服务网关。

如图 8-21 所示，原系统的用户管理与产品管理模块已经被拆分为微服务，那么用户在访问 /user/** 或 /product/** 时，就可以路由到相应的微服务中。然而，如果用户访问的是其他的功能，则路由到 http://www.legacy.com，即原有的单体应用。这样就可以将长周期的微服务拆分为一个一个短周期的微服务，从而更加平稳地逐步将原有的系统改造为微服务。

3. 过滤器的设计实践

除了动态路由，服务网关的另外一个重要职责是"过滤器"。譬如，服务网关要实现用户鉴权、访问控制、限流措施、审查监控等功能，而所有这些功能都必须通过过滤器来实现。所谓"过滤器"，就是在用户访问服务网关的各个不同环节时，先进行拦截，执行某些校验等操作，再继续执行用户的访问流程。根据访问的环节不同，可以将过滤器分为 5 种类型，如图 8-22 所示。

图 8-21　服务迁移的设计与配置

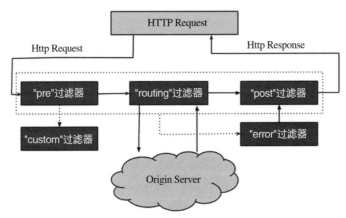

图 8-22　有 5 种不同类型的过滤器

1）pre 过滤器就是用户访问服务网关，但服务网关还没有路由到各微服务之前进行的过滤。该过滤器是最常见的过滤器，所有限流措施、安全检查、用户鉴权等操作都是由该过滤器来完成的。

2）post 过滤器是系统处理完用户请求，即将通过服务网关返回用户前进行的过滤。通过该过滤器，可以在返回的信息中加入一些额外的状态信息，如添加一些 tag 到 HTML 的 head 中，或者对返回的 JSON 进行格式化，等等。

3）routing 过滤器是服务网关在进行动态路由时进行拦截，完成某些更加复杂的判断。前面服务网关在进行动态路由时，是通过匹配用户的 url 来进行判定的。然而，一些复杂场景的路由是无法仅仅通过匹配 url 来判定的。如系统需要在晚上进行全链路压测时，会在压测流量的 head 中打一个 tag。这时，需要服务网关对这个 tag 进行判断。如果请求 HTML 中有 tag，则是压测流量，走压测服务器；如果没有，则是正常流量，走正常服务器。要判断 HTML 中是否有 tag，就必须通过一个 routing 过滤器来进行路由。此外，系统在做灰度发布时，要想知道哪些用户使用新版本，哪些用户使用老版本，也是需要服务网关根据用户的某些属性判定，然后进行路由的。

4）error 过滤器是在系统报错的时候过滤。

5）custom 过滤器则是由用户自定义过滤时间。

以上就是 Zuul 的 5 种过滤器，但 Spring Cloud Gateway 只支持 pre 与 post 两种过滤器。

要实现 Zuul 过滤器需要继承 ZuulFilter 类，继承后会实现 4 个方法：

```
import javax.servlet.http.HttpServletRequest;
import org.apache.commons.logging.Log;
import org.apache.commons.logging.LogFactory;
import com.netflix.zuul.ZuulFilter;
import com.netflix.zuul.context.RequestContext;
/**
 * @author fangang
 */
public class PreRequestLogFilter extends ZuulFilter {
  private static final Log log = LogFactory.getLog(
    PreRequestLogFilter.class);
  @Override
  public Object run() {
    RequestContext context = RequestContext.getCurrentContext();
    HttpServletRequest reqeust = context.getRequest();
    log.info(
      String.format("send %s[method] request to %s[url]",
      reqeust.getMethod(),
      reqeust.getRequestURL().toString()));
    return null;
  }
  @Override
  public boolean shouldFilter() {
    return true;          // 判断是否需要过滤
  }
  @Override
  public int filterOrder() {
    return 1;             // 过滤器的优先级，值越大越靠后执行
  }
  @Override
  public String filterType() {
    return "pre";         // 过滤器类型
  }
}
```

run() 方法用于定义过滤器要做什么操作；shouldFilter() 方法用于判断什么时候过滤，返回一个判断结果，通常直接返回 true；filterOrder() 方法用于定义过滤器的优先级，即先执行谁后执行谁，数字越小，优先级越高；最后，filterType() 方法用于定义该过滤器的类型，即前面介绍的 5 种类型。

过滤器编写好后并不会生效，还需要注册到 Spring 中，最简单的办法就是在 Application 启动类中写一个方法，并加上注解 @Bean：

```
import org.springframework.boot.SpringApplication;
import org.springframework.boot.autoconfigure.SpringBootApplication;
import org.springframework.cloud.netflix.eureka.EnableEurekaClient;
import org.springframework.cloud.netflix.zuul.EnableZuulProxy;
import org.springframework.context.annotation.Bean;
import com.demo.zuul.filter.PreRequestLogFilter;
/**
 * @author fangang
 */
@SpringBootApplication
@EnableEurekaClient
@EnableZuulProxy
public class ZuulApplication {
  /**
   * @param args
   */
  public static void main(String[] args) {
    SpringApplication.run(ZuulApplication.class, args);
  }
  @Bean
  public PreRequestLogFilter preRequestLogFilter() {
    return new PreRequestLogFilter();
  }
}
```

当注册并重启服务网关以后，过滤器就会生效。通过以下配置也可以临时关闭过滤器：

```
zuul:
  PreRequestLogFilter:
    pre:
      disable: true
```

4. 服务网关高可用

与注册中心一样，在云端部署时，服务网关也应当实现高可用。那么，服务网关如何实现高可用呢？很简单，就是多节点部署。

如图 8-23 所示，服务网关在系统部署时，同时部署了多个节点。这样，当用户访问流量进来时，先访问负载均衡器，再负载均衡到多个服务网关。如果预算充足，可以选择 F5 硬件负载均衡器；如果要节约开支，可以选择 LVS 或 Nginx；如果部署在 Kubernetes 云平台中，可以选择它的 Ingress 或 LoadBalancer。通过负载均衡，可以将用户压力均衡分配到多个服务网关中。这样的设计，既可以提高服务网关的可用性，又可以提高整个系统的吞吐量。毕竟，无论是 Spring Cloud Zuul 还是 Spring Cloud Gateway，单节点的吞吐量是相当有限的，只能通过增加节点来提升系统整体的吞吐量。

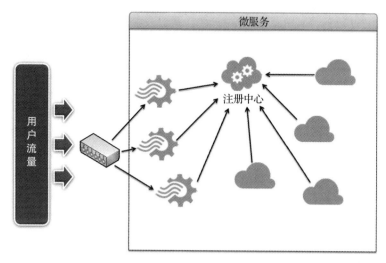

图 8-23　服务网关的高可用设计

8.2.3　熔断机制

前面讲了利用注册中心来实现微服务之间的调用。然而，每个微服务都是一个独立的项目，独立打包，运行在一个独立的 JVM 里面。因此，微服务之间的调用必然是一种远程调用，甚至可能要跨网络、跨物理节点，使得微服务在性能上有所损耗，在可用性方面也有所降低。所以，如何保障微服务间的高可用调用，成为微服务架构极其重要的技术难题。

1. 微服务调用的高可用

如图 8-24 所示，微服务 A 在设计上需要调用微服务 B，如果在运行过程中微服务 B 失效了，则微服务 A 不能完成它既定的业务流程，也会出现问题。那么，如何保障微服务 A 在运行过程中一定能调用到微服务 B 呢？这就要求微服务 B 进行多节点部署。实际上，在线上运行过程中，为了保障整个系统的高可用，每个微服务都至少要部署两个以上节点。

但是，即使微服务 B 部署了多个节点，如果在运行过程中某一个节点失效了，微服务 A 知道吗？它是不知道的。微服务 A 还是会像往常一样调用这个失效的节点，然后在等待一个 timeout 时间得不到响应时，发起一个 retry 操作去调用另外一个节点。这样，虽然增加了一些运行时间，但用户的请求最终会得到处理并返回给用户，系统还是高可用的。这样的设计被称为"故障转移"。

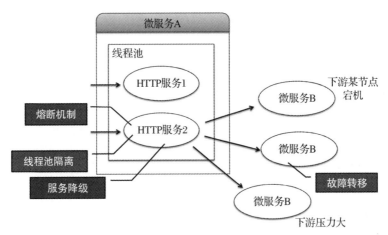

图 8-24　微服务间的高可靠调用

　　然而，微服务 A 去调用这个失效节点时等待的 timeout 时间要比正常的调用时间长很多。当系统在高并发状态下运行时，哪怕只是短时的等待，都会造成大量的线程在上游堵塞，占用上游的线程池。这样，当上游的微服务 A 的线程池被占满时，甚至会导致其他服务也不可用。因此，我们需要在上游微服务中，对高并发服务进行"线程池隔离"，即使它不可用了，也不要影响其他服务的正常运行。

　　此外，当微服务 A 去调用微服务 B 的某个节点失败时，并不一定是该节点宕机了，也可能是网络闪断，很快就会恢复。然而，当微服务 A 多次调用该节点都失败，或者在某短时间内的失败次数超过一定比例时，就可以判定该节点已经失效了。这时，当微服务 A 再次调用该节点时，就无须再等待 timeout 时间而是立即失败，然后进行故障转移。那么，要连续失败多少次，或失败次数超过哪个阈值时开始断路呢？这就需要用到"熔断机制"。

　　细心的朋友可能会有一个疑问：前面说过，当某个节点宕机以后，注册中心收不到它的心跳信息，就会判定它已经失效，并予以注销。这样，上游微服务通过注册中心就找不到该节点，怎么还会调用它呢？大家注意，这里的心跳检测是有一定频率的，并且频率不能太高，通常会是 30 秒。当注册中心等待 30 秒后没有收到该节点的心跳，是不是就可以立即将其注销呢？也不能，因为这有可能是网络闪断造成的信息丢失。因此，注册中心通常会等待 2、3 个周期，如果其间都没有收到该节点的心跳，才会将其注销。在这 60～90 秒时间内，该节点还在注册中心，还依然接收上游访问，就需要"熔断机制"来保障了。

　　最后，当系统面对较大的用户压力时，上游应对压力的能力往往较强，下游较弱。上游在调用下游时若出现大量超时，说明下游已经无法承受压力了。这时，如果上游还继续调用下游，给下游压力，那么下游可能很快就崩溃了。下游承受不住压力会导致全部节点超时，因此，为了保障下游不崩溃，上游就必须能在下游即将出现"熔断"时，在不调用下游的情况下继续运行。这样的设计就叫"服务降级"，即在数据不完整、业务不完整的情况下，主要业务依然可以正常流转。

同时，当过了一段时间，下游逐渐恢复正常以后，要能够自动恢复从上游到下游的通路。所有这些都是通过微服务的"断路器"设计模式来保障的。

2. 断路器设计模式

断路器设计模式是由"微服务之父"Martin Fowler 提出来的，它有效地解决了微服务间高可靠调用的问题。

如图 8-25 所示，断路器模式就是在微服务的生产者与消费者之间建立一个断路器（Circuit Breaker）。当消费者（即图中的 client）要调用生产者（即图中的 supplier）时，先调用断路器，由断路器调用生产者。在这个过程中，我们认为从消费者到断路器的通信是可靠的，因此断路器通常会部署在消费者这端；从断路器到生产者的通信是不可靠的，甚至可能跨物理节点。

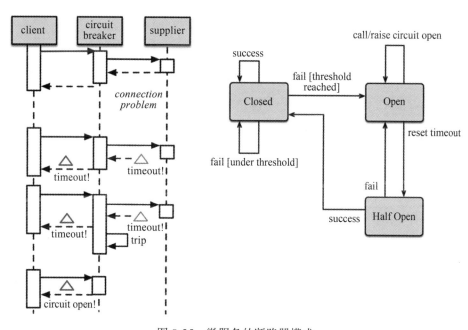

图 8-25　微服务的断路器模式

正常情况下，消费者调用断路器，断路器调用生产者，系统正常运行。当生产者宕机或者网络故障时，断路器并不知道生产者不可用了，因此会等待一个 timeout 时间，然后通知消费者调用失败。如果只出现一次调用失败，断路器会继续调用生产者；如果出现连续失败，或者失败比例超过某个阈值，则触发断路器断路。当断路器断路以后（即处于 open状态），就不再访问生产者去等待那个 timeout 时间了。此时当消费者再调用断路器时，断路器会立即失败，然后通知消费者去做故障转移。

　　然而，当经过一段时间，生产者恢复可用状态时，我们希望断路器能够自动恢复通路。因此，当断路器断路以后，每隔一段时间（该间隔一般会大一些），断路器就会进入"half open"状态。这时，断路器会尝试去访问生产者。如果在 timeout 时间内，收到了生产者发来的响应，则说明生产者已经恢复了，断路器关闭，微服务间的通信恢复；如果在 timeout 时间内还没有得到响应，继续断路，直到下一次间隔收到响应。

　　所以，断路器通常会有 3 种状态：closed、open、half open。默认情况下，断路器处于 closed 状态，网络联通。当某次访问失败时，依然保持 closed 状态。当失败次数达到某个阈值时，触发熔断，断路器由 closed 状态变为 open 状态，此时网络断路，不再访问生产者。

　　当断路器处于 open 状态时，每隔一段时间就会进入 half open 状态。在 half open 状态中，断路器会尝试去访问生产者。如果访问成功，则进入 closed 状态，网络恢复；如果失败，则继续处于 open 状态。

3. Hystrix 实现熔断机制

　　Spring Cloud 把与微服务相关的各种组件都整合在一起，包括 Hystrix。和前面的 Eureka、Zuul 一样，Hystrix 也由 Netflix 公司出品，很好地解决了微服务之间的高可靠调用，包括断路器模式、线程池隔离、服务降级等机制。

　　当上游微服务需要调用下游微服务时，首先进入 Hystrix。Hystrix 首先判断消费者本地是否有缓存，如果有则直接返回。接着，Hystrix 开始检测断路器是否处于 open 状态，如果处于 open 状态则直接失败。除此之外，Hystrix 还要检测本地的线程池是否已满，因为在远程调用时需要占用线程池进行等待。如果线程池已满是不能进行远程调用的，也立即失败。如果以上条件都不满足，则开始进行远程调用。

　　进行远程调用以后可能有两种结果：一个是下游执行失败，返回错误信息；一个是等待了 timeout 时间依然没有得到下游的响应。这两种情况都属于执行失败，只有没出现以上情况时才是调用成功，成功返回上游。

　　出现以上失败情况时，Hystrix 都将调用一个 fallback 方法。开发者可以根据业务需要，自己编写 fallback 方法，定义当下游调用失败时的处理方案。

　　此外，断路器进行熔断前，需要采集之前一段时间的调用是否成功的信息。因此，Hystrix 还有一个采集器，用于采集每一次调用的失败信息，然后根据用户对阈值的设定进行熔断。

4. 在 Ribbon 中使用 Hystrix

　　Hystrix 通常部署在消费者这端。如果在消费者这端采用 Ribbon 来进行远程调用，要使用 Hystrix，首先需要在项目的 POM.xml 文件中引入 Hystrix：

```
<!-- 断路器 Hystrix -->
<dependency>
    <groupId>org.springframework.cloud</groupId>
    <artifactId>spring-cloud-starter-netflix-hystrix</artifactId>
</dependency>
```

接着，在 Application 启动类中加入注解 @EnableHystrix。

当消费者需要通过 RestTemplate 进行远程调用时，可以在其方法前面加入注解 @HystrixCommand，进行相应的设置：

```
import org.springframework.beans.factory.annotation.Autowired;
import org.springframework.web.bind.annotation.GetMapping;
import org.springframework.web.bind.annotation.RestController;
import org.springframework.web.client.RestTemplate;
import com.netflix.hystrix.contrib.javanica.annotation.HystrixCommand;
/**
 * @author fangang
 */
@RestController
@RequestMapping("ribbon")
public class HelloController {
    @Autowired
    private RestTemplate restTemplate;
    @GetMapping("sayHello")
    @HystrixCommand(fallbackMethod="error")
    public String sayHello(String user) {
        String url = "http://Service-Hello/sayHello?user= {user}";
        return restTemplate.getForObject(url, String.class, user);
    }
    public String error(String user) {
        return "Sorry, something wrong!";
    }
}
```

在这里，注解中的 fallbackMethod 指定了 sayHello() 方法在远程调用失败后要执行的 fallback 方法，这里指定的是 error() 方法。这样，当 sayHello() 执行失败时，无论是断路器断路、远程调用失败，还是无响应，都会调用这个 error() 方法。因此，在实际项目中，会根据不同的业务场景去决定失败以后做哪种处理，或者是否进行服务降级。

此外，当采用 Hystrix 远程调用失败时，也可以通过重试机制进行故障转移。这时，首先需要在 POM.xml 中引入 retry 类包：

```
<dependency>
    <groupId>org.springframework.retry</groupId>
    <artifactId>spring-retry</artifactId>
</dependency>
```

接着，在 .properties 或 .yml 配置文件中进行如下配置。

如果要设置对所有要调用的服务进行重试：

```
ribbon:
  MaxAutoRetries: 1 # default 0
  MaxAutoRetriesNextServer: 2 # default 1
  OkToRetryOnAllOperations: true # default false
```

如果设置仅仅针对某个特定服务的调用进行重试：

```
service-customer:
  ribbon:
    MaxAutoRetries: 1 # default 0
    MaxAutoRetriesNextServer: 2 # default 1
    OkToRetryOnAllOperations: true # default false
```

其中，MaxAutoRetries 是该节点失败以后调用该节点的重试次数，MaxAuto-RetriesNextServer 是该节点失败以后调用其他节点的重试次数，OkToRetryOnAllOperations 表示无论是网络超时还是服务无响应都进行重试。增加了重试机制以后，先进行重试，只有当重试多次都失败时才调用 fallback 方法，即触发服务降级机制。

除此之外，通过注解 @HystrixCommand 还可以完成 Hystrix 的其他设置，从而优化系统：

```
//忽略某个远程调用的错误，遇到该错误时不调用fallback方法，而是直接抛出错误
@HystrixCommand(ignoreExceptions = {BadRequestException.class})

//共享线程池的设置：按服务组/按服务
@HystrixCommand(groupKey="UserService",commandKey="GetUserById", threadPoolKey=
  "GetUserById")
```

以上代码用于设置线程池隔离方案。默认情况下，所有方法都共享一个线程池，如果给多个方法设置一个相同的 groupKey 与 threadPoolKey，则将这几个方法分为一组，组内共享线程池，组外线程池不共享；如果给某个方法设置一个单独的 commandKey 与 threadPoolKey，则该方法独占一个线程池。

还可以设置 Hystrix 的其他属性：

```
@HystrixCommand(
commandProperties = {
  @HystrixProperty(
  //超时时间

  name="execution.isolation.thread.timeoutInMilliseconds",value="500")
},
threadPoolProperties = {
  //线程池大小

  @HystrixProperty(name="coreSize", value="30"),
  //请求队列大小
```

```
@HystrixProperty(name="maxQueueSize", value="101"),
@HystrixProperty(name="keepAliveTimeMinutes", value="2"),
@HystrixProperty(name="queueSizeRejectionThreshold", value = "15"),
@HystrixProperty(name="metrics.rollingStats.numBuckets", value="12"),
@HystrixProperty(name="metrics.rollingStats.timeInMilliseconds",
value="1440")
})
```

以上配置也可以写在配置文件中：

```
hystrix:
  command:
    "UserService#getUserById(String)":
      execution:
        isolation:
          thread:
            timeoutInMilliseconds: 5000
    default:
      execution:
        isolation:
          thread:
            timeoutInMilliseconds: 10000
  threadpool:
    default:
      coreSize: 100
```

Hystrix 的属性设置如表 8-1 所示。

表 8-1　Hystrix 的属性设置

参　　数	作　　用	说　　明
groupKey	表示所属的组，一个组共用线程池	默认值：getClass().getSimpleName();
commandKey		默认值：当前执行方法名
execution.isolation.strategy	隔离策略，有 THREAD 和 SEMAPHORE	默认使用 THREAD 模式，以下几种可以使用 SEMAPHORE 模式： 1）只想控制并发度； 2）外部的方法已经做了线程隔离； 3）调用的是本地方法或者可靠度非常高、耗时特别小的方法
execution.isolation.thread.timeoutInMilliseconds	超时时间	默认值：1000。 在 THREAD 模式下，达到超时时间，可以中断； 在 SEMAPHORE 模式下，会等待执行完成后，再判断是否超时
execution.timeout.enabled	是否打开超时	
execution.isolation.thread.interruptOnTimeout	是否打开超时线程中断	THREAD 模式有效

（续）

参　　数	作　　用	说　　明
execution.isolation.semaphore.maxConcurrentRequests	信号量最大并发度	SEMAPHORE 模式有效，默认值：10
fallback.isolation.semaphore.maxConcurrentRequests	fallback 最大并发度	默认值：10
circuitBreaker.requestVolumeThreshold	每 10 秒内熔断触发的最小个数	默认值：20
circuitBreaker.sleepWindowInMilliseconds	熔断多少秒后去尝试请求	默认值：5000
circuitBreaker.errorThresholdPercentage	失败率达到多少百分比后熔断	默认值：50 主要根据依赖重要性进行调整
circuitBreaker.forceClosed	是否强制关闭熔断	如果是强依赖，应该设置为 true
coreSize	线程池 coreSize	默认值：10
maxQueueSize	请求等待队列	默认值：−1 如果使用正数，队列将从 SynchronizeQueue 改为 LinkedBlockingQueue

5. 在 Feign 中使用 Hystrix

前面讲到，Feign 是对 Ribbon 的封装，它同样封装了 Hystrix，只是默认情况下是关闭的。因此，只需要在 yml 或 properties 配置文件中打开 Hystrix，就能使用前面对 Ribbon 的所有设置：

```
feign:
  hystrix:
    enabled: true
```

记住，Feign 是对 Ribbon 的封装，因此在 Feign 中可以使用所有对 Ribbon 的设置。因此，打开了以上属性以后就可以在接口的各个方法中配置 Hystrix 了。然而，与 Ribbon 不同的是，Feign 配置的是一个接口，是不能在该接口中编写 fallback 方法的。因此，需要为该接口写一个实现类，在实现类中编写 fallback 方法：

```
import java.util.Map;
import org.springframework.cloud.openfeign.FeignClient;
import org.springframework.stereotype.Service;
import org.springframework.web.bind.annotation.GetMapping;
import org.springframework.web.bind.annotation.PostMapping;
import org.springframework.web.bind.annotation.RequestParam;
import com.netflix.hystrix.contrib.javanica.annotation.HystrixCommand;
/**
 * @author fangang
 */
```

```
@Service
@FeignClient(value="Service-Hello", fallback=HelloServiceHystrixImpl.class)
public interface HelloService {
  @GetMapping("sayHello")
  public String sayHello(@RequestParam String user);
  @GetMapping("showMe")
  public Person showMe();
  @PostMapping("findPerson")
  @HystrixCommand(ignoreExceptions = {RuntimeException.class})
  public Person findPerson(Map<String, String>param);
}
```

这里，注解 @FeignClient 中的 fallback 指定了一个实现类 HelloServiceHystrixImpl，在这个实现类中去实现该接口中定义的每个方法的 fallback。注意，接口中的每个方法都必须实现 fallback 函数，从这里体现出了 Feign 在编码中的规范性。

8.3　微服务的系统设计

通常，微服务技术团队在转型过程中往往会经历三个阶段：技术架构、业务落地与云端运维。在最初的"技术架构"阶段，精力往往放在微服务技术上。一般开发团队很快就能顺利通过这个阶段，因为微服务技术并不多。

接下来开发团队会进入第二个阶段：业务落地。在这个阶段中，开发团队才真正开始开发工作，将原有的业务系统转移到微服务架构中。对于开发团队来说，这个阶段最大的难题是如何拆分原有的业务，按照怎样的套路进行微服务设计。因此，这个阶段才真正是考验的开始。应该按照怎样的套路进行微服务设计呢？这里有 6 种设计模式。

8.3.1　6 种设计模式

在微服务设计中，有 6 种设计模式，分别是：聚合模式、代理模式、链路模式、分支模式、异步模式与数据共享模式。

1. 聚合模式

聚合模式是微服务设计中最常见的一种设计模式，适用于大多数应用场景。

聚合模式由前端的一个聚合服务与其后面的一堆原子服务组成，如图 8-26 所示。聚合服务的任务主要有两个：展示用户界面与接收用户请求。当用户开始访问系统时，它首先展示用户界面。接着，当用户在该界面上操作时，它会接收这些用户请求，但不会执行，而是交给后端相应的原子服务处理。

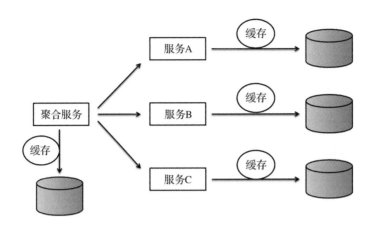

图 8-26　微服务设计的聚合模式

基于聚合模式设计的微服务架构如图 8-27 所示。整个系统被分为网关层、聚合层、原子服务层与数据层。

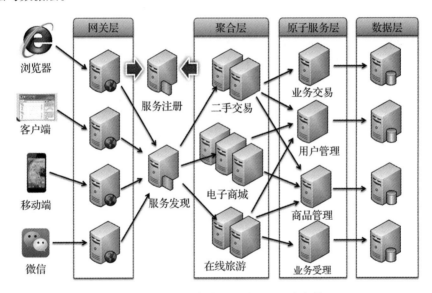

图 8-27　基于聚合模式设计的微服务架构

网关层以不同的渠道接入用户，然后调用相应的聚合层的微服务。这时，不论用户是通过浏览器还是移动 App 访问，它访问的都是"二手交易"，都会调用聚合层的"二手交易"微服务。接着，"二手交易"微服务会展示二手交易的用户界面。当用户在该界面上操作时，所有的请求由"二手交易"微服务接收。然而，该微服务不会自己处理这些请求，而是交给后端的各个原子服务处理。如果用户执行的是业务交易，则调用原子服务层的"业务交易"微服务进行处理，并将交易结果保存到交易数据库中。如果用户执行的是用户登录，则调用"用户管理"微服务，并查找用户数据库。如果用户执行的是商品搜索，则调用"商品管理"微服务，并查找商品数据库。简单来说，用户请求的是什么业务，聚合服务就会调用哪个原子服务，并最终存储到对应数据库中。

基于以上设计思想，在实际项目中，可以将聚合服务设计成基于 Node.js 的 HTTP 服务，而将原子服务设计成基于 Spring Cloud 的应用服务。

除此之外，聚合服务在其他场景中还起到业务编排的作用。如图 8-28 所示，交易服务是一个聚合微服务，它需要执行一个比较复杂的交易流程。首先调用"库存服务"锁定库存，接着调用"支付服务"进行支付，然后调用"发票服务"开发票，最后再调用"库存服务"完成库存扣减。整个过程的执行顺序由"交易服务"来编排，但具体的操作由各个原子服务去完成。

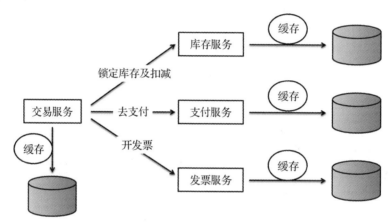

图 8-28　交易服务的交易流程

聚合模式在拆分原子服务的同时，也需要根据职责拆分数据库。这一方面会带来可维护性、易变更性等诸多好处，但又会带来两个性能问题：跨库的关联查询与跨库的事务处理。

数据库按照职责可分为客户管理、库存管理、供应商管理与在线销售四个数据库。这样，在进行在线销售时，在保存订单的同时，还要扣减库存，并且要将这两个操作放到同一个事务中。由于它们分属于不同的数据库，就出现了跨库的事务处理。

不仅如此，当完成大量订单，要跟踪订单时，需要在查询订单表的同时，通过 join 操作关联客户信息与供应商信息。由于它们分属于不同的数据库，就出现了跨库的关联查询。

无论是跨库的事务处理，还是跨库的关联查询，性能太差是微服务设计永远不能回避的技术问题。因为随着业务量的不断增大，以及微服务转型的不断深入，数据库最终是要被拆分的。

如何解决这两大问题呢？在第 7 章分布式架构设计中，跨库的关联查询可通过数据补填来解决。即查询订单时不再进行 join 操作，而是查询分页后补填客户信息与供应商信息（详见 7.2.1 节）。

跨库的事务处理也不再采用传统的两阶段提交或三阶段提交，在未来的微服务架构设计中，可采用分布式事务的 TCC 方案，或者基于消息的最终一致性方案，从而获得性能与吞吐量的大幅度提升（详见 7.2.4 节）。

2. 代理模式

代理模式的设计思路如图 8-29 所示，从图上看它几乎和聚合模式一模一样，只是将聚合服务改为代理服务。那么，代理模式与聚合模式具体有什么不同呢？实际上，代理服务与切换器类似，用于判断在什么情况下调用服务 A，什么情况下调用服务 B，又是什么情况下调用服务 C。譬如，在支付的时候，先通过代理服务判断什么时候调用什么支付微服务（支付宝、微信、某银行等）。

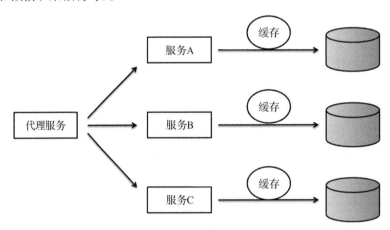

图 8-29　微服务设计的代理模式

再比如，某理财产品根据国家的新政策，对其后的新用户执行另外一个新的理财规则。这时，保持原有的规则在原微服务中，只需要再设计一个新的微服务实现新的规则，并在两个微服务的前面架设一个代理服务进行判断即可。这样的设计，更迭的风险将是最小的。

3. 链路模式

链路模式就是将比较复杂的业务流程，拆分成多个微服务，串联起来执行，如图 8-30 所示。比如，前面那个交易的过程，既可以像聚合模式那样交给"交易服务"，将其作为聚合服务进行业务编排，由它调用其他原子服务；也可以按照链路模式，先由"交易服务"调用"库存服务"进行库存锁定，接着由"库存服务"调用"支付服务"进行支付，再由"支付服务"调用"发票服务"去开发票……当所有操作都执行成功以后，从后往前一个一个地返回，最后由"交易服务"返回前端微服务。

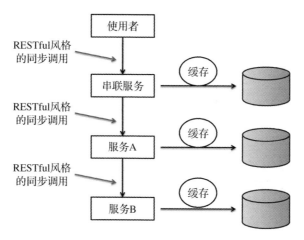

图 8-30 微服务设计的链路模式

链路模式在执行过程中，一个接一个地调用，然后一个接一个地返回，最终回到第一个微服务，如图 8-31 所示。在这个过程中，在被调者返回前都是处于等待阻塞状态，性能较差。同时，由于执行过程的编排被分散到各个微服务中分别定义，因此如果日后要变更流程，需要同时修改多个微服务，维护成本较高。所以，链路模式是 6 种微服务设计模式中应用最少的一种模式，在使用时应当注意它的弊端。

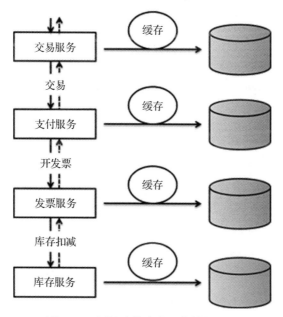

图 8-31 用链式模式实现交易的过程

4. 分支模式

分支模式也是一种在微服务设计中比较常见的设计模式，它实际上是聚合模式与代理模式的组合。如图 8-32 所示，"交易服务"是一个聚合服务，但它下面的"支付服务"又是一个代理服务。

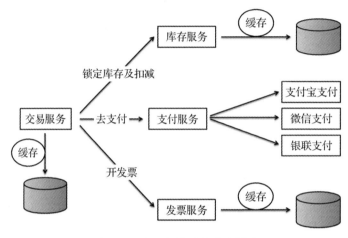

图 8-32　微服务设计的分支模式

当然，分支模式不一定是"聚合－代理"的组合，也可能是"聚合－聚合"的组合。比如，"电商前台"是一个聚合服务，但它下面的"交易服务"又是一个聚合服务，这样的组合也可以形成分支模式。大量的微服务系统就是通过这样的组合去完成各自的设计。

5. 异步模式

正常的微服务间的调用，是一种同步调用。当微服务 A 调用微服务 B 而微服务 B 还没有返回时，微服务 A 处于阻塞等待状态。但假如微服务 A 必须面对高并发的压力，必须通过提高响应速度提升吞吐量，而调用微服务 B 却执行得很慢时，就会拉低微服务 A 的执行速度，使设计出现矛盾。

这时，最有效的设计就是"异步模式"。如图 8-33 所示，在大促时"交易服务"将面临非常大的业务压力，需要通过提升响应速度来提升系统吞吐量。但"物流服务"业务复杂，执行速度比较慢，会拉低"交易服务"的执行速度。这时，可以将"交易服务"对"物流服务"的调用改为异步化设计，即在它们中间架设一个分布式消息队列。当"交易服务"要调用"物流服务"时，它不用真正去调用，而是将相关的业务打包成一个消息，放入消息队列中，"交易服务"将消息放入消息队列以后，它的任务就完成了，从而获得一个非常高的吞吐量。

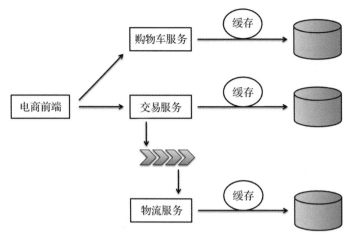

图 8-33　微服务设计的异步模式

接着，"物流服务"通过一个守护进程不断地从消息队列中获取消息，完成后续操作。只要消息队列的容量足够大，那么"物流服务"就可以按照自己的节奏一个一个地处理。这样，"交易服务"可以获得它的吞吐量，而"物流服务"也可以从容应对自己的复杂业务。在面对互联网高并发业务场景时，异步模式往往能够得到比较广泛地应用。

6. 数据共享模式

微服务架构最理想的一种组织形式就是，每个微服务都有自己的数据库，都只读写与访问自己的数据库，而对其他数据的读写则通过接口调用交给其他微服务去执行。这样的设计，能够很好地体现微服务"小而专"的特点，降低微服务间的耦合，进而降低日后变更的维护成本。这也是微服务架构优势的集中体现。

然而，按照这样的设计，就需要将原有的数据库按照功能模块进行拆分，既涉及海量历史数据的迁移问题，也涉及跨库的事务处理、跨库的关联查询等技术难题，对原有系统改造的力度较大，存在的风险也较大。因此，在微服务转型的初期不建议这样做。微服务转型初期的一个非常重要的反模式就是"太多数据迁移"。

"太多数据迁移"反模式，就是在微服务转型的初期大规模地拆分数据库。这种做法最大的问题就是改造过于激进，风险较大。通常比较平稳的做法就是在微服务转型的初期，先拆分应用，但暂时不拆分数据库，既采用"数据共享模式"。

所谓的"数据共享模式"，就是在微服务架构中，多个微服务访问同一个数据库。这样的做法，虽然改造过程会比较平稳，但又会带来另外一个反模式：数据共享反模式。

"数据共享反模式"不是说数据共享模式不好，而是设计做得不到位。许多团队在微服务转型初期采用的就是数据共享模式，因而简单粗暴地认为，微服务转型就是将原有的系统按照业务模块简单地拆分为多个微服务这样简单的设计。两种数据共享模式设计如

图 8-34 所示。

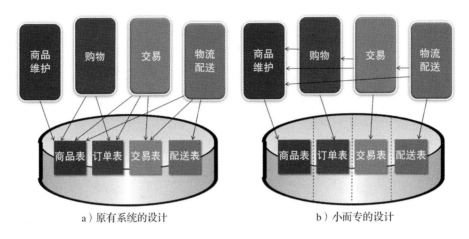

图 8-34　数据共享模式设计

通常，在以往的单体应用中往往出现这样的设计（如图 8-34a 所示）：各个业务模块在访问数据库时，都会交叉地访问各个业务表。如果按照这样的思路进行微服务拆分，一旦业务表发生变更，则会造成多个微服务的变更。也就是说，如果某个需求变更，多个团队都需要修改各自的微服务，且这些微服务要同时发布，导致微服务的所有优势都发挥不出来，还使得微服务的维护与升级变得更加复杂。分析原因，这里的问题不在于微服务架构不好，而是开发团队的设计不到位。

怎样才是微服务的设计到位呢？那就是"小而专"的设计（如图 8-34b 所示），即每个业务表只能有一个微服务可以访问，以保障微服务对数据库访问的解耦。例如，商品表只能由"商品维护"微服务进行读写，一旦该表发生变更，那么这个变更只与"商品维护"微服务有关，只变更它就可以了，变更成本降低。如果其他微服务也要读取商品信息，则通过调用"商品维护"微服务的相关接口来获取。这样，当商品表变更时，只要接口不变，这种变更就与其他微服务无关。

这里，其他微服务不会随之变更的前提条件是"接口不变"。因此，如果此次变更会造成接口的变更，同样会影响其他微服务的变更。比较典型的例证就是业务表增加字段带来的值对象的变更。微服务在远程调用接口的时候，采用的是基于 HTTP/REST 的方案，因此值对象是以 JSON 形式传递的。这是一种松耦合的形式，双方的值对象不一定要完全一致。当"商品"值对象增加了一个属性以后，如果某个微服务不需要这个属性，那么这个微服务是不用变更的。只有那些必须使用这个新属性的微服务才需要随之变更。也就是说，我们的设计原则是，每次需求变更时应该尽量保证这个变更在某个微服务的范围内。但是，这只能是"尽量保证"，如果某些变更需求本身就要求多个微服务的变更，那么我们也只能进行多个微服务的变更，并最终同时升级。

对于"小而专"的设计，为了保证每个业务表有且只有一个微服务对其访问，在微服务设计上必须制订一些规范。做法是，首先在设计阶段，对数据库中的所有表按照业务进行规划，如哪个表应当属于哪个微服务。规划好以后，将数据库按照用户划分权限，每个微服务只能访问自己的数据库和自己的表。这样，就没有权限访问那些不属于自己的表，自然就只能申请调用其他微服务的相关接口来间接访问。虽然这是数据共享模式，但已经将这个数据库按照业务逻辑进行了划分，为日后真正的物理拆分打好了基础。

除此之外，关于数据共享模式，许多微服务的书都说它只是在微服务转型初期的一种临时状态，最终都会改造为非共享模式。然而，我认为，未来将微服务与大数据结合时，采用的必然是数据共享模式，那时就不再是一种临时状态了。

未来越来越多的大型业务系统面对互联网高并发、大数据的架构设计如图 8-35 所示。通过网关层的多渠道接入，无论采用哪种访问形式，当用户访问电子商城时，请求都会转移到"电子商城"微服务；如果用户在电子商城做的是业务交易，就会访问"业务交易"微服务。这是一个短事务高并发的操作，最终会将数据存储到由多个物理节点组成的数据库集群，完成海量、高并发的写入操作。

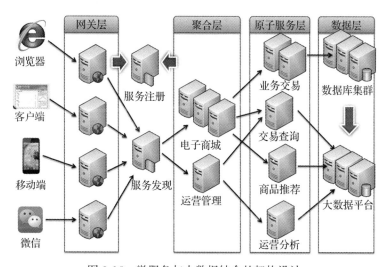

图 8-35　微服务与大数据结合的架构设计

接着，系统会根据"读写分离"的方案，将海量写入的数据同步到大数据平台中。大数据平台是一套由多个物理节点组成的分布式数据存储与分析平台。在该平台中，对数据进行分析、整理、建模，最后以不同的存储形式，提供给"交易查询""商品推荐""经营分析"等不同微服务进行分析决策与秒级查询。这时，我们的架构设计思路必然是搭建一套大数据平台供各个微服务使用，而不可能为每个微服务分别搭建一个大数据平台。因此，未来系统建设的趋势，必然是将前端的微服务系统与后台的大数据分析，通过数据共享模式进行结合。

8.3.2　微服务设计实践

1. 微服务技术转型

要将原有的单体应用转型成微服务，首先要将原有的 J2EE 架构转型成 Spring Boot 架构。在原有的 J2EE 架构中，有一个 web.xml 文件，配置了启动系统所需要的各种 Servlet、Filter 与 Listener。正是因为这个文件的存在，才使得系统所需的各种技术框架可以顺利启动。但是，Spring Boot 项目已经去掉了这个文件，因此我们需要换一种写法：

```
@SpringBootApplication
public class Application {
  public static void main(String[] args) {
    SpringApplication.run(Application.class, args);
  }
  @Bean
  public ServletRegistrationBean myServlet() {
    ServletRegistrationBean bean = new ServletRegistrationBean();
    bean.addUrlMappings("/servlet");
    bean.setServlet(new MyServlet());
    return bean;
  }
  @Bean
  public FilterRegistrationBean myFilter() {
    FilterRegistrationBean bean = new FilterRegistrationBean();
    bean.addUrlPatterns("/*");
    bean.setFilter(new MyFilter());
    return bean;
  }
  @Bean
  public ServletListenerRegistrationBean<MyListener>myListener(){
    ServletListenerRegistrationBean<MyListener> bean =
    new ServletListenerRegistrationBean<MyListener>();
    bean.setListener(new MyListener());
    return bean;
  }
}
```

如果要在项目启动时启动一个 Servlet，那么就需要在 Application 启动类中创建这样一个方法。该方法首先创建一个 ServletRegistrationBean，并将该 Servlet 创建出来，配置到该 bean 中，将该 bean 执行返回。然后，在该方法的前面通过注解增加 @Bean。这样，在项目启动时，就会将该 bean 添加到 Spring 中，并启动 Servlet。要启动多少个 Servlet，就要编写多少个这样的方法。

同样，要在项目中启动一个 Filter（或 Listener），也要写一个这样的方法，先创建一个 FilterRegistrationBean（或 ServletListenerRegistrationBeen），将 Filter（或 Listener）创建出来，配置到该 bean 中后将该 bean 执行返回，在方法前添加注解 @Bean。通过以上编码，就可以获得与 web.xml 完全相同的效果。

此外，以往许多项目在进行 Spring 的配置时，往往采用的是配置 xml 文件的方式，如 applicationContext-xxx.xml。现在，如何通过 Spring Boot 框架将其配置到 Spring 中呢？

```
@SpringBootApplication
@Configuration
@ImportResource(locations={"classpath*:applicationContext-*.xml"})
public class Application extends SpringBootServletInitializer {
  public static void main(String[] args){
    SpringApplication.run(Application.class, args);
  }
  @Override
  protected SpringApplicationBuilder configure(
      SpringApplicationBuilder builder) {
    return builder.sources(Application.class);
  }
}
```

这里，通过注解就能将 Spring 的配置文件加入项目中。同时，如果项目中使用了 SpringMVC，只需要将 Application 启动类继承自 SpringBootServletInitializer，然后实现一个 configure() 方法就可以了。

最后，如果项目使用了 JSP，那么需要在 POM.xml 中添加以下内容：

```
<dependencies>
  <dependency>
    <groupId>org.springframework.boot</groupId>
    <artifactId>spring-boot-starter-web</artifactId>
  </dependency>
  <dependency>
    <groupId>javax.servlet</groupId>
    <artifactId>jstl</artifactId>
  </dependency>
  <dependency>
    <groupId>org.apache.tomcat.embed</groupId>
    <artifactId>tomcat-embed-jasper</artifactId>
    <scope>provided</scope>
  </dependency>
  <dependency>
    <groupId>org.springframework.boot</groupId>
    <artifactId>spring-boot-starter-tomcat</artifactId>
    <scope>provided</scope>
```

```
    </dependency>
</dependencies>
```

第一个是所有的 HTTP/HTML 都需要的依赖包，后面 3 个是 JSP 专用的包。此外，还需要在配置文件中加入以下内容：

```
spring:
  mvc:
    view:
      prefix: /WEB-INF/jsp/
      suffix: .jsp
```

这样，当用户访问 http://www.demo.com/rpt/repoter?rptId=login 时，通过 SpringMVC，就会将请求定向到 RptController#reporter(String) 方法中：

```
@Controller
@RequestMapping( value= "rpt")
public class RptController {
  @RequestMapping(value = "reporter", method = RequestMethod.GET)
  public String reporter(String rptId) {
    return "reporter";
  }
}
```

在该类的前面增加注解 @Controller，就会在 reporter() 方法最终返回的字符串的前面添加前缀，后面添加后缀，最后重定向到 /WEB-INF/jsp/reporter.jsp 中，返回给用户。也就是说，今后项目中的 JSP 页面都应当放置于 /WEB-INF/jsp/ 目录下。当然，从未来发展的角度来说，JSP 等动态页面将逐渐退出历史舞台，朝着 VUE、AngularJS、Node.js 等静态框架的方向发展。

通过以上调整，将原有的 J2EE 项目转换为 Spring Boot 项目，就可以通过添加 Spring Cloud 相关组件，开始进行微服务转型了。在技术转型的初期，可以将原有 Controller 中实现的接入代码，如其中的安全检测、用户鉴权、限流措施等方法，通过整理与抽象，抽取到服务网关中。接着，通过加入 Spring Cloud 组件，可以先将整个项目做成一个微服务，让整个项目运行起来。然后，在该版本的基础上，进行各种微服务的拆分。初期微服务的转型过程如图 8-36 所示。

在这个阶段，开始可以只有一个微服务，先让程序跑通。接着，按照功能模块拆分为少量几个微服务。这时，每一次的用户请求，从服务网关直接到微服务，微服务执行完直接就返回服务网关。这样的执行过程，微服务间的远程访问就只有一次，性能比较高（服务网关也是一个特殊的微服务）。

微服务拆分往往是业务团队最大的难题，不知道该如何把握。微服务拆分的原则就是"能不拆尽量不拆，但应该拆时就要拆"。微服务之间的调用是一种远程调用，会损失一定的性能。所以，在用户的一次请求过程中，应当尽量减少微服务之间的调用，提升系统性能。最简化的设计就是：从服务网关到微服务，微服务直接返回服务网关。

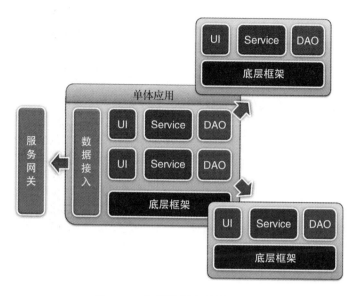

图 8-36　初期微服务的转型过程

但是，随着系统业务越来越复杂，代码越来越多，原有的微服务逐渐变成另一种单体应用，因此"应该拆时就要拆"。哪些情况应当拆分呢？首先，各个模块都需要调用的共用模块需要拆分出来代码复用。因为这些模块在各个微服务中都有代码，一旦发生变更，就会造成多个微服务的变更，增加系统的维护成本。将其拆分为独立的微服务以后，它的变更不会造成其他微服务的变更，微服务的优势才真正发挥出来。

除此之外，那些功能相对独立，但需求越来越复杂，代码越来越庞大的部分也应当拆分。这样，随着系统规模越来越大，就会从聚合服务中拆分出越来越多的原子服务，如图 8-37 所示。这样的设计，虽然会损失一定的性能，却获得了更好的系统可维护性。架构设计就是这样一个权衡利弊的过程。

2. 微服务父项目设计

前面通过微服务设计过程的演示不难发现，每个微服务都必须各自独立地编写 POM.xml 文件，而这些文件中又会有大量的重复配置。譬如，每一个微服务都必须以 spring-boot-starter-parent 作为父微服务，都需要编写 spring-cloud-dependencies，都需要配置 spring-boot-maven-plugin，等等。这些都是重复代码，一方面增大了代码量，另一方面使微服务系统难以维护。比较典型的例子就是，由于各个微服务的 Spring Boot、Spring Cloud 版本不一致，造成每次调试各微服务之间的调用时，都必须下载多个版本的 Spring Boot 或

Spring Cloud，还会带来各种版本不兼容的问题。

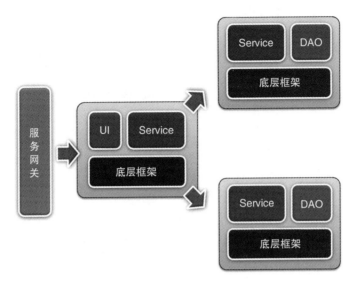

图 8-37 微服务逐步拆分原子服务的过程

因此，比较推荐的最佳实践就是：在一个项目的各个微服务之上增加了一个父项目。这个父项目也是一个 Maven 项目，但属性 packaging 选择 pom。这样，这个项目就只有一个 POM.xml 文件，配置如下：

```
<project xmlns="http://maven.apache.org/POM/4.0.0" xmlns:xsi="http://www.
  w3.org/2001/XMLSchema-instance" xsi:schemaLocation="http://maven.apache.org/
  POM/4.0.0 http://maven.apache.org/xsd/maven-4.0.0.xsd">
  <modelVersion>4.0.0</modelVersion>
  <groupId>com.demo</groupId>
  <artifactId>demo-parent</artifactId>
  <version>0.0.1-SNAPSHOT</version>
  <packaging>pom</packaging>

  <parent>
    <groupId>org.springframework.boot</groupId>
    <artifactId>spring-boot-starter-parent</artifactId>
    <version>2.1.4.RELEASE</version>
    <relativePath/> <!-- lookup parent from repository -->
  </parent>

  <properties>
    <project.build.sourceEncoding>UTF-8</project.build.sourceEncoding>
    <project.reporting.outputEncoding>UTF-8</project.reporting.outputEncoding>
    <java.version>1.8</java.version>
    <docker.image.prefix>demo</docker.image.prefix>
    <docker.repo>172.31.87.111:5000</docker.repo>
```

```xml
</properties>

<dependencies>
  <dependency>
    <groupId>org.springframework.cloud</groupId>
    <artifactId>spring-cloud-starter-netflix-eureka-client</artifactId>
  </dependency>
</dependencies>

<dependencyManagement>
  <dependencies>
    <dependency>
      <groupId>org.springframework.cloud</groupId>
      <artifactId>spring-cloud-dependencies</artifactId>
      <version>Greenwich.RELEASE</version>
      <type>pom</type>
      <scope>import</scope>
    </dependency>
  </dependencies>
</dependencyManagement>

<build>
  <plugins>
    <plugin>
      <groupId>org.springframework.boot</groupId>
      <artifactId>spring-boot-maven-plugin</artifactId>
    </plugin>
    <plugin>
      <groupId>com.spotify</groupId>
      <artifactId>docker-maven-plugin</artifactId>
      <version>0.4.3</version>
      <configuration>
        <forceTags>true</forceTags>
        <imageName>${docker.image.prefix}/${project.artifactId}</imageName>
        <imageTags>
          <imageTag>${project.version}</imageTag>
          <imageTag>latest</imageTag>
        </imageTags>
        <baseImage>java:8</baseImage>
        <entryPoint>["java", "-Djava.security.egd=file:/dev/./urandom",
          "-jar", "/${project.build.finalName}.jar"]</entryPoint>
        <cmd>["--spring.profiles.active=docker"]</cmd>
        <resources>
          <resource>
            <targetPath>/</targetPath>
            <directory>${project.build.directory}</directory>
            <include>${project.build.finalName}.jar</include>
          </resource>
        </resources>
      <image>${docker.image.prefix}/${project.artifactId}</image>
```

```
            <newName>${docker.repo}/${project.artifactId}</newName>
            <imageName>${docker.repo}/${project.artifactId}</imageName>
          </configuration>
        </plugin>
      </plugins>
    </build>

    <repositories>
      <repository>
        <id>spring-snapshots</id>
        <name>Spring Snapshots</name>
        <url>https://repo.spring.io/snapshot</url>
        <snapshots>
          <enabled>true</enabled>
        </snapshots>
      </repository>
      <repository>
        <id>spring-milestones</id>
        <name>Spring Milestones</name>
        <url>https://repo.spring.io/milestone</url>
        <snapshots>
          <enabled>false</enabled>
        </snapshots>
      </repository>
    </repositories>
</project>
```

在该父项目的配置文件中,配置了公用的 Spring Boot、Spring Cloud 以及各种 plugin
与 repository。这样,在设计项目中其他微服务时,只需要将该项目作为父项目,而不需要
再写这些配置了:

```
<parent>
  <groupId>com.demo</groupId>
  <artifactId>demo-parent</artifactId>
  <version>0.0.1-SNAPSHOT</version>
  <relativePath/> <!-- lookup parent from repository -->
</parent>
```

有了这样的设计,当父项目升级版本时,其他各个微服务的 Spring Boot、Spring Cloud
的版本就会统一升级,使整个项目都在一个统一的版本上开发,避免了许多不必要的问题。

一个微服务项目中通常有两类微服务:技术微服务(如 Eureka、Zuul 等)与业务微服务。
业务微服务往往采用的都是几套相同的技术架构,因此,在以上父项目的基础上,我们还
可以为各业务的微服务设计一个业务父项目。

前面谈到,去中心化的技术治理不是让每个微服务的技术架构都各不相同,这样会带
来另一种维护成本。因此,我们设计了几个业务父项目,每个业务父项目包含一套基础架
构。这样,当设计开发各微服务时,选择不同的业务父项目,就可以选择不同的基础架构,

并在此基础上设计开发。

```xml
<project xmlns="http://maven.apache.org/POM/4.0.0" xmlns:xsi="http://www.
w3.org/2001/XMLSchema-instance" xsi:schemaLocation="http://maven.apache.org/
POM/4.0.0 http://maven.apache.org/xsd/maven-4.0.0.xsd">
<modelVersion>4.0.0</modelVersion>
<artifactId>demo-service-parent</artifactId>
<packaging>pom</packaging>

<parent>
  <groupId>com.demo</groupId>
  <artifactId>demo-parent</artifactId>
  <version>0.0.1-SNAPSHOT</version>
  <relativePath/> <!-- lookup parent from repository -->
</parent>

<dependencies>
  <dependency>
    <groupId>org.springframework.cloud</groupId>
    <artifactId>spring-cloud-starter-openfeign</artifactId>
  </dependency>
  <!-- 断路器 Hystrix -->
  <dependency>
    <groupId>org.springframework.cloud</groupId>
    <artifactId>spring-cloud-starter-netflix-hystrix</artifactId>
  </dependency>

  <!-- 断路器 Hystrix 仪表盘 -->
  <dependency>
    <groupId>org.springframework.boot</groupId>
    <artifactId>spring-boot-starter-actuator</artifactId>
  </dependency>

  <!-- Config -->
  <dependency>
    <groupId>org.springframework.cloud</groupId>
    <artifactId>spring-cloud-starter-config</artifactId>
  </dependency>

  <!-- Zipkin -->
  <dependency>
    <groupId>org.springframework.cloud</groupId>
    <artifactId>spring-cloud-starter-zipkin</artifactId>
  </dependency>
  <dependency>
    <groupId>org.springframework.amqp</groupId>
    <artifactId>spring-rabbit</artifactId>
  </dependency>

  <dependency>
```

```
      <groupId>org.springframework.boot</groupId>
      <artifactId>spring-boot-starter-web</artifactId>
  </dependency>

  <!-- Spring Boot test-->
  <dependency>
      <groupId>org.springframework.boot</groupId>
      <artifactId>spring-boot-starter-test</artifactId>
      <scope>test</scope>
  </dependency>

  <dependency>
      <groupId>com.demo</groupId>
      <artifactId>demo-service-support</artifactId>
      <version>0.0.1-SNAPSHOT</version>
  </dependency>
 </dependencies>
</project>
```

在以上配置中，demo-parent 是整个软件项目的父项目，而 demo-service-parent 继承了 demo-parent，是一个业务父项目。该父项目中除了增加 Feign、Hystrix、Actuator 与 Config 等业务微服务都需要的组件以外，在最后还增加了 demo-service-support，这是我们通过技术选型自己封装的一个基础框架。在整个软件项目中，制作了 demo-service-parent 与 demo-service2-parent，就相当于制作了两套基础框架。在设计各业务微服务时，可以根据自身的需求，选用不同的业务父项目。

3. 多套配置文件设计

在微服务架构的最佳实践中，除了使用父项目，还会采用多套配置文件的设计。如前所述，每个微服务都需要通过 yml 文件或 properties 文件进行各种参数的配置。然而，开发人员在本地进行设计开发，与在云端进行微服务部署，其环境参数是完全不同的。以 Eureka 的地址为例，每个微服务都需要通过配置，在项目启动时，第一时间找到并注册 Eureka。然而，开发人员在本地开发时，Eureka 的地址往往是 http://localhost:9001，但在云端部署时，Eureka 的地址必须是某个 IP 地址，且事先不知道，即必须设计一个环境变量。因此，在云端部署时，该配置必须写成 ${REGISTRY_URL}。

现在问题来了，如何让微服务项目在不同的时候启动时，选用不同的配置信息呢？这就需要采用多套配置文件的设计：

```
spring:
  application:
    name: service-product
  profiles:
      active: dev
---
```

```
spring:
  profiles: dev
server:
  port: 9013

eureka:
  client:
    serviceUrl:
      defaultZone: http://localhost:9001/eureka/
---
spring:
  profiles: docker
server:
  port: ${SERVICE_PORT:9013}
eureka:
  instance:
    prefer-ip-address: true
  client:
    service-url:
      defaultZone: ${REGISTRY_URL}
```

这里，通过 spring.profiles 的属性，可以设置多套配置文件：dev 用于本地开发、docker 用于云端部署。在本地开发时多采用诸如 localhost 的配置，而云端部署多采用环境变量。这里，本地开发采用默认的 dev 配置，无须输入参数；云端部署时，则需要在启动时输入如下参数：

```
java -jar --spring.profiles.active=docker
```

这样，就可以在云端部署时采用环境变量来启动，以适应云端的各种变化了。

4. 集中式配置服务器

虽然，采用微服务架构有诸多好处，然而，当我们真正转型为微服务架构时，也会增加诸多运维成本。因为，微服务的转型不仅是将应用系统的技术架构转型为微服务架构，还要在微服务部署的云端环境中，加入更多的可维护设计。这其中就包括集中式配置服务器。

当微服务部署在云端环境中以后，整个项目被拆分为许多微服务，而每个微服务都要进行多节点的部署。这样，在部署环境中会形成许多微服务节点，每个节点都有各自的环境参数（即 yml 或 properties 文件中配置的那些参数）。因此，当系统运行中需要修改参数时，譬如修改数据库的地址、Eureka 的地址等，都需要在各个节点中进行修改，甚至需要重启各节点，维护工作量就非常大。如果能将各个节点的参数集中在一起维护，并且在修改参数以后，无须重启就能自动生效，那么维护工作量就会大幅度降低。这就是"集中式配置服务器"的设计思路。

集中式配置服务器的系统架构如图 8-38 所示。首先，将各个微服务的配置信息以 yml

或 properties 文件的形式存储在 Git 仓库中。接着，当配置服务器启动时，将这些配置信息从 Git 仓库读取到内存中。这样，当各微服务启动时，就会通过 Config 客户端去查找配置服务器。如果找到了，则使用配置服务器的配置启动系统；如果没找到，则使用自己本地的配置启动系统。有了这套机制，诸如数据库的地址、Eureka 的地址、Redis 等配置信息，就都被存储在配置服务器中，进而可以集中式管理了。

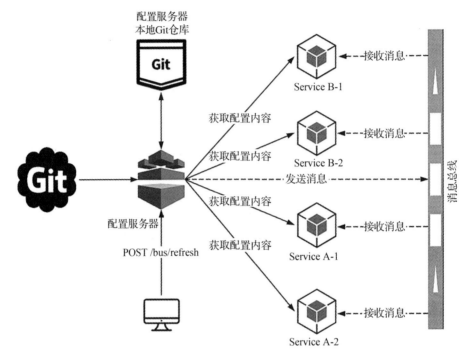

图 8-38　Spring Cloud Config 配置服务器的架构

然而，如果在各微服务启动以后再修改配置信息，如何在不重启各微服务的前提下让修改生效呢？这里需要一个消息队列（如 RabbitMQ）去分发已修改的配置。具体的做法就是，在配置服务器上配置一个消息队列。当配置信息修改以后，通过发送 /bus/refresh 的 POST 请求[⊖]，通知配置服务器将配置信息的修改发送到消息队列中。接着，在各微服务的 POM.xml 文件中配置消息队列，这样各微服务在启动以后就会不断监听消息队列。一旦从消息队列中收到消息，它们就会触发一个事件去重新载入配置信息。在不重启的情况下，配置信息的修改就可以在各微服务中生效了（详见我的 GitHub）。

　　⊖　实际的操作是在 Actuator 中开放 bus-refresh 接口，然后发送 POST /actuator/bus-refresh 请求。

（1）搭建配置服务器

与 Eureka 一样，Config 服务器也是一个特殊的 Spring Cloud 微服务。因此，在搭建配置服务器时，首先创建一个 Maven 项目。在 POM.xml 文件中，除了添加 Spring Boot、Spring Cloud 等相关配置，还要添加 Config Server 的相关配置：

```
<dependency>
    <groupId>org.springframework.cloud</groupId>
    <artifactId>spring-cloud-config-server</artifactId>
</dependency>
<!-- RabbitMQ -->
<dependency>
    <groupId>org.springframework.amqp</groupId>
    <artifactId>spring-rabbit</artifactId>
</dependency>
<dependency>
    <groupId>org.springframework.cloud</groupId>
    <artifactId>spring-cloud-starter-bus-amqp</artifactId>
</dependency>
```

这里还添加了 Spring Cloud Bus 的相关配置。Spring Cloud Bus 在 Spring Cloud 中用于封装消息队列，是用于进行各种异步化设计的组件。它可以封装 RabbitMQ、Kafka 等分布式队列。这里用的是 RabbitMQ，需要添加 Spring 对 RabbitMQ 封装的组件。

接着，创建一个启动类 ConfigApplication.class：

```
import org.springframework.boot.SpringApplication;
import org.springframework.boot.autoconfigure.SpringBootApplication;
import org.springframework.cloud.config.server.EnableConfigServer;

/**
 * The application for the config server.
 * @author fangang
 */
@SpringBootApplication
@EnableConfigServer
public class ConfigApplication {
  /**
   * @param args
   */
  public static void main(String[] args) {
    SpringApplication.run(ConfigApplication.class, args);
  }
}
```

这里增加了注解 @EnableConfigServer。随后，进行相应的配置：

```
spring:
  application:
    name: service-config
```

```yaml
      profiles.active: native
---
# 无须Git服务器，仅读取本地配置文件
server:
  port: 9000
spring:
  profiles: native
  cloud:
    config:
      server:
        native:
          search-locations: "classpath:config-repo"
        bootstrap: true
    stream:
      bindings:
        springCloudBusOutput:
          destination: springCloudBusInput
          contentType: application/json
eureka:
  client:
    serviceUrl:
      defaultZone: http://localhost:9001/eureka/
---
# 读取Git服务器获得配置信息
server:
  port: ${SERVICE_PORT:9000}
spring:
  profiles: docker
  cloud:
    config:
      server:
        git:
          uri: https://github.com/mooodo/demo-service-config.git
          searchPaths: src/main/resources/config-repo
          force-pull: true
        bootstrap: true
    stream:
      bindings:
        springCloudBusOutput:
          destination: springCloudBusInput
          contentType: application/json
---
# 从数据库中获得配置信息
spring:
  profiles: jdbc
  rabbitmq:
    host: rabbitmq-0.rabbitmq
    port: 5672
    username: guest
    password: guest
  datasource:
    driver-class-name: com.mysql.cj.jdbc.Driver
```

```
      type: com.alibaba.druid.pool.DruidDataSource
      url: jdbc:mysql://mysql-0.mysql:3306/config?autoReconnect=true&useUnicode=true
      &characterEncoding=UTF-8&zeroDateTimeBehavior=convertToNull&useSSL=false
      username: root
      password: 1234
      initialize: true
      continueOnError: true
    cloud:
      config:
        label: master
        server:
          jdbc: true
  server:
    port: ${SERVICE_PORT:9000}
  spring.cloud.config.server.jdbc.sql: SELECT key1, value1 from config_properties
    where APPLICATION=? and PROFILE=? and LABEL=?
  eureka:
    client:
      serviceUrl:
        defaultZone: ${REGISTRY_URL}
```

　　这里写了三种配置方式：native 从本地读取配置信息，docker 从 Git 服务器上获得配置信息，jdbc 从数据库中获得配置信息。最后一种方式（jdbc），除了要在 POM.xml 中添加数据库的驱动，还需要在数据库中创建一个表，如图 8-39 所示。

id	key1	value1	application	profile	label
1	eureka.client.service-url.defaultZone	http://localhost:9001/eureka/	application	dev	master
2	spring.rabbitmq.host	47.105.178.19	application	dev	master
3	spring.rabbitmq.port	5672	application	dev	master
4	spring.rabbitmq.username	guest	application	dev	master
5	spring.rabbitmq.password	guest	application	dev	master
6	spring.cloud.bus.trace.enabled	true	application	dev	master
7	management.endpoints.web.exposure.include	env, bus-refresh	application	dev	master

图 8-39　在数据库中创建表

　　最后，在目录 config-repo 中创建相应的配置文件，如图 8-40 所示。

　　这些配置文件是对其他所有微服务的集中式配置，但它们的作用范围是不同的。譬如，配置文件 application-dev.yml 可以应用于所有微服务，但必须在它们以 dev 这种配置方式启动时生效；配置文件 application-docker.yml 也可以应用于所有微服务，但必须在以 docker 这种配置方式启动时生效；此外，配置文件 service-registry-cluster.yml 仅应用于 service-registry 微服务，并且在它以 cluster 启动时生效；配置文件 service-zuul-docker.yml 仅应用于

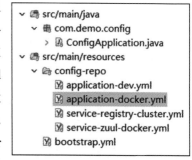

图 8-40　创建配置文件

service-zuul 微服务，并且在它以 docker 启动时生效。

（2）Config 客户端的配置

当配置服务器搭建起来以后，各微服务还必须配置 Config 客户端，才能在微服务启动时，寻找并读取配置服务器的配置。因此，需要在 POM.xml 在加入如下内容：

```
<dependency>
  <groupId>org.springframework.amqp</groupId>
  <artifactId>spring-rabbit</artifactId>
</dependency>
<dependency>
  <groupId>org.springframework.cloud</groupId>
  <artifactId>spring-cloud-starter-bus-amqp</artifactId>
</dependency>
<dependency>
  <groupId>org.springframework.cloud</groupId>
  <artifactId>spring-cloud-starter-config</artifactId>
</dependency>
```

这部分通常会配置到业务微服务的 parent 中。此外，完成相应的配置文件：

```
spring:
  cloud:
    config:
      uri: ${CONFIG_URL}
      failFast: true
    bus:
      trace:
        enabled: true
```

将 failFast 置为 true，表示微服务在启动时如果找不到配置服务器，就会启动失败；否则，读取本地配置信息启动服务。此外，将 bus.trace.enabled 置为 true，表示微服务会通过读取消息队列获得对配置信息的更新，但需要配置消息队列的相关信息。一般地，我们可以把该配置信息配置在集中式配置服务器中，如前面所述的 application-docker.yml。

5. 微服务的无状态设计

除了以上设计，还有一项设计对微服务极其重要，那就是无状态设计。那么，什么是"无状态设计"呢？它为什么对微服务极其重要呢？我们先看看传统架构存在的 Session 复制的问题。

（1）Session 复制的问题

一个分布式系统，最重要的能力就是能够通过不断增加节点数量来增加系统吞吐量，以并发压力。然而，是不是只要增加节点数量，就一定能提升系统吞吐量呢？不一定，因为在增加节点数量的同时，也增加了成本，比如负载均衡的路由成本，以及节点之间的通信成本。而节点之间通信成本的增加对于分布式系统的影响尤为巨大。

譬如，一个应用集群，除了前面的负载均衡以外，后面的应用集群也需要实现 Session 的复制，如图 8-41 所示。

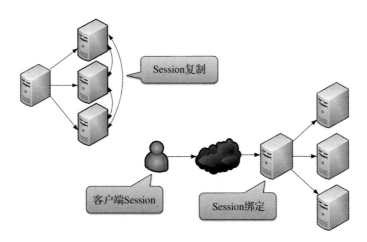

图 8-41　Session 复制的问题及其解决方案

为什么需要 Session 复制呢？我们来看看电商网站用户下单的过程。假如用户要在电商网站上完成下单，他需要经过 4 个界面：

第一个界面，输入需要购买的商品及其数量；

第二个界面，选择配送的地址，以及发票等信息；

第三个界面，完成付款；

第四个界面，完成下单。

每一个界面，都需要完成一次对服务器的访问。然而，在服务器访问时，通过负载均衡，可能会将每次的请求分发到不同的节点上进行处理。比如，第一次输入商品及其数量，是在节点 1 上处理的，但第二次请求就被分配到节点 2 上处理了。这样，节点 2 要获得节点 1 的商品及其数量，就需要节点 1 在处理完它的业务以后，以 Session 的形式传递给节点 2。但是，第二次请求并不一定是节点 2，也可能是节点 3 或节点 4。因此，对于节点 1，它在处理完自己的业务以后，只能将 Session 以广播的形式传递给所有其他节点。也就是说，为了处理类似这样的业务，每个节点在处理完自己的业务以后，都必须以广播的形式将 Session 传递给所有其他节点。

这时，我们来算一笔账，每个节点都需要将 Session 复制到其他所有节点，如果是 3 个节点，则需要复制 6 次；如果是 4 个节点，则需要复制 12 次；如果是 5 个节点，则需要复制 20 次……复制的次数随着节点数的增长而快速增长。那么，当节点数增长到 20、50、100 个节点时，这种复制成本就不能被忽略，甚至会出现随着节点的增长，性能不升反降的状况。也就是说，这样的设计不具备无限扩展的能力。

所以，微服务系统要具备无限扩展的能力，就必须要去掉节点间的 Session 复制。这时，可以选择客户端 Session，即每次处理完业务以后，将 Session 返回客户端，下次请求的时候再随着请求一起提交 Session，但这种方案存在安全性问题。也可以选择 Session 绑定，即负载均衡时采用原地址 hash 法，根据用户 IP 进行负载均衡。这样设计的效果就是，某个用户的每次请求都被分配到同一节点上处理，似乎解决了这个问题，但如果该节点失效需要故障转移呢？转移到其他节点，由于没有 Session 信息，依然无法继续处理该业务。因此，以上方案都不完美。

如图 8-42 所示，Session 复制问题的完美解决方案就是将 Session 存储到分布式缓存 Redis 中。当每个应用节点在处理完自己的业务以后，不是将产生的 Session 以广播的形式复制到其他所有节点，而是利用 Redis 在所有节点中共享的特点，将 Session 存储到 Redis 中，这样，无论后续是哪个节点处理业务，都可以通过 Redis 获得 Session。

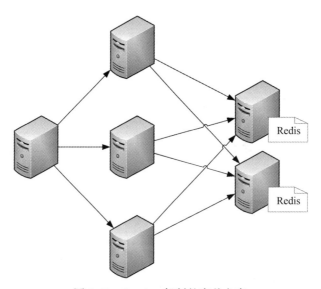

图 8-42　Session 复制的完美方案

这里 Session 问题的根源其实是本地状态，即本地要存储状态信息，导致出现诸多设计的问题。因此，要保障微服务系统能通过云端弹性扩展应对互联网的高并发，那么在设计上必须遵循无状态设计。

无状态设计要求，在整个系统中的所有微服务，无论是前端微服务，还是后端微服务，都必须遵循无状态设计，即每个微服务均不能在本地保存状态信息，如图 8-43 所示。但是，在处理各业务流程时会用到状态信息，因此就需要将所有的状态数据存储到前端、分布式缓存或数据库中。这样，无论哪个节点处理业务，通过它们都能获得状态信息。采用这种方案，不仅实现了微服务的无限扩展，还保障了微服务系统的高可用。

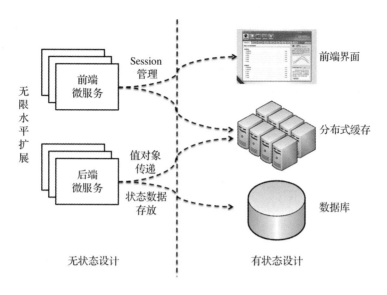

图 8-43　微服务的无状态设计

譬如，在系统运行中，某个微服务节点失效了。这时，如果该节点状态数据并没有存放在本地，而是存放在其他地方（如 Redis 中），那么它失效了也没关系，通过上游进行故障转移，可以再交给另一个节点来处理，从而简单、实用地解决了高可用的问题。

（2）用户鉴权的无状态设计

所以，微服务的设计必须遵循无状态设计。最典型的例子就是"用户鉴权"。在传统架构中，每个应用节点接收到用户请求时，都需要进行用户鉴权，检查用户的身份与权限。如果用户是第一次访问，会让用户登录，然后读取用户信息库，完成鉴权以后，将数据保存到本地 Session 中。这样，当用户再次请求的时候，就能顺利完成鉴权。

然而，对于集群部署，系统有多个应用节点，如果下一次请求被分配到另一个节点中，鉴权就会失败。这时就需要进行 Session 复制，将鉴权信息发送到其他所有节点中，但这样的过程是我们不愿看到的。

因此，我们的方案（如图 8-44 所示）是这样：当用户第一次访问时，会在服务网关中进行鉴权，并且鉴权一定会失败。这时，服务网关就会将用户登录事务交给一个特殊的微服务：认证服务。认证服务会让用户先登录，并读取用户数据库，完成鉴权。但这时，它会将用户鉴权信息放到 Session 中，并将 Session 保存到 Redis 中。

众所周知，Redis 是 k-v 存储，因此在保存时，将用户的 token 或者 sessionId 作为 key 值，将 Session 作为 value。这样，当该用户再次登录时，无论是哪个服务网关节点进行处理，通过用户的 token 或者 sessionId，都能到 Redis 中读取该用户的 Session，完成鉴权。

然而，如果后续的某个微服务在执行业务的过程中也需要 Session，那它必须要得到该用户的 token 或者 sessionId，这如何是好？解决的思路就是，通过技术中台的封装，让每一次微服务间的调用，在 HTTP/REST 请求的 head 中都带上这个 token 或者 sessionId。这样，无论哪个微服务，通过 head 就能获得 token 或者 sessionId，然后就能从 Redis 中获取 Session。由于这部分的操作比较固定，建议都直接封装在底层的微服务技术中台中。

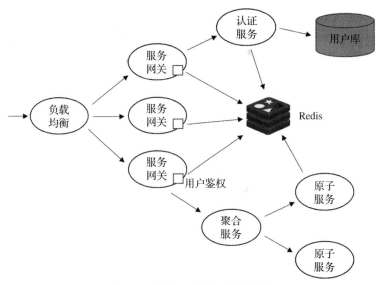

图 8-44　用户鉴权的无状态设计

8.3.3　微服务测试调优

1. 微服务的测试

前面谈到的都是微服务的设计，在设计好微服务后，接下来就是对微服务的测试。那么，微服务该如何测试呢？这就需要用到 Spring Boot 的测试组件 spring-boot-starter-test。在每一个微服务项目的 POM.xml 文件中加入以下配置：

```
<dependency>
  <groupId>org.springframework.boot</groupId>
  <artifactId>spring-boot-starter-test</artifactId>
  <scope>test</scope>
</dependency>
```

这样就可以进行微服务的测试了。在测试代码的规范中，测试代码应当写到 src/ test/ java 目录下，而相关的配置信息应当写入 src/test/resources 目录下，包括那个 yml 文件。通常情况下，测试的配置信息与开发的配置信息在很多地方都是不一样的。

接着，在 src/ test/java 目录下创建 Junit4 的测试脚本，测试的是哪个程序，测试脚本就在哪个包名下。譬如，现在要编写一个对 CustomerService 进行测试的脚本，脚本命名为 CustomerServiceTest.class，内容如下：

```java
import java.util.ArrayList;
import java.util.List;
import static org.junit.Assert.*;
import static org.hamcrest.CoreMatchers.*;

import org.junit.Test;
import org.junit.runner.RunWith;
import org.springframework.beans.factory.annotation.Autowired;
import org.springframework.boot.test.context.SpringBootTest;
import org.springframework.test.context.junit4.SpringRunner;

import com.demo2.support.utils.DateUtils;
import com.demo2.customer.entity.Address;
import com.demo2.customer.entity.Customer;

/**
 * @author fangang
 */
@RunWith(SpringRunner.class)
@SpringBootTest
public class CustomerServiceTest {
  @Autowired
  private CustomerService service;

  /**
   * The test show:
   * how to save, load, delete a simple value object to database.
   */
  @Test
  public void testSaveAndDelete() {
    Customer customer = new Customer();
    long id = 10010;
    customer.setId(id);
    customer.setName("Johnwood");
    customer.setSex("Male");
    customer.setBirthday(DateUtils.getDate("1999-01-01 00:00:00","YYYY-MM-DD
      hh:mm:ss"));
    customer.setIdentification("110211199901013322");
    customer.setPhoneNumber("010-88897070");
    service.save(customer);

    Customer actual = service.load(id);
    actual.setExclude(new String[] {"birthday","addresses"});
    assertThat("save and load failure! ", actual, equalTo(customer));

    service.delete(id);
    Customer deleted = service.load(id);
```

```
      assertNull("delete failure! ", deleted);
  }

  /**
   * The test show:
   * how to save, load, delete a value object with one-to-many relation to database.
   * that is said:
   * 1) from customer to address have a one-to-many relation.
   * 2) set the relation's isAggregation=true in vObj.xml
   * 3) save a customer then save his addresses in a same transaction.
   * 4) load a customer then load his addresses.
   * 5) delete a customer then save his addresses in a same transaction.
   */
  @Test
  public void testSaveAndDeleteWithAddress() {
    Customer customer = new Customer();
    long id = 10011;
    customer.setId(id);
    customer.setName("Swaarzi");
    customer.setSex("Male");
    customer.setBirthday(DateUtils.getDate("1995-01-01 00:00:00","YYYY-MM-DD
      hh:mm:ss"));
    customer.setIdentification("110211199501013344");
    customer.setPhoneNumber("010-88896666");

    List<Address> addresses = new ArrayList<>();
    Address address = new Address();
    address.setId((long)100110);
    address.setCustomerId(id);
    address.setCountry("China");
    address.setProvince("Shandong");
    address.setCity("Jinan");
    address.setZone("Lixiaqu");
    address.setAddress("Happy street No.12");
    address.setPhoneNumber("010-88896666");
    addresses.add(address);

    Address address1 = new Address();
    address1.setId((long)100111);
    address1.setCustomerId(id);
    address1.setCountry("China");
    address1.setProvince("Zhejiang");
    address1.setCity("Hangzhou");
    address1.setZone("Xihuqu");
    address1.setAddress("The park of Gushan");
    address1.setPhoneNumber("010-88896666");
    addresses.add(address1);
    customer.setAddresses(addresses);
    service.save(customer);
```

```
    Customer actual = service.load(id);
    actual.setExclude(new String[] {"birthday","addresses"});
    assertThat(actual, equalTo(customer));

    service.delete(id);
    Customer deleted = service.load(id);
    assertNull(deleted);
    Address address2 = service.loadAddress(id);
    assertNull(address2);
    }
}
```

在 class 前面加入注解 @SpringBootTest，就代表这是 Spring Boot 的测试程序。同时，加入 @RunWith(SpringRunner.class) 表示在执行测试时会启动 Spring Boot 执行测试程序，与直接运行整个项目是同样的效果。此外，按照测试驱动设计（Test-Driven Design，TDD）的思想，需求是什么样子，测试脚本就设计成什么样子。因此，可以在每个测试方法前，通过注释描述这个测试方法的测试需求。

在本案例中，第一个测试方法测试了在一般的情况下，保存、查询以及删除客户信息的过程。而第二个测试方法测试了如何保存、查询、删除含有客户地址的客户信息，以及在这个过程中联动操作客户地址表的整个过程。

然而，这种测试只能启动单个项目，对单个项目进行测试，而不能用于测试微服务的相互调用。换句话说，这样的测试不能满足微服务系统的测试需求，因此需要一种机制来满足微服务测试的特殊要求。

2. 微服务的契约测试

微服务设计的关键就在于，需要在微服务之间实现相互调用，通过协作来完成业务需求。然而，这样的设计为微服务的测试带来了挑战。比如，在一个业务场景中，某个微服务进行了某些操作，因此编写一个测试脚本来测试这个微服务即可。但是，如果这个微服务在执行操作的过程中，还调用了其他微服务，这时的测试脚本就有问题了。如果要测试这样的业务场景，就需要同时启动这两个微服务。也就是说，当测试某个微服务的时候，需要将该微服务需要调用的所有其他微服务都启动起来。这样，不仅会占用大量的硬件资源，降低测试的速度，还会使各个微服务相互依赖，影响日后的维护。因此，微服务的测试不能这样做。

（1）契约测试的概念

一种行之有效的微服务测试叫作"契约测试"，它的意思是说，在各个微服务调用接口的地方建立"契约"。譬如，A 团队在软件开发的过程中，需要 B 团队提供某个接口，这时候 A 团队就会与 B 团队协商出一个接口需求：由 B 团队提供这个接口，由 A 团队按照这个接口去调用。

接着，B 团队按照这个接口需求编写一个测试脚本，这个测试脚本就是"契约"。B 团队必须保证在日后不断维护和变更的过程中保持契约不变，即每次完成变更后都要通过契约测试。这样才能保证微服务在升级的过程中不会影响其他微服务，保障系统的设计质量。

同时，有了契约脚本，微服务 B 就会在编译时形成一个"桩程序"的 jar 包。将桩程序的 jar 包交给 A 团队，引入微服务 A 中，那么 A 团队在软件开发过程中就不用启动并调用微服务 B，而是直接调用桩程序了。同样，微服务 A 在执行测试脚本的时候也不必启动微服务 B，直接调用自己本地的桩程序即可，这就是"契约测试"。

当微服务 B 在日后维护的过程中需要更改接口时（虽然我们尽力不这样做），就会修改契约脚本，以保证测试能够通过。这样，微服务 B 在配置服务器打包的时候，就会更新桩程序的 jar 包。当 A 团队通过配置服务器同步代码时，就会发现接口已经变更，程序开始出错，进而会同步更新对微服务 B 的调用程序。通过这一整套机制，就能保证在日后的微服务变更过程中，微服务之间的调用不会出错。

（2）契约测试的生产者端实践

如何在 Spring Cloud 的架构中实现契约测试呢？首先，需要在项目中引入 Spring Cloud Contract 框架：

```xml
<dependency>
  <groupId>org.springframework.cloud</groupId>
  <artifactId>spring-cloud-starter-contract-verifier</artifactId>
  <scope>test</scope>
</dependency>
```

接着，要在 src/test/java 目录中，加入一个测试基础类：

```java
import org.junit.Before;
import org.junit.runner.RunWith;
import org.springframework.test.context.junit4.SpringRunner;
import com.demo.service.HelloController;
import io.restassured.module.mockmvc.RestAssuredMockMvc;
/**
 * @author fangang
 */
@RunWith(SpringRunner.class)
public class ContractBase {
  @Before
  public void setup() {
    RestAssuredMockMvc.standaloneSetup(new HelloController());
  }
}
```

由于契约测试的测试脚本不是用 Java 编写，而是用 Groovy 代码，再自动生成 Java 测试程序，因此这个基础类就是其他测试程序生成的基础。

接着，在 POM.xml 中添加一个插件 spring-cloud-contract-maven-plugin：

```
<plugin>
  <groupId>org.springframework.cloud</groupId>
  <artifactId>spring-cloud-contract-maven-plugin</artifactId>
  <version>2.1.4.RELEASE</version>
  <extensions>true</extensions>
  <configuration>
    <baseClassForTests>com.demo.ContractBase
    </baseClassForTests>
  </configuration>
</plugin>
```

最后，就可以在 src/test/resources 目录下写测试脚本了。测试脚本可以有 groovy 或 yml 两种形式，二者的效果都是一样的。我们以 groovy 程序为例：

```
import org.springframework.cloud.contract.spec.Contract
Contract.make {
  description("say hello to user, and show the server port")
  request {
    method GET()
    url("/sayHello") {
      queryParameters {
        parameter("user","Johnwood")
      }
    }
  }
  response {
    body("Hi Johnwood, welcome to you! The server port is null")
    status 200
  }
}
```

这里，request 是输入，发送了 GET 请求 /sayHello，参数是 user=Johnwood。response 是输出，期望返回一个字符串 "Hi Johnwood, welcome to you! The server port is null"，就可以完成相应的测试。需要注意的是，测试虽然会启动 Spring Boot，但不会启动整个 Web 项目，因此是不会得到端口号等 Web 信息的。

```
import org.springframework.cloud.contract.spec.Contract
Contract.make {
  description("find a person and show information about him.")
  request {
    method POST()
    url("/findPerson")
    body(name:'Mooodo',gender:'male')
    headers {
      contentType(applicationJson())
    }
  }
```

```
response {
  body(file('person.json'))
  status 200
  headers {
    contentType(applicationJson())
  }
}
}
```

这是另外一个案例，该案例中发送了 POST 请求 /findPerson，同时有一个 Json 参数 name:'Mooodo'，gender:'male'。这里，也可以将 Json 参数写入一个 Json 文件中，再通过 file('person.json') 进行引用。有了这些脚本，系统在 Maven 打包时，就会生成 Java 测试程序，并执行相应测试。

（3）契约测试的消费者端实践

当生产者端编写了契约测试脚本以后，就会生成一个桩程序 jar 包，如图 8-45 所示，并引入消费者微服务中。

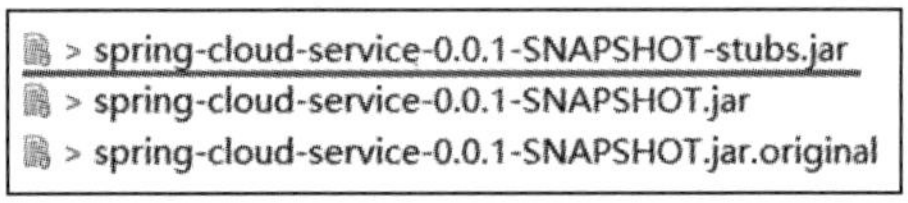

```
> spring-cloud-service-0.0.1-SNAPSHOT-stubs.jar
> spring-cloud-service-0.0.1-SNAPSHOT.jar
> spring-cloud-service-0.0.1-SNAPSHOT.jar.original
```

图 8-45　桩程序 jar 包

在消费者微服务的项目中加入契约测试框架：

```
<dependency>
  <groupId>org.springframework.cloud</groupId>
  <artifactId>spring-cloud-starter-contract-stub-runner</artifactId>
  <scope>test</scope>
</dependency>
```

这样，就可以编写消费者端测试程序了：

```
import static org.springframework.test.web.servlet.result.MockMvcResultMatchers.*;
import static org.springframework.test.web.servlet.request.MockMvcRequestBuilders.*;

import org.junit.Test;
import org.junit.runner.RunWith;
import org.springframework.beans.factory.annotation.Autowired;
import org.springframework.boot.test.autoconfigure.json.AutoConfigureJsonTesters;
import org.springframework.boot.test.autoconfigure.web.servlet.AutoConfigureMockMvc;
import org.springframework.boot.test.context.SpringBootTest;
import org.springframework.cloud.contract.stubrunner.spring.AutoConfigureStubRunner;
import org.springframework.cloud.contract.stubrunner.spring.StubRunnerProperties;
import org.springframework.test.context.junit4.SpringRunner;
import org.springframework.test.web.servlet.MockMvc;

/**
```

```
 * @author fangang
 */
@RunWith(SpringRunner.class)
@SpringBootTest
@AutoConfigureMockMvc
@AutoConfigureJsonTesters
@AutoConfigureStubRunner(ids= {"com.demo:demo-service:+:stubs:8762"}, stubsMode
  = StubRunnerProperties.StubsMode.LOCAL)
public class HelloControllerTest {
  @Autowired
  MockMvc mvc;
  @Test
  public void testSayHello() throws Exception {
    mvc.perform(get("/ribbon/sayHello").param("user", "Johnwood"))
      .andExpect(status().isOk())
      .andExpect(content().string(
        "Hi Johnwood, welcome to you! The server port is null"));
  }
  @Test
  public void testFindPerson() throws Exception {
  mvc.perform(get("/ribbon/findPerson?name={name}&gender={gender}",
    "Mooodo","male"))
      .andExpect(status().isOk())
      .andExpect(content().json(
        "{'id':0,'name':'Mooodo','gender':'male'}"));
  }
}
```

在这里，class 前面又增加了三个注解，其中 @AutoConfigureStubRunner 中的配置 ids="com.demo:demo-service:+:stubs:8762" 代表的是在 Maven 仓库中，生产者的"组名：组件名 :+:stubs: 端口号"，后续测试程序会到该 Maven 仓库中去查找这个桩程序 jar 包。在测试中采用了 mock 技术，每个请求实际上都是请求消费者自己的 API 接口。但在执行过程中，如果要调用生产者，则生产者可以启动一个服务供消费者调用。

然而，这里生产者启动的服务并不是真正的生产者服务，它只支持契约测试定义的输入输出。譬如，接口 /sayHello?user=xxx 本来可以输入任意用户名，但契约测试只能输入 user=Johnwood 这一个输入，其他的输入不能得到任何结果，这就是 mock 技术测试的精髓。

3. 集中式断路监控

除了测试，微服务系统上线运行以后的监控也非常重要，其中最重要的监控就是断路器监控。众所周知，微服务系统最脆弱的环节就是微服务间的调用，因此要通过一系列断路器措施来保障微服务间的可靠调用。但所有这些保障都是理论上的，在实际运行过程中，有各种原因可能导致微服务调用出现问题。因此，我们需要一个控制台集中显示各微服务相互调用的情况，这就是集中式断路器监控——Spring Cloud Turbine。

（1）搭建 Turbine Server

Turbine Server 也是一个 Spring Cloud 微服务，因此其搭建的步骤还是 3 步。

1）创建 Maven 项目，在 POM.xml 文件中加入 turbine 组件：

```xml
<dependency>
  <groupId>org.springframework.cloud</groupId>
  <artifactId>spring-cloud-netflix-turbine</artifactId>
</dependency>
<dependency>
  <groupId>org.springframework.cloud</groupId>
  <artifactId>spring-cloud-starter-netflix-turbine</artifactId>
</dependency>
<dependency>
  <groupId>org.springframework.cloud</groupId>
  <artifactId>spring-cloud-starter-netflix-hystrix</artifactId>
</dependency>
<dependency>
  <groupId>org.springframework.boot</groupId>
  <artifactId>spring-boot-starter-actuator</artifactId>
</dependency>
<dependency>
  <groupId>org.springframework.cloud</groupId>
  <artifactId>
    spring-cloud-starter-netflix-hystrix-dashboard</artifactId>
</dependency>
```

它需要调用其他微服务的 API 接口去采集断路器信息，相当于一个消费者，所以它也需要 Hystrix。

2）创建启动类 TurbineApplication.class：

```java
import org.springframework.boot.SpringApplication;
import org.springframework.boot.autoconfigure.SpringBootApplication;
import org.springframework.cloud.client.discovery.EnableDiscoveryClient;
import org.springframework.cloud.netflix.hystrix.dashboard.EnableHystrixDashboard;
import org.springframework.cloud.netflix.turbine.EnableTurbine;

/**
 * The application for the hystrix turbine server.
 * @author fangang
 */
@SpringBootApplication
@EnableDiscoveryClient
@EnableTurbine
@EnableHystrixDashboard
public class TurbineApplication {

    /**
```

```
 * @param args
 */
public static void main(String[] args) {
  SpringApplication.run(TurbineApplication.class, args);
}

}
```

除了加入服务发现，还要加入 @EnableTurbine 与 @EnableHystrixDashboard。

3）编写 yml 配置文件：

```
turbine:
  appConfig: service-product, service-zuul, service-order
  aggregator:
    clusterConfig: default
  clusterNameExpression: new String("default")
```

这里主要介绍 Turbine 的配置，其他配置与普通的微服务没有什么差别，不再赘述。在 turbine 的配置中，主要需要修改 appConfig 的内容，其他内容通常不会去修改。在属性 appConfig 中罗列的是需要 Turbine 监控的断路器。前面在讲解断路器原理的时候说过（详见 8.2.3 节），断路器是部署在消费者这一端的。因此，在进行断路器监控的时候，这里罗列的应当是所有的消费者微服务，即需要调用其他微服务的微服务。在这里，罗列生产者微服务没有意义。

（2）采集断路器信息

Turbine 是不能采集各个微服务内部的断路器状态的，需要各个微服务自己去采集，然后向 Turbine 开放 API 接口。如何采集断路器运行状态呢？这时，组件 Spring Boot Actuator 就出场了。Actuator 是 Spring Boot 中的一个系统监控组件，它通过数据采集，以 HTTP/REST 的形式开放 API 接口。这样，其他系统监控组件就可以通过这些接口获取监控数据了。

有了 Actuator，Turbine 通过 /actuator/hystrix.stream 接口就可以采集各个微服务节点的断路器状态了。然而，默认情况下该接口是关闭的，需要通过以下配置打开：

```
management:
  endpoints:
    web:
      exposure:
        include: 'hystrix.stream'
```

接着，Turbine 通过一个集中式的监控台，就可以展示这些信息。在浏览器中输入 http://<ip>:<port>/hystrix，就进入 Turbine 的管理界面，如图 8-46 所示。

在这里，输入 http://<turbine 的 IP 和端口号 >/turbine.stream，执行监控，就会显示 Turbine 的系统监控界面，如图 8-47 所示。

Hystrix Dashboard

http://192.168.0.209:31006/turbine.stream

Cluster via Turbine (default cluster): http://turbine-hostname:port/turbine.stream
Cluster via Turbine (custom cluster): http://turbine-hostname:port/turbine.stream?cluster=[clusterName]
Single Hystrix App: http://hystrix-app:port/actuator/hystrix.stream

Delay: 2000 ms   Title: Example Hystrix App

Monitor Stream

图 8-46　Turbine 管理界面

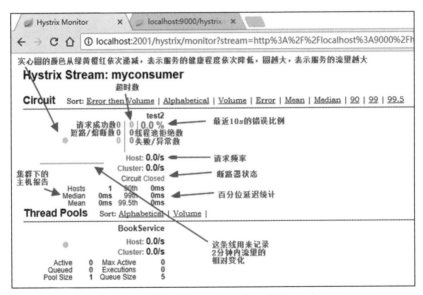

图 8-47　Turbine 的系统监控界面

此时将会把近期采集的所有断路器状态都显示出来。如果你感觉太乱，输入 http://< 某个微服务的 IP 和端口号 >/actuator/hystrix.stream，则只显示该微服务对其他微服务的调用。

4. 路由监控与调优

微服务系统运行起来以后，除了断路器监控，性能调优也变得异常重要。将单体应用拆分为微服务以后，各个模块的调用由进程中各线程间的调用，变成了各进程间的远程调用，其至跨主机调用，必然会损失一部分性能。具体损失多少性能，就成为微服务调优最关注的内容。

比如一个用户通过互联网访问微服务系统。如果系统在 1、2 秒就能反馈，那么系统的性能是没问题的；但如果需要 5、6 秒才能反馈，那么系统就存在性能问题。这时候，我们最关心的问题就是，这些时间都花到哪里了。

对单体应用来说分析比较简单，但对微服务系统来说就比较复杂了。在这次请求中，到底调用了哪些微服务？按照什么顺序调用？各自都执行了多少时间？性能瓶颈在哪里？对于这些在微服务性能调优的过程中要关注的问题，有一个监控系统可以帮助我们进行微服务调用的路由监控，它就是 Zipkin。

实际上，在微服务中进行链路跟踪并采集数据的技术组件是 Spring Cloud Sleuth（如图 8-48 所示），它被安装在各个微服务中，用于采集它们的数据，即每一次调用的执行过程与时间。接着，Sleuth 会将这些数据发送到消息队列中（RabbitMQ 或 Kafka，依据采集数据量而定）。最后，Zipkin 从消息队列中读取这些数据，并将其存储到 MySQL 或 ElasticSearch 中，最终展示到 Web 界面上。

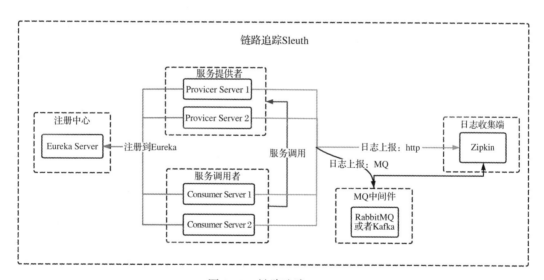

图 8-48　链路追踪 Sleuth

因此，首先各个微服务中需要引入 Spring Cloud Sleuth 与消息队列：

```
<dependency>
    <groupId>org.springframework.cloud</groupId>
    <artifactId>spring-cloud-starter-zipkin</artifactId>
</dependency>
```

```
<dependency>
  <groupId>org.springframework.amqp</groupId>
  <artifactId>spring-rabbit</artifactId>
</dependency>
```

Spring Cloud 2.0 以后，Sleuth 已经被封装到 Zipkin 客户端了。接着，在配置文件中配置 Zipkin 与 Sleuth 的相关信息，通常会将其配置到 Config 配置服务器中：

```
spring:
  zipkin:
    sender:
      type: rabbit # 向RabbitMQ发送数据
    rabbitmq:
      queue: zipkin # 队列名称
  sleuth:
    web:
      client:
        enabled: true
    sampler:
      probability: 1.0 # 采样比例100%
```

注意，Sleuth 在微服务中默认是关闭的，所以平时在本地开发时不打开。通过配置 Config 服务器，只在云端部署时才打开 Sleuth。Sleuth 会采集系统每一次请求的执行时间，因此在运营环境中数据量比较大，还会影响原有系统性能。这时，建议不要将 Sleuth 的采样比例设置为 100%，选择一个合适的比例采样。

Spring Cloud 2.0 以后，通常采用 Docker 镜像的方式安装 Zipkin：

```
$ docker pull docker.io/openzipkin/zipkin
$ docker run -d -v /etc/localtime:/etc/localtime:ro -p 9411:9411 --name zipkin
  -e STORAGE_TYPE=mysql -e MYSQL_HOST=<mysql> -e MYSQL_DB=zipkin -e MYSQL_
  TCP_PORT=3306 -e MYSQL_USER=root -e MYSQL_PASS=<password> -e RABBIT_
  ADDRESSES=<rabbit>:5672 -e RABBIT_USER=guest -e RABBIT_PASSWORD=guest docker.
  io/openzipkin/zipkin
```

下载 Docker 镜像，然后启动 Docker 即可（关于 Docker 的使用详见 9.2 节）。代码里的参数就是定义了 Zipkin 从哪里获取数据（消息队列），最后存到哪里（MySQL 或 ElasticSearch）。此外，还需要在 Zipkin 的官网下载 SQL 语句，在 MySQL 中创建 3 个表。

当 Zipkin 从消息队列中采集到数据后，就可以通过管理界面展示系统路由了，如图 8-49 所示。首先，通过查询，Zipkin 会展示一个列表，即系统近期的用户请求及其路由。在该列表中，它会通过倒序将执行时间最长的请求罗列在最上面，因为这是我们需要重点关注的。同时，每个请求的执行时间，以及经过哪些微服务的调用都会罗列出来。

选择某个请求，就会详细显示出该请求的路由情况，如图 8-51 中的第一个请求执行时间较长，需要性能调优。点击它即可显示路由的详情，如图 8-50 所示。

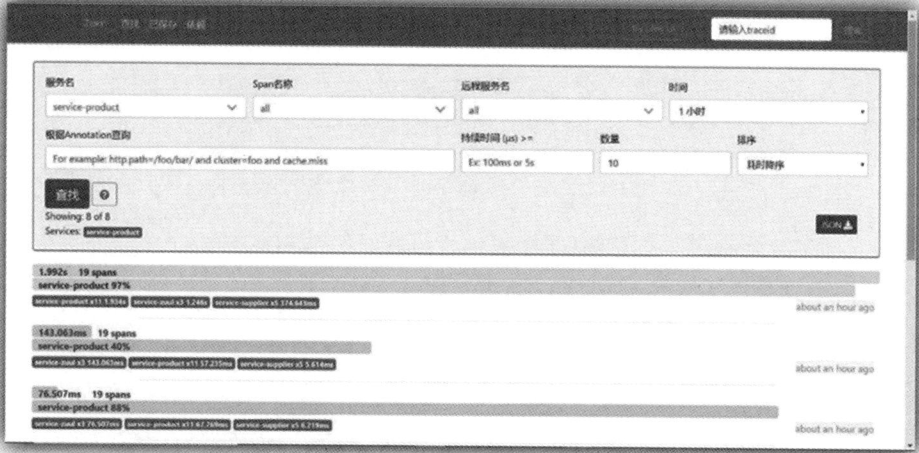

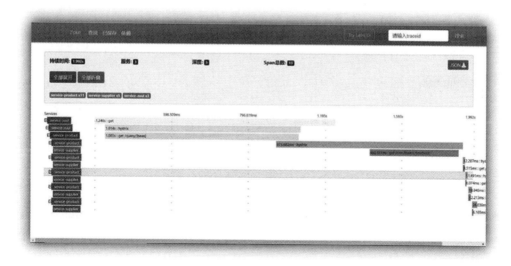

图 8-49　Zipkin 管理界面

图 8-50　路由的详情

通过详情可以看到，service-product 的 get/query/{bean} 执行时间过长，已超时，进一步点开就可以看到此次调用的详情，如图 8-51 所示。

通过以上的分析过程，我们就可以快速定位性能问题在哪里，并对症下药，快速解决问题。

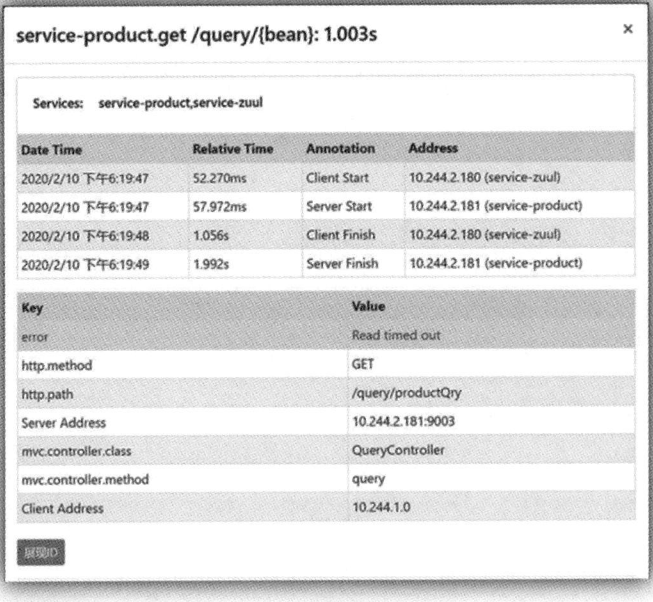

图 8-51　调用详情

8.4　微服务项目实战过程

现如今我们进入了一个软件业快速变化的年代。一方面，互联网带动越来越多的传统行业向互联网转型，使得传统行业的从业者必须适应高并发、高吞吐量的应用场景，并且不断调整技术架构来应对越来越大的业务量。另一方面，随着业务的不断拓展，服务人群的不断扩大，软件系统也变得越来越复杂。也就是说，虽然互联网行业必须要应对高并发，但相比传统行业而言业务还不是太复杂，而传统行业向互联网转型，不仅要面对高并发，还要面对越来越复杂的业务。在这样的情况下，向微服务架构的转型成为越来越多软件团队的选择。

然而，令人无比惊讶的是，微服务仿佛被描绘成了一个无所不能的终极方案，似乎只要成功转型微服务，我们就能踏上胜利的彼岸。于是，许多团队开始义无反顾地踏上了微服务之旅，而我也是这些团队中的一员。几年前，我的团队开始向微服务转型，这个过程远远看着非常美妙，然而真正涉事其中才能明白其中的苦涩。在微服务领域有太多的"坑"，太多的难点，与太多的不确定性，以至于很多时候让你无所适从、踌躇不前，甚至自我怀疑。不夸张地说，微服务让我的焦虑指数上升了很多。

最开始，让你焦虑的是微服务架构中的那些技术框架，不确定的技术选型过程，每一次的选择都是一次惊心动魄的决策，一旦失败就会让你和你的团队陷入万劫不复的窘境。即使你做出了正确的选择，还有更多的难题需要攻克。眼前如此，未来呢？现在看似正确的选择可能在不久的将来都会被推翻，成为下一个坑。

假设你侥幸踏过了第一道坎，此时你的周围已经有很多团队倒下了，很快就要面对第二道坎。第二道坎其实很简单，就是一个最简单的问题：怎样将业务进行微服务拆分？很多同学觉得这很简单，按照业务模块拆分即可。如果你是这样想的，项目很快就会陷入进退两难的尴尬境地。

微服务概念的提出者 Martin Flower 在定义微服务时，提出了拆分后的微服务应当做到"小而专"。何为"小而专"？"小"比较容易理解，"专"就是专注，就是单一职责。很多同学明白了"小"却忽略了"专"，使微服务系统陷入难以维护的糟糕境地，甚至得出"还不如不用微服务"的结论。

为什么忽略了"专"就会让系统难以维护呢？让我们首先从"为什么要转型微服务"开始探讨。随着系统规模越来越大，维护系统的团队规模也越来越大，维护成本也随之越来越高。每一次变更都会越来越难，开发效率也越来越低。如果多个团队都在维护一套系统，最后也是统一打包，一起发布，那么就会经常出现多个团队等待某个团队的情况，使得软件发布越来越慢而跟不上快速变化的市场，这是互联网时代所不能忍受的。因此，通过微服务拆分，将一个大项目拆分为多个微服务，让每个小团队只维护自己的微服务，将大系统分而治之，让各小团队独立维护，问题自然能够得到解决。

这些微服务理论看起来非常清晰，然而真正落实到工程实践却变得不是那样了。"让各小团队独立维护"，也就是尽量把每次的需求变更交给某个小团队独立完成，让需求变更落到某个微服务上进行变更。然而，是不是真的能让"每一个变更落到某个微服务上进行变更"呢？这本身就是一个难题。如果微服务拆分不合理，就会造成一个需求变更需要更改多个微服务，需要多个团队参与，同时需要发布多个微服务。此时，微服务不仅不能发挥它的优势，甚至会使软件的发布变得更加困难，真的是"还不如不用微服务"。

因此，在微服务设计中应当更注重设计质量，也就是提高每个微服务的内聚度，做到"单一职责"（详见 2.3.4 节）。只有做到了"单一职责"，才能让软件在每次变更时，尽量做到"每一个变更都落到某个微服务上进行变更"，这才是微服务的真谛。那么，如何做到"单一职责"，软件应该怎样设计？怎样进行微服务拆分？

"领域驱动设计"是业界普遍认可的解决方案，通过它可以解决微服务如何拆分，以及实现微服务的高内聚与单一职责等问题。但是，领域驱动设计应当怎样进行呢？怎样从需求分析到软件设计，用正确的方式一步一步设计微服务呢？现在，我们用一个在线订餐系统实战演练一下微服务的设计过程。

8.4.1 在线订餐系统项目实战

相信大家都使用过在线订餐系统，如美团外卖与饿了么。当我们进入在线订餐系统时，首先看到的是各个饭店，进入每个饭店就能看到他们的菜单。在在线订餐系统下单，订单中就会包含我们订餐的饭店、菜品、数量，以及我们自己的配送地址。在线订餐系统的业务流程如图 8-52 所示。

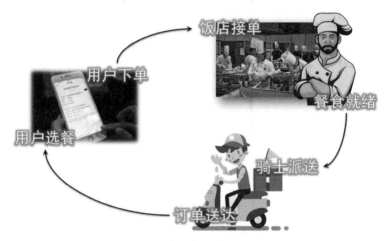

图 8-52　在线订餐系统的业务流程

下单以后，相应的饭店就会收到该下单信息。接着，饭店接单，开始准备餐食。当饭店的餐食就绪以后，就会通知骑士进行派送。最后，骑士完成了餐食的派送，订单送达。

现在，我们要以此为背景，按照微服务架构来设计开发一个在线订餐系统。那么，我们应当如何从分析需求开始，一步一步通过前面讲解的领域驱动设计，最后落实到拆分微服务，把这个系统设计出来呢？

8.4.2 统一语言与事件风暴

> 高质量的架构设计从需求分析开始，而高质量的需求分析从统一语言建模开始。

1. 统一语言建模

软件开发的最大风险出现在需求分析环节，因为在这个过程中客户可能说不清楚需求。在这个过程中，客户十分清楚他的业务领域知识，以及亟待解决的业务痛点。然而，客户不清楚的是技术能如何解决他的业务痛点。因此，客户在提需求时，是在用他有限的计算机知识，想象技术如何解决他的业务痛点。然而，这样提出的业务需求往往很难直接使用，要么技术难以实现，要么并非是一个最优的解决方案。

与此相对，在需求分析过程中，我们非常清楚技术，包括技术能解决哪些业务问题，以及它是如何解决的。然而，我们欠缺的是对客户所在业务领域知识的掌握。这就局限了我们的设计，使我们的系统很难完美地解决用户痛点。

因此，在需求分析过程中，无论是客户还是我们，都很难掌握准确理解需求所需的所有知识。这就导致，无论是客户还是我们都很难准确地描述软件需求。正因为如此，在需求分析中常常会出现，客户以为他描述清楚需求了，我们也以为我们听清楚需求了。但当软件开发出来以后，客户才发现这并不是他需要的软件，而我们才发现我们并没有真正理解需求。

如何才能破解这个困局呢？关键的思想就在于"统一语言建模"，即我们主动学习客户的语言，了解客户的业务领域知识，并用客户的语言与客户沟通；同时，我们也主动地让客户了解我们的语言，了解我们的业务领域知识，并用我们的语言沟通。

回到需求分析领域，我们清楚的是技术，但我们不了解业务。因此，我们应当主动去了解业务。那么，如何了解业务呢？找书慢慢地去学习业务吗？也不是，因为我们不是要成为业务专家，而仅仅是要掌握与开发的软件相关的业务领域知识。在业务领域漫无目的地学习，学习效率低且收效甚微。所以，我们应当从客户那里学习。那么，如何从客户那里快速学习和掌握业务呢？询问客户，仔细聆听客户对业务的描述，在与客户的探讨中快速学习业务。

然而，在这个过程中，一个非常关键的细节就是，注意捕捉客户在描述业务过程中的那些专用术语，努力学会用这些专用术语与客户探讨业务。用客户的语言与客户沟通，久而久之，你们的沟通就会越来越顺畅，客户也会觉得你越来越专业，愿意与你沟通，并与你探讨更深的业务领域知识。当你对业务的理解越来越深刻时，你就能越来越准确地理解客户的业务及痛点，并运用自己的技术专业知识，用更加合理的技术去解决用户的痛点。这样，我们的软件就会越来越专业，也让用户越来越喜欢购买和使用我们的软件，并形成长期合作关系。

以前面讲的远程智慧诊疗数据模型为例，这是一个面向中医的数据模型。在与客户探讨需求的过程中，我们很快发现，用户在描述中医的诊疗过程中，许多术语与西医有很大的不同。比如，他们在描述患者症状的时候，通常不用"症状"，而是用"表象"。表象包括症状、体征、检测指标，是医生通过不同方式捕获的患者病症的所有外部表现。同时，他们在诊断的时候也不用"疾病"，而是用"证候"。证候才是患者疾病在身体中的内部根源。中医认为，抓住证候，将证候的问题解决了，自然就药到病除了。了解了这些术语后，我们用这些术语与业务专家进行沟通，沟通变得异常顺利。客户会觉得我们非常专业，很懂他们，并且变得异常积极地与我们探讨需求，很快就建立了一种长期合作的关系。

同时，在这个过程中，我们一边在与客户探讨业务领域知识，一边又可以让客户参与到我们的分析设计工作中来，用客户能够理解的语言让客户清楚我们是如何设计软件的。这样，当客户有参与感以后，就会对我们的软件有更强烈的认可度，更有利于软件的推广。此外，客户参与、理解我们如何做软件之后，也能逐步形成一种默契，使他在日后提需求的时候，能提出更有价值的需求，避免提出技术无法实现的需求，使得需求质量大幅度提高。

2. 事件风暴会议

在领域驱动设计之初，需求分析阶段，对需求分析的基本思路就是统一语言建模，它是我们的指导思想。但落实到具体操作层面，可以采用的实践方法就是事件风暴。事件风暴（Event Storming），是一种基于工作坊的 DDD 实践方法，可以帮助我们快速发现业务领域中正在发生的事件，指导领域建模及程序开发。

事件风暴是由意大利人 Alberto Brandolini 发明的一种领域驱动设计实践方法，被广泛应用于业务流程建模和需求工程中。这个方法的基本思想，就是将软件开发人员和领域专家聚集在一起，一同讨论，相互学习，即统一语言建模。但它的工作方式类似于头脑风暴，让建模过程变得更加有趣，让学习业务变得更加容易。因此，事件风暴中的"风暴"，就是运用头脑风暴会议进行领域分析建模。

那么，这里的"事件"是什么意思呢？事件即事实，那些在业务领域中已经发生的事件就是事实。过去已经发生的事件已经成为事实就不会再更改，因此信息管理系统就可以将这些事实以信息的形式存储到数据库中，信息就是一组事实。

说到底，一个信息管理系统的作用，就是存储这些事实，对这些事实进行管理与跟踪，进而起到提高工作效率的作用。因此，分析一个信息管理系统的业务需求，就是准确地抓住业务进行过程那些需要存储的关键事实，并围绕这些事实进行分析设计、领域建模，这就是"事件风暴"的精髓。

因此，实践"事件风暴"的方法，就是让开发人员与领域专家坐在一起，开事件风暴会议。会议的目的就是与领域专家一起进行领域建模，而会议前的准备就是在会场中准备一个大大的白板与各色的便签纸，如图 8-53 所示。

事件风暴会议通常分为这样几个步骤。

首先，在产品经理的引导下，由架构师与业务专家梳理当前业务有哪些领域事件，即已经发生并需要保存下来的那些事实。这时，是按照业务流程依次去梳理领域事件的。例如，在本案例中，整个在线订餐过程分为已下单、已接单、已就绪、已派送和已送达这几个领域事件。注意，领域事件是已发生的事实。因此，在命名的时候应当采用过去时态。

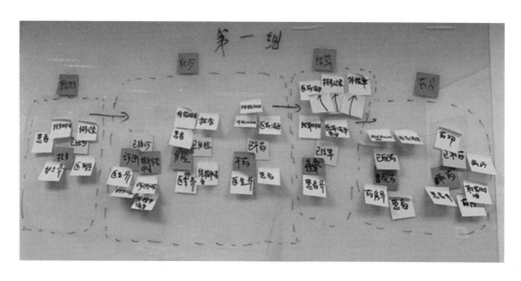

图 8-53　事件风暴会议

　　这里有一个十分有趣的问题值得探讨。在用户下单之前，用户首先是选餐。那么，"用户选餐"是否属于领域事件呢？注意，领域事件是那些已经发生并且需要保存的重要事实。这里，"用户选餐"仅仅是一个查询操作，并不需要数据库保存，因此就不是领域事件。那么，难道这些查询功能不在需求分析的过程中吗？注意，DDD 有自己的适用范围，它往往应用于系统增删改的业务场景中，而查询场景的分析往往不用 DDD，而是通过其他方式进行分析。分析清楚领域事件以后，就将所有的领域事件罗列在白板上，以确保领域中所有事件都已经被覆盖。

　　紧接着，针对每一个领域事件，项目组成员开始不断围绕它进行业务分析，增加各种命令与事件，进而思考与之相关的资源、外部系统与时间。如图 8-54 所示，在本案例中，首先分析"已下单"事件，分析它触发的命令、与之相关的人与事，以及发生的时间。

　　"已下单"事件触发的命令是"下单"，执行者是"用户"（画一个小人作为标识），执行时间是"下单时间"。与它相关的人和事有"饭店"与"订单"。在此基础上进一步分析，用户关联到用户地址，饭店关联到菜单，订单关联到菜品明细。

　　然后，识别模型中可能涉及的聚合及其聚合根。前面谈到，所谓的"聚合"就是整体与部分的关系。譬如，饭店与菜单是否是

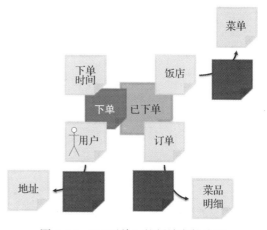

图 8-54　"已下单"的领域事件分析

聚合关系，关键看它们的数据是如何组织的。如果菜单在设计时是独立于饭店之外的，如"宫保鸡丁"是独立于饭店的菜单，每个饭店都在引用这条记录，那么菜单与饭店就不是聚合关系。即使删除了这个饭店，这个菜单依然存在。但如果菜单在设计时，每个饭店都有自己独立的菜单，譬如同样是"宫保鸡丁"，饭店 A 与饭店 B 使用的是各自不同的记录。这时，菜单在设计上就是饭店的一部分，删除饭店就会直接删除它的所有菜单，那么菜单与饭店就是聚合关系。在这里，聚合根代表"整体"，所有客户程序都必须通过聚合根去访问整体中的各个部分。

通过以上分析，我们认为用户与地址、饭店与菜单、订单与菜品明细，都是聚合关系。

按照以上步骤，一个一个去分析每个领域事件，如图 8-55 所示。

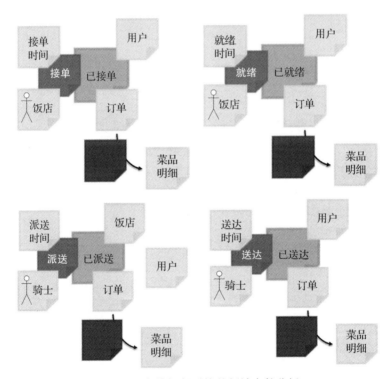

图 8-55　在线订餐系统的领域事件分析

当所有的领域事件都分析完以后，最后再站在全局角度对整个系统进行模块划分，划分为多个限界上下文，并在各个限界上下文之间，定义它们的接口，规划上下文地图。

8.4.3　子域划分与限界上下文

正如前面章节中谈到，领域模型的绘制，不是将整个系统的领域对象都绘制在一张大图上，那样绘制很费力，不利于阅读，也不利于相互的交流。因此，领域建模就是将一个系统划分成多个子域，每个子域都是一个独立的业务场景。围绕这个业务场景进行分析建模，会涉及许多领域对象，而这些领域对象又可能与其他子域的对象进行关联。这样，每个子域的实现就是"限界上下文"，而它们之间的关联关系就是"上下文地图"。

在本案例中，继续围绕领域事件"已下单"进行分析。它属于"用户下单"这个限界上下文，但与之相关的"用户"及其"地址"来源于"用户注册"限界上下文，与之相关的"饭店"及其"菜单"来源于"饭店管理"限界上下文。因此，在这个业务场景中，"用户下单"限界上下文属于"主题域"，而"用户注册"与"饭店管理"限界上下文属于"支撑域"。同理，围绕本案例的各个领域事件进行如下设计，如图 8-56 所示。

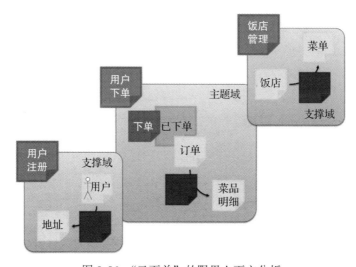

图 8-56　"已下单"的限界上下文分析

通过这样的设计，就能将"用户下单"限界上下文的范围，以及与之相关的上下文地图接口，分析清楚。在微服务拆分时，就按照限界上下文进行微服务拆分。这里，所有与用户下单相关的需求变更都在"用户下单"微服务中实现。但是，订单在读取用户信息的时候，不是直接去连接用户信息表，而是调用"用户注册"微服务的接口。这样，当用户信息发生变更时，则无须更改"用户下单"微服务，只需要在"用户注册"微服务中独立开发、独立升级，使系统维护的成本得到降低。

同样，我们围绕"已接单"与"已就绪"的限界上下文进行了分析，并将它们都划分到"饭店接单"限界上下文中，后面会设计成"饭店接单"微服务，如图 8-57 所示。这些场景的主题域就是"饭店接单"限界上下文，而与之相关的支撑域就是"用户注册"与"用户下单"限界上下文。通过这些设计，我们不仅合理划分了微服务的范围，也明确了微服务之间的接口，实现了微服务内的高内聚与微服务间的低耦合。

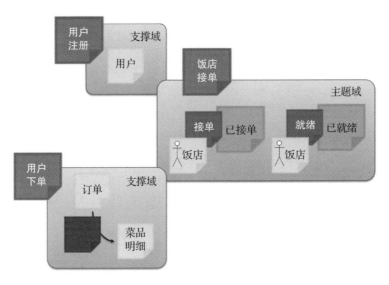

图 8-57 "已接单"与"已就绪"的限界上下文分析

8.4.4　微服务拆分与设计实现

微服务的技术架构其实并不难。很多开发团队在微服务转型初期，将关注点主要放到对微服务技术架构的学习上。然而，当他们真正开始将微服务落地到具体的业务中时才发现，真正的难题是微服务如何拆分，按照什么原则拆分，会面对哪些潜在风险。这里的拆分原则就是"小而专"，即微服务内高内聚、微服务间低耦合。

微服务内高内聚，就是要满足单一职责原则，即每个微服务中的代码都是软件变化的一个原因。因这个原因而需要变更的代码都在这个微服务中，而与其他微服务无关，那么就可以将代码修改的范围缩小到这个微服务内。修改好这个微服务后独立发布，即可实现该需求，这就是微服务的优势。

微服务间低耦合，就是指微服务在实现自身业务的过程中需要执行某些过程，如果这些过程不是自己负责，就应当交给其他微服务去实现，而此微服务只需对其他微服务的接口进行调用。譬如，"用户下单"微服务在下单过程中需要查询用户信息，但"查询用户信息"不是它的职责，而是"用户注册"微服务的职责。这样，"用户下单"微服务就不用执行对用户信息的查询，而是直接调用"用户注册"微服务的接口。那么，怎样调用呢？直接调用可能会形成耦合。因此，可以通过注册中心，使"用户下单"微服务调用的只是在注册中心中名称叫"用户注册"的微服务。而在软件设计时，"用户注册"可以有多个实现，哪个注册到注册中心中，就调用哪个。这样就实现了微服务之间调用的解耦。

1. 领域事件通知机制

按照前面的领域模型设计，以及基于该模型的限界上下文划分，我们将整个系统划分为"用户下单""饭店接单""骑士派送"等微服务。但是，在设计实现的时候，还有一个设计难题，即领域事件该如何通知呢？譬如，当用户在"用户下单"微服务中下单，那么会在该微服务中形成一个订单。但是，"饭店接单"是另外一个微服务，它必须及时获得已下单的订单信息，才能接单。那么，如何通知"饭店接单"微服务已经有新的订单？

诚然，我们可以让"饭店接单"微服务按照一定周期不断去查询"用户下单"微服务中已下单的订单信息。然而，这样的设计，不仅会加大"用户下单"与"饭店接单"微服务的系统负载，形成资源的浪费，还会带来这两个微服务之间的耦合，不利于之后的维护。因此，最有效的方式就是通过消息队列，实现领域事件在微服务间的通知，如图 8-58 所示。

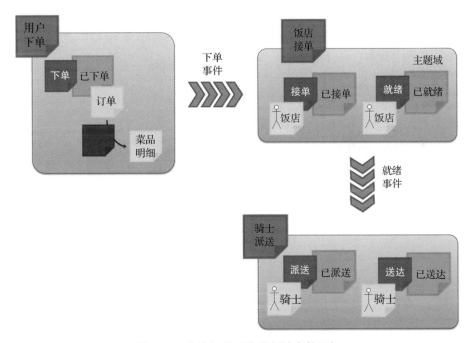

图 8-58 在线订餐系统的领域事件通知

具体的设计就是，"用户下单"微服务在完成下单并保存后，会将该订单做成一个消息发送到消息队列中。"饭店接单"微服务的守护进程一直在监听消息队列，一旦有消息就会触发接收消息操作，并向饭店发送"接收订单"的通知。在这样的设计中，"用户下单"微服务只负责发送消息，而无须关心谁会接收并处理这些消息。"饭店接单"微服务只负责接收消息，而无须关心这个消息由谁发出。这样的设计实现了微服务之间的解耦，降低了日后变更的成本。同样，饭店餐食就绪以后，也会通过消息队列通知"骑士接单"。在整个微服务系统中，微服务与微服务之间的领域事件通知会经常存在，最好在架构设计中将这个机制下沉到技术中台中。

2. 订单状态的跟踪

在在线订单系统中，还有一个设计难题就是订单状态的跟踪。当用户下单以后，往往会不断跟踪订单状态是"已下单""已接单""已就绪"还是"已派送"。然而，这些状态信息被分散到了各个微服务中，不可能在"用户下单"上下文中实现。那么，如何从这些微服务中采集订单的状态信息，同时保持微服务间的松耦合呢？解决思路就是领域事件通知，如图 8-59 所示。

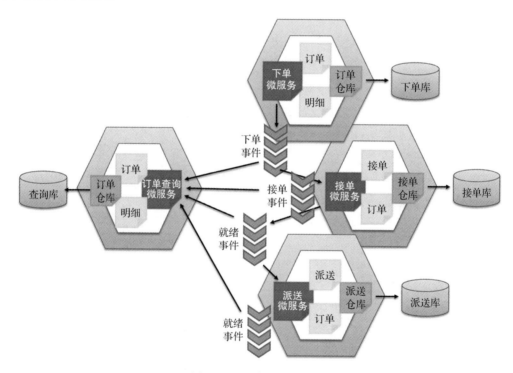

图 8-59　订单状态的跟踪

通过消息队列，每个微服务在执行完某个领域事件的操作以后，就将领域事件封装成消息发送到消息队列中。比如，"用户下单"微服务在完成用户下单以后，将下单事件放到消息队列中。这样，不仅"饭店接单"微服务可以接收这个消息，完成后续的接单操作，而且"订单查询"微服务也可以接收这个消息，实现订单的跟踪。

通过领域事件的通知与消息队列的设计，使微服务间调用的设计松耦合，"订单查询"微服务可以采集各种订单状态，同时不影响原有的微服务设计，实现了微服务之间的解耦，降低了系统维护的成本。而"订单查询"微服务通过冗余，将"下单时间""取消时间""接单时间""就绪时间"等订单在不同状态下的时间以及其他相关信息，都保存到订单表中，甚至增加了一个"订单状态"记录当前状态，并增加了 Redis 缓存的功能，以保障订单跟踪查询的高效。要知道，面对大数据的高效查询，通常都是通过冗余来实现的。

3. DDD 的微服务设计

前面的一系列领域驱动设计，如通过事件风暴会议进行领域建模，基于领域建模进行限界上下文的设计等都是为了指导最终的微服务设计。

在 DDD 指导微服务设计的过程中，首先按照限界上下文进行微服务的拆分，然后按照上下文地图定义各微服务之间的接口与调用关系。在此基础上，通过限界上下文的划分，将领域模型划分到多个问题子域，每个子域都有一个领域模型的设计。这样，按照各子域的领域模型，基于充血模型与贫血模型设计各个微服务的业务领域层，即各自的服务、实体与值对象。同时，按照领域模型设计各个微服务的数据库。

最后，将以上设计落实到微服务之间的调用、领域事件的通知，以及前端微服务的设计中，如图 8-60 所示。

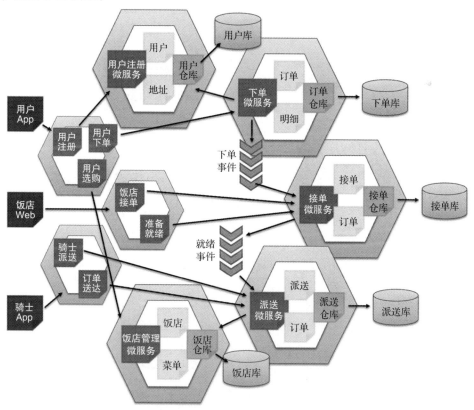

图 8-60　在线订餐系统的微服务设计

在这里可以看到，前端微服务与后端微服务的设计是不一致的。前端微服务与用户UI 密切关联，因此通过不同角色的规划，将整个系统划分为用户 App、饭店 Web 与骑士App。所有面对用户的诸如"用户注册""用户下单"与"用户选购"等功能都设计在用户 App 中。然而，它相当于一个聚合服务，用于接收用户请求，根据请求，调用相应的微服务。

按照领域模型与限界上下文，将数据库划分为用户库、下单库、接单库、派送库与饭店库。它们按照"去中心化数据管理"选用不同的数据存储方案（如图 8-61 所示）：用户库与饭店库数据量小但频繁查询，选用 MySQL+Redis 的存储方案；下单库、接单库、派送库数据量大并且高并发写，选用 TiDB 这样的 NewSQL 数据库进行分布式存储；经营分析与订单查询选用 NoSQL 数据库或大数据平台，就能完美地应对高并发与大数据，有效提高系统性能。

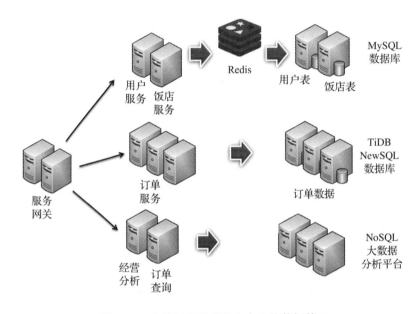

图 8-61 在线订餐系统的去中心化数据管理

最后，在订单查询的过程中，为了避免跨库的关联查询，采用补填数据的方式进行。但要注意，补填数据的方式往往应用于业务执行模块的查询中，比如"用户下单""饭店接单""骑士派送"等微服务。在这些微服务中，由于数据库已拆分，它们已经没有访问用户表与饭店表的权限。这时，它们先查询订单数据，但不连接。在查询订单时，通过翻页，将数据返回给微服务。然后，再通过调用"用户注册"与"饭店管理"微服务的相关接口，实现数据补填。这种方式，既解决了跨库关联查询的问题，又提高了海量数据下的查询效率，如图 8-62 所示。

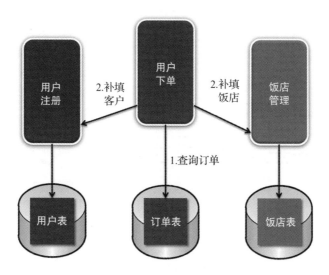

图 8-62　在线订餐系统的订单查询

　　最后，当系统要在某些查询模块进行订单查询时，就不再采用补填数据的方式，而是利用 NoSQL 的特性，采用"宽表"的设计（详见 7.2.5 节）。在批量导入查询库时，提前进行 join 操作，然后将连接后的数据，直接写入查询库的一个表中。这样，在日后的查询时，就不再需要 join 操作，而是直接在这个单表中进行查询。

基于云端的分布式部署

业务系统转型为微服务后，是否就能应对高并发的应用场景呢？其实还不能。微服务的设计只是让系统具有了可扩展的能力，还需要将系统部署到分布式云平台中以实现系统的快速弹性扩展，才能真正应对高并发，实现高可用。接下来，我们来看看微服务是怎样在云端进行分布式部署的。

9.1 DevOps 与快速交付

毫无疑问，微服务是传统行业向互联网转型的利器。然而，这并不意味着只要业务系统转型成微服务，就能发挥出微服务的优势。

互联网的特点是"来得快，去得也快"。"来得快"意味着一旦业务上线，就会有海量用户涌入，给系统带来运行压力。这时，不仅要有微服务，还要将微服务系统部署在云端，利用云平台的快速弹性扩展来应对高并发。这时需要的不仅是云端部署，更是自动化运维实现的快速部署。这就需要将微服务系统部署在一个具备自动化运维能力的微服务云端应用平台中。

"去得快"意味着团队必须不断推出新产品，才能避免用户流失。这就需要团队具备快速交付的能力，市场一旦有新动向，出现新需求，开发团队就能用最短的时间开发出相应的产品。这时，市场需求既存在刚需，又没有同类产品，是一片蓝海，我们的产品就能决胜千里之外，获得市场竞争优势。

那么，我们的交付速度到底有多快呢？这考验的是开发流程中的每个环节，除了团队组织、软件开发、平台架构以外，还有发布与运维，这也是最后的临门一脚。前面的开发速度再快，没有最后的发布，软件就不能送到用户手中，一切都是没有意义的。遗憾的是，传统的发布方式是由开发团队负责开发，由运维团队负责发布，导致交接时耗费大量时间。同时，传统的单体应用存在着集中发布的问题，前面已经探讨过了。转型成微服务以后，又存在着运维成本激增的问题。因此，为了更好地适应业务快速迭代的特点，未来的部署运维也将发生巨大变革，朝着自动化运维与 DevOps 发展。

DevOps 就是将开发（Development）与运维（Operation）相结合，践行"谁构建谁运维"的思想。这种思想认为，开发人员是最了解软件的人，因此应当将软件交给他们部署与运维。但是，将过去由运维人员负责的工作交给开发人员来完成，一方面会加大开发人员的工作量，另一方面又会使得运维人员无所事事。

那么，如何落实这个思想呢？解决问题的关键就在于职能的变更：运维人员的职能由安装和部署系统变为运维一套自动化运维平台。有了这套自动化运维平台，就开启了 IT 产业的信息化建设，从而协助开发人员用更低的成本更加快捷方便地运维软件，如图 9-1 所示。

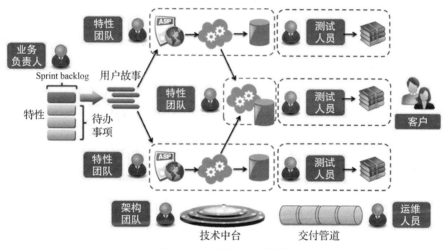

图 9-1　自动化交付管理

简单来说就是，这个过程既不由开发人员完成，也不由运维人员完成，而是交给自动化交付管道完成。业务负责人明确需求后，将需求以待办事项的形式交给开发团队。开发团队在开发过程中有架构团队的技术中台支持，在完成开发以后直接交给交付管道发布。

在交付的过程中，测试团队的质量保障也不可或缺。因此，一边是开发团队在开发程序，一边是测试团队在编写测试脚本，双方同时开始工作，并同时将成果提交到 Git 代码库。这样，在交付管道中的自动化发布过程中，同时在进行编译代码和测试。所以说，DevOps 实际是开发、测试、运维三者的集大成者。

有了这样一套自动化运维平台，开发人员不再需要编写安装手册，而是自己制作 Dockerfile 脚本，和其他的代码一起上传到各自的 Git 代码库中。接着，通过 Jenkins 进行持续集成、自动化测试、编译打包、自动形成 Docker 镜像。软件交付全生命周期管理如图 9-2 所示。

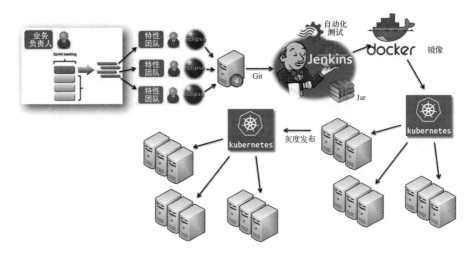

图 9-2　软件交付全生命周期管理

　　运维人员不需要自己去安装应用系统，而是由平台自动完成云端的分布式部署。这样，环节减少了，发布速度也将大幅度提高。云端分布式部署分为预发布环境与运营环境，系统通过前面的持续集成，就可以发布到预发布环境中，进行集成测试、验收测试以及各种软件发布前的准备工作，最后再通过灰度发布，逐步发布到正式运营环境中。

　　有了这套运维平台，甚至可以进行软件研发的全生命周期管理，从提出需求、放入待办事项，一直到设计、开发、测试、部署与最终发布，跟踪研发过程，从而帮助我们持续优化与改进交付过程。可以看到，在这个交付过程中，容器技术与分布式容器管理起到了至关重要的作用。

9.2　Docker 容器技术

　　前面谈到，要实现自动化运维，需要将系统通过容器技术进行部署。那么，什么是容器技术呢？

9.2.1　虚拟技术与容器技术

　　一谈到 Docker 容器技术，不得不谈的是虚拟技术。那么，虚拟技术与容器技术有什么联系和差别呢？虚拟技术与容器技术的对比如图 9-3 所示。相信大家都使用过虚拟机，它将一台大型物理设备虚拟成多个虚拟机，用于部署各种业务系统。虚拟机虚拟出了一个完整的操作系统，其目的仅仅是部署和运行那些业务系统。在这个过程中，完整的操作系统耗费了大量的资源。

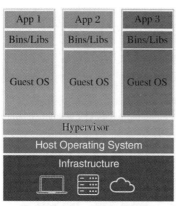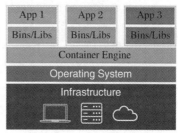

图 9-3　虚拟技术与容器技术

　　容器技术是一个轻量级的虚拟机，只虚拟出了一个简化的操作系统。这个简化的操作系统没有那么多的功能，却可以有效地运行应用。这样，既达到了终极目标，部署和运行应用系统，又大大地节省了物理资源，在同样的资源条件下，就可以运行更多的应用。

　　正因为容器技术是轻量级的虚拟机，它还带来了另外一个特性，就是标准化。大家知道，Docker 的图标是一个鲸鱼上面驮着很多集装箱，这代表了 Docker 在设计上的核心理念。在集装箱出现之前，海上运输的成本高昂。每次海运在装卸货物时都非常困难，如何将形状各异的商品合理地放置到轮船有限的空间中，成了海运最大的难题。然而，集装箱的出现解决了这一难题。它将形状各异的商品都封装在了标准长宽高的集装箱中。这样，在海运过程中，装卸的都是标准长宽高的集装箱，成本就得到了大幅度的降低。Docker 的设计就是借鉴了集装箱的这个思想，如图 9-4 所示。

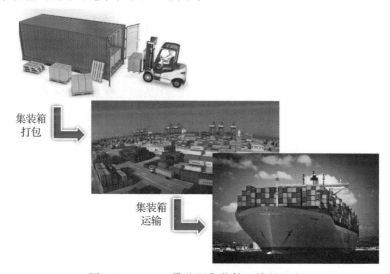

图 9-4　Docker 借鉴了集装箱运输的理念

每个业务系统，由于其使用的技术框架不同，安装时所需的技术组件、运行环境以及环境变量都不一样。这使得每个系统的安装过程异常复杂还各不一致，我们必须要编写大量的安装手册，告诉运维人员该如何部署，而他们还不一定能看懂，系统部署的成本超高。

容器技术借鉴了集装箱的设计理念，将各系统各自不同的安装过程封装在了一个个标准的容器中。当我们要发布一个系统时，首先通过批处理程序将该系统安装在一个轻量级的容器中，然后将该容器制作成一个 Docker 镜像，就可以使用这个镜像发布系统了。当运维人员拿到这个镜像时，不用再去关心系统架构与安装部署这些细节，而是直接运行这个镜像即可，系统的安装部署难度得到了大幅度降低，如图 9-5 所示。

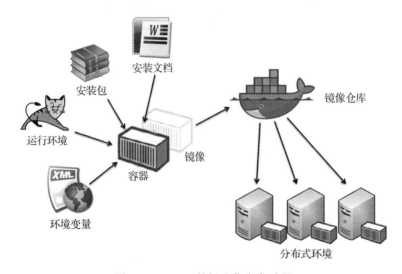

图 9-5　Docker 的标准化发布过程

然而，一个镜像只是一个文件，它不能够直接复制到各节点上进行分布式部署。因此，我们需要将镜像上传到一个镜像仓库中。镜像仓库就相当于一个 FTP 服务器，分布式云端的各个节点就是通过镜像仓库下载镜像进行分布式部署的。所以，在分布式系统中，当系统被制作成镜像时，如果没有上传到镜像仓库，是不能进行分布式部署的。

然而，这个镜像仓库应当部署在哪里呢？ Docker Hub 是一个全球的镜像仓库，只要接入互联网就可以使用，可以帮助我们安装诸如 MySQL、Redis、RabbitMQ 等主流开源框架。我们自己的微服务显然不希望放到全球仓库中让所有人使用，因此需要部署一个镜像仓库放在我们自己这端，只有我们自己可以访问，被称为"私有镜像"，或简称"私服"。也就是说，我们的系统必须要搭建私服才能进行分布式部署。

9.2.2　对 Docker 容器的操作

对 Docker 的操作如图 9-6 所示，首先是对容器的操作。容器是一个轻量级、标准化、独立运行的虚拟机，可以对它进行 start、stop 和 restart 的操作。此外，ps 操作可以查看当前正在运行的容器。容器通过 commit 操作就可以制作成镜像。

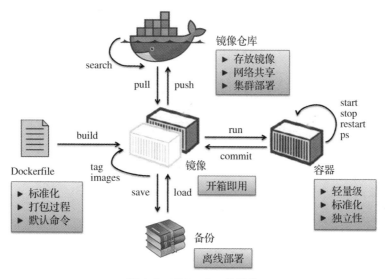

图 9-6　对 Docker 的操作

一个镜像可以通过 run 命令启动很多个容器，每个容器启动以后就会得到一个序列号。可以通过 tag 命令给镜像打标签，通过 images 命令查看当前所有镜像。可以通过 push 命令将镜像上传到镜像仓库，这样就可以在其他节点通过 pull 命令下载，从而实现分布式部署。

```
$ docker pull training/webapp                        #从镜像仓库载入镜像
$ docker images                                      #查看当前安装的镜像
$ docker run -it -P training/webapp python app.py    #用交互模式运行镜像
$ docker run -d -P training/webapp python app.py     #用静默模式运行镜像
$ docker ps                                          #查看当前正在运行的容器
$ docker logs 41ecaf18e052                           #查看运行日志，后面的参数是
                                                      容器的序列号

$ docker start 41ecaf18e052
$ docker stop 41ecaf18e052
$ docker restart 41ecaf18e052
$ docker exec -it 41ecaf18e052 bash                  #进入容器的操作系统进行操作
$ docker top 41ecaf18e052                            #查看容器内进程信息
$ docker rm 41ecaf18e052                             #删除容器
```

首先，通过 pull 命令到镜像仓库中去下载，就可以通过 run 命令去运行。在运行镜像时，-it 是交互模式，会将运行日志打印到控制台中；-d 是静默模式，除了一个容器序号，什么都不会打印，需要通过 logs 命令查看日志。

然而，要部署的运营环境和开发环境如果不在同一个网络，就需要进行离线部署。这时，需要通过 save 或 export 命令将镜像或者容器导出成一个 tar 文件，将该文件通过移动硬盘复制到另外一个网络中。然后，在那个网络中，通过 load 或者 import 命令，将此 tar 文件导入运营环境中，将其还原成镜像，就可以上传到私服进行分布式部署了。

```
$ docker export -o webapp.tar 41ecaf18e052          #将容器保存为文件
$ docker save -o my_ubuntu_v3.tar runoob/ubuntu:v3  #将镜像保存为文件
$ docker import my_ubuntu_v3.tar runoob/ubuntu:v4   #导入一个镜像
```

最后，要制作一个镜像，需要先编写一个 Dockerfile，然后通过 build 命令进行 Docker 镜像的制作。

9.2.3　用 Dockerfile 制作镜像

通过 Docker 镜像部署系统，就不用花费那么多的时间编写冗长的安装手册，编写 Dockerfile 即可。Dockerfile 实际上是一个批处理程序，定义系统安装的执行步骤。然后就可以通过 build 命令执行这个步骤，将系统先安装到一个容器中，最后将其制作成镜像。

譬如，要将微服务制作成 Docker 镜像，需要编写如下的 Dockerfile：

```
# 基于某镜像构建新的镜像
FROM java:8
# 向镜像添加文件
ADD demo-service-eureka-0.0.0.jar app.jar
# 构建镜像的过程中执行某些命令
RUN bash -c 'touch /app.jar'
RUN bash -c ["touch","/app.jar "]
# 定义镜像默认启动命令
ENTRYPOINT
["java","-Djava.security.egd=file:/dev/./urandom","-jar","/app.jar"]
CMD ["--spring.profile.active=docker"]
```

Dockerfile 是一个批处理程序，第一个全大写的单词就是命令，后面都是它的参数。FROM 命令定义了制作该镜像所需的基础镜像。镜像是一个简化的操作系统，所以最基本的镜像就是诸如 Redhat、CentOS、Ubuntu 这样的操作系统。java:8 是在操作系统的基础上安装了一个 JDK 8 制作的镜像。使用该镜像作为基础镜像就不需要再安装 JDK 8 了。ADD 命令就是将文件加入镜像中，这里加入了微服务的 jar 包，并将其改名为 app.jar，便于后面的操作。

RUN 命令定义了在安装过程中需要执行的 Linux 操作，如 mkdir、cp、rm 等等。在这里执行了一个 touch /app.jar，然而在该操作中有一个空格，而空格在命令行中往往代表不同参数间的分隔，可能操作系统会误读这个命令。因此，更加流行的做法是以空格为分隔符编写为数组 ["touch" , " /app.jar "]。

ENTRYPOINT 定义的是默认的启动命令。不同的系统在启动的时候，启动命令都各不一样。然而，通过 ENTRYPOINT 将启动命令封装在容器内部，那么运维人员就不必关注每个系统的启动命令是什么，用 run 命令直接运行每个系统就可以了。然而，通过启动命令启动的时候，可能需要后面接不同的参数，因此可以通过 CMD 定义默认的参数值，也可以在执行 run 命令时指定。如本案例中指定了参数 --spring.profile.active=docker，即微服务按照 Docker 配置启动。而我们在运行时也可以另外指定：

```
$ docker run -d -p 9001:9001 demo-service-eureka --spring.profile.active=dev
```

该命令后面指定了参数，那么系统就会根据 dev 的配置启动项目。

有了 Dockerfile，就可以通过 build 命令创建 Docker 镜像：

```
$ docker build -t demo/demo-service-eureka:1.0.0 . #用Dockerfile构建镜像
```

在这里，-t 后面是镜像的名字。一个镜像的名字往往包含三部分内容：组名、镜像名与版本号。组名可以是公司名或项目名，在微服务中通常是项目名。镜像名通常是微服务的名字。最后是版本号，如果不写就表明版本号是最新的。大家注意，这里的版本号 1.0.0 后面有个空格＋点。这个点就是当前目录，即通过 cd 进入 Dockerfile 所在目录以后，执行该 build 命令。

9.2.4　微服务的 Docker 容器部署

有了 Docker 容器，今后微服务的云端部署都可以通过制作 Docker 来完成。这时就需要用到前面微服务设计中谈到的组件 docker-maven-plugin。前面谈到，在每次创建微服务项目时，都需要在 Maven 项目的 POM.xml 文件中加入如下配置：

```
<build>
  <plugins>
    ......
    <plugin>
      <groupId>com.spotify</groupId>
      <artifactId>docker-maven-plugin</artifactId>
      <version>0.4.3</version>
      <configuration>
        <imageName>${docker.image.prefix}/${project.artifactId}
        </imageName>
        <dockerDirectory>src/main/docker</dockerDirectory>
        <resources>
          <resource>
            <targetPath>/</targetPath>
            <directory>${project.build.directory}</directory>
            <include>${project.build.finalName}.jar</include>
          </resource>
        </resources>
      </configuration>
    </plugin>
  </plugins>
</build>
```

加入该 plugin 以后，就可以通过 Maven 命令制作 Docker 镜像了。这时，还需要在项目中加入 Dockerfile，通常会将其放到 src/main/docker 目录中，如图 9-7 所示。

这样，在通过 Maven 打包的时候，就可以这样制作 Docker 镜像了：

```
mvn clean package docker:build
```

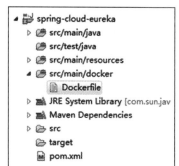

图 9-7　将 Dockerfile 加入 src/main/docker 目录

在这里增加了 docker:build，就是通过刚才那个 plugin 制作的 Docker 镜像。镜像制作好以后，就可以通过 run 命令启动微服务：

```
docker run -d -p 8761:8761 demo/service-eureka:1.0.0
```

这里的参数 -p 代表的是端口号的映射。Docker 容器是一个独立的虚拟机，运行在物理机里面。这时，容器内的端口号只能在该物理机内部使用，外部用户没有权限透过物理机访问容器的端口号。因此，需要将容器的端口号与物理机的端口号进行一个映射。这样，当外部用户访问物理机的端口号时，实际上访问的就是容器的端口号。在本案例中，冒号前面的 8761 是物理机的端口号，而冒号后面的 8761 是映射成的容器的端口号，这个映射也可以是不同的端口号。这样，外部用户就可以通过该端口号访问容器了。

9.2.5 Docker 容器的应用

有了 Docker 容器技术，今后在安装系统时，许多主流的开源框架都不需要我们自己去安装了，下载 Docker 镜像就可以了。

譬如，要使用容器安装一个 MySQL：

```
$ docker run -d -p 3306:3306 --name=mysql --restart=always -v /etc/mysql/conf:/
 etc/mysql/conf.d \
-v /etc/mysql/data:/var/lib/mysql -e MYSQL_ROOT_PASSWORD=1234 mysql:5.6.35
```

这里，采用静默模式运行，端口号是 3306，将容器命名为 mysql，就可以直接使用这个名字而不是那个难以理解的序列号来操作容器了。--restart=always 代表，如果容器当掉了或者物理机重启，都会立即再启动一个容器，即始终有一个容器在运行。

参数 -v 代表的是磁盘挂载（volume）。MySQL 在系统运行过程中要存储数据，然而这个数据文件是存储在容器中的。这样，一旦容器失效，容器中的文件就会丢失。为了避免容器中的文件丢失，就将容器中某个目录下的文件映射为物理机磁盘上的某个目录。这样，当容器保存文件时，实际上就保存到了物理机的磁盘上，即使容器宕机重启，该文件也不会丢失。在本案例中，冒号前面的目录为物理机的目录，而冒号后面的为映射到容器中的目录。

参数 -e 就是环境变量（environment），即系统配置文件中的那些形如 ${xxx} 的变量。比如，每个微服务启动的时候，必须要配置 Eureka 的注册地址。然而，在云端部署时，我们是无法提前获知 Eureka 的注册地址的，因此可以配置为环境变量 ${REGISTRY_URL}。这样，在容器启动时可以进行如下配置：

```
$ docker run -d -p 9001:9001 -e REGISTRY_URL=http://xxx/eureka demo/service-eureka:1.0.0
```

再比如，要通过 Docker 安装 RabbitMQ：

```
$ docker run -d -p 5671:5671 -p 5672:5672 -p 15671:15672 -p 25672:25672 \
-v /var/lib/rabbitmq:/var/lib/rabbitmq --name rabbitmq rabbitmq:management
```

9.2.6 搭建 Docker 本地私服

前面说到，如果将微服务打包后制作成 Docker 镜像，还不能进行分布式部署。需要将 Docker 镜像上传到本地私服，才能通过它完成云端的分布式部署。那么，如何搭建一个本地私服呢？

要搭建本地私服，首先需要在云平台的某个服务器节点上下载镜像并启动：

```
$ docker pull registry
$ docker run -d -p 5000:5000 --restart=always -v /opt/registry:/var/lib/registry registry
```

接着，就可以上传私服了。但上传私服前，需要先打标签：

```
$ docker tag demo-web-trade 192.168.116.148:5000/demo-web-trade
$ docker push 192.168.116.148:5000/demo-web-trade
```

这里，标签 192.168.116.148:5000 就是刚才搭建的本地私服的 IP 和端口号。成功上传本地私服以后，还要告诉云端所有的节点本地私服的地址与端口号。所以，需要在云端的每一个节点执行以下操作：

```
$ cat>> /etc/docker/daemon.json <<EOF
{ "insecure-registries":["192.168.116.148:5000"] }
EOF
$ systemctl restart docker
```

这样，云端各节点就可以通过 pull 命令下载并启动微服务了：

```
$ docker pull 192.168.116.148:5000/demo-web-trade
```

9.3 Kubernetes 分布式容器管理

前面已经将微服务部署到了 Docker 容器中，并且制作成 Docker 镜像后上传到了本地私服。这时，微服务已经可以通过下载本地私服实现分布式云端部署。然而，每个微服务要部署多少个节点，部署在哪些节点上，还需要一个分布式容器管理工具来予以管理，它就是 Kubernetes。

9.3.1 微服务发布的难题

前面谈到，虽然微服务拥有诸多的好处，然而，当系统转型为微服务架构以后，运维成本会大大增加。原本的单体应用，即使分布式部署，也没有几个节点，但是现在被拆分成了多个微服务，每个微服务都需要多节点部署。这样，需要部署的节点个数将大幅度增加，是过去节点个数的数倍。不仅如此，随着互联网访问压力的变化，还需要动态增加与缩减节点个数。这时，如果还采用人工部署，系统运维将不堪重负。因此，微服务的难题不仅在于如何转型为微服务技术架构，还在于如何搭建自动化运维平台，自动部署微服务。

如图 9-8 所示，微服务架构需要一个自动发布中心。它首先自动从 Git 服务器获取代

码，将其编译、打包、制作成 Docker 镜像。接着，需要我们在这个发布中心中定义各个微
服务需要部署的节点个数。当我们将每个微服务要部署的节点个数定义好以后，就会按照
这个规格进行分布式云端部署。比如，某微服务 A 被定义要部署 3 个节点，那么发布中心
就会将其部署到云端的 3 个节点上。并且，发布中心会通过监控不断保持其 3 个节点的部
署。系统运行过程中如果某个节点失效，发布中心就立即在另一个地方再启动一个节点，
以此来保障系统的可靠运行。

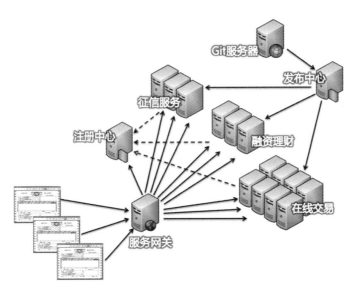

图 9-8　微服务自动发布平台

这些节点被部署好以后，一启动就会注册，其他节点就能找到它们并对其进行负载均
衡。在整个过程中，系统都是自动运行的。因此，我们不必关心到底部署在哪 3 个节点。
具体的部署都是发布中心完成的，它会根据某些算法来部署节点，比如，一个微服务的多
个节点最好部署在不同的物理节点中，以保障在物理节点宕机的情况下高可靠运行；同时，
每个物理节点的系统负载尽量均衡。

因此，当软件开发团队转型为微服务架构，系统开发出来以后，急需要这样一个发布
中心，将微服务系统部署在云端对外提供服务。那么，如何设计这个发布中心呢？其中一
个关键组件就是 Kubernetes。

9.3.2　Kubernetes 的运行原理

Kubernetes（简称 K8S）是 Google 开源的容器集群管理工具，是 Docker 生态圈中非常
重要的一员。它为应用提供集群化部署、维护、监控、扩展等功能，利用它能方便地对集
群化运行容器的应用进行管理与监控。

我曾经看过一些文章，探讨 Kubernetes 是不是要替代 Docker。这里涉及一个非常关键

的概念，即二者是什么关系。它们是竞争关系吗？不是，它们是共生关系。Kubernetes 是构建于 Docker 之上的分布式管理工具，让 Docker 能够更好地完成分布式部署，促进 Docker 的发展，因此它们是相互促进的关系。

　　Kubernetes 是应时代而生的产物。云计算是互联网的产物，是为了应对互联网访问的潮涨潮落而进行弹性可扩展的系统部署而产生的。然而，云计算经历了十多年的发展，直到今天才得到了广泛的应用。但是，在对云计算的深度应用过程中发现，要让系统能够弹性扩展起来，有效地降低系统的安装与部署成本至关重要，因而 Docker 容器技术应运而生。通过将应用的安装封装在一个个标准化的容器中，进行容器的编排，安装部署的复杂性得到大幅度的降低。并且，在云端弹性部署的过程中，系统资源也得到了充分的利用。

　　然而，在分布式弹性部署应用越来越广泛以后，我们发现它加大了系统运维的成本，因此我们急需要一套自动化管理的工具。Kubernetes 架构于 Docker 之上，是 Docker 理想的分布式管理工具。

　　Kubernetes 的系统架构如图 9-9 所示。从这里可以看到，Kubernetes 由一个 Master 节点与多个 Node 节点组成。Master 节点是它的控制节点，这里有一个 API Server 用于接收用户请求，以及一个复制控制器（Replication Controller，RC）用于将应用以 Docker 的形式在 Node 节点中进行多节点部署。比如，某个应用需要部署 3 个节点，那么它会保证该应用在整个运行过程中始终有 3 个节点的部署。如果运行过程中一个节点失效了，那么它就会在另一个地方立即再启动一个节点，以保持 3 个节点的部署，以此来保障整个系统的高可用。

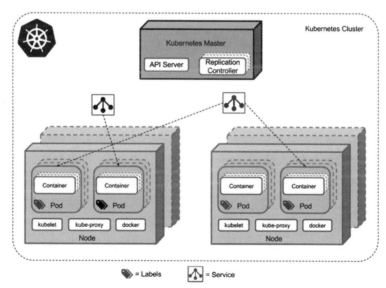

图 9-9　Kubernetes 的系统架构

　　此外，各应用在 Node 节点中是以 Docker 容器的方式进行部署的，然而在 Kubernetes 中的最小单位不是容器，而是 Pod。Pod 是 Kubernetes 对容器的一种封装，在一个 Pod 中封装了不只一个容器。然而，那是 Pod 的内部实现，是为了保障 Pod 的高可用运行。我们可以近似地认为，一个 Pod 就是一个容器。所以，做 3 个节点的部署就是部署 3 个 Pod。Kubernetes 的运行原理如图 9-10 所示。

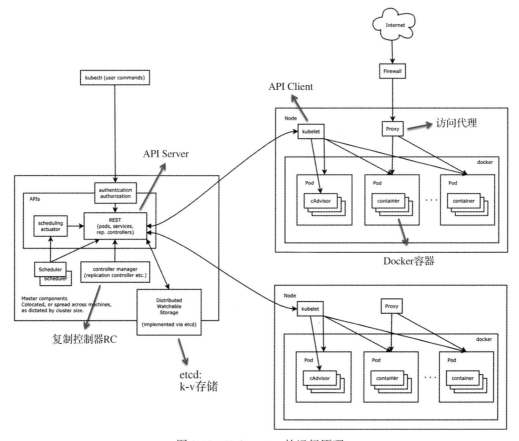

图 9-10　Kubernetes 的运行原理

我们通过客户端 kubectl 来管理 Kubernetes。通过 kubectl 发出的命令，经过一个权限检查以后，就会发送到 API Server 中。API Server 会识别与分解命令，将分解好的命令分发到相应的节点，去管理节点的应用部署。这时，每个节点就有一个 kubelet，它是 API Server 的客户端。通过它接收 API Server 的命令，然后去操作本节点的 Pod。每个 Pod 内部都包含了部署应用系统的 Docker 容器，通过它实现云端的分布式部署。当 Pod 部署好以后，需要访问代理决定这些 Pod 可以如何访问。

那么，如何将微服务在 Kubernetes 中进行多节点部署呢？首先，我们通过 kubectl 发送命令，定义节点的部署个数。API Server 接收这个命令以后，将部署的任务交给 Scheduler。Scheduler 通过一系列算法决定这个应用部署在哪些节点上，然而发送命令给这些节点的 kubelet 去部署。当节点部署好以后，就会将相关的信息写入 Master 节点的 etcd 中。etcd 是一个高效的 k-v 存储，它将各应用系统的部署信息记录下来。当需要管理这些应用时，就会先在 etcd 中查找这些元数据信息。

最后是复制控制器 RC，它保障了各应用系统在云端部署的高可用与弹性伸缩，以应对互联网潮涨潮落式的高并发访问。有了这一套机制，就可以充分发挥微服务的技术优势，降低运维成本，帮助技术团队有效地开发与运维互联网应用，高效实现传统行业向互联网转型。

9.3.3　Kubernetes 的应用场景

在分布式云端中，依据复杂度的不同，网络环境被分为以下 4 种：

1）同一物理主机的多节点部署与访问；

2）同一机房跨主机的网络部署与访问；

3）不同机房跨网段的网络部署与访问；

4）跨网络运营商的云部署与访问。

在这 4 种网络环境中，Kubernetes 主要支持前两种，即同一机房内的分布式部署与访问。如果需要跨机房的网络部署，在各机房内部署 Kubernetes 的基础上，还需要在其上部署 Kubernetes 联邦，才可以应对。最后一种跨网络运营商的部署，譬如将阿里云和华为云整合在一起使用，Kubernetes 就无能为力了。

此外，在应用部署时，Kubernetes 支持 4 种应用场景：长期伺服型、有状态应用、批处理型与后台支撑型。其中，长期伺服型（long-running）是 Kubernetes 最主要支持的应用场景，部署后 7×24 小时长期不间断运行。这些互联网应用系统一旦部署，需要保障它全年 99.9% 以上的高可用运行。

那么，如何来保障呢？通过微服务的无状态设计，即在每一个微服务节点的本地都不存储状态信息。这样，运行过程中该节点失效了也无所谓，通过 Kubernetes 的 RC 进行监控，立即在另一个位置上再启动一个节点，就能保障系统的高可用运行。因此，那些无状态设计的微服务在 Kubernetes 中通过长期伺服型进行部署，即通过 Deployment 进行部署。

在云端部署的分布式应用系统中，不可能所有组件都是无状态的。MySQL 数据库、Redis 缓存、RabbitMQ 甚至 Eureka 注册中心，在本地都必须要保存有状态数据。这些有状态组件在 Kubernetes 中部署时，就不能是 Deployment 的方式，而是 StatefulSet 的方式。

StatefulSet 与 Deployment 的区别就在于，当某个节点宕机以后，它不会在其他物理节点上重启，那样会造成数据丢失，而是必须在同一个物理节点上重启。但如果宕机的是物理节点，就不可能保障系统的高可用了。因此，有状态应用的高可用，必须要通过其他诸如一主多备、多节点复制等方式才能保障。而这些方式就不再由 Kubernetes 来保障了，而是由各技术框架自己来保障。

批处理型（batch）指后台定时批处理程序。譬如，将基于 Hadoop-Spark 的大数据平台部署在 Kubernetes 中，那么大数据批处理程序并不是一直处于运行状态，而是在每天晚上定时触发，在某个窗口期完成海量的后台数据处理。这种定时批处理程序在 Kubernetes 中是通过 Job 来进行部署。

后台支撑型（node-daemon）指监控系统运行的那些守护进程。例如 Kubernetes 的运行监控工具 Prometheus、日志采集工具 EFK，它们需要在系统中通过埋点来采集数据。所有这些埋点都通过守护进程集 DaemonSet 进行部署。

9.3.4　Kubernetes 的虚拟网络

前面谈到了，Kubernetes 主要适用于管理同一机房的网络环境。在这样的网络环境中部署系统时，既可能将应用部署到各个物理节点中，又可能在同一个物理节点部署多个应用，以充分利用物理资源。微服务之间的调用就既可能是跨物理节点的调用，又可能是同一物理节点中各微服务间的调用。那么，Kubernetes 是如何完成这些任务的呢？

Kubernetes 为了解决以上问题，使用了虚拟网络，如图 9-11 所示。首先，各微服务以 Docker 的形式部署在云端时，每个节点都是一个 Pod。这时，Kubernetes 会为每个 Pod 分配一个内部 IP，称为 Pod IP。这个 Pod IP 存在于一个虚拟网络中，仅适用于本物理节点内的各节点访问。同时，在该物理节点内的所有 Pod IP 都分配在同一网段中，如 10.1.15.x。这样，如果 10.1.15.2 需要访问 10.1.15.3，因为位于同一个虚拟网段，那么通过 docker0 网桥就能访问。

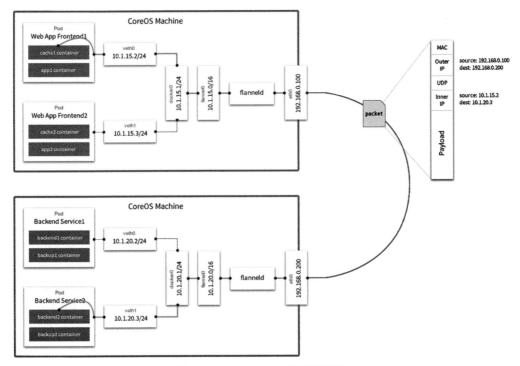

图 9-11　Kubernetes 的虚拟网络

然而，当需要跨物理节点访问时，每个物理节点内的虚拟网段就会与该节点的物理 IP 建立映射关系。如图 9-11 所示，虚拟网段 10.1.15.x 与物理 IP 192.168.0.100 建立了映射关系，虚拟网段 10.1.20.x 与物理 IP 192.168.0.200 建立了映射关系。当 10.1.15.2 要去访问 10.1.20.3 时，发现它们不在同一网段，就会通过 flannel 虚拟网络，找到自己的物理 IP 192.168.0.100，同时通过对方的 Pod IP，找到对方的物理 IP 192.168.0.200。这样，网络访问就变为由物理节点 0 找到物理节点 1，然后再进入物理节点 1 的虚拟网络，找到被访问的节点。因此，在 Kubernetes 中部署系统时，常常看到类似 10.1.20.3 的非常奇怪的 IP 地址，这就是 Kubernetes 虚拟的 Pod IP，不要感到奇怪。

9.3.5 用 Kubernetes 部署微服务

了解了 Kubernetes 的运行原理，现在来看看如何将微服务组件用 Kubernetes 部署到云端平台中。对 Kubernetes 的操作，通常都是通过 kubectl 客户端，通过命令行进行操作。这时，需要了解 Kubernetes 中的几个重要概念，如图 9-12 所示。

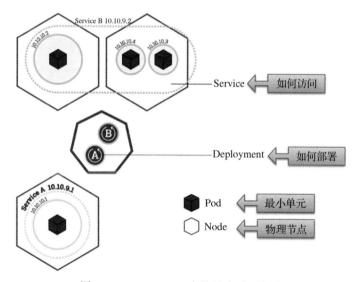

图 9-12 Kubernetes 中的几个重要概念

首先，Node 代表的就是物理节点。比如，当前的 Kubernetes 由 3 个物理节点组成，就是 3 个 Node，可以通过如下命令获取相关信息：

```
$ kubectl get nodes
NAME              STATUS     ROLES       AGE      VERSION
k8s-master        Ready      master      46m      v1.11.0
k8s-node1         Ready      <none>      41m      v1.11.0
k8s-node2         Ready      <none>      41m      v1.11.0
```

通过 get nodes 命令可以查找所有的物理节点。这里可以看到，Kubernetes 集群由 3 个物理节点组成,其中 1 个 Master 节点,2 个 Node 节点。

Pod 是 Kubernetes 集群中的最小单位,部署 3 个节点就是部署 3 个 Pod。Pod 通过以下 get pods 命令来查找,可以简写为 get po:

```
$ kubectl get po -n spring-cloud
NAME                            READY        STATUS                  RESTARTS        AGE
service-zuul-78fcdf6894-9qfr5   1/1          Running                 1               71d
service-zuul-78fcdf6894-1fg7g   1/1          Running                 1               71d
service-zuul-78fcdf6894-ftz6q   1/1          Running                 1               71d
```

这里可以看到,每个 Pod 的命名由"服务名 + 部署序号 +Pod 序号"组成。后面增加了参数 -n,就是命名空间 namespace,它就像数据库中的 schema,将部署的应用按照权限划分为多个空间,分配给不同的用户使用。通常会将一个应用系统的微服务及相关组件分配到一个命名空间中,分配给指定的用户。

Deployment 定义微服务该如何部署。因此,在 Deployment 中会定义要部署多少个节点,每个节点的 CPU 和内存,用什么镜像部署,以及部署时的环境变量:

```
$ kubectl get deploy -n spring-cloud
NAME              DESIRED    CURRENT    UP-TO-DATE    AVAILABLE    AGE
service-zuul      2          2          2             2            71d
service-customer  3          3          3             3            4d
service-product   3          3          3             3            68d
```

最后,当微服务部署好以后,通过 Service 定义这些微服务该如何访问。前面讲过,微服务的安全措施要求大多数的微服务都只能在内部访问,即只能在 Kubernetes 集群内部访问,外部用户无法访问。只有少量的微服务,如服务网关、注册中心、监控组件才能外部访问。

```
$ kubectl get svc -n spring-cloud
NAME              TYPE        CLUSTER-IP       EXTERNAL-IP    PORT(S)           AGE
service-zuul      NodePort    10.110.62.245    <none>         9008:32008/TCP    71d
service-customer  ClusterIP   10.110.37.232    <none>         9002/TCP          71d
service-product   ClusterIP   10.106.66.196    <none>         9003/TCP          71d
```

在这里,命令 svc 是 services 的简写,service-zuul 是服务网关,是外部可以访问的,因此 TYPE 是 NodePort 或 LoadBalancer。其他几个是业务微服务,只能内部访问,因此 TYPE 是 ClusterIP。

了解了这些概念,要将微服务部署在 Kubernetes 集群中,最有效的方式就是编写类似这样的 yaml 文件:

```
kind: Deployment
apiVersion: extensions/v1beta1
metadata:
  labels:
    app: service-zuul
  name: service-zuul #微服务名
```

```
      namespace: spring-cloud #命名空间
  spec:
    replicas: 2 #部署节点个数
    selector:
      matchLabels:
        app: service-zuul
    template:
      metadata:
        name: service-zuul
        labels:
          app: service-zuul
      spec:
        containers:
        - name: service-zuul
          image: 172.31.87.111:5000/service-zuul #镜像名称
          imagePullPolicy: Always
          env: #环境变量
            - name: GIT_URL
              value: "http://172.31.87.111:31000"
---
kind: Service
apiVersion: v1
metadata:
  labels:
    app: service-zuul
  name: service-zuul
  namespace: spring-cloud
spec:
  type: NodePort #类型，默认是ClusterIP，此外还有NodePort与LoadBalancer
  ports:
  - port: 9008
    targetPort: 9008
    nodePort: 31008 #外部访问的端口号，默认范围30000~32767
  selector:
    app: demo-service-zuul
```

在这个 yaml 配置文件中，我们首先编写了一个 Deployment，定义了微服务是如何部署的，包括部署的个数、镜像名以及启动所需的环境变量等内容。这里的镜像名，从标签就可以看出，是来源于本地私服。接着编写了一个 Service，定义了微服务如何访问。这里，如果 type 是 NodePort 或 LoadBalancer，那么该微服务是可以外部访问的。如果要外部访问，就要指定一个外部访问端口号 nodePort。这里的端口号有设定范围，默认是30000～32767，但可以修改。如果 type 是 ClusterIP，则只能内部访问。内部访问就不需要设置 nodePort 了。默认值是 ClusterIP，因此内部访问时 type 可以不写。

照理说，Deployment 与 Service 应当写到两个不同的文件中。然而，yaml 文件有一个特性，就是通过 --- 进行分隔，将多个 yaml 文件写到一个文件中，提高系统的可维护性。因此，为了让微服务能够在云端 Kubernetes 环境中进行自动化部署，规范要求每个微服务的项目，在项目根目录中都应当编写一个这样的 yaml 文件。

写好了 yaml 文件以后，通过命令行执行创建语句，就可以发布了：

```
$ kubectl create -f service-zuul.yaml
```

但如果是更新发布，则需要先删除先前项目再创建，或者直接执行更新语句：

```
$ kubectl delete -f service-zuul.yaml
$ kubectl apply -f service-zuul.yaml
```

9.3.6 用有状态集部署组件

在微服务的云端部署中，大多数微服务节点都可以通过 Deployment 进行无状态部署，以提高系统的高可用。然而，在一个微服务系统中的组件，不仅仅包括微服务，通常还要包括 MySQL 数据库、Redis 缓存、RabbitMQ 消息队列以及 Eureka 注册中心集群。这些组件是有状态的，因此不能采用 Deployment 进行部署。

比如，MySQL 数据库在部署的时候，需要将它的配置与数据文件部署到本地磁盘中，这样就不是无状态了。一旦该节点宕机了，必须在当前物理节点上重启 MySQL，否则就会丢失数据。因此，像这样在本地缓存或磁盘中保存数据，不能进行无状态设计的技术组件，需要通过 StatefulSet 进行部署。这样部署的组件一旦宕机，只会在当前物理节点上重启，并且重启以后 Pod 的名称也不会变，便于其他组件访问。

```
kind: StatefulSet
apiVersion: apps/v1
metadata:
  labels:
    app: mysql
  name: mysql
  namespace: default
spec:
  replicas: 3
  serviceName: mysql #服务名
  selector:
    matchLabels:
      app: mysql
  template:
    metadata:
      name: mysql
      labels:
        app: mysql
    spec:
      containers:
      - name: mysql
        image: mysql:5.6.35
        env:
        - name: MYSQL_ROOT_PASSWORD
          value: "****"
        ports:
        - containerPort: 3306
```

```
        name: mysql
      volumeMounts: #定义磁盘挂载
      - name: mysql-persistent-storage
        mountPath: /var/lib/mysql
    volumes: #定义磁盘挂载
    - name: mysql-persistent-storage
      hostPath:
        path: /mnt/data
```

在以上配置中，最大的不同就是增加了磁盘挂载。前面讲解 Docker 的时候谈到，磁盘挂载就是将容器中的某个目录映射为物理机上的某个目录，当容器在该目录下保存文件时，该文件就被保存到物理机的相应目录中了。这样的设计可以有效地避免数据的丢失，Kubernetes 的磁盘挂载也是这个作用。但与 Docker 不同的是，Kubernetes 在配置磁盘挂载时，稍微要复杂一些。

首先，需要在容器中定义一个 mountPath，这就是在容器中的目录。接着，还要定义一个 volumes，这就是物理机的目录。二者的名称相同，那么就将它们映射到一起了。在 volumes 中可以定义很多种磁盘挂载，emptyDir 是临时目录，hostPath 是本地磁盘，persistentVolumeClaim 则是指定云端的网络存储设备。

使用 StatefulSet 部署的节点与使用 Deployment 部署的节点不同，它们在命名时都是固定名称。比如，前面用 Deployment 部署的节点叫做 service-zuul-78fcdf6894-9qfr5，后面是随机序号，每次部署都是不同的名字。然而，用 StatefulSet 部署的节点叫 mysql-0、mysql-1、mysql-2。mysql-0 宕机重启时还叫 mysql-0，这就为访问它们的节点提供了帮助。

现在，用 StatefulSet 部署了 MySQL 数据库，那么其他的组件该如何访问它们呢？这是一个问题。譬如，用 Deployment 部署了微服务 A，每次部署的名称都不一样。这时，微服务 B 该如何访问它呢？没关系，用注册中心。无论改成什么名字，注册到注册中心中就能找到啦。然而，微服务访问数据库是没有注册中心的，并且每一个数据库节点存储的数据都不一样。所以，访问数据库集群的多个节点时，是不能采用负载均衡的，读什么数据就要访问哪个节点，必须是指定的。

那么，如何读到指定的节点呢？访问节点时，通常的方式是通过 Service 进行访问，Service 就会按照负载均衡访问各个节点，而不能指定节点，这就不能满足当前的需求。因此，就需要配置"无头"（headless）的 Service：

```
apiVersion: v1
kind: Service
metadata:
  name: mysql
spec:
  ports:
  - port: 3306
  selector:
    app: mysql
  clusterIP: None
```

　　无头的 Service 的类型必须是 clusterIP，并且要设定 clusterIP: None。这样，在访问数据库节点时，mysql-0.mysql 就是访问第一个节点，mysql-1.mysql 就是访问第二个节点……就实现了指定节点的访问。

9.3.7　Kubernetes 应用实践

　　采用 Kubernetes 进行微服务的云端部署，每个微服务都采用 Deployment 进行部署，设定多个节点部署，就可以保证高可用了。在配置 Service 时，将其配置为 clusterIP，只能内部访问，就可以保障系统的安全。当面对高并发时，通过修改节点个数，就可以实现弹性可扩展了：

```
$ kubectl scale deploy service-customer --replicas=10
$ kubectl autoscale deploy service-customer --min=5 --max=20    #自动扩展
```

　　第二句话实现了自动扩展，即由 Kubernetes 自己去决定要部署多少个节点，但我们必须要为其设定一个节点范围。

　　微服务可以通过 Deployment 实现高可用，但服务网关 Zuul 如何实现高可用呢？服务网关其实是一个特殊的微服务，因此它的部署方式也是 Deployment，只是它的 Service 应当定义为 LoadBalancer，甚至 Ingress，以获得更大的系统吞吐量。

　　除此之外，注册中心 Eureka 如何实现高可用呢？前面谈到了，Eureka 集群的每个节点都需要在本地存储注册信息，并且它们需要相互注册。因此，Eureka 集群的部署不是无状态部署，而是有状态部署，需要使用 StatefulSet 与无头 Service。具体的配置如下：

```
kind: StatefulSet
apiVersion: apps/v1
metadata:
  labels:
    app: demo-service-eureka-cluster
  name: eureka
  namespace: default
spec:
  replicas: 3
  serviceName: eureka
  podManagementPolicy: "Parallel"
  selector:
    matchLabels:
      app: demo-service-eureka-cluster
  template:
    metadata:
      name: eureka
      labels:
        app: demo-service-eureka-cluster
    spec:
      containers:
      - name: demo-service-eureka-cluster
        image: 192.168.20.111:5000/demo-service-eureka
```

```
          imagePullPolicy: Always
          args: [--spring.profiles.active=cluster]
          env:
          - name: POD_NAME
            valueFrom:
              fieldRef:
                fieldPath: metadata.name
          - name: SERVICE_HOST
            value: ${POD_NAME}.eureka
          - name: REGISTRY_URL
            value: "http://eureka-0.eureka:9001/eureka,http://eureka-1.eureka:9001/
              eureka,http://eureka-2.eureka:9001/eureka"
---
kind: Service
apiVersion: v1
metadata:
  labels:
    app: demo-service-eureka-cluster
  name: eureka
  namespace: default
spec:
  ports:
  - name: http
    port: 9001
  clusterIP: None
  selector:
    app: demo-service-eureka-cluster
---
kind: Service
apiVersion: v1
metadata:
  labels:
    app: demo-service-eureka-cluster
  name: demo-service-eureka-cluster
  namespace: default
spec:
  type: NodePort
  ports:
  - name: http
    port: 9001
    targetPort: 9001
    nodePort: 32001
  selector:
    app: demo-service-eureka-cluster
```

注意，在配置环境变量的时候，通过变量 REGISTRY_URL 将所有的 Eureka 节点都配置上去了，用逗号分隔。并且在配置的时候，每个 Eureka 节点都是用类似 eureka-0.eureka 的方式进行访问，访问端口号是 9001 的内部端口号。但是，无头的 Service 的类型必须是 clusterIP，只能内部访问。那么，要外部访问怎么办呢？我们可以再配置一个普通的 Service，配置为 NodePort。

此外，Redis 与 RabbitMQ 都是通过 StatefulSet 进行部署。但如果要进行集群部署，那么在部署好多个节点以后，还要用以下命令分别进入各自的操作系统，然后通过命令行完成各自集群的配置：

```
$ kubectl exec -it redis-0 bash
```

通过 Kubernetes 部署 MySQL 数据库通常有两种方案：Shared Disk 与 Shared Nothing，如图 9-13 所示。

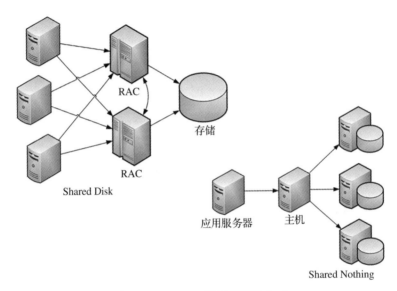

图 9-13　MySQL 部署的两种方式

Shared Disk 有多个计算节点，但数据统一存储。这时，MySQL 部署为 Deployment，并且将磁盘挂载配置成云端网络磁盘。这样，微服务在访问数据库时，通过负载均衡访问各个计算节点。但是，所有节点访问的都是同一个磁盘，从而保障了数据的一致性与高可用。

如果采用 Shared Nothing，那么 MySQL 数据库中的数据就被划分到多个物理节点，将数据分布到各个物理节点的磁盘本地。这样，MySQL 的部署就应当采用 StatefulSet 与无头 Service 的方式。

9.4　自动化运维平台实践

有了以上的系统容器部署与分布式容器管理，微服务部署就简单快捷了。然而，要打造基于 DevOps 的自动化运维平台，还需要一个自动化脚本执行工具，将它们都串联起来执行，这个工具就是 Jenkins。

　　首先，每个微服务都是一个独立的软件项目，都有自己的 Git 代码库。当每个开发人员都将自己的代码上传到各自的代码库以后，就可以在 Jenkins 中创建定时任务来完成持续集成了。

　　前面谈到，在持续集成的过程中，还要制作 Docker 镜像，需要在每个项目中编写一个 Dockerfile。然而，如果持续集成的过程是制作微服务，过程相对比较固定，那么不用那么麻烦，可以在父项目中统一对 docker-maven-plugin 进行如下配置：

```xml
<project xmlns="http://maven.apache.org/POM/4.0.0"
xmlns:xsi="http://www.w3.org/2001/XMLSchema-instance"
xsi:schemaLocation="http://maven.apache.org/POM/4.0.0
http://maven.apache.org/xsd/maven-4.0.0.xsd">
  <modelVersion>4.0.0</modelVersion>
  <groupId>com.demo</groupId>
  <artifactId>demo-parent</artifactId>
  <version>0.0.1-SNAPSHOT</version>
  <packaging>pom</packaging>
  ......
  <properties>
    ......
    <docker.image.prefix>demo</docker.image.prefix>
    <docker.repo>172.31.87.111:5000</docker.repo>
  </properties>

  <build>
    <plugins>
      ......
      <plugin>
        <groupId>com.spotify</groupId>
        <artifactId>docker-maven-plugin</artifactId>
        <version>0.4.3</version>
        <configuration>
          <forceTags>true</forceTags>
          <imageName>${docker.image.prefix}/${project.artifactId}
          </imageName>
          <imageTags>
            <imageTag>${project.version}</imageTag>
            <imageTag>latest</imageTag>
          </imageTags>
          <baseImage>java:8</baseImage>
          <entryPoint>["java", "-Djava.security.egd=file:/dev/./urandom",
          "-jar", "/${project.build.finalName}.jar"]</entryPoint>
          <cmd>["--spring.profiles.active=docker"]</cmd>
          <resources>
            <resource>
              <targetPath>/</targetPath>
              <directory>${project.build.directory}</directory>
              <include>${project.build.finalName}.jar</include>
            </resource>
          </resources>
        <image>${docker.image.prefix}/${project.artifactId}</image>
```

```
        <newName>${docker.repo}/${project.artifactId}</newName>
        <imageName>${docker.repo}/${project.artifactId}</imageName>
      </configuration>
    </plugin>
  </plugins>
</build>
......
</project>
```

在对 docker-maven-plugin 的配置中，baseImage 相当于 Dockerfile 中的 FROM 语句，entryPoint 与 cmd 也相当于 Dockerfile 中的同名语句。而这里的 resources 配置就相当于 ADD 语句，并使用了 Maven 的环境参数，从而编写了通用的程序，适用于所有的微服务项目。有了父项目中的这些配置，其他微服务项目只要将它作为父项目，就可以制作 Docker 镜像，而不再需要自己编写 Dockerfile。

这样，在微服务项目中不仅包含各个技术微服务、业务微服务，还包括它们的父项目。每个项目在 Git 代码库中都是独立的，因此在 Jenkins 中都要为它们创建独立的持续集成任务，如图 9-14 所示。

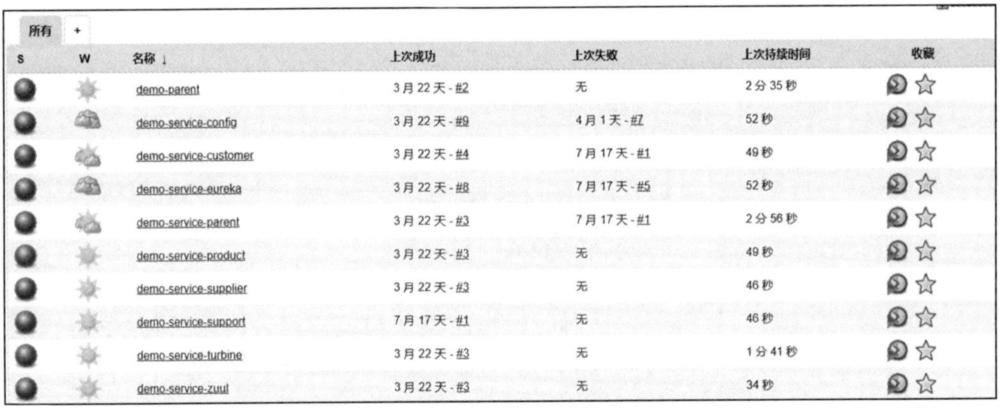

S	W	名称 ↓	上次成功	上次失败	上次持续时间	收藏
●	☀	demo-parent	3月 22 天 - #2	无	2 分 35 秒	☆
●	☁	demo-service-config	3月 22 天 - #9	4月 1 天 - #7	52 秒	☆
●	☁	demo-service-customer	3月 22 天 - #4	7月 17 天 - #1	49 秒	☆
●	☁	demo-service-eureka	3月 22 天 - #8	7月 17 天 - #5	52 秒	☆
●	☁	demo-service-parent	3月 22 天 - #3	7月 17 天 - #1	2 分 56 秒	☆
●	☀	demo-service-product	3月 22 天 - #3	无	49 秒	☆
●	☀	demo-service-supplier	3月 22 天 - #3	无	46 秒	☆
●	☀	demo-service-support	7月 17 天 - #1	无	46 秒	☆
●	☀	demo-service-turbine	3月 22 天 - #3	无	1 分 41 秒	☆
●	☀	demo-service-zuul	3月 22 天 - #3	无	34 秒	☆

图 9-14 Jenkins 为微服务项目创建定时任务

在创建每个任务时，创建的都是 Maven 项目。接着，指定 Git 代码库的访问地址以及任务执行的触发时间，重头戏就是 Maven 的构建过程。在执行构建之前，通过 Pre Steps 定义了一段脚本，就是去清理构建前的 Docker 镜像，以避免产生大量的垃圾。接着，在进行 Maven 构建的时候，先执行 clean install。注意，这里不能是 package，而必须是 install，因为各项目之间存在着引用。通过 install 在打包以后将 jar 包发布到本地 Maven 仓库中，那么其他项目就可以引用它了。此外，还要执行 docker:build 以创建 Docker 镜像。然而，只创建 Docker 镜像而未将其上传至本地私服，是不能进行分布式云端部署的。因此，在以上命令的后面增加参数 -DpushImageTag，就是为了上传至本地私服。

通过以上的配置，在任务执行过程中，先清理以前版本的 Docker 镜像，然后下载依赖包，编译、测试、打包，将打包好的 jar 包制作成 Docker 镜像，上传至本地私服，并将 jar 包发布到本地 Maven 仓库中。

最后，通过 Post Steps 添加脚本，找到项目中的 Kubernetes 发布脚本。前面提到，为了实现微服务的自动化部署，需要制订一个规范，让开发人员在每个微服务项目的根目录下编写一个 yaml 脚本，用于 Kubernetes 发布。通过 cd 操作找到 Jenkins 工作台中的这个文件所在目录，然后通过 kubectl apply 命令执行发布。这样，刚才制作的微服务就被成功发布到 Kubernetes 云端平台中，可以进行分布式部署了。

第三部分 *Part 3*

大数据架构设计

- 第 10 章　大数据时代变革
- 第 11 章　大数据技术中台

　　2016 年，AlphaGo 战胜了围棋大师李世石，人工智能开始备受关注。然而，各行各业在开展人工智能业务的时候却发现，他们要做的事情都无法落地，因为没有海量的数据作为支持。机器学习，实际上是在海量数据基础上的学习，它所需的数据不仅是量大，而且要丰富。因此，过去认为没有价值、被丢弃的数据，在今后都要通过各种方式采集过来。

　　当我们收集了那么多的数据以后，把这些数据存储在哪里呢？关系型数据库里吗？众所周知，随着数据量的不断增大，关系型数据库的查询性能会越来越差，存储成本会越来越高，数据扩展会越来越困难。在面对这类问题的时候，我们不得不放弃关系型数据库，开始向大数据转型。

　　与此同时，我们收集了那么多数据，不能将它们杂乱无章地堆砌在系统中，而要对它们进行归类整理，形成数据仓库，进行数据治理。这时就需要一个平台级的系统来进行数据建设，解决从数据采集、数据存储、数据治理到数据分析、数据应用的一系列技术问题。于是"数据中台"的概念应运而生，信息化建设也开始从 IT 时代向 DT 时代转型。第三部分就来梳理一下这个转型过程以及其中涉及的主要技术。

第 10 章　Chapter 10

大数据时代变革

在即将到来的智能时代，系统将变得更加智能。系统的智能依靠的是海量数据，只有通过海量数据的采集、分析、挖掘，才能开展更多智能的应用。

10.1　从 IT 时代向 DT 时代转变

早在 20 世纪 70 年代，随着关系型数据库的出现，各行各业开始了它们的 IT 信息化建设。企业信息化建设可以有效地提升工作效率，然而这些信息化系统都运行在内网中，没有高并发，也没有海量的数据，并且都是以部门为中心各自独立建设的，这样就带来了信息孤岛的问题。因此，SOA 架构应运而生，它将各个不同的业务系统整合在了一起，互联互通。SOA 架构虽然有了一些数据共享的思路，但是主要是面向业务做的数据接口，对数据的应用并不深入。

互联网技术日渐成熟后，越来越多的传统行业开始向互联网转型。互联网带来的最大变化就是，系统不再运行在内网中，而是架设在互联网上，直面互联网的高并发。世界上每个角落的用户，通过互联网都可以给我们发出请求，给系统带来压力。海量用户的访问就会带来海量的数据，这些数据的采集、存储、分析和整理，成为业界探讨的重点，也成为数据变现的关键。数据地位日益重要，DT 时代已经到来。

10.2　数据分析与应用

从 IT 时代向 DT 时代转变的过程，就是从数据收集、数据分析向数据应用转变的过程。因此，站在时代前沿的架构师，一定要转变思维，逐步从业务系统建设向数据分析应用转变。

10.2.1 数据应用的发展历程

最开始的信息化建设是以部门为核心的 IT 建设，每个部门都有自己的系统。于是企业业务流程这个有机整体就被不同厂商、不同技术的软件系统分割成了一个个信息孤岛。接着，各个系统开始建立各种数据接口进行互联互通，形成了一个密密麻麻、杂乱无章的数据接口网络，为日后维护带来诸多不便。为此，SOA 架构应运而生。

面向服务架构（Service-Oriented Architecture，SOA），就是在各个子系统之间建立企业级的服务总线（Enterprise Service Bus，ESB），如图 10-1 所示。通过 ESB 可以统一管理各子系统之间的相关调用，实现数据共享、互联互通。SOA 虽然实现了一些数据应用，但都是业务级别的。来一个业务传递一点数据，对数据的应用仅限于此。

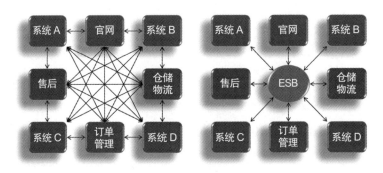

图 10-1　面向服务架构

互联网的高速发展带动了分布式架构的转型。分布式架构首先需要应对的是互联网的高并发、高吞吐量。原有的单应用节点、单数据库的 All-in-One 架构已经不能满足互联网的需要了。因此，分布式应用集群、数据库集群应运而生。这时，数据库不再是单节点的超级计算机，而是通过横向、纵向的切分，将数据分散存储到各个物理节点上，从而分散数据库压力，解决磁盘 I/O 瓶颈。然而，这样的架构适合海量数据的写入与单用户的查询，但不适合各类数据分析、数据统计与数据查询。为此，通过读写分离，将生产库的数据同步到查询库，通过查询库来进行数据的分析、统计与查询。

如图 10-2 所示，主数据库集群专门负责海量数据的写入与近期单用户的实时查询，而更多的数据分析、统计、过滤查询与数据应用都是在查询库中进行的。由于查询库存储了海量的历史数据，因此关系型数据库不再适用，分布式大数据平台出现了。该平台采用了基于 Hadoop 的分布式大数据技术，将海量历史数据分散存储在大量廉价的 PC 服务器组成的集群中，既降低了存储成本，又可以并行计算，大幅度提升了数据查询、分析与应用的运行效率。

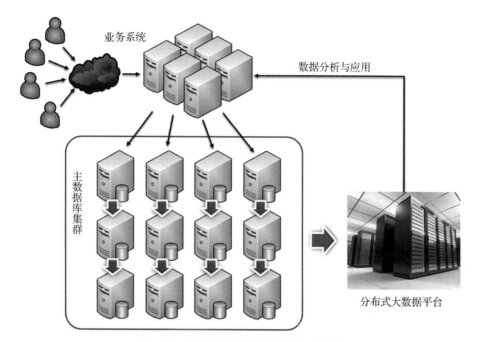

图 10-2　读写分离的互联网分布式架构

在这个分布式大数据平台中，不仅可以进行各种查询分析，还可以开展更多的数据应用，更深入地挖掘数据中潜藏的价值。为此，互联网中例如用户画像、商品推荐、精准营销、风险防控等数据应用逐步开展起来。

然而，在开展各种各样的数据应用的时候，我们发现，如果所有的应用都是在原始数据的基础上开始分析，那么它们都需要做许多相同或者相似的工作，重复劳动量大。此外，如果每个团队都去做一遍这些工作，一旦原始数据发生变更，则各个团队都需要变更，系统维护成本巨大。因此，他们急切需要一个统一的数据平台，统一地对原始数据进行收集、整理。只有在这样一个能够治理、规整数据，提高数据质量的数据平台上，进行各种数据应用，才能降本增效，提升数据应用的质量。这个平台就是"数据中台"。

10.2.2　数据应用的成熟度

随着互联网与人工智能技术的高速发展，更加深度的数据应用必然成为技术发展的主流。我们把数据应用的成熟度分为四个不同的档次：查询统计、决策分析、数据驱动与运营优化。

1. 查询统计

查询统计是数据应用最原始的状态。在这种状态下，数据还是分散在各个应用系统的数据库中，对数据的应用也仅局限于各种查询统计，如查询跟踪各个订单，统计分析当月销量，等等。这些功能都是各应用系统附带的功能，产生的价值有限，更没有任何对数据质量的管控。

2. 决策分析

决策分析就是通过一些商业智能（Business Intelligence，BI）系统，把抽取出来的数据集中存储于数据仓库中，进而对数据进行各种维度的分析，为决策者提供决策支持。在这个阶段，数据应用的雏形逐渐显现，现在的大数据中台建设中有很多设计思想与之一脉相承。

首先，它开始将各个业务系统的数据集中存储在一个统一的数据仓库中。如何才能挖掘数据价值？单靠一个系统的数据是非常难以挖掘深层的数据价值的。数据分析行业有句名言：把那些各不相干的数据放到一起就能产生数据价值。这里"各不相干的数据"并不是真正的各不相干，而是被分散在了各个业务系统的数据库中。这些数据真实地反映了现实世界的状况，而现实世界又有各种因果关系在里面，因而在这些数据中往往会隐藏着过去我们不知道的内在联系。将这些数据放到一起进行交叉比对，就能发现一些过去不知道的新知识，就能产生数据价值。

接着，要将数据放在一起交叉比对，就首先要从技术的角度将这些数据存储在同一个系统的相同的数据架构中。要知道，如果对不同的系统、异构的数据进行分析比对，其性能是非常差的。在这个过程中，通过交叉比对又会发现许多数据质量的问题，比如数据缺失、数据错误、数据不完整。这些问题会严重影响后续数据应用的质量，因此要进行质量管控，即着手 ETL 过程[⊖]。

在 ETL 过程中，通常需要做三件事情：清洗、转换与集成。清洗，就是将原始数据中缺失的数据进行补填，或者对错误的数据进行更正。转换，就是统一来自于各个不同来源的数据的格式，通过一些 key 值将各业务数据打通，实现交叉比对。集成，就是将来源于不同数据源的相同或者相似的数据集成在同一表中，便于日后的分析统计。最后，将以上质量管控后的数据，装载到数据仓库中。传统的 BI 系统的架构设计如图 10-3 所示。

然后就是数据仓库的建设，从不同维度对这些海量、杂乱无章的数据进行分析统计。怎样才能在海量数据中快速获得分析统计的结果呢？最主要的思想还是"空间换时间"，即通过多维建模，将海量数据按照不同的维度提前统计出来，存储在那些统计表中。客户要展现统计数据时直接查询统计表中的数据即可，查询速度就提高了。

因此，按照多维模型的思路建设数据仓库，将成为日后的主流。它首先将业务数据按照不同的维度进行统计。譬如，将订单数据按照日期维统计，形成按日统计、按月统计、按年统计的数据；还可以按用户维统计，按照用户的地域、类型、年龄段进行统计；按商品维统计，按照商品的种类、产地、供应商进行统计。

最后，将多维模型落地到数据仓库的建设。多维模型分为 ROLAP 与 MOLAP。ROLAP就是用关系型数据库来存储多维模型，形成维度表与事实表。如图 10-4 所示，事实表就是

　　⊖　ETL 过程：抽取（Extract）、转换（Transaction）与装载（Load）的数据处理过程。

那些需要统计分析的业务数据，它是每天都在产生、动态变化的业务数据，又称为"动态数据"，是我们关注的核心，如订单数据等。事实表中需要分析统计的数据称为"度量"，如销售金额、发票数量等。

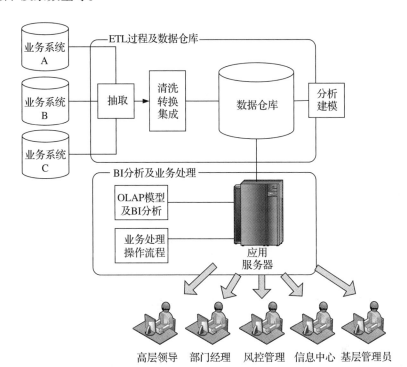

图 10-3　传统的 BI 系统的架构设计

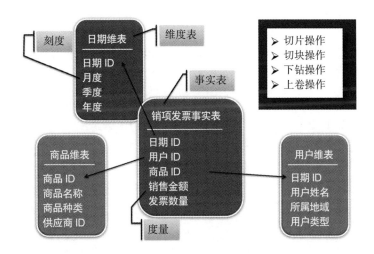

图 10-4　ROLAP 数据建模

维度表，就是与事实表相关的各种属性，需要通过这些属性进行分析统计。如按照时间进行统计，形成日期维。在该维度中可以按照月度、季度、年度进行统计，这就是"刻度"。事实表中有各个维度表的 key 值，通过这些 key 值就可以关联维度表，进行各种切片、切块、下钻、上卷的操作。

ROLAP 比较易于理解与设计，也比较容易进行海量数据写入。然而，ROLAP 在查询的时候，需要频繁进行 join 操作，在海量数据中的查询性能较差。因此，为了提高系统性能，又提出了 MOLAP。MOLAP 就是通过将所有维度中的所有刻度以及它们相互之间的组合进行穷举，提前将所有的统计数据都计算出来，存储在立方体中，如图 10-5 所示。这样，在查询时，直接找到立方体中对应的那个点，就可以快速获得对应的统计数据。

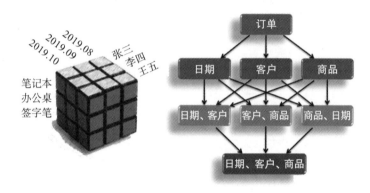

图 10-5　MOLAP 数据建模

订单可以按照日期、客户、商品统计，并且它们还可以相互组合。MOLAP 就是对所有统计的组合进行穷举，将所有的统计数据都存储在左边这个立方体的各个点上。这样，在查询统计数据时，直接从这些点上获取数据，就可以大大提升统计数据的查询性能。

通过以上的数据治理过程，我们将高质量的数据存储在数据仓库中，日后就可以直接在数据仓库中获取这些数据。数据应用的开发成本也因此大大降低了，分析结果的数据质量显著提高。

3. 数据驱动

数据驱动就是以数据价值驱动，采集更多数据，构建数据中台。如今数据中台建设的思路其实不是横空出世的，而是从过去 BI 系统建设一脉相承下来的。但是，传统的 BI 系统采用的都是关系型数据库，处理海量数据的能力有限，采集数据的来源也相当有限。同时，过去 BI 系统只能采集结构化数据，即各个业务系统数据库中的数据，很多的数据分析都受限于是否有相应的数据。因此，未来的数据中台建设，首先要采集更多更广的数据，包括那些非结构化的日志数据、爬取数据、数据文件中的数据。同时，数据中台的底层不再是关系型数据库，而是分布式大数据技术，分析处理海量数据的能力更强，更适于未来的发展。

但更加关键的是，未来的数据中台建设将重点更多地放在了数据驱动上，挖掘数据的深层价值，这也是我们建设数据中台的初衷。过去 BI 系统建设的思想是先建设系统，然后再思考数据应用价值，前期投入大，回报周期过长，甚至没有回报。数据驱动的思想是先思考数据应用价值，能够开展什么数据业务，然后再思考这个业务需要哪些数据，将收集数据、建设系统、挖掘价值与产生效益贯彻于数据中台建设的始终。

4. 运营优化

在数据中台中的数据产品越来越多，采集的数据越来越多，数据中台越来越庞大，需要运营优化。规范数据、规范数据应用、优化数据中台，慢慢成为整个系统建设的重中之重。梳理数据处理的整个流程，规范数据开发过程，加强数据质量管理与数据血缘管理，逐步形成数据应用的闭环。只有这样才能在未来越来越广阔的数据应用市场中站稳脚跟，为日后开展更多的智能业务打下坚实的基础。

10.3　数据中台建设

发展智能业务，必然首先要建设数据中台。那么，什么是"数据中台"？它与过去的数据分析系统有何不同？只有理解清楚这些概念，才能正确地开展数据中台建设。

10.3.1　对数据中台的正确理解

那么，什么是"数据中台"呢？

数据中台是一套能够持续地将企业数据应用起来、产生价值的应用机制，是一套不断将数据形成资产并服务于业务的产品模式与架构方法论。它的数据来源于业务，然后反哺业务，并形成闭环，从而帮助企业实现数据的可见、可用、可运营。

让我们来解读这几句话。第一个关键字是"持续"，即持续地进行数据应用。譬如，某一次我们通过某个途径购买了一批数据，这个数据不能够持续获得且有时效性，随着时间的推移，慢慢就失去了价值。数据中台的数据必须是能够持续获得的时效数据，譬如自己业务系统的数据、持续从网上爬取的数据等。

第二个关键字是"产生价值"，这是数据中台不同于以往数据分析系统的关键所在。以往，系统的建设思路是先建设系统，再挖掘价值。因此，在系统建设初期，无论数据能不能产生价值，先一股脑将能采集的数据都采集过来，进行数据仓库建设，然后再思考这些数据能产生什么价值。这样的建设，前期的投入过大且看不到效益，数据分析部门成了成本部门，因此企业很难长期持续地投入。与之相反，数据中台建设从一开始就在思考数据的价值，先导入一部分数据进行短期建设，就能快速形成产品产生价值，然后再导入另一部分数据进行短期建设，产生另一些数据产品产生价值。每完成一个阶段的建设都能带来产品，形成效益，这样就能保证企业的长期投入。

第三个关键字就是"产品模式"，也就是说，数据中台带来了一个全新的产品模式。过去的产品模式是基于用户的业务流程，挖掘用户的业务痛点，设计业务系统。如今，新的产品模式是数据应用的产品模式，先挖掘数据价值，分析需要什么数据，为了获得这些关键的数据而决定开展什么业务，开发什么业务系统。这样，有了这些业务系统，就能获得数据并开展相应的数据业务。可以看到，新的产品模式是数据驱动的模式，是反过来的，是为了形成数据产品而建设对应的业务系统。未来的数据发展战略是，站在关键数据旁边，就能获得对应的巨大效益。而如何站在关键数据旁边呢？要参与开发相关业务系统。

第四个关键字"闭环"，即建立数据应用闭环，这是未来开展数据业务的关键。未来的智能应用需要海量的数据，但只有开展了相关智能应用才能收集海量数据。因此，这就陷入了"先有鸡还是先有蛋"的循环怪圈。如何破局呢？就是先利用现有的、有限的数据进行机器学习，甚至可以通过经验模型建立数据模型。这样，就可以提早开展相关的智能业务了。当该业务开展起来以后，就能采集更多真实的数据。再将这些数据收集起来，进行后续机器学习。这时，数据模型就会越来越精准，就能开展更多的智能业务，从而采集更多的数据……通过这样循环往复的过程，相关智能业务就能逐渐开展起来。

10.3.2　数据中台建设的核心

数据中台建设的核心就是让数据产生价值。为了达到这个目标，数据中台建设就应当做好以下三件事。

1. 尽可能地收集数据

要尽可能地挖掘数据价值，就要尽可能多地采集更多、更丰富的数据。即数据不但要量大，还必须混杂，应该来自真实世界的方方面面。未来开展人工智能业务，实际上就是"维度上的战争"，即如果你收集到了更多维度上的数据，你就能进行更多的分析，建立更好的模型。因此，如何采集更多更广的数据，成了在这个市场上竞争的关键。

摆脱了关系型数据库的束缚，采用分布式大数据技术，就可以拥有更多收集数据的方式。目前，收集数据的方式主要分为两类：结构化采集与非结构化采集。

结构化采集，即从传统的数据库中采集数据。数据库存放的是各类业务系统的数据，这些数据既真实反映了客观发生的事物，又结构清晰、数据质量较高，是数据中台的主要数据来源，但它受限于是否有这样的业务系统，以及是否开展了这样的业务。在大数据技术中，可以采用开源组件 Sqoop 抽取数据库的数据，然后存放到大数据平台中。Sqoop 具有更好的通用性，对各类数据库都支持，但如果希望拥有更好的数据抽取性能，可以对特定数据库采用各自不同的方式。

非结构化采集，就是抽取数据库以外的数据，如日志数据、爬取数据、数据文件中的数据等。但是，采集这些海量的数据又不能影响原有的业务系统，因此在设计时应当考虑处理数据时尽量避免耗费过多原有系统的资源。同时，也应当避免将这部分数据存储在数据库中，给原有的数据库带来压力，影响原有系统的运行。因此，可以采用这样的非结构化采集方案，如图 10-6 所示。

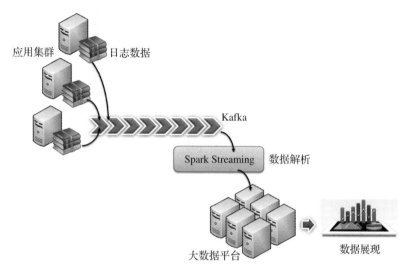

图 10-6　非结构化日志数据的采集方案

原有的应用系统在采集数据时，仅仅只是在业务进行过程中写日志。当日志写入日志文件中以后，Kafka 的客户端就会将其打包成消息，发送到分布式消息队列 Kafka 中。接着，在另一端的 Spark Streaming 就会去接收数据，对数据解析，将日志转化为结构化的数据，存储到大数据平台中。然后，经过一系列的数据分析与处理，将最终的结果展现给客户。

在这个过程中，原有的应用系统只需要在业务处理过程中写日志，而后续的处理与原有的应用系统无关，交由另一套系统去处理。整个数据采集过程既可以采集数据，又对原有的应用系统影响极小。

非结构化采集的另外一种方式就是数据文件采集。如图 10-7 所示，在该案例中，用户在通话过程中，基站就会将用户的通话时长等信息打包加密发送给服务端。服务端不会解析这个打包文件，而是直接将其发送给 Kafka。接着，Spark Streaming 在 Kafka 的另一端解密、解压该数据文件，并将解析好的数据结构化存储在大数据平台上。后续，大数据平台就可以对结构化的数据进行统计分析，展现各地基站的流量大小，甚至对一些突发情况进行智能告警。

2. 更好地整理数据

前面经过一系列采集，将海量、丰富的原始数据采集到数据中台中。然而，过去的数据分析，都是在这些原始数据上直接根据业务需求写 SQL，直接通过查询展现各种图表与报表。虽然这样开发简单，但后期运维的风险非常大。

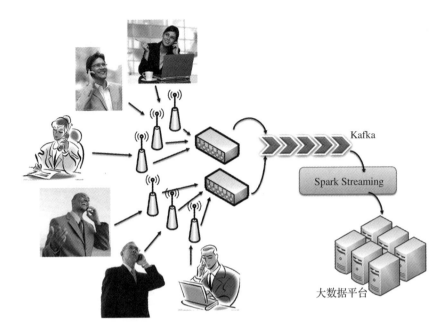

图 10-7　非结构化数据文件的采集方案

原始数据存在着诸多的质量问题。一旦用户质疑我们的分析结果，对数据产品不信任，对我们的打击是致命的。

此外，原始数据也在变。我们收集的都是各个业务系统的数据，而这些业务系统也在不断地更新，数据库表结构也在不断变化。一旦原始数据的某个数据结构发生变化，都可能造成分析过程的多个模块发生变更，加大后期系统维护的成本。最终系统就在这种低质量、不准确、不停变更的状况下痛苦地维护。这样的设计无疑将给数据分析系统带来巨大的风险。

因此，吸取前车之鉴，数据中台建设应当具备以下特征：

1）覆盖全域数据，建立相互关联，打通业务流程；

2）结构层次清晰，横向划分主题域，纵向数据分层，数据治理井井有条；

3）数据准确一致，即命名统一、业务含义统一、计算口径统一、数据准确；

4）统一建设、统一规划、业务共享、降本增效。

为了达到这样的目标，就需要数据中台在采集数据以后，对原始数据进行一系列 ETL 过程，进行清洗、转换、集成，最终将数据以多维模型的形式规整地装载到数据仓库中，并按照业务划分主题域。

数据清洗：被抽取过来的原始数据中可能有大量错误数据，比如相关字段不全、缺失相应数据等，应当采取一些措施对缺失数据进行填补。例如，对于缺失纳税人、行业或税务机关的记录，补填一个"未知纳税人""未知行业"或"未知税务机关"对应的编码，便于日后的关联查询；对于一些明显的数据错误予以纠正，比如超大的日期、错误的名称等。当遇到这些情况，而原业务系统又不便于修正时，就需要在数据仓库中进行修正，并记录在元数据中。

数据转换：被抽取过来的原始数据来源于多个业务系统，它们在存储数据时存在着格式上的差异。因此，在进行数据集成前应当首先进行数据转换，将其转换成统一的数据格式，包括统一数据格式、统一类型编码、统一字段名称等。

数据集成：就是将来源于多个业务系统的大量交易数据，根据维度模型的需要组织在一起，为日后的数据分析与挖掘提供更加高效与准确的数据环境支持。例如将源于不同业务系统的各种类型的发票集成在一张表中，或者将源于不同业务表的各种不同方面的企业信息集成在一张表中。

完成了以上 ETL 过程的数据治理以后，将数据以多维模型的形式装载到数据仓库中。数据仓库是按照多维模型的思路建设的，它将业务数据划分为动态数据与静态数据。动态数据，就是每天都在不断产生的业务数据，如每日的订单、交易、物流等。静态数据，就是与动态数据相关的档案数据，如订单的用户档案、商品信息、地域划分与日期等。动态数据形成了事实表，是我们需要分析整理的内容；静态数据形成了维度表，是数据分析统计的维度与方向。

数据仓库会按照主题域进行划分，每个主题域模型就是某个业务功能模块。每个功能模块都有它的动态数据与静态数据，因此我们将其按照业务场景划分成多个多维模型，每个多维模型都是一个事实表围绕着一圈维度表展开的。最后，按照业务流程梳理各个主题域模型，并通过某些 key 值将其串联起来。有了这样的数据仓库作为基础，就能依据各种不同的业务需求建立数据集市进行数据分析了。

数据中台的建设，除了按照主题域进行纵向划分，还要通过分层进行横向划分。数据中台的处理流程分为数据采集、ETL 过程、数据仓库与数据分析 4 个过程，因此数据中台也横向划分为这样几个层次，如图 10-8 所示。

最底层是原始数据层（STAGE），即所有原始数据被抽取到数据中台后，不做任何处理，原封不动保存。

接着是细节数据层（ODS/DWD），它是经过 ETL 过程以后保存在数据中台中的一条条明细数据，即前面所说的事实表与维度表。

在此之上是轻度综合层（MID/DWS），它是在事实表的基础上按照不同维度进行的汇总，称为聚合表。应当注意的是，细节数据层与轻度综合层合起来组成了数据仓库。经过多年的系统建设，我总结出来的经验就是，这类的系统必须具备稳定的数据仓库，即数据仓库不能包含任何分析业务，不能随着分析业务的变更而变更。分析业务是随着用户的需求经常变化的，但是数据仓库存储的是动辄数年的历史数据。一旦数据仓库变动，数年的数据都要重新运算，就会非常麻烦。因此，数据仓库建设应当与分析业务无关，使其在多年的运维过程中保持稳定，这是笔者在建设这类系统的过程中总结出来的血的教训，一定谨记。所以，这里的轻度综合层，也是数据仓库的一部分，是基于以往经验进行的一些通用的聚合，也应当与具体分析业务无关。

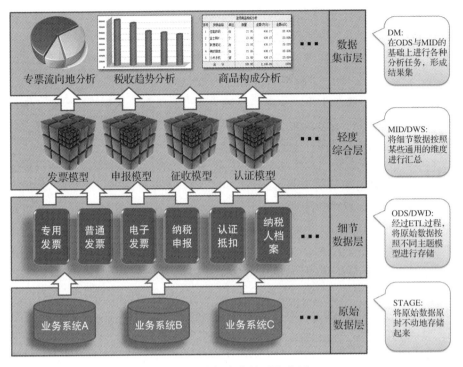

图 10-8 数据中台的系统分层

最后，是在数据仓库之上的数据集市层（DM）。它通过抽取前两层中的事实表与聚合表的数据，按照不同的用户需求进行数据分析，最后形成数据结果。通过查询这些数据结果，就能在前端进行数据展示了。

3. 挖掘数据潜藏的价值

数据中台建设的核心是挖掘数据潜藏的价值。前面这一系列的数据整理、数据仓库建设，都是为后面挖掘数据价值、开展数据应用做准备。要将哪些数据收集上来，放到数据中台中，都是以数据应用的业务需求为中心的。但是，如何从现有的数据中挖掘价值呢？拿着这些数据能干什么呢？这些问题成了人们心中最大的疑问，也就是说，应当按照怎样的方法去挖掘数据价值。

过去我们对数据的应用仅限于查询一下当月的报表，统计一下当月的销量。这些应用对于数据价值的挖掘，实在过于浅显。

我们说，数据是对真实世界最准确的描述，而真实世界中又潜藏着无数的内在联系。这些内在联系，有的是我们已经掌握的，但有的是完全不知道的。挖掘数据价值最核心的工作就是要通过数据找到内在联系，将它们以图表或者报表的形式清晰地展现在用户面前。

那么，这些海量而混杂的数据的规律到底是什么呢？数据分析的第一步是"数据可视化"，也就是将混杂的数据通过分析整理，以图表的形式清晰地展现出来。数据可视化是一个逐步细化的过程，一定要抓住用户感兴趣的内容。譬如，我们通过整理某省全省的增值税发票，对全省的贸易经济往来进行分析。通过分析发现全省的贸易往来主要集中在某市，而某市的经济往来却出现了贸易逆差，即购进大于销售。当我们展现出这样的数据规律以后，用户就十分关心，某市是怎样产生贸易逆差的。接着，我们就进一步细分到某市的各行各业，都购进了哪些商品，从哪里购进的，又销售了哪些商品，销往哪里。通过这一系列的分析，可以理清其经济运行规律，为宏观经济调控提供帮助。

摸清了数据潜藏的规律后，比较有经验的用户就能从中发现问题。如某些商贸企业只有销售没有购进，就可能有虚开发票的嫌疑。这些有经验的用户，需要将他们的业务经验固化下来形成风险指标，更加广泛地应用到风险控制中。数据应用开始向业务风控深入。风控系统的价值核心在于实时性，即用更快的速度向用户汇报风险数据。通过大数据平台超强的数据处理能力，每天晚上采集数据，经过分析整理，运算风险指标，第二天就能汇报昨天的风险数据，进行风险应对。

然而，单一的风险指标有较大的不准确性，常常造成误报，影响风控的质量。因此，参考多个风险指标，从不同的维度进行综合评估，划分风险等级，可以大大提升风控质量，真正做到精准打击。

数据分析分为"经验模型"与"数据模型"。经验模型的判断规则，是从业务专家的业务经验总结出来的。业务专家通过一些个案分析，总结出内在的特征与规律，然后在我们整理的数据仓库中进行数据探索。通过大量数据的探索与验证，证明该规律行之有效，则制作成指标上线运行、部署应用。经验模型虽然并不高大上，却简单易行、快速有效，能解决大多数业务的问题。

然而，有些规律是我们目前不掌握的，就需要通过"数据模型"来挖掘。数据模型的判断规则，是数据分析师通过数据挖掘算法挖掘数据内在的规律得到的。这些规律是我们事先没有掌握、完全通过挖掘数据规律反映出来的。当我们掌握了这一系列的规律以后，就可以预测某些数据了。

我们对数据的预测，往往有个假设：过去的规律与未来的规律是一致的。因此，所谓的数据预测，就是通过数据挖掘算法，挖掘过去的数据规律，形成一个数据公式。在数学公式 $Y=F(x_0, x_1, \cdots, x_n)$ 中，Y 是我们需要预测的结果，而 $x_0, x_1, \cdots, x_n$ 是预测这个结果所需的数据项，称为因变量。数据挖掘就是通过过去已知数据获得这些 Y 与 $x_0, x_1, \cdots, x_n$，然后求解这个函数 $F()$。有了这个函数，代入现在的 $x_0, x_1, \cdots, x_n$，就能预测未来的 Y。数据预测虽然高大上，然而开发周期非常长，做了 3～5 年都不一定会有一个确定的结果。

当需要去预测一些更加复杂的、我们不知道其中规则的事物时，如果每个规则都需要人为分析，那工作效率就实在太低了。有了数据建模和机器学习算法，这些规则就能自动生成。如今的机器学习算法，挖掘的是数据内在的相关性，却不再解释其中的因果关系。将采集到的海量的、反映真实世界方方面面状况的数据代入机器学习算法中，机器学习就可以从中挖掘更多内在的规律。正因如此，我们才说未来人工智能业务实际上是"维度上的战争"。你掌握的维度上的数据越多,你能做的人工智能的业务就越多。毫无疑问,未来的智能市场又要开始新一轮的对数据的"圈地运动"。

10.3.3 数据中台的建设思路

通过以上的讲解,我们清楚了该如何建设数据中台。但是,在实际的系统建设中,有那么多的业务系统,那么多的数据来源,该按照什么样的思路来规划系统建设呢?一般来说,有两种建设思路:自顶而下与自下而上。

1. 自顶而下的建设思路

自顶而下的建设思路,就是从清理数据资产与规划数据架构开始。首先,需要把整个企业有哪些业务系统,每个业务系统都开展了哪些业务,最后落实到哪些数据库表结构,全部梳理清楚。更关键的是,需要将各个业务系统的相互联系梳理清楚,能够将各个业务系统的数据通过某些 key 值串联起来。在梳理这些数据的过程中,清洗、转换、集成的步骤必不可少。

接着,开始思考从这些数据中能够挖掘出哪些价值,这是数据中台建设的核心。前面对数据的整理仅仅是准备工作,以数据为驱动的数据中台建设,永远是以挖掘数据价值为核心来思考问题、建设系统的。

当思考清楚了要开展哪些数据业务以后,就要梳理、分析这些业务到底需要哪些数据。哪些数据是现有业务系统就有的,哪些是必须要建设新的系统去采集的,或者可以采用其他途径获得的。记住,数据中台建设绝不能盲目。

2. 自下而上的建设思路

自顶而下的建设思路,可以高屋建瓴地去规划整个系统的建设,使得整个系统的建设井井有条。然而,在面对许多复杂系统时,梳理、分析、规划的工作量过于庞大,可能导致实际建设迟迟不能落地。因而产生了另外一个建设思路:自下而上。

自下而上的建设思路不是一开始就从整体、从全局去梳理和规划系统,而是从自己能够想清楚的业务应用开始的,如图 10-9 所示。在现有业务系统的基础上,首先能想清楚什么数据应用,就用最短的时间,先把这个应用开展起来。为了开展这个数据应用,需要哪些业务系统采集什么数据,先将这些数据采集到数据中台,建立第一个主题域模型。这样,短平快地将这个主题域模型建设好,将这个数据应用开发出来,就可以立即形成产品并产生效益了。

接着,像这样短平快地开发第二个应用、第三个应用、第四个应用……逐渐建立起第二个主题域、第三个主题域、第四个主题域……数据应用不断增多后,就着手在主题域的基础上建立各种数据集市,集市的基础上又建立集市。数据应用越来越多,数据中台也越来越复杂。这时,各种各样的数据问题也出现了,数据分析结果变得越来越不准确,数据质量管理与血缘管理变得越来越重要。

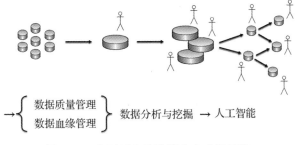

现有业务系统　→　第1个主题域　→　更多的主题域　→　数据集市

→ { 数据质量管理 / 数据血缘管理 } 数据分析与挖掘 → 人工智能

图 10-9　自下而上的数据中台建设思路

数据质量管理，就是通过一些测试脚本，对每次跑完的数据进行各种维度的验证，保证数据的正确性。然而，当数据出现问题时，就需要通过数据追随，查找到该数据是经过哪些数据处理过程得到的，进而跟踪是哪个处理步骤造成的数据错误。这种对数据处理过程的追踪，就是"数据血缘管理"。随着数据处理过程越来越复杂，数据处理的路径越来越长，分支越来越多，数据血缘管理对数据质量保障的作用就会越来越大。

有了越来越完善的数据中台和数据仓库，就可以在此基础上开展更深层次的数据应用，进行数据分析与挖掘，进而开展更多人工智能的业务。

10.3.4　数据中台的技术架构

现在，我们清楚了数据中台的建设思路，那么该如何去建设数据中台呢？其技术架构应当是什么呢？显然，建设数据中台所采用的技术架构必然是大数据架构，只有这样才能支撑数据中台海量数据的业务需求。在数据中台中，有一个业务层来完成从数据采集、数据仓库、数据分析到数据展现的业务开发。数据中台底层是一个技术平台，包含了一系列基于大数据的技术框架，来支撑业务层的业务实现，如图 10-10 所示。

在这个技术平台中，通过 Sqoop 支持结构化的数据采集，通过 Kafka、Flink、Spark Streaming 等技术支撑非结构化的数据采集。数据采集过来以后，首先落地到原始数据层，然后通过 ETL 过程，形成数据仓库的 ODS 与 MID。这个过程都是通过 Spark 或 SparkSQL 来处理的，并存储在 Hive 数据库中。

接着，在以上稳定的数据仓库的基础上，开展各种数据分析业务，并将结果数据存储到数据集市中。数据分析的过程还是通过 Spark 或 SparkSQL 来实现，并存储到 Hive 数据库中。这个过程的数据挖掘通过 SparkML 来开展，也可以做一些数据标签的工作，帮助进行用户画像。最后，将最终的数据结果导入关系型数据进行查询，或者导入 Kylin 进行多维分析，或者导入 Elasticsearch 进行数据索引，以提供前端应用的数据展现。

为了让业务层的这一系列开发能够运行在不同的大数据平台，并且适应技术升级与更迭，应当在业务层与技术平台之间建立一层大数据技术中台。这个技术中台会封装各个底层的大数据技术，然后以统一的 API 接口开放给上层的应用。这样，既降低了技术门槛，让更多的人都能参与大数据开发，降低人力成本，又使得底层技术的更迭只需要调整技术中台，而不会影响上层应用，使得技术更迭的成本降低。不仅如此，这样的设计使得系统能只进行一次业务开发，就可以运行在各种不同的大数据平台中，拓展了大数据产品的适用范围。

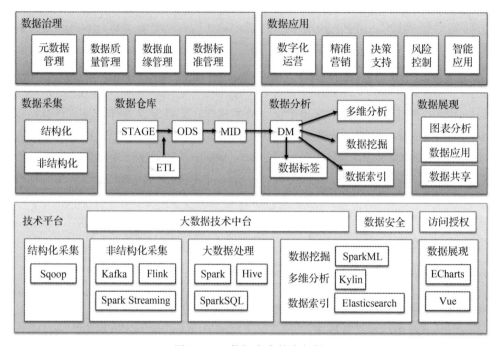

图 10-10　数据中台技术架构

此外，还应当在业务层的基础上，通过一系列的管理功能，加强数据治理，以保障数据中台的数据质量，包括元数据管理、数据质量管理、数据血缘管理、数据标准管理，等等。

最后，有了以上数据中台的建设，就可以开展更多的数字化运营、精准营销、决策支持、风险管理、智能应用等大数据业务，实践数据驱动，深度挖掘数据价值。

大数据技术中台

　　未来的数据中台建设必然采用大数据技术。然而，数据中台不是要堆砌各种大数据技术，而是将它们进行合理规划之后，通过一个技术中台进行技术封装，最后以统一的 API 接口方式开放给上层业务开发。这样就可以有效地降低业务开发的技术门槛，减少开发工作量，促进大数据业务的开展，进而实现业务的快速交付。

　　那么，如何搭建大数据技术中台呢？先来了解一下分布式大数据技术。

11.1　大数据技术

　　传统关系型数据库架构如图 11-1 所示。如今，一提到大数据技术，人们首先想到的是 Hadoop，它俨然已成为大数据的代名词。然而，大数据技术在 Hadoop 出现之前很多年就出现了。但那时候，大数据只是谷歌、亚马逊等大公司才能开展起来的高端技术。正是 Hadoop 的出现，降低了分布式大数据的技术门槛，使得千千万万普通的公司也能开展大数据业务，进而促进大数据技术逐渐发展起来。

　　分布式大数据技术之所以具有超强的海量数据的处理能力，关键在于其核心设计理念是移动计算而不是移动数据。传统数据库的设计就是"移动数据"，即数据都存储在存储设备中，需要将海量的数据通过网络传输给计算节点，才能对数据进行处理。数据处理完成以后，还要通过网络将结果数据存储到存储设备中，因此大量的时间都花费在了网络传输上。而分布式大数据采用的是"移动计算"。它将海量数据分散存储在各个数据节点中，要处理的数据在哪里，对数据的运算就在哪里执行。这样，数据处理过程都是在数据节点的本地进行，网络传输的只是计算命令，从而避免了数据的网络传输。正因为这样的设计理念，使得数据处理的网络成本降低，从而提高了海量数据的执行效率。尽管如此，在数据处理中还是难免有节点之间的数据交换。所以，大数据处理最主要的优化措施就是降低节点之间的交换数量。

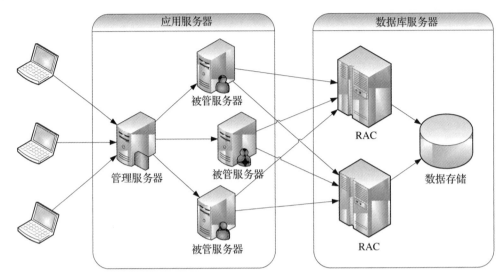

图 11-1　传统关系型数据库架构

11.1.1　Hadoop 技术框架

Hadoop 是一个由 Apache 基金会开发的分布式系统基础架构。开发人员可以在不了解分布式底层细节的情况下开发分布式程序，充分利用集群的威力进行高速并行运算以及海量数据的分布式存储。Hadoop 大数据技术架构如图 11-2 所示。

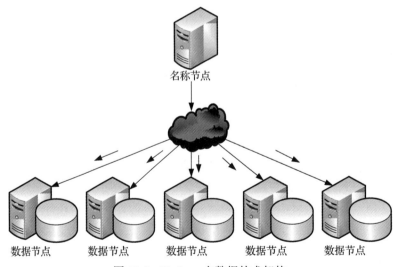

图 11-2　Hadoop 大数据技术架构

　　然而，Hadoop 不是一个孤立的技术，而是一套完整的生态圈，如图 11-3 所示。在这个生态圈中，Hadoop 最核心的组件就是分布式文件系统 HDFS 和分布式计算框架 MapReduce。HDFS 为海量的数据提供了存储，是整个大数据平台的基础，而 MapReduce 则为海量的数据提供了计算能力。在它们之上有各种大数据技术框架，包括数据仓库 Hive、流式计算 Storm、数据挖掘工具 Mahout 和分布式数据库 HBase。此外，ZooKeeper 为 Hadoop 集群提供了高可靠运行的框架，保证 Hadoop 集群在部分节点宕机的情况下依然可靠运行。Sqoop 与 Flume 分别是结构化与非结构化数据采集工具，通过它们可以将海量数据抽取到 Hadoop 平台上，进行后续的大数据分析。

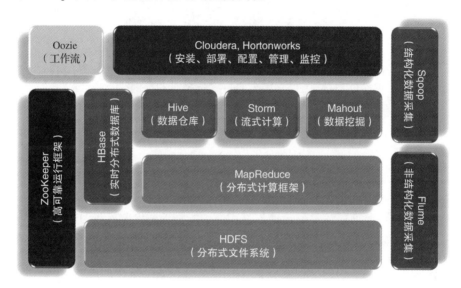

图 11-3　Hadoop 大数据生态圈

　　Cloudera 与 Hortonworks 是大数据的集成工具，它们将大数据技术的各种组件集成在一起，简化安装、部署等工作，并提供统一的配置、管理、监控等功能。Oozie 是一个业务编排工具，我们将复杂的大数据处理过程解耦成一个个小脚本，然后用 Oozie 组织在一起进行业务编排，定期执行与调度。

1. 分布式文件系统

　　过去，我们用诸如 DOS、Windows、Linux、UNIX 等许多系统来在计算机上存储并管理各种文件。与它们不同的是，分布式文件系统是将文件散列地存储在多个服务器上，从而可以并行处理海量数据。

　　Hadoop 的分布式文件系统 HDFS 如图 11-4 所示，它首先将服务器集群分为名称节点（NameNode）与数据节点（DataNode）。名称节点是控制节点，当需要存储数据时，名称节点将很大的数据文件拆分成一个个大小为 128MB 的小文件，然后散列存储在其下的很多数据节点中。当 Hadoop 需要处理这个数据文件时，实际上就是将其分布到各个数据节点上进行并行处理，使性能得到大幅提升。

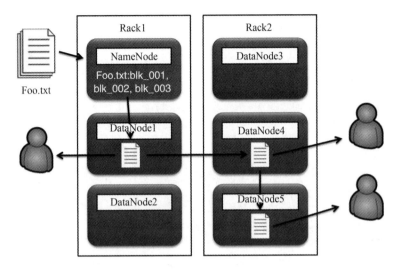

图 11-4　分布式文件系统 HDFS

同时，每个小文件在存储时，还会进行多节点复制（默认是 3 节点复制），一方面可以并行读取数据，另一方面可以保障数据的安全，即任何一个节点失效，数据都不会丢失。当一个节点宕机时，如果该节点的数据不足 3 份，就会立即发起数据复制，始终保持 3 节点的复制。正因为具有这样高可靠的文件存储，Hadoop 的部署不需要备份，也不需要磁盘镜像，在 Hadoop 集群的各个节点中挂载大容量的磁盘并配置 Raid0 就可以了。

2. 分布式计算框架

Hadoop 的另一个关键组件是分布式计算框架 MapReduce，它将海量数据的处理分布到许多数据节点中并行进行，从而提高系统的运行效率。

MapReduce 计算词频的处理过程如图 11-5 所示。在这个过程中，首先输入要处理的数据文件，经过 Splitting 将其拆分到各个节点中，并在这些节点的本地执行 Mapping，将其制作成一个 Map。不同的任务可以设计不同的 Map。譬如，现在的任务是计算词频，因此该 Map 的 key 是不同的词，value 是 1。这样，在后续的处理过程中，将相同词的 1 加在一起就是该词的词频了。

Mapping 操作执行完以后，就开始 Shuffling 操作。它是整个执行过程中效率最差的部分，需要在各个节点间交换数据，将同一个词的数据放到同一个节点上。如何有效地降低交换的数据量成为优化性能的关键。接着，在每个节点的本地执行 Reducing 操作，将同一个词的这些 1 加在一起，就得到了词频。最后，将分布在各个节点的结果集中到一起，就可以输出了。

整个计算有 6 个处理过程，那么为什么它的名字叫 MapReduce 呢？因为其他处理过程都被框架封装了，开发人员只需要编写 Map 和 Reduce 过程就能完成各种各样的数据处理。这样，技术门槛降低了，大数据技术得以流行起来。

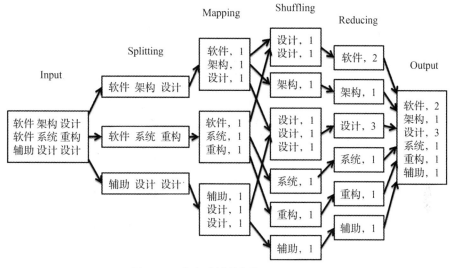

图 11-5　分布式计算框架 MapReduce

3. 优缺点

与传统的数据库相比，MapReduce 分布式计算虽然有无与伦比的性能优势，但并不适用于所有场景。MapReduce 没有索引，它的每次计算都是"暴力全扫描"，即将整个文件的所有数据都扫描一遍。如果要分析的结果涉及该文件 80% 以上的数据，与关系型数据库相比，能获得非常优异的性能。如果只是为了查找该文件中的某几十条记录，那么它既耗费资源，性能也没有关系型数据库好。因此，MapReduce 的分布式计算更适合在后台对批量数据进行离线计算，即一次性对海量数据进行分析、整理与运算。它并不适用于在前台面向终端用户的在线业务、事务处理与随机查询。

同时，MapReduce 更适合对大数据文件的处理，而不适合对海量小文件的处理。因此，当要处理海量的用户文档、图片、数据文件时，应当将其整合成一个大文件（序列文件），然后交给 MapReduce 处理。唯有这样才能充分发挥 MapReduce 的性能。

11.1.2　Spark 技术框架

过去，对大数据进行运算需要编写 MapReduce，然而现在它已经被另一个计算框架全面替代，这就是 Spark。Spark 是加州大学伯克利分校的 AMP 实验室开源的类似 MapReduce 的通用并行计算框架，拥有 MapReduce 所具备的分布式计算的优点。但不同于 MapReduce 的是，Spark 更多地采用内存计算，减少了磁盘读写，比 MapReduce 性能更高。同时，它提供了更加丰富的函数库，能更好地适用于数据挖掘与机器学习等分析算法。

　　Spark 在 Hadoop 生态圈中主要是替代 MapReduce 进行分布式计算，如图 11-6 所示。同时，组件 SparkSQL 可以替换 Hive 对数据仓库的处理，组件 Spark Streaming 可以替换 Storm 对流式计算的处理，组件 Spark ML 可以替换 Mahout 数据挖掘算法库。

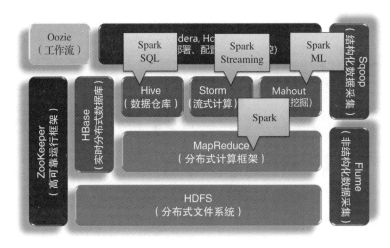

图 11-6　Spark 在 Hadoop 生态圈中的位置

1.Spark 的运行原理

　　如今，我们已经不再需要去学习烦琐的 MapReduce 设计开发了，而是直接上手学习 Spark 的开发。这一方面是因为 Spark 的运行效率比 MapReduce 高，另一方面是因为 Spark 有丰富的函数库，开发效率也比 MapReduce 高。

　　首先，从运行效率来看，Spark 的运行速度是 Hadoop 的数百倍。为什么会有如此大的差异呢？关键在于它们的运行原理，Hadoop 总要读取磁盘，而 Spark 更多地是在进行内存计算，如图 11-7 所示。

　　前面谈到，MapReduce 的主要运算过程，实际上就是循环往复地执行 Map 与 Reduce 的过程。但是，在执行每一个 Map 或 Reduce 过程时，都要先读取磁盘中的数据，然后执行运算，最后将执行的结果数据写入磁盘。因此，MapReduce 的执行过程，实际上就是读数据、执行 Map、写数据、再读数据、执行 Reduce、再写数据的往复过程。这样的设计虽然可以在海量数据中减少对内存的占用，但频繁地读写磁盘将耗费大量时间，影响运行效率。

　　相反，Spark 的执行过程只有第一次需要从磁盘中读数据，然后就可以执行一系列操作。这一系列操作也是类似 Map 或 Reduce 的操作，然而在每次执行前都是从内存中读取数据、执行运算、将执行的结果数据写入内存的往复过程，直到最后一个操作执行完才写入磁盘。这样整个执行的过程中都是对内存的读写，虽然会大量占用内存资源，然而运行效率将大大提升。

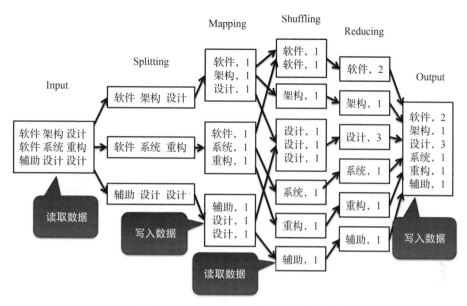

图 11-7　Hadoop 的运行总是在读写磁盘

Spark 框架的运行原理如图 11-8 所示，Spark 在集群部署时，在 NameNode 节点上部署了一个 Spark Driver，然后在每个 DataNode 节点上部署一个 Executor。Spark Driver 是接收并调度任务的组件，而 Executor 则是分布式执行数据处理的组件。同时，在每一次执行数据处理任务之前，数据文件已经通过 HDFS 分布式存储在各个 DataNode 节点上了。因此，在每个节点上的 Executor 会首先通过 Reader 读取本地磁盘的数据，然后执行一系列的 Transformation 操作。每个 Transformation 操作的输入是数据集，在 Spark 中将其组织成弹性分布式数据集（RDD），从内存中读取，最后的输出也是 RDD，并将其写入内存中。这样，整个一系列的 Transformation 操作都是在内存中读写，直到最后一个操作 Action，然后通过 Writer 将其写入磁盘。这就是 Spark 的运行原理。

同时，Spark 拥有一个非常丰富的函数库，许多常用的操作都不需要开发人员自己编写，直接调用函数库就可以了。这样大大提高了软件开发的效率，只用写更少的代码就能执行更加复杂的处理过程。在这些丰富的函数库中，Spark 将其分为两种类型：转换（Transfer）与动作（Action）。

Transfer 的输入是 RDD，输出也是 RDD，因此它实际上是对数据进行的各种 Transformation 操作，是 Spark 要编写的主要程序。同时，RDD 也分为两种类型：普通 RDD 与名 - 值对 RDD。

普通 RDD，就是由一条一条的记录组成的数据集，从原始文件中读取出来的数据通常都是这种形式，操作普通 RDD 最主要的函数包括 map、flatMap、filter、distinct、union、intersection、subtract、cartesian 等。

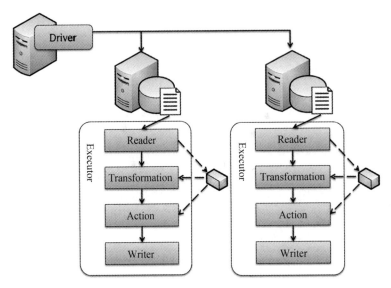

图 11-8 Spark 框架的运行原理

名-值对 RDD，就是 k-v 存储的数据集，map 操作就是将普通 RDD 的数据转换为名-值对 RDD。有了名-值对 RDD，才能对其进行各种 reduceByKey、joinByKey 等复杂的操作。操作名-值对 RDD 最主要的函数包括 reduceByKey、groupByKey、combineByKey、mapValues、flatMapValues、keys、values、sortByKey、subtractByKey、join、leftOuterJoin、rightOuterJoin、cogroup 等。

所有 Transfer 函数的另外一个重要特征就是，它们在处理 RDD 数据时都不会立即执行，而是延迟到下一个 Action 再执行。这样的执行效果就是，当所有一系列操作都定义好以后，一次性执行完成，然后立即写磁盘。这样在执行过程中就减少了等待时间，进而减少了对内存的占用时间。

Spark 的另外一种类型的函数就是 Action，它们输入的是 RDD，输出的是一个数据结果，通常拿到这个数据结果就要写磁盘了。根据 RDD 的不同，Action 也分为两种：针对普通 RDD 的操作，包括 collect、count、countByValue、take、top、reduce、fold、aggregate、foreach 等；针对名-值对 RDD 的操作，包括 countByKey、collectAsMap、lookup 等。

2. Spark 的设计开发

Spark 的设计开发支持 3 种语言，Scala、Python 与 Java，其中 Scala 是它的原生语言。Spark 是在 Scala 语言中实现的，它将 Scala 作为其应用程序框架，能够与 Scala 紧密集成。Scala 语言是一种类似 Java 的函数式编程语言，它在运行时也使用 Java 虚拟机，可以与 Java 语言无缝结合、相互调用。同时，由于 Scala 语言采用了当前比较流行的函数式编程风格，所以代码更加精简，编程效率更高。

前面讲解的那段计算词频的代码如下：

```
val textFile = sc.textFile("hdfs://...")
val counts = textFile.flatMap(line => line.split(""))
    .map(word => (word, 1))
    .reduceByKey(_ + _)
counts.saveAsTextFile("hdfs://...")
```

为了实现这个功能，前面讲解的 MapReduce 框架需要编写一个 Mapper 类和一个 Reducer 类，还要通过一个驱动程序把它们串联起来才能够执行。然而，在 Spark 程序中通过 Scala 语言编写，只需要这么 5 行代码就可以实现，编程效率大大提升。这段代码如果使用 Java 语言编写，那么需要编写成这样：

```
JavaRDD<String> textFile = sc.textFile("hdfs://...");
JavaRDD<String> words = textFile.flatMap(
  new FlatMapFunction<String, String>() {
  public Iterable<String> call(String s) {
    return Arrays.asList(s.split(" ")); }
});
JavaPairRDD<String, Integer> pairs = words.mapToPair(
  new PairFunction<String, String, Integer>() {
  public Tuple2<String, Integer> call(String s) {
    return new Tuple2<String, Integer>(s, 1); }
});
JavaPairRDD<String, Integer> counts= pairs.reduceByKey(
  new Function2<Integer, Integer, Integer>() {
  public Integer call(Integer a, Integer b) { return a + b; }
});
counts.saveAsTextFile("hdfs://...");
```

很显然，采用 Scala 语言编写的 Spark 程序比 Java 语言的更精简，因而更易于维护与变更。所以，Scala 语言将会成为更多大数据开发团队的选择。

图 11-9 是一段完整的 Spark 程序，它包括初始化操作，如 SparkContext 的初始化、对命令参数 args 的读取等。接着，从磁盘载入数据，通过 Spark 函数处理数据，最后将结果数据存入磁盘。

```
package com.easydev.spark

import org.apache.spark.SparkConf
import org.apache.spark.SparkContext

object WordCount {
  def main(args: Array[String]) {
    val conf = (new SparkConf).setMaster("local").setAppName("HelloWorld");
    val sc = new SparkContext(conf)
    val input = args(0)                      ➡ 初始化
    val output = args(1)

    val textFile = sc.textFile(input)        ➡ 载入数据
    val counts = textFile.flatMap(line => line.split(" "))
      .map(word => (word, 1))                ➡ 处理数据
      .reduceByKey(_ + _)
    counts.saveAsTextFile(output)            ➡ 保存数据
  }
}
```

图 11-9　完整的 Spark 程序

3. Spark SQL 设计开发

在未来的三五年时间里，整个 IT 产业的技术架构将会发生翻天覆地的变化。数据量疯涨，原有的数据库架构下的存储成本将越来越高，查询速度越来越慢，数据扩展越来越困难，因此需要向着大数据技术转型。

大数据转型要求开发人员熟悉 Spark/Scala 的编程模式、分布式计算的设计原理、大量业务数据的分析与处理，还要求开发人员熟悉 SQL 语句。

因此，迫切需要一个技术框架，能够支持开发人员用 SQL 语句进行编程，然后将 SQL 语言转化为 Spark 程序进行运算。这样的话，大数据开发的技术门槛会大大降低，更多普通的 Java 开发人员也能够参与大数据开发。这样的框架就是 Spark SQL+Hive。

Spark SQL+Hive 的设计思路就是，将通过各种渠道采集的数据存储于 Hadoop 大数据平台的 Hive 数据库中。Hive 数据库中的数据实际上存储在分布式文件系统 HDFS 中，并将这些数据文件映射成一个个的表，通过 SQL 语句对数据进行操作。在对 Hive 数据库的数据进行操作时，通过 Spark SQL 将数据读取出来，然后通过 SQL 语句进行处理，最后将结果数据又存储到 Hive 数据库中。

```
CREATE [EXTERNAL] TABLE [IF NOT EXISTS] table_name
  [(col_name data_type [COMMENT col_comment], ...)]
  [COMMENT table_comment]
  [PARTITIONED BY (col_name data_type [COMMENT col_comment], ...)]
  [CLUSTERED BY (col_name, col_name, ...)
  [SORTED BY (col_name [ASC|DESC], ...)] INTO num_buckets BUCKETS]
  [ROW FORMAT row_format]
  [STORED AS file_format]
  [LOCATION hdfs_path]
```

首先，通过以上语句在 Hive 数据库中建表，每个表都会在 HDFS 上映射成一个数据库文件，并通过 HDFS 进行分布式存储。完成建表以后，Hive 数据库的表不支持一条一条数据的插入，也不支持对数据的更新与删除操作。数据是通过一个数据文件一次性载入的，或者通过类似 insert into T1 select * from T2 的语句将查询结果载入表中。

```
# 从NameNode节点中加载数据文件
LOAD DATA LOCAL INPATH './examples/files/kv1.txt' OVERWRITE INTO TABLE pokes;
# 从NameNode节点中加载数据文件到分区表
LOAD DATA LOCAL INPATH './examples/files/kv2.txt'
OVERWRITE INTO TABLE invites PARTITION (ds='2008-08-15');
# 从HDFS中加载数据文件到分区表
LOAD DATA INPATH '/user/myname/kv2.txt' OVERWRITE
INTO TABLE invites PARTITION (ds='2008-08-15');
```

加载数据以后，就可以通过 SQL 语句查询和分析数据了：

```
SELECT a1, a2, a3 FROM a_table
LEFT JOIN | RIGHT JOIN | INNER JOIN | SEMI JOIN b_table
ON a_table.b = b_table.b
WHERE a_table.a4 = "xxx"
```

注意，这里的 join 操作除了有左连接、右连接、内连接以外，还有半连接（SEMI JOIN），它的执行效果类似于 in 语句或 exists 语句。

有了 Hive 数据库，就可以通过 Spark SQL 去读取数据，然后用 SQL 语句对数据进行分析了：

```
import org.apache.spark.sql.{SparkSession, SaveMode}
import java.text.SimpleDateFormat
object UDFDemo {
  def main(args: Array[String]): Unit = {
    val spark = SparkSession
    .builder()
    .config("spark.sql.warehouse.dir","")
    .enableHiveSupport()
    .appName("UDF Demo")
    .master("local")
    .getOrCreate()

    val dateFormat =  new SimpleDateFormat("yyyy")
    spark.udf.register("getYear", (date:Long) => dateFormat.format(date).toInt)
    val df = spark.sql("select getYear(date_key) year, * from etl_fxdj")
    df.write.mode(SaveMode.Overwrite).saveAsTable("dw_dm_fx_fxdj")
  }
}
```

在这段代码中，首先进行了 Spark 的初始化，然后定义了一个名为 getYear 的函数，接着通过 spark.sql() 对 Hive 表中的数据进行查询与处理。最后，通过 df.write.mode(). saveAsTable() 将结果数据写入另一张 Hive 表中。其中，在执行 SQL 语句时，可以将 getYear() 作为函数在 SQL 语句中调用。

有了 Spark SQL+Hive 的方案，在大数据转型的时候，实际上就是将过去存储在数据库中的表变为 Hive 数据库的表，将过去的存储过程变为 Spark SQL 程序，将过去存储过程中的函数变为 Spark 自定义函数。这样就可以帮助企业更加轻松地由传统数据库架构转型为大数据架构。

11.2　大数据采集

分布式大数据技术架构的建设思路，是要将海量数据存储在分布式大数据平台上进行分析、处理、查询，从而利用分布式大数据平台超强的并行计算能力，有效地提高数据处理的运行效率。因此，当我们通过各种方式采集到各种丰富的数据以后，首先要将其存储到分布式大数据平台上，之后才能开展后续的数据分析工作。

也就是说，大数据采集要执行的任务，就是通过各种方式采集数据，然后存储在分布式大数据平台的 Hive 数据库中。这里采集数据的方式主要分为两种：

1）结构化数据采集，即从数据库中采集数据；

2）非结构化数据采集，即通过其他日志文件、数据文件等方式采集数据。

11.2.1 结构化数据采集

在传统的信息化建设中，每个业务系统都有自己的数据库，存储着海量的历史数据。随着时间的推移，每个业务系统中数据库的数据量越来越大，存储成本越来越高，查询效率越来越低，数据扩展越来越困难。因此，未来的发展趋势就是，每个业务系统的数据库都作为生产库，只存放最近一段时间的数据，主要用于数据写入与单用户、实时性高的查询。而更多的历史数据将同步到分布式大数据平台中，以支持海量的数据存储、高效的数据分析与查询。这时，由于各个业务系统的数据都导入了分布式大数据平台中，因此可以对数据进行交叉比对，从而以数据驱动的思路，开展对数据价值更加深度的挖掘与应用。

因此，未来数据中台的建设，最主要而稳定的数据来源，必然是各个业务系统的数据库。它们通过结构化数据采集，运用 Sqoop 框架采集数据，然后存储在 Hive 数据库中，形成数据中台的原始数据层，如图 11-10 所示。

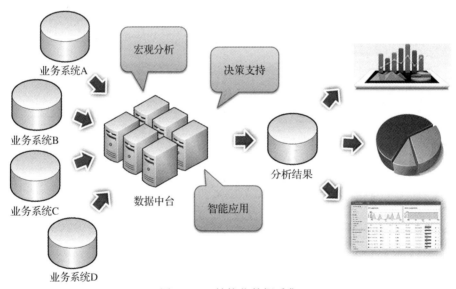

图 11-10　结构化数据采集

Sqoop 是在大数据框架中专门用于采集数据库中数据的组件。它通过 JDBC 连接数据库，通过 SQL 查询数据，并将查询到的结果存储到 Hive 数据库中。由于 Sqoop 是通过 JDBC 采集数据的，具有较好的通用性，但数据抽取的性能并不高，因此，要提高采集效率有两种优化措施：提高采集频率，即每日分时段多次采集；或者通过一些特定数据库的数据导出、数据备份、数据日志等方式获取数据，进而获得更高的数据抽取性能。

Sqoop 通过命令行的方式执行数据抽取，因此可以将类似这样的语句放到 shell 脚本中批量执行：

```
sqoop import --hive-import /
--connect jdbc:oracle:thin:@192.168.1.24:1521/SDHTXX /
--username admin --password-file /user/hive/.admin /
--query "select * from dzdz_fpxx_hyzp t where \$CONDITIONS" /
-m 10 --hive-database dzdz --hive-table dzdz_fpxx_hyzp /
--hive-overwrite /
--target-dir /user/hive/warehouse/dzdz.db/dzdz_fpxx_hyzp /
--outdir ../tmp --bindir ../tmp -z --direct --null-string '\\N'  /
--hive-delims-replacement " "
```

从以上代码可以看出，每个表的抽取都要写这样一个脚本，并且大量代码都是重复代码。如果每个脚本都这样重复复制，将非常不利于日后的维护。为此，我们写了这样一个通用脚本，并下沉到大数据技术中台中。

```
#!/bin/bash
cd /home/aisinobi/bin
connect=jdbc:oracle:thin:@192.168.1.24:1521/SDHTXX
hive_dir=/user/hive/warehouse
tmp_dir=../tmp
sqoop import --hive-import --connect ${connect} --username $1 /
--password-file /user/hive/.$1 --query "$4" -m 10 --hive-database $2 /
--hive-table $3 --hive-overwrite --target-dir ${hive_dir}/$2.db/$3 /
--outdir ${tmp_dir} --bindir ${tmp_dir} -z --direct /
--null-string '\\N'  --hive-delims-replacement " "
```

在该脚本中通过 $1、$2、$3 设置变量，就可以作为通用脚本使用了。这样当需要抽取新表时只需要编写以下代码即可，既降低了技术门槛，又提高了系统的可维护性：

```
#!/bin/bash
sql="select * from dzdz_fpxx_hyzp t where kprq between to_date('$1','yyyy-mm-dd')
and to_date('$2 23:59:59','yyyy-mm-dd hh24:mi:ss') and \$CONDITIONS"
map=SL=DOUBLE,SE=DOUBLE,JSHJ=DOUBLE
bash SqoopJdbc.sh DZDZ dzdz DZDZ_FPXX_HYZP "$sql" $map
```

在这里，开发人员可将更多的精力放在数据抽取的 SQL 编写方面，然后按照规定的格式调用 SqoopJdbc.sh 脚本就可以了。SqoopJdbc.sh 的第一个参数是数据库用户，需要在 HDFS 的 /user/hive 下放一个同名的密码文件。第二个参数与第三个参数分别是 Hive 数据库的 Schema 与表名，最后那个 map 指定表中某些字段的类型。

这样，每个数据来源中每个表的抽取都需要写一个脚本，将所有的脚本按照不同的来源分为多个目录，然后通过一些大脚本将每个小脚本串联起来执行，就可以通过定时任务调用大脚本，实现每天定时抽取数据了，如图 11-11 所示。

11.2.2　非结构化数据采集

结构化的数据可以给我们稳定而高质量的数据来源，然而它的最大缺点是数据不够丰富，不一定能够覆盖数据应用所需的所有数据需求。某些业务我们开展了，有相应的业务系统，就能够采集到数据。而另一些数据对我们也很重要，却没有开展相应的业务，没有相应的业务系统可以采集，就没有数据来源。这时，就必须思考通过其他方式采集数据。

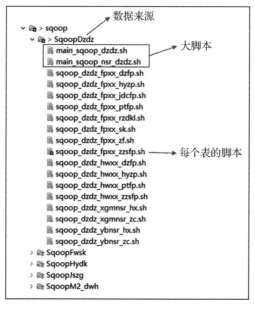

图 11-11　Sqoop 数据抽取脚本

此外，未来 5G 技术的发展必将会大大促进物联网的发展，进而实现万物互联。到那时，过去很多电子产品中没有采集的、被认为没有价值的数据，今后都要想办法采集起来。只有更加丰富、混杂的数据，才能帮助我们开展更多机器学习、人工智能方面的业务。

然而，在更加丰富的采集数据的过程中，数据量会大大增加。这时如果还是采用传统的数据库存储，既会导致数据采集的性能极差，又会影响原有系统的正常使用。因此，应当采用与过去完全不同的非结构化数据采集方案，才能适应这样的应用场景。

1. 非结构化采集

非结构化采集，是与过去数据采集完全不一样的另一种技术方案。譬如，现在要在原有业务系统中增加对用户行为的数据采集，从而帮助我们更好地了解用户对系统的使用习惯，进而有针对性地优化系统用户体验。然而，采集用户的所有行为数据，数据量将比较大。如果采用传统的方式，将这些数据通过业务系统存入数据库中，不仅数据库存储的压力较大，而且还会影响原有业务系统的正常运行。因此，对这部分数据的采集，需要另辟蹊径，采用非结构化数据采集。

采用非结构化技术方案如图 10-6 所示，业务系统只需要在应用集群中，在业务执行过程中去写日志，后面数据采集的工作就完全跟业务系统无关了。这样既可以采集数据，又使其对原有系统的影响最小化。只有对原有系统影响小，工作才能顺利开展。

接着，在应用集群的另一个进程中，非结构化采集组件 Flume 将日志数据采集到

Kafka 消息队列中。同时，在 Kafka 的另一端，Spark Streaming 通过流式计算，不断地从 Kafka 中获取数据，然后解析日志数据，将非结构化的日志数据转化为结构化数据，存储到 Hive 数据库中。当数据存储到 Hive 数据库以后，就可以开展后续的数据分析任务，将分析结果通过前端展现给用户。当然，这个过程也可以选择流式计算框架 Flink 来完成，它具有更好的实时性。

"将非结构化的日志数据转化为结构化数据"，就是在一行行的日志中抠取其中的数据，将其变成一条条的结构化数据记录，如图 11-12 所示。

```
level=warn ts=2020-08-26T13:36:03.228Z caller=cpu_linux.go:273 collector=cpu
  msg="CPU Iowait counter jumped backwards"
level=warn ts=2020-10-07T06:25:48.268Z caller=cpu_linux.go:285 collector=cpu
  msg="CPU SoftIRQ counter jumped backwards"
```

图 11-12　将非结构化的日志数据转化为结构化数据

在这个方案中我们可以看到，后面的 Kafka 与大数据平台都是另一套系统，与原有的系统无关。这样，对数据的后续采集分析任务就完全不会影响原有系统，工作就可以顺利开展，而系统改造的风险也会更低。

在以上案例中，日志数据的生成是在服务端的应用集群中进行的。然而，在一些其他的案例中，数据包也可以在客户端生成。如图 10-7 所示，在该案例中，覆盖各地的用户在通过移动通信打电话。这时，分布于各地的基站就会实时地记录下当前基站的通话流量与繁忙程度。基站将这些数据在自己的本地打包、加密、制作成数据包，发送到远端的业务中心。因此，数据采集的数据包是在客户端生成的。

业务中心收集到这些数据包以后，不会去解析，而是直接将其扔进 Kafka 消息队列中，由 Kafka 另一端的 Spark Streaming 去解析。这样，一方面降低了业务中心的压力，使其有更大的吞吐量去接收数据并处理其他业务，另一方面，因为 Spark Streaming 是通过 Scala 语言编写的，可以兼容 Java 程序，所以可以直接调用那些数据包解析程序，将解析后的数据结构化存储到 Hive 数据库中，从而方便开展后续的数据分析业务。

2. 在线分析、近线分析、离线分析

在对数据的采集与分析的过程中，一个无法回避的技术难题就是采集与分析数据的实时性。我们当然希望在采集数据以后能够实时向用户展现分析结果，然而海量的数据给实时分析数据增加了难度。

最理想的情况就是业务系统在处理业务的同时将业务数据存储到数据库中并通过前端报表实时展现，这叫"在线分析"。在线分析可以最直接地实时展现数据的变化，然而随着数据量的不断增大，它会给数据库带来查询压力，影响业务系统的正常运行。

为了在数据分析和展现的过程中不影响原有业务系统的正常运行，业务系统将要存储到数据库中的数据同时发送给 Kafka。这样，在另一端的大数据平台就可以通过 Spark

Streaming 进行流式计算，实时地对采集的数据进行分析与展现。数据的分析与展现是在数据库之外的大数据平台中进行的，不会影响原有系统的正常运行。展现数据虽然有一点点的延时，但非常接近实时分析，因此被称为"近线分析"。

近线分析，是将时间划分成一个个很短的片段（如 30 秒一个周期）。每个片段要完成对数据的采集、分析、存储和展现。因此，近线分析在接收到数据以后，必须在很短的时间内快速完成对实时数据的分析，否则下一个周期就到来了。因此，它不能做过多、过于复杂的业务分析。正因如此，在一个系统中，通常只将个别的、有较高实时性的分析业务做成近线分析，而其他分析通过离线分析来完成。

离线分析，就是利用每天晚上的窗口期（通常有数小时）批量抽取当天产生的数据批量抽取，对大量、复杂的分析任务进行集中运算，最终获得分析结果。由于有较长的运算窗口期，离线分析会更加规范地按照数据抽取、ETL 过程、载入数据仓库、进行数据分析的过程，一步一步地完成分析任务，因此可以更加深度地挖掘数据价值、开展数据业务。

在线分析、近线分析与离线分析示意图如图 11-13 所示。

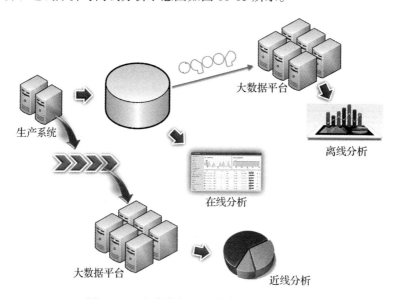

图 11-13　在线分析、近线分析与离线分析

11.3　大数据治理

经过一系列结构化、非结构化数据采集，海量、丰富的数据被采集到了数据中台的 Hive 数据库中，这就是数据中台的原始数据层。一个值得推荐的最佳实践就是，将不同来源的数据通过划分 Schema 存储在 Hive 数据库的不同表中。我们通常不对原始数据进行任何处理。

然而，原始数据往往杂乱无章，存在数据质量的问题。如果在这样的数据上直接进行业务分析，往往分析成本高并且不准确。因此，需要经过一个 ETL 过程进行清洗、集成和转换，最终载入数据仓库中。这个过程与传统的 ETL 过程没有什么区别，然而底层技术变为了 Spark 分布式计算，特别是 SparkSQL 的方式。

11.3.1　SparkSQL 大数据开发中台

SparkSQL 可以将许多复杂的处理过程以 SQL 语句的方式进行编写，然后再转换为复杂的 Spark 处理程序。实际上，在数据治理与数据分析的过程中，使用 SparkSQL 就能解决80% 的问题，只有剩下的 20% 的问题需要编写 Spark 程序来处理。因此，选型 SparkSQL可以大幅度降低大数据开发的技术门槛，让人力成本降低，让大数据分析业务可以快速、大范围地开展起来。

有了这样的方案，大数据改造实际上就变为 SparkSQL 程序的开发过程。同时，通过保留个性，抽取共性，就可以形成一套大数据开发的技术中台。这既降低了技术门槛，还使得大数据产品运行在各种不同的大数据平台上成为可能。注意，未来的大数据市场上，不同的客户可能先购买的是不同的大数据平台，进行平台建设，然后再购买各种大数据产品。因此，大数据产品想要有竞争力，就必须能够运行在不同的大数据平台中，具有较好的兼容性。

那么，如何构建 SparkSQL 大数据开发中台呢？譬如，我们的 SparkSQL 代码本来是这样编写的：

```
/**
 * @author fangang
 */
object ZzsfpJx {
  def main(args: Array[String]): Unit = {
    //Spark初始化
    val spark = SparkSession
    .builder()
    .config("spark.sql.warehouse.dir","")
    .enableHiveSupport()
    .appName("ZzsfpJx")
    .getOrCreate()

    //Spark自定义函数
    spark.udf.register("getJxfpId", (fpdm:String, fphm:String, kprq:String) =>
      if(null==kprq) fpdm+"X"+fphm+"X" else fpdm+"X"+fphm+"X"+kprq)

    spark.udf.register("fillNsr", (nsr:String) => if(nsr==null||nsr.trim().
      equals("")) "X99999999999999999" else nsr)

    spark.udf.register("fillSwjg", (swjg:String) =>
```

```
      if(null==swjg||"NULL"==swjg||"null"==swjg||swjg.trim().equals(""))
        "X9999999999" else
          if(swjg.length()!=11) (swjg+"000000000000").substring(0,11) else swjg
      )

    spark.udf.register("concatSwjg", (swjg:String,gf_nsrsbh:String) =>
      if(null==swjg||"NULL"==swjg||"null"==swjg||swjg.trim().equals("") &&
        null==gf_nsrsbh||"NULL"==gf_nsrsbh||"null"==gf_nsrsbh||gf_nsrsbh.trim().
          equals("")) "X9999999999" else
            if(null==swjg||"NULL"==swjg||"null"==swjg||swjg.trim().equals(""))
              "1"+gf_nsrsbh.substring(1,4)+"000000" else
            if(swjg.length()!=11) (swjg+"000000000000").substring(0,11) else swjg
      )

  val df_3    = new DecimalFormat("######0.000")
  val df_2    = new DecimalFormat("######0.00")
  spark.udf.register("cutSL", (sl:Double)=> if(sl<=0.015) df_3.format(sl).
    toDouble else df_2.format(sl).toDouble)

  //SparkSQL语句
  val result = spark.sql("SELECT getJxfpId(D.FPDM,D.FPHM,D.KPRQ) JXFP_ID,D.
    FPDM,D.FPHM,'YB' FP_LB,D.JE JE,cast(cutSL(D.SE/D.JE) as double) SL,D.
    SE SE,fillNsr(D.XFSBH) XF_NSRSBH, D.XFMC XF_NSRMC, fillNsr(D.GFSBH) GF_
    NSRSBH,D.GFMC GF_NSRMC,D.KPRQ, D.KPRQ RZSJ,D.XF_QXSWJG_DM SWJG_DM, from_
    unixtime(unix_timestamp(),'yyyy-MM-dd HH:mm:ss') CZSJ,NSR.SWJG_KEY GF_
    SWJG_DM, getSwjg(D.XF_QXSWJG_DM,fillNsr(D.XFSBH)) XF_SWJG_DM, case trim(D.
    fpzt_dm) when '0' then 'N' when '1' then 'N' else 'Y' end ZFBZ, '' SKM, ''
    SHRSBH,'' SHRMC,'' FHRSBH,'' FHRMC,'' QYD,'' SKPH,D.JSHJ,'' CZCH,'' CCDW,''
    YSHWXX,D.BZ,D.tspz_dm as TSPZBZ,CASE WHEN length(trim(D.zfrq))>15 THEN
    D.zfrq ELSE NULL END ZFSJ FROM dzdz.DZDZ_FPXX_ZZSFP D JOIN DW.DW_DM_NSR NSR
    ON D.GFSBH = NSR.NSR_KEY and NSR.WDBZ='1' ").repartition(num)

  //Spark写库语句
  result.write.mode(SaveMode.Append).saveAsTable("etl_jxfp")
  }
}
```

以上是一段未封装的 SparkSQL 原始语句。在该语句的前面部分有一段 Spark 的初始化，可以将其封装到 SparkUtils 类中。中间有 5 个 Spark 自定义函数，在这些函数中，有些如 fillNsr（补填纳税人）、fillSwjg（补填税务机关）等函数，不仅该程序要使用，其他程序也要使用，因此将其封装在了公用的 UdfRegister 自定义函数公用类里面了。最后，将Spark 写库程序封装到 DataFrameUtils 公用类中。经过一番改造，最终代码简化为：

```
/**
 * @author fangang
 */
object ZzsfpJx {
```

```
def main(args: Array[String]): Unit = {
  val task = LogUtils.start("zzsfpJxQd")
  try {
    val spark = SparkUtils.init("zzsfpJx")
    val ETLFPMAPNUM = PropertyFile.getProperty("ETLFPMAPNUM").toInt

    spark.udf.register("getJxfpId", (fpdm:String, fphm:String, kprq:String) =>
      if(null==kprq) fpdm+"X"+fphm+"X" else fpdm+"X"+fphm+"X"+kprq)
    UdfRegister.fillNsr(spark)
    UdfRegister.fillSwjg(spark)
    UdfRegister.cutSL(spark)

    val result = spark.sql("SELECT getJxfpId(D.FPDM,D.FPHM,D.KPRQ) JXFP_ID,D.
      FPDM,D.FPHM,'YB' FP_LB,D.JE JE,cast(cutSL(D.SE/D.JE) as double) SL,D.
      SE SE,fillNsr(D.XFSBH) XF_NSRSBH, D.XFMC XF_NSRMC, fillNsr(D.GFSBH) GF_
      NSRSBH,D.GFMC GF_NSRMC,D.KPRQ, D.KPRQ RZSJ, D.XF_QXSWJG_DM SWJG_DM, from_
      unixtime(unix_timestamp(),'yyyy-MM-dd HH:mm:ss') CZSJ,NSR.SWJG_KEY GF_
      SWJG_DM, getSwjg(D.XF_QXSWJG_DM,fillNsr(D.XFSBH)) XF_SWJG_DM, case trim(D.
      fpzt_dm) when '0' then 'N' when '1' then 'N' else 'Y' end ZFBZ,'' SKM,''
      SHRSBH,'' SHRMC,'' FHRSBH,'' FHRMC,'' QYD,'' SKPH, D.JSHJ,'' CZCH,''
      CCDW,'' YSHWXX,D.BZ,D.tspz_dm as TSPZBZ,CASE WHEN length(trim(D.zfrq))>15
      THEN D.zfrq ELSE NULL END ZFSJ FROM dzdz.DZDZ_FPXX_ZZSFP D JOIN DW.DW_DM_
      NSR NSR ON D.GFSBH = NSR.NSR_KEY and NSR.WDBZ='1' ").repartition(ETLFPMAPNUM)

    DataFrameUtils.saveAppend(result, "etl", "etl_jxfp")
    LogUtils.end(task)
  } catch { case ex:Exception  => LogUtils.error(task, ex) }
  }
}
```

在通过技术中台封装的程序中，Spark 初始化、数据存储等操作被封装了起来，定义函数公用类规范了许多业务的处理过程，同时还增加了写日志表的功能。有了这些设计指定的规范，其他开发人员按照这样的模板开发各种处理程序就可以了，设计得以规范，技术门槛得以降低。今后开发人员可以将更多的精力放到业务的实现和 SQL 的编写以及自己的一些个性化函数上了。

11.3.2　ETL 过程的设计实践

前面一系列采集过程收集到的数据都是原始数据。未经过任何加工的原始数据，往往存在着诸多的问题，数据质量不高，所以数据分析成本很高。原始数据必须要经过一个 ETL 过程，才能用于后续的分析挖掘工作。

更关键的是，数据来源的业务系统也是在不断地更新维护中的，任何一个变更都会对下游的数据分析程序产生巨大的影响。因此，有了 ETL 过程作为一个缓冲区，当上游的业务系统变更时，只需要对 ETL 过程进行相应变更，下游的数据分析就能够比较稳定，从而降低系统维护成本。

1. 数据清洗

首先进行数据清洗，对原始数据中的错误予以纠正，或者对缺失数据进行补填。譬如，现在要建设一个增值税发票的数据中台。这时，系统从许多不同的来源采集与增值税发票相关的数据。当收集完这些原始数据以后，进行数据清洗工作。增值税发票的数据结构如图 11-14 所示。

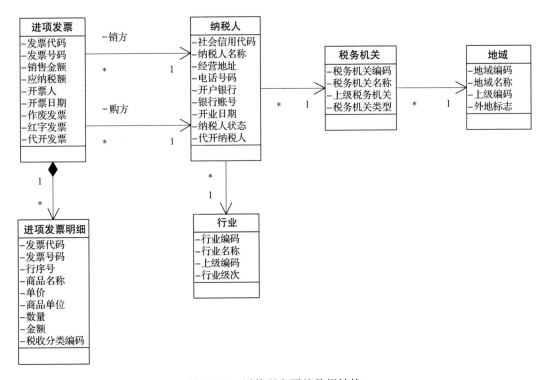

图 11-14　增值税发票的数据结构

在正常的增值税发票的数据结构中，每张进项发票都应当有至少一条发票明细。然而，可能由于采集的数据不一致，发票与明细经常不是同时到来，可能相差几天，造成用发票分析的数据与用发票明细分析的数据不一致。这时，必须要先补填一个发票明细，虽然商品名称与数量不知道，但至少要保证发票明细的金额之和要等于发票金额，才不至于影响后续的分析质量。至于商品名称，可以暂时补填一个"未知商品"。这样，当该发票真正的发票明细到来时，再覆盖原有补填的明细。

此外，原本每张发票都应当有购方纳税人与销方纳税人，然而由于纳税人信息的基础数据来源于不同的系统，可能造成该发票的纳税人信息不在纳税人信息表中的情况。这时，必须要补填一条纳税人信息，使得发票表与纳税人能够对应上，不会造成数据无法关联而缺失数据。

同理，每个纳税人都应当有各自的税务机关、地域和行业，这些信息都可能缺失。对于税务机关和地域，可以通过纳税人社会信用代码中的内容进行推测。但是，行业信息是无法推测的。即使无法推测，也不能将其置为 null，而是填一个默认值 X99999，对应到行业表中的"未知行业"。

数据清洗的过程通过 SparkSQL 来实现。通过 SparkSQL 从原始表中查询数据，然后经过以下处理过程，最终写入 ETL 临时表中：

```scala
/**
 * @author fangang
 */
object ZzsfpJx {
  def main(args: Array[String]): Unit = {
    val task = LogUtils.start("zzsfpJxQd")
    try {
      val spark = SparkUtils.init("zzsfpJx")
      val ETLFPMAPNUM = PropertyFile.getProperty("ETLFPMAPNUM").toInt

      spark.udf.register("getJxfpId", (fpdm:String, fphm:String, kprq:String) =>
        if(null==kprq) fpdm+"X"+fphm+"X" else fpdm+"X"+fphm+"X"+kprq)
      UdfRegister.fillNsr(spark)
      UdfRegister.fillSwjg(spark)
      UdfRegister.cutSL(spark)

      val result = spark.sql("SELECT getJxfpId(D.FPDM,D.FPHM,D.KPRQ) JXFP_ID,D.
        FPDM,D.FPHM,'YB' FP_LB,D.JE JE,cast(cutSL(D.SE/D.JE) as double) SL,D.
        SE SE,fillNsr(D.XFSBH) XF_NSRSBH, D.XFMC XF_NSRMC, fillNsr(D.GFSBH) GF_
        NSRSBH,D.GFMC GF_NSRMC,D.KPRQ, D.KPRQ RZSJ, D.XF_QXSWJG_DM SWJG_DM,
        from_unixtime(unix_timestamp(),'yyyy-MM-dd HH:mm:ss') CZSJ,NSR.SWJG_KEY
        GF_SWJG_DM, getSwjg(D.XF_QXSWJG_DM,fillNsr(D.XFSBH)) XF_SWJG_DM, case
        trim(D.fpzt_dm) when '0' then 'N' when '1' then 'N' else 'Y' end ZFBZ,''
        SKM,'' SHRSBH,'' SHRMC,'' FHRSBH,'' FHRMC,'' QYD,'' SKPH, D.JSHJ,''
        CZCH,'' CCDW,'' YSHWXX,D.BZ,D.tspz_dm as TSPZBZ,CASE WHEN length(trim(D.
        zfrq))>15 THEN D.zfrq ELSE NULL END ZFSJ FROM dzdz.DZDZ_FPXX_ZZSFP
        D JOIN DW.DW_DM_NSR NSR ON D.GFSBH = NSR.NSR_KEY and NSR.WDBZ='1'
        ").repartition(ETLFPMAPNUM)

      DataFrameUtils.saveAppend(result, "etl", "etl_jxfp")

      LogUtils.end(task)
    } catch { case ex:Exception  => LogUtils.error(task, ex) }
  }
}
```

在以上 SparkSQL 程序中，首先从原始数据 dzdz.DZDZ_FPXX_ZZSFP 中查询数据，通过公用方法 UdfRegister.fillNsr(spark) 与 UdfRegister.fillSwjg(spark) 对纳税人与税务机关进行补填，保证发票在与纳税人信息、税务机关信息关联时不会因为数据为 null 而造成数据缺失。最终，将结果数据写入 etl_jxfp 的临时表中。

此外，在处理发票明细时加入了这样一段语句：

```
val result1 = spark.sql("SELECT getJxfpqdId(R.FPDM,R.FPHM,R.KPRQ,'00','1')
    JXFPQD_ID,
getJxfpId(R.FPDM,R.FPHM,R.KPRQ) JXFP_ID ,1.0 HH,'YB' FP_LB,
'无商品明细' WP_MC,'' WP_DW,'' WP_XH,1.0 WP_SL,R.JE DJ,R.JE, cast(cutSL(R.SL) as
    double) SL,R.SE,R.RZSJ, from_unixtime(unix_timestamp(),'yyyy-MM-dd HH:mm:ss')
    CZSJ,R.KPRQ,'00' QDBZ,'' SKPH,'' SFZHM,'' CD,'' HGZS,'' JKZMSH,'' SJDH,''
    FDJHM,
'' CJHM,'' DH,'' ZH,'' KHYH,'' DW,'' XCRS,0.0 JSHJ,'9999999999999999' spbm
    "+s"FROM dzdz.DZDZ_HWXX_ZZSFP D
RIGHT JOIN etl.ETL_JXFP R ON (D.FPDM = R.FPDM AND D.FPHM = R.FPHM)
WHERE (D.FPDM is null or D.FPHM is null) and R.FP_LB='YB' ").repartition(ETLFPMAPNUM)
DataFrameUtils.saveAppend(result1, "etl", "etl_jxfp_qd")
```

通过该语句在发票明细中加入了名为"无商品明细"的记录，保证发票明细、发票的金额与税额没有缺失，保障后续数据分析的准确性。

2. 数据转换

以上一系列的数据清洗，可以有效杜绝因为缺失数据或关联不上造成的数据分析质量问题。接着，就是数据转换与集成。

数据中台的数据来源于不同的业务系统，因此数据格式、计算口径都可能存在差异。当把它们都抽取到数据中台以后，应当将其转换成统一口径，并规范计算口径。譬如，如何识别代开发票，不同的系统有不同的判断逻辑，但经过数据转换以后，可以在表中增加一个"是否代开发票"字段，这样后续的分析业务就不必再去判断了，直接看该字段即可。此外，同样是税务机关代码，有的系统是 9 位，有的系统是 11 位，应该将它们都统一成 11 位。以上这些工作就是数据转换。

3. 数据集成

清洗和转换工作完成以后，将相同或者相似的数据都集成在一起。譬如，从各个不同路径采集的纳税人信息，包括纳税人的基础信息、认证信息、核定信息、资格信息，都集成到了纳税人表中；从各个不同路径采集的各种不同的增值税发票，如增值税专票、增值税普票、机动车统一销售发票、电子发票等类型的发票，都统一集成到发票信息表中。它们都来源于不同的业务系统，字段与类型都各不相同。因此，在集成的过程中，需要进行转换或补填，彼此格式一致，并最终存入同一张表中。譬如，其他发票都有发票明细，但机动车统一销售发票没有，因此需要给它补填一条发票明细，商品就是那辆汽车，金额与税额都是那张发票的金额与税额。

在具体设计实现上，就是为每一种发票都编写一个发票与发票明细的 SparkSQL 程序。它们分别从各自的原始数据中获取，但经过一个 SQL 语句的转换，最终都存入名为 etl_jxfp 与 etl_jxfp_qd 的发票与发票明细临时表中。

11.3.3　数据仓库建设

数据仓库是整个数据中台的核心，它将数据中台划分成前后两部分。前面部分是对数据的采集，然后经过 ETL 过程，最终存入数据仓库。这部分是通过一切手段收集数据，然而它的建设与数据应用需求无关。因为数据仓库存储的是过去数年的数据，而数据应用需求总是在变。如果数据应用需求一变化，就需要修改数据仓库的表结构，那么这数年的数据都必须要重新计算，系统就会始终处于一种十分不稳定的状态，维护成本极高。所以，只有数据仓库的建设与数据应用需求无关，才能保证需求变更对数据仓库没有影响，才能让系统稳定运行。

后面部分是根据不同的数据分析需求，从数据仓库中获取数据，完成各自的数据分析，将最终的分析结果写入数据集市。数据集市的建设是与各自的数据分析的需求息息相关的，每次需求变更时，变更的是各自的数据集市，而不是数据仓库。

1. 多维数据建模

经过前面一系列的 ETL 过程，我们最终将数据装载到数据仓库中。数据仓库是按照多维数据模型的思路进行建设的。在多维数据模型中，动态数据就转化为了事实表，静态数据就转化为了维度表。进项发票事实表、销项发票事实表都是事实表，但从其中关联出来了日期维度表、纳税人维度表、税务机关维度表、地域维度表与行业维度表。

多维数据模型的设计有两种思路：雪花模型与星形模型，如图 11-15 所示。

左图是雪花模型的设计，它最大的特点是在维度表上还要关联维度表，如在纳税人维度表的基础上还要关联行业维度表。这样设计比较容易理解，但会造成频繁的 join 操作，在海量数据中降低查询性能。譬如，要对进项发票进行地域的统计，就需要将进项发票事实表与纳税人维度表相关联，再关联税务机关维度表、地域维度表，才能完成，这极大影响了系统性能。因此，为了提升查询性能，基于空间换时间的思想，我们又提出了星形模型。

右图是星形模型的设计，它最大的特点是不会再有维度与维度的关联，而是所有维度表都只与事实表关联。譬如对进项发票进行地域分析，只需要进项发票事实表关联地域维度表就可以了，在海量数据中的性能将得到极大的提升。

接着，在以上事实表的基础上，还可以从不同的维度与粒度对数据进行汇总，形成聚合表。譬如，对进项发票事实表按照行业进行汇总，或者按照地域进行汇总，形成"进项发票行业聚合表"与"进项发票地域聚合表"，等等。

以上的分析都是在"开票主题域"中进行的，但是按照业务流程，还有"申报主题域""征收主题域""稽查主题域"等，如图 11-16 所示。这样，数据中台就按照业务模块划分为了多个主题域，然后在各个主题域进行多维建模，形成数据仓库。但各个主题域可以拥有共同的维度表，如纳税人维度表、税务机关维度表等。

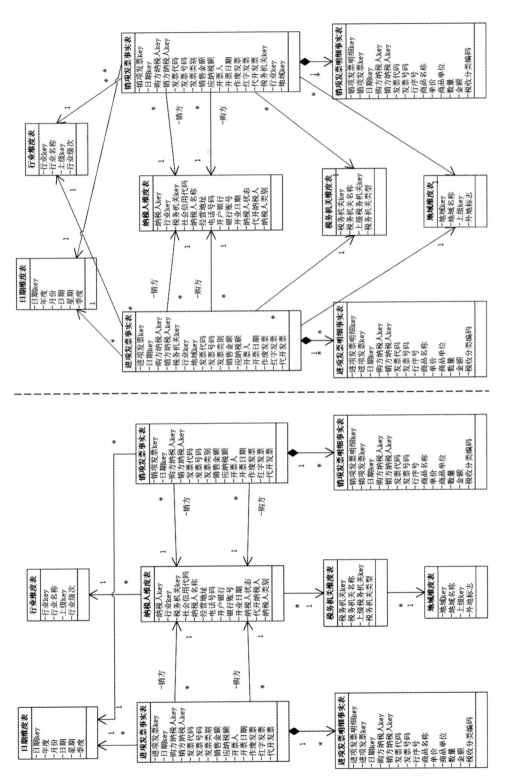

图 11-15 雪花模型与星形模型

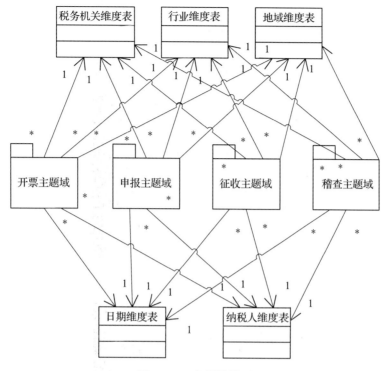

图 11-16　主题域模型

2. 数据中台的分层

前面谈到，数据中台的建设，除了按照主题域进行纵向划分，还要通过分层进行横向划分。数据中台通过分层，划分为原始数据层（STAGE）、细节数据层（ODS/DWD）、轻度综合层（MID/DWS）与数据集市层（DM），如图 10-8 所示。每一层的数据都存储在 Hive 数据库中，然后通过 Schema 划分出不同的层次。

最底层是原始数据层（STAGE）。所有的原始数据都在这里，通过 Schema 进行划分，来自哪个数据来源就存储在哪个 Schema 中，并且表名与原始库的表名一致。

接着是细节数据层（ODS/DWD），它是经过 ETL 过程以后导入数据仓库的事实表与维度表。ETL 过程的中间临时表存入名为 etl 的 Schema，数据仓库的事实表与维度表存入名为 dw 的 Schema。同时，制订命名规范，事实表以 dw_fact_xxx 命名，如订单事实表 dw_fact_order，维度表以 dw_dim_xxx 命名，如日期维度表 dw_dim_date。

紧接着是轻度综合层（MID/DWS），它是在事实表的基础上按照不同维度与粒度形成的聚合表。聚合表以 dw_agg_xxx 命名，如进项发票按纳税人聚合表 dw_agg_jxfp_nsr、进项发票按税务机关聚合表 dw_agg_jxfp_swjg 等。

最后，是在数据仓库之上的数据集市层（DM），它通过抽取前两层中的事实表与聚合表的数据，按照不同的用户需求进行数据分析，最后形成数据结果。数据集市既包括最终结果表，也包括中间结果表。数据集市以 dw_dm_xxx 命名，如"购车人未缴纳车辆购置税预警"属于"机动车消费税"分析模块，它需要计算出应免税数据 dw_dm_jdcxfs_ms，然后计算出未缴税数据 dw_dm_jdcxfs_wjs。大多数常规数据分析就是这样通过 SparkSQL 进行的。

11.3.4　数据标签设计

有了一个数据丰富、运行稳定的数据仓库，就可以为后续的数据应用和数据产品提供一个非常好的基础平台。然而，在开展对数据的各种分析应用之前，如果在数据仓库的基础上再开展一些数据标签的工作，提前做一些准备工作，那么后续对数据应用的设计开发将更加深入、更加便利，也更容易快速交付。

整个数据中台的系统规划如图 11-17 所示。从这里可以看到，数据标签介于数据仓库与数据集市之间，在数据仓库之上，是为数据集市做的准备工作。如果以数据标签为基础再开展各种数据分析与应用，那么对数据的分析利用将更加深入与便捷，这就是数据标签的作用。

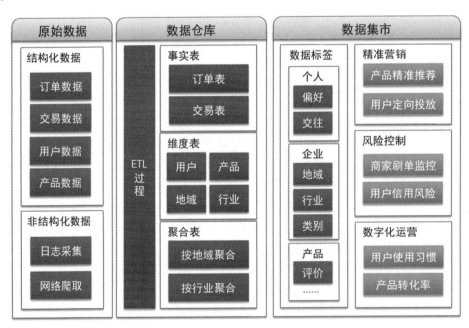

图 11-17　数据标签在数据中台中的位置

1. 数据标签的分类

对数据打标签，可以由浅入深地分为以下三种类型。

1）属性标签，就是对业务实体各种属性的真实刻画。比如企业类型、所处行业、经营范围、所处地域等信息，用户性别、年龄段、职业状况、身高体重等信息，发票类别、代开发票、作废发票、异常发票等信息。这些标签可以从某些字段直接获得，也可以通过某些字段进行一个条件判断获得。

2）统计标签，就是对业务实体从某个维度的度量进行的汇总，比如企业的月经营业绩、月增长额、季增长额、前 n 名的客户或供应商的交易额等。通过这些统计可以真实地反映该企业的经营状况。

3）算法标签，就是通过某些算法推理得到的特性。算法标签相对比较复杂，但非常有用。它既可以设计得简单易行，如企业的行业地位、交易成功率、客户开拓能力、客户忠诚度、企业成长度等，也可以运用一些数据挖掘算法进行推算，如通过用户近期的购买商品推算该用户的性别、职业、兴趣喜好、购物习惯，以及是否怀孕、是否有小孩等信息，以便日后的精准营销、商品推荐。

2. 数据标签的设计

数据标签通常按照以下步骤分析设计。

（1）确定标签对象

数据标签的设计首先从确定标签对象开始。数据标签是规划在数据集市这边的，就意味着它的设计与数据分析业务息息相关。真实的世界有那么多的事物，每个事物都有那么多的属性，因此漫无目的地打标签没有意义。给什么事物打什么样的标签，一定是与分析业务息息相关的。

数据标签的对象可以是人（个人 / 群体）、事物与关系，比如用户、企业、订单、发票，以及开票行为、供销关系，等等。给什么对象打标签，关键在于我们对数据分析与应用的兴趣点，对哪些方面的事物感兴趣。譬如，要进行精准营销就要关注用户的购物喜好，要进行防虚开风控就要关注企业开票行为，等等。

（2）打通对象关系

很多标签，特别是算法标签，都是通过比对某个对象方方面面的状况推算出来的。如何才能推算呢？就需要通过某些 key 值将该事物方方面面的属性关联起来。譬如，将用户通过订单与其购买的商品关联起来，然后又将哪些是婴儿用品关联起来，那么通过这些关联就可以推算某用户是否有了小孩；将企业所处的行业与地域关联起来，同时汇总各行业、各地区的平均水平，就可以推算该企业在本行业、在该地区的经济地位，等等。

（3）标签类目设计

确定了标签对象，打通了对象关系，那么就正式进入标签设计环节。标签的设计首先按类目进行划分，把标签对象按照业务划分成多个不同的方面，接着再依次确认每个类目下都有哪些标签。

3. 数据标签的实现

通过以上分析，确定了数据标签的对象以及标签的类目，接着就是数据标签的设计实现。每个标签都有它的规则，通过一系列脚本定期生成。但数据标签设计实现的核心是标签融合表，即标签按照什么样的格式存储在数据库中。

标签融合表的设计通常有两种形式：纵向融合表与横向融合表，如图 11-18 所示。

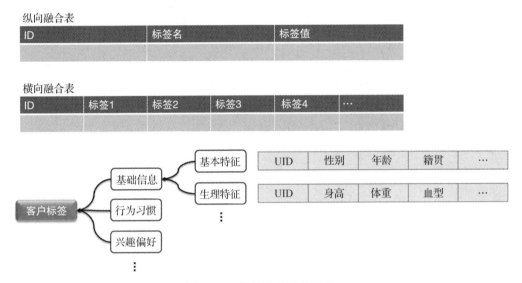

图 11-18　标签融合表的设计

纵向融合表，就是每个对象的每个标签都是一条记录，如一个用户的每种兴趣偏好都是一条记录，我们能识别出他的多少种兴趣偏好是不确定的。纵向融合表的设计比较灵活，每个对象的标签可多可少，我们也可以自由地不断增加新的标签。然而，每个对象的每个标签都是一条记录，会导致数据量比较大。

横向融合表，就是将一个对象的多个标签按照字段放到一个表中。由于多个标签都放到了这一条记录中，因此横向融合表的每个对象一条记录，可以大大降低标签的数据量。然而，一旦需要增加新的标签，就需要修改表结构，从而增加新字段。这样，不仅需要修改标签生成程序，还要修改标签查询程序，维护成本较高。因此，横向融合表往往应用于那些设计相对固定的属性标签或统计标签。

11.4　大数据展示

数据中台的所有数据分析与挖掘，都是在大数据平台上进行的。它们从 Hive 数据库中取出数据，执行各自的分析任务，将最后的分析结果再写入 Hive 数据库。Hive 数据库拥有无比强大的并行计算能力，并且非常适合海量数据的离线分析，却不适合用户交互的实时查询。因此，当最终的分析结果要展示给用户时，需要将 Hive 数据库中的数据导出到其他数据库中。

那么，应当将最终结果导出到什么数据库中呢？需要根据数据量与用户使用方式，选择合适的数据库。

- ❑ 如果通过一系列分析，最终结果数据量不大，可以导入关系型数据库 MySQL，或 MPP 数据库 Greenplum；
- ❑ 如果最终数据量比较大，并且需要通过不同查询条件过滤，可以选择大数据索引 Elasticsearch；
- ❑ 如果需要从不同维度进行统计，展示各种分析图表，可以选择多维模型分析工具 Kylin；
- ❑ 如果需要存储用户档案方方面面的信息，字段较多，有用户头像等文件资料，并且总是通过用户 key 等固定方式查询，可以选择 HBase。

11.4.1　大数据索引

在大数据分析中，很多分析需求都有这样的特点：分析过程要分析的数据量非常大，然而最终返回的分析结果的数据量并不大。如果要查询的这些表都在百万数据量以下，那么通过导入关系型数据库 MySQL，或者 MPP 数据库 Greenplum，就足够保障数据查询的性能需求。采用关系型数据库或 MPP 数据库最大的好处是，开发人员比较熟悉，前端通过 SQL 查询就可以展示数据了。

然而，如果在展示数据时用户要查询的表数据量很多，达到千万数据量以上，采用关系型数据库或 MPP 数据库就会形成性能瓶颈。此时，比较好的一个选择就是大数据索引 Elasticsearch。

目前比较主流的开源数据索引包括 Lucene、Solr 与 Elasticsearch。

Lucene 是 Apache 软件基金会开源的全文检索引擎工具包，是当今最先进、最高效的全功能开源搜索引擎框架。但是 Lucene 只是一个框架，要充分利用它的功能，需要使用 Java 在程序中集成 Lucene，深入理解其运行原理的学习成本较高。

Solr，是基于 Lucene 用 Java 开发的高性能全文搜索服务器，是过去我们普遍使用的搜索引擎。它成熟、稳定，拥有强大的社区支持。

Elasticsearch 是近些年崛起的后起之秀。与 Solr 一样，Elasticsearch 也是一个基于 Lucene 开发的实时分布式搜索和分析引擎。不仅如此，Elasticsearch 还是一个强大的分布式实时存储框架，可以将海量数据快速分发到分布式存储节点中，并实现高速的文件搜索。最关键的是，Elasticsearch 比其他框架更容易上手开发。

1. Elasticsearch 的运行原理

Elasticsearch 是一个分布式引擎，具有高可扩展性，提供海量数据实时查询与数据分析能力。同时，它又是一种文档型存储数据库，它的每一条记录都是一个 JSON 格式的数据文档。因此，在 Elasticsearch 中的每个库称为"索引"（Index），每个表称为"类型"（Type）[⊖]，

　⊖　Type 的概念在 Elasticsearch 6.7 以后已经被取消了，现在从索引就直接到每个文档了。

表中的每条记录称为"文档"（Document），每个字段称为"Field"。

在使用 Elasticsearch 的时候，可以把它当成 NoSQL 数据库使用。NoSQL 数据库的特点是不支持 SQL 操作，Elasticsearch 也是这样，它通常都是通过 RESTful API 接口完成各种操作，例如删表与建表的操作：

```
# 删表语句
curl -XDELETE 192.168.0.100':9200/jxfp.list'
# 建表语句
curl -XPUT 192.168.0.100':9200/jxfp.list?pretty' -d '
{
  "mappings":{
    "list":{
      "properties":{
        "id":{"type":"string","index":"not_analyzed"},
        "fplb":{"type":"string","index":"not_analyzed"},
        "fplbmc":{"type":"string","index":"not_analyzed"},
        "fpdm":{"type":"string","index":"not_analyzed"},
        "fphm":{"type":"string","index":"not_analyzed"},
        "rzrq":{"type":"string","index":"not_analyzed"},
        "kprq":{"type":"string","index":"not_analyzed"},
        "gfnsrsbh":{"type":"string","index":"not_analyzed"},
        "gfnsrmc":{"type":"string"},
        "xfnsrsbh":{"type":"string","index":"not_analyzed"},
        "xfnsrmc":{"type":"string","index":"not_analyzed"},
        "je":{"type":"double"},
        "se":{"type":"double"},
        ......
      }
    }
  }
}'
```

此外，Elasticsearch 是一个分布式文档存储数据库，它将数据分散存储在多个节点中。但是，为了保持系统的高可用，Elasticsearch 会将海量数据存储在分片（shard）中，并且每个分片都会存储在多个物理节点中，分为一个主片区（primary）和多个复本片区（replica）。

如图 11-19 所示，当需要写数据时，发送一个 put 请求。在该请求中，bookstore 是索引名，1 代表主键值，后面的 JSON 是该记录的内容。该记录会先写入某个主片区中，然后复制到其他复本片区中。注意，Elasticsearch 是一种 NoSQL 数据库，任何插入或者更新操作对于它来说都是插入操作。只是，如果插入的是数据，其主键值已经有数据了，则插入的数据与原有数据的主键值相同，版本号更高。在数据查询时，查询的是最高版本号的数据，就仿佛更新了，其实原有数据还在。通过数据清理操作，可以删除低版本号的数据。

当需要查询数据时，发送一个 get 请求，命令是 _search，后面的 JSON 就是该查询的过滤条件。当有大量用户高并发查询时，Elasticsearch 会将查询请求分配到多个片区上并行查询，从而扛住海量高并发查询压力。

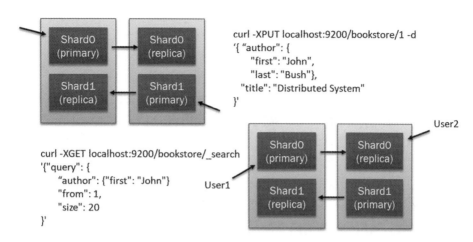

图 11-19　在 Elasticsearch 中的操作

当 Elasticsearch 面对海量高并发查询时，不但每条数据都要多节点复制，而且还要将数据快速分布到更多服务器节点上，从而获得更大的系统吞吐量，如图 11-20 所示。Elasticsearch 集群的设计是"去中心化"的思路，即集群中的每个节点的地位都是平等的。当多个节点组成 Elasticsearch 集群以后，访问任何一个节点就能访问整个集群。同时，其他节点的 cluster.name 相同就可以自由加入，当一个新节点加入 Elasticsearch 以后，就需要将其他节点中的数据分配一部分给新节点，保持每个节点的数据均衡。但移动数据以后，必须要保持每个分片的主片区与复本片区都不在同一物理节点中。

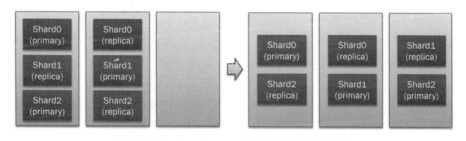

图 11-20　Elasticsearch 在扩展节点时的操作

2. Elasticsearch 的设计实践

上面介绍了 Elasticsearch 的基本操作。然而，在工程实践中的设计却非常不一样。首先，通过一个 Shell 脚本，加入每个索引的建表语句，用于系统的安装部署。接着，是如何将 Hive 数据库中的海量数据导入 Elasticsearch 中，可以采用 Hive 映射表的设计思路。

```
CREATE [EXTERNAL] TABLE [IF NOT EXISTS] table_name
  [(col_name data_type [COMMENT col_comment], ...)]
```

```
[COMMENT table_comment]
[PARTITIONED BY (col_name data_type [COMMENT col_comment], ...)]
[CLUSTERED BY (col_name, col_name, ...)
[SORTED BY (col_name [ASC|DESC], ...)] INTO num_buckets BUCKETS]
[ROW FORMAT row_format]
[STORED AS file_format]
[LOCATION hdfs_path]
```

以上是 Hive 数据库的建表语句，其中倒数第二行定义的是该表的存储格式，通常选择的都是 textfile、parquetfile 等常规文件格式，但现在选择 Elasticsearch，就变为了 Elasticsearch 映射表。建立这样的映射表，当通过诸如 insert into T1 select * from T2 这样的语句往 Hive 表插入数据时，数据实际上就插入 Elasticsearch 中了。

Elasticsearch 是 NoSQL 数据库，在插入数据时需要提前将数据执行关联操作，然后再将数据以 "宽表" 的形式插入。但是，如果一边关联一边插入映射表，那么性能就不太好。为了解决这个问题，我们的最佳实践就是执行关联操作以后插入一个普通的 Hive 表，然后再将该表的数据导入 Elasticsearch 映射表中。

```
# 创建普通Hive表
create table if not exists es.dw_jxfp (
id string,      fplb string,      fplbmc string,      fpdm string,      fphm string,
  rzrq string,    kprq string,    gfnsrsbh string,    gfnsrmc string,    xfnsrsbh
  string,    xfnsrmc string,    je string,    se string,    gfswjgdm string,
  skm string,    gfswjgmc string,    fddbrmc string,    frzjhm string,    cwlxr
  string,    scjydz string,    jxfpid string,    sjswjgdm string,    datekey
  string,    hydm string,    mldm string,    nsrmc string,    nsrsbh string,
  swjglevel string,    dkbz string,    wdbz string
);
# 创建Elasticsearch映射表
create external table if not exists es.dw_jxfp_es(
id string,      fplb string,      fplbmc string,      fpdm string,      fphm string,
  rzrq string,    kprq string,    gfnsrsbh string,    gfnsrmc string,    xfnsrsbh
  string,    xfnsrmc string,    je decimal(16,2),    se decimal(16,2),
  gfswjgdm string,    skm string,    gfswjgmc string,    fddbrmc string,
  frzjhm string,    cwlxr string,    scjydz string,    jxfpid string,    sjswjgdm
  string,    datekey string,    hydm string,    mldm string,    nsrmc string,
  nsrsbh string,    swjglevel string,    dkbz string,    wdbz string)
STORED BY 'org.elasticsearch.hadoop.hive.EsStorageHandler'
TBLPROPERTIES('es.resource' = 'jxfp.list/list','es.mapping.id' = 'id',
'es.batch.write.retry.count'='-1','es.nodes'='${hivevar:es_nodes}');

# 数据关联后先插入普通Hive表
insert overwrite table es.dw_jxfp
select   concat(nvl(t.jxfp_id,''),"x",nvl(d.sjswjg_dm,''),'') id, nvl(t.fp_
  lb,'') fplb, nvl(d3.fp_lb_mc,'') fplbmc, nvl(t.fpdm,'') fpdm, nvl(t.fphm,'')
  fphm, nvl(t.rzrq,'') rzrq, nvl(t.kprq,'') kprq, nvl(t.gf_nsrsbh,'') gfnsrsbh,
  nvl(t.gf_nsrmc,'') gfnsrmc, nvl(t.xf_nsrsbh,'') xfnsrsbh, nvl(t.xf_nsrmc,'')
  xfnsrmc, nvl(t.je,'') je, nvl(t.se,'') se, nvl(d.xjswjg_dm,'') gfswjgdm, nvl(t.
  skm,'') skm, nvl(d.xjswjg_mc,'') gfswjgmc, nvl(d2.fddbr_mc,'') fddbrmc, nvl(d2.
  frzjhm,'') frzjhm, nvl(d2.cwlxr,'') cwlxr, nvl(d2.scjydz,'') scjydz, nvl(t.
```

```
jxfp_id,'') jxfpid, nvl(d.sjswjg_dm,'') sjswjgdm, nvl(t.date_key,'') datekey,
nvl(h.hy_dm,'') hydm, nvl(h.mldm,'') mldm, nvl(d2.nsrmc,'') nsrmc, nvl(d2.
nsrsbh,'') nsrsbh, nvl(d.swjglevel,'') swjglevel, nvl(t.dkbz,'') dkbz
from dw.dw_fact_jxfp t
join dw.dw_dim_swjg_jc d on t.gf_swjg_key = d.xjswjg_key
join dw.dw_fplb d3 on t.fp_lb = d3.fp_lb
join dw.dw_dm_nsr d2 on t.gf_nsr_key = d2.nsr_key
join dw.dw_dim_hy h on h.hy_key = d2.hy_key;

# 数据从Hive表导入映射表
insert overwrite table es.dw_jxfp_es select * from es.dw_jxfp;
```

通过以上设计，就可以轻松将海量 Hive 数据导入 Elasticsearch 中。同时，记住，Elasticsearch 的更新与插入操作都是插入操作。所以在导入数据时，只要将主键定义清楚，不必关心是更新还是插入操作，一律都是以上的导入操作，从而保障导入数据的高性能。

此外，当 Elasticsearch 数据量非常大时，可以建立分区表提高查询性能。譬如，通过设置索引模板，将索引 jxfp 改为 jxfp-2020.01、jxfp-2020.02 这样的分区表。在查询时，可以通过分区表精确查找某几个月的数据：

```
GET 127.0.0.1:9200/ jxfp-2020.01, jxfp-2020.02/_search
{
  "from": 1,
  "size": 20
}
```

也可以通过模糊匹配查找所有月的数据：

```
GET 127.0.0.1:9200/ jxfp-*/_search
{
  "from": 1,
  "size": 20
}
```

11.4.2　多维模型分析

前面在数据仓库建设时，通过多维建模将采集的数据分别放到了事实表与维度表中，并在此基础上建立了聚合表。所有这些设计都是 ROLAP 的设计思路，它更适合于海量的数据分析，但并不适合前端的数据展示。因此，从系统优化的角度，我们又将多维模型建设落地到两种设计思路：ROLAP 与 MOLAP。

1. ROLAP 与 MOLAP

如果将数据仓库或数据集市中的事实表、维度表与聚合表都统统导出到数据库中，然后前端通过 SQL 语句去查询，那么需要对数据进行大量的关联操作，还要进行分组、求和等操作，系统性能必然非常差。为了解决海量数据的分析统计结果在前端的数据展示问题，需要将结果数据导入 MOLAP 中形成立方体，然后再通过前端展示数据。MOLAP 会将不同维度的汇总数据提前计算出来，避免了关联操作，从而获得了极高的系统性能。

如图 10-5 所示，MOLAP 穷举了通过日期维、客户维、商品维进行数据统计的所有组合和每个维度的所有粒度，提前将统计数据计算出来，并存储到立方体的每个点上。这样，不论前端按照哪些维度进行分组，都可以直接获取对应的统计结果，而无须在明细数据上执行统计。这样，对统计数据的查询效率就大幅度提升了。

然而，如果立方体的维度很多，粒度也很多，那么立方体就必须对所有的统计组合进行穷举，就会形成巨大的数据量，甚至数十倍于原始数据。因此，立方体的设计必须十分小心，必须要通过降维来降低数据量，有效抑制立方体的膨胀。

2. 大数据建模工具 Kylin

在大数据技术组件中，MOLAP 大数据建模最主流的工具就是 Kylin。Apache Kylin 是一个开源的、分布式的分析型数据仓库，提供了 Hadoop/Spark 之上的多维分析与 SQL 查询。我们只需要在 Kylin 中定义雪花模型或星形模型，构建立方体，然后从 Hive 数据库中导入数据，就可以通过 SQL 在 Kylin 中进行各种维度的统计分析，实现高速的查询。

Kylin 的系统架构如图 11-21 所示，它从 Hive 数据库获取数据，将其导入立方体 Cube 中，Cube 将数据统计好并存储在底层的 HBase 数据库中，然后通过 Kylin 提供的 REST API 与 JDBC/ODBC 就可以查询数据了。很显然，Kylin 支持 SQL 查询。

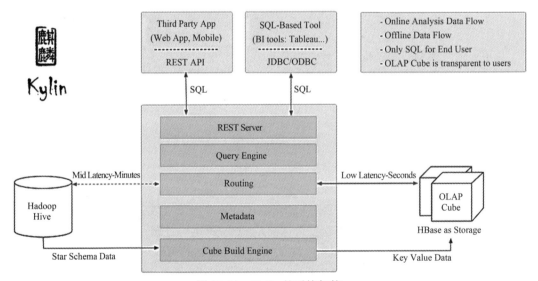

图 11-21　Kylin 的系统架构

在 Kylin 中，通过一个导航界面，可以快速完成模型的建立：

1）选择 Hive 数据库的表，导入这些表的表结构；

2）用这些表结构建立雪花模型或星形模型；

3）建立立方体 Cube；

4）构建立方体，将 Hive 数据库中的数据导入立方体中。

经过以上步骤建立了立方体，就可以通过这样的 SQL 语句查询数据了：

```
Select date_key, swjg_key, nsr_key, sum(je) je, sum(se) se, count(*) fs
From dw_kylin_jxfp
Group by date_key, swjg_key, nsr_key;
```

这里，表面上还是在进行分组、求和操作，实际上这些数据早已在立方体中统计好了，查询时直接获取就可以了，从而获得极好的查询性能。

3. Kylin 的设计实践

与前面的 Elasticsearch 一样，Kylin 在工程实践中的设计也非常不一样。首先，在数据建模时，维度表的数据量不能过大（默认阈值是 300MB），否则立方体建模就会失败。而在实际项目中，维度表会轻松超越该阈值，给数据建模带来诸多困难。这时，最好的解决思路就是在 Hive 数据库中提前完成 join 操作，形成一个宽表。譬如，将发票事实表与时间维度表、纳税人维度表、行业维度表提前执行关联操作，写入一个 Hive 表中。这样，在 Kylin 建模的时候，直接使用该宽表就好了，不需要任何关联操作，数据建模可以轻松完成。

此外，在数据展示时，还需要显示纳税人状态、法人信息、银行账号等关联信息，就不要建到 Cube 中了。前端查询时通过"补填"来完成这些信息的显示。但是，那些需要查询过滤的字段必须要建到 Cube 中，因此构建 Cube 前一定要梳理清楚查询需求。

Kylin 建模最关键的设计就是如何通过降维抑制立方体的数据膨胀。因此，首先需要梳理查询统计的需求，确定立方体的统计维度。

1）强制维度：某些维度是在每次查询中必须要使用的，如日期维度。

2）层级维度：某些维度之间存在着上下级关系，可以将其做成一个维度。

3）联合维度：某些维度在每次使用时，要么都使用，要么都不使用。

当某些维度具有以上特征时，就可以进行这些设计来降低维度，进而抑制立方体的数据膨胀。此外，同一数据在不同维度下分析时，也可以做成不同立方体来查询。最后，立方体也需要通过脚本每日进行增量导入。

11.4.3　HBase 数据库

前面提到，Kylin 的底层是 HBase 数据库，HBase 数据库也是存储海量档案数据的最佳选择，如用户档案、企业档案等。Apache HBase 是一个开源的、分布式、面向列的 NoSQL 数据库，是 Apache 软件基金会 Hadoop 项目的一个部分。它与 Hadoop 最大的联系就是，HBase 存储数据的底层是 Hadoop 的分布式文件系统 HDFS。

1. HBase 的运行原理

HBase 是一个面向列的 NoSQL 数据库，列式存储是它最大的特征。众所周知，通常的数据库都是行式存储，它将每条数据整齐划一地、一行一行地存储在磁盘中。这样的设计适合快速的数据写入以及所有字段的查询，但不适合部分字段的查询。比如，某个表有 30 个字段，然而查询的时候只查其中的 5 个字段，却必须每行都要扫描那 30 个字段，才能扫描到下一行，查询性能很低。相反，通过列式存储，将这 5 个字段与其他字段分开存储，那么每行扫描 5 个字段就到下一行了，查询性能就大幅度提升。下面通过 HBase 的数据模型来理解什么是列式存储。

HBase 是一个 NoSQL 数据库，它的数据模型是由 4 个 k-v 组成的，如图 11-22 所示。首先，主键 Row Key 与其他数据组成了第一个 k-v。HBase 每更新一次数据，都不是在原来的那条数据上修改，而是新产生一条数据，主键值相同但版本号更高。因此，代表版本的时间戳 Timestamp 与其他数据组成了第二个 k-v。

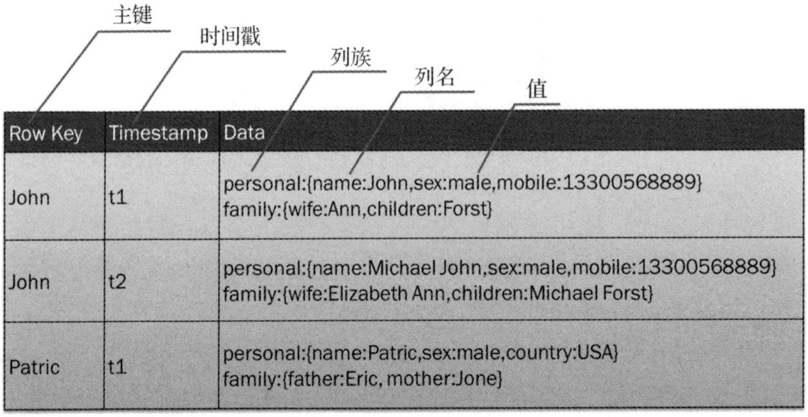

图 11-22　HBase 的数据模型

HBase 的每一条数据都是按照"列族"存储的，每一个列族的字段就是那些业务相近、常常一起查询的字段。这里"列族"的设计，就代表了 HBase 列式存储的理念。为了避免关联操作，HBase 常常需要将各种档案数据提前关联，写入这张宽表中，往往字段就很多。列族的设计保障了这种宽表的查询效率。列族与各列的数据组成了第 3 个 k-v。

每个列族都有很多列。一个 HBase 表的列族是必须要固定的，但每条记录的列都可以不一样。如上图中，John 的 family 列族包含了 wife 与 children，但 Patric 的 family 列族包含的却是 father 与 mother。列与值组成了第 4 个 k-v。

HBase 按照列族存储数据，将数据分布到多个 HRegionServer 中，每个 HRegionServer 的 HRegion 中都包含了许多 HFile，最后通过 HDFS 分布存储在云端的多个节点中，如图 11-23 所示。

2. HBase 的设计实践

HBase 的优点与缺点都非常明显。HBase 通过列族可以存储档案里方方面面的数据，并获得一个极高的查询性能。譬如，用 HBase 存储纳税人档案，可以通过列族存储基础信息、认证信息、核定信息、资格信息、行业信息与税务机关信息，每个方面都可以存为一个列族。HBase 甚至可以存储一些小型的图片，如工商执照、法人头像等。但是，HBase 没有索引，因此只能支持某些特定字段的查询，并将其放到主键的设计中。HBase 只支持通过主键搜索数据，所以需要通过 Elasticsearch 索引先根据条件进行过滤。虽然 HBase 的查询不太灵活，但只要根据主键快速定位，在海量档案数据中查询速度还是相当快的。

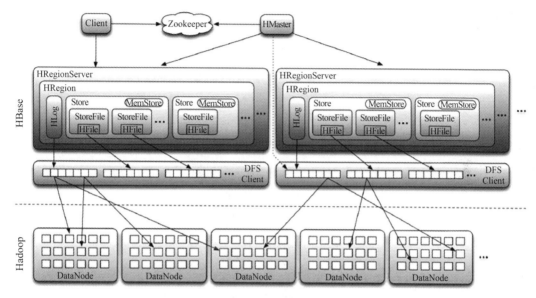

图 11-23　HBase 的系统架构

```
create
'dw_hbase_nsr','nsrxx','nsrkz','nsrrd','ckts','hy','fppz','swjg','region',
'czsj'
```

以上是 HBase 的建表语句，第一个参数是表名，后面都是列族。HBase 中的列族是固定的，但列族中的列是不固定的。HBase 的表建立好以后，从 Hive 数据库往 HBase 导入数据，我们的最佳实践还是通过建立 HBase 的映射表来进行。

```
CREATE EXTERNAL TABLE dw.dw_hbase_nsr (
  rowkey string,
  nsrxx map<STRING,STRING>,
  nsrkz map<STRING,STRING>,
  nsrrd map<STRING,STRING>,
  ckts map<STRING,STRING>,
  hy map<STRING,STRING>,
  fppz map<STRING,STRING>,
  swjg map<STRING,STRING>,
  region map<STRING,STRING>,
  czsj string
) STORED BY 'org.apache.hadoop.hive.hbase.HBaseStorageHandler'
WITH SERDEPROPERTIES ("hbase.columns.mapping" =
```

```
":key,nsrxx:,nsrkz:,nsrrd:,ckts:,hy:,fppz:,swjg:,region:,czsj:xgsj")
TBLPROPERTIES ("hbase.table.name" = "dw_hbase_nsr",
"hbase.mapred.output.outputtable" = "dw_hbase_nsr");
```

通过该代码可以看到，HBase 的列族在 Hive 映射表中是类型为 map 的字段，内容不定。通过以下语句就可以写入 HBase 数据库中：

```
set hive.auto.convert.join=false;
# 插入纳税人基础信息
insert into dw.dw_hbase_nsr
select xx.nsrsbh rowkey,
map('nsrdzdah',COALESCE(xx.nsrdzdah,''),'wspzxh',COALESCE(xx.wspzxh,''),
'nsrsbh',COALESCE(xx.nsrsbh,''),'nsrmc',COALESCE(xx.nsrmc,''),'fddbrmc',COALESCE
  (xx.fddbrmc,''),
'frzjlx_dm',COALESCE(xx.frzjlx_dm,''),'frzjlx_mc',COALESCE(xx.frzjlx_mc,''),'zjhm',
  COALESCE(xx.zjhm,''),'scjydz',COALESCE(xx.scjydz,''),'bsrmc',COALESCE(xx.
  bsrmc,''),'dhhm', COALESCE(xx.dhhm,''),'lsgx_dm',COALESCE(xx.lsgx_dm,''),'hy_
  dm',COALESCE(xx.hy_dm,''), 'djzclx_dm',COALESCE(xx.djzclx_dm,''),…) nsrxx,
  map() nsrkz, map() nsrrd, map() ckts, map() hy, map() fppz, map() swjg, map()
  region,from_unixtime(unix_timestamp(),'yyyy-MM-dd') czsj
from etl.etl_nsrxx xx where xx.nsrsbh is not null;

# 插入纳税人行业信息
insert into dw.dw_hbase_nsr
select nsr.rowkey rowkey,map() nsrxx,map() nsrkz,map() nsrrd,map() ckts,
map('hy_key',COALESCE(h.hy_key,''),'hy_dm',COALESCE(h.hy_dm,''),'hy_mc',
  COALESCE(h.hy_mc,''),'hymx_dm',COALESCE(h.hymx_dm,''),'hymx_mc',COALESCE(h.
  hymx_mc,''), 'yxbz',COALESCE(h.yxbz,''),'hydl_dm',COALESCE(h.hydl_
  dm,''),'hydl_mc',COALESCE(h.hydl_mc,''),
'hyml_dm',COALESCE(h.hyml_dm,''),'hyml_mc',COALESCE(h.hyml_mc,''))
hy,map() fppz,map() swjg,map() region,from_unixtime(unix_timestamp(),'yyyy-MM-
  dd') czsj
from etl.etl_nsrkz kz join dw.dw_hbase_nsr nsr on kz.nsrdzdah = nsr.nsrxx
  ['nsrdzdah']
join dw.dw_dim_hy h on kz.hymx_dm = h.hy_key
where kz.hymx_dm is not null and kz.hymx_dm <>'';
set hive.auto.convert.join=true;
```

可以使用不同的 SQL 语句分别导入纳税人的基础信息、认证信息、核定信息、资格信息、行业信息与税务机关信息，快速建立纳税人完整档案。通过索引获得某个纳税人 key 值以后，就可以快速查找该纳税人档案。

推荐阅读

架构师的自我修炼：技术、架构和未来

作者：李智慧 ISBN：978-7-111-67936-3

简介：架构师的4项自我修炼，软件开发技术与方法的38项精粹！

· 从操作系统到数据结构的基础知识修炼

· 从设计原则到设计模式的程序设计修炼

· 从高性能到高可用的架构方法修炼

· 从自我成长到人际沟通的思维方式修炼

凤凰架构：构建可靠的大型分布式系统

作者：周志明 ISBN：978-7-111-68391-9

简介：

· 超级畅销书《深入理解Java虚拟机》作者最新力作，国内多位架构专家联袂推荐

· 从架构演进、架构设计思维、分布式基石、不可变基础设施、技术方法论5个维度全面探索如何构建可靠的大型分布式系统

推荐阅读